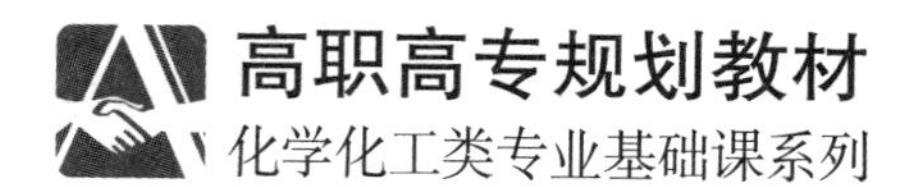

高职高专规划教材

化学化工类专业基础课系列

化学基础

主 审 孙兴林

主 编 林 胜 朱道林

编 者 程国友 胡翰林 刘 飞

林 胜 王 丹 吴明星

杨入梅 朱道林 钟先锦

北京师范大学出版集团

BEIJING NORMAL UNIVERSITY PUBLISHING GROUP

安徽大学出版社

图书在版编目(CIP)数据

化学基础/林胜,朱道林主编. —合肥:安徽大学出版社,2017.8(2020.9重印)

ISBN 978-7-5664-1439-7

Ⅰ.①化… Ⅱ.①林… ②朱… Ⅲ.①化学—高等职业教育—教材 Ⅳ.①O6

中国版本图书馆CIP数据核字(2017)第187172号

化学基础

林 胜 朱道林 主编

出版发行:北京师范大学出版集团
安 徽 大 学 出 版 社
(安徽省合肥市肥西路3号 邮编230039)
www.bnupg.com.cn
www.ahupress.com.cn

印　　刷:合肥现代印务有限公司
经　　销:全国新华书店
开　　本:184mm×260mm
印　　张:21.25
字　　数:453千字
版　　次:2017年8月第1版
印　　次:2020年9月第3次印刷
定　　价:49.00元
ISBN 978-7-5664-1439-7

策划编辑:刘中飞 武溪溪　　装帧设计:李 军
责任编辑:武溪溪　　美术编辑:李 军
责任印制:赵明炎

前　言

《化学基础》是在合肥职业技术学院“化学基础”课程讲义的基础上编写而成的，本书也是2015年安徽省高等教育振兴计划的地方技能型高水平大学建设项目（项目编号：2015gx016）成果之一。随着课程体系的完善与教学改革的深入，我们对本书内容进行修订完善，并进行出版。

在编写过程中，我们注意运用辩证唯物主义与历史唯物主义的观点去分析问题和解决问题。从培养技术应用型人才的目的出发，力求做到以“必需”和“够用”为度，以掌握概念、强化应用为重点，突出在专业生产实践中有应用价值的基础理论、基本知识和基本技能的教育；建立以能力为中心模式的化学课程体系，优化、精选教学内容，突出应用，删减重复、过时的内容，适当补充行业前沿知识和热点问题，注意引入当代科学的新发展、新理论来讲化学的概念、基本原理和基础知识。本书可供高职高专生物技术、医学、药学类专业师生使用。

我们力图把本书编成一本有特色的教材，但编写中没有借鉴蓝本，编写难度较大，在内容选择、结构安排上可能有不足之处，恳请使用本书的师生在教学和学习过程中，若发现有不妥和错误之处，向编者提出批评和指正。我们在此也向关心本书出版的同志致以诚挚的谢意。

编　者

2017年7月

目　录

绪　论

在自然科学中，化学是最重要的中心学科之一，是充满着神奇色彩的科学。它通过探索那些肉眼看不见的粒子——原子、分子的特征和行为，引导着人们来认识整个物质世界。我们所生存的物质世界中，不仅存在着形形色色的物质，而且这些物质还在不断地变化着。化学主要研究物质的性质和变化，研究物质发生变化的原因和条件，研究随着物质变化而发生的各种现象，还要研究自然界中不存在的新物质的合成方法。而物质的性质及变化与物质的组成、结构有着密切的关系。因此，概括地说，**化学就是研究物质的组成、结构、性质、变化和应用的一门自然科学**。

化学在保证人类生存并不断提高生活质量方面起着非常重要的作用。例如，利用化学生产的化肥和农药，可增加粮食产量；利用化学合成药物，来抑制细菌和病毒，保障人体健康；利用化学开发新能源、新材料，以改善人类生存和生活的条件；化学能促进自然资源的综合利用和环境保护，使人类的生活更加美好，人与环境更加和谐、友好。

化学与医学也有密切的关系。人的生命过程包含着极其复杂的物质变化。人体各种组织都是由糖、脂肪、蛋白质、无机盐和水等化学物质所组成的；食物的消化、吸收是化学变化过程；人体的一切生理现象和病理现象也与体内的化学变化有关。生物化学就是应用化学的原理和方法，研究人体内所进行的各种复杂的化学变化的一门学科。为正确使用药物，达到治疗疾病的目的，就必须对各种药物的组成成分、化学结构、理化性质以及在人体内发生的变化和作用具有全面的认识。药物的合成制备、中草药有效成分的提取和鉴定，也都需要化学知识。在诊断疾病时，常常对血、尿、胃液、粪便等进行化学检验，以帮助正确诊治。卫生检验工作中开展的水质分析、食品检验、劳动卫生和环境检验等，都和化学有关。随着医学科学的发展，对遗传、变异、疾病、死亡等生命过程探索的不断深入，越来越显示出医学与化学密不可分的关系。所以，化学是学习医学科学不可缺少的基础课程之一。

学习化学和学习其他课程一样，要对基本概念、基本定律、基础知识和基础理论准确地理解、牢固地掌握，并注意知识在实际中的应用。要学会运用辩证的观点来分析各种化学现象的本质，认识物质发生变化的条件以及变化的规律。通过比较、分析，掌握各类物质的本质区别，以及它们内在联系和相互间转化的关系。

实验是学习化学、体验化学和探究化学过程的重要途径。在实验室中，要细心观察、认真记录，积极思索、综合分析形成结论，这样既帮助我们加深理解、巩固记忆所学的化学知识，又能有助于我们学会化学实验操作技能。日常生活中有很多化学现象，对它们的观察、探究和思索，可以加深对化学知识的理解与掌握，开阔我们的眼界。所以，学习化学不限于书本和课堂，成功的关键在于如何激发自己对自然现象的兴趣，掌握学习方法和养成良好的学习习惯。

第1章　物质及其变化

学习目标

1. 掌握物质的物理变化、化学变化的概念，二者的本质区别，熟悉物理性质和化学性质的概念。

2. 熟悉物质的分类以及酸性、碱性和两性氧化物的特性，了解纯净物与混合物、单质与化合物的概念。

3. 掌握分子、原子、元素的概念，熟悉元素符号和化学式书写方法，了解原子结构和核外电子排布、化合价、相对原子质量和相对分子质量等概念。

第1节　物质的变化和性质

物质是指在人们的意识之外独立存在又能为人的意识所反映的客观实在，如水、空气等。我们赖以生存的自然界就是由无数种形形色色的物质构成的，并且这些物质不断地发生各种变化。这些变化有的是物质外观形态的改变，有的是产生新的物质。因此，认识物质及其变化对于我们了解自然现象，掌握其变化规律是非常必要的，与我们的日常生活也密切相关。

生活中常会出现这样的现象：在寒冷的冬天，湿衣服上的水可以凝结成冰；在太阳的照射下，冰可以直接化为水蒸气而逸出；白酒中的酒精会挥发；木材燃烧后只留下灰烬；在燃烧的蜡烛上罩个烧杯，过一会儿烧杯内壁上会出现水珠，等等。这些变化各不相同，变化的本质也不同，有的变化有新的物质生成，有的则没有。

一、物理变化和化学变化

(一)物理变化

没有生成其他物质的变化叫物理变化。物理变化只是物质的状态、形状、大小发生变化，而没有生成其他物质。例如，把块状的石灰石碾成粉末，把金块熔化制成各种精美的首饰，把铝箔剪成碎片，这些都只是物质的形状、大小发生变化；水在低温情况下凝结成冰，温度升高，冰又融化成水，这只是物质的状态发生了变化。在上述的变化中，都没有新的物质生成，所以上述变化都属于物理变化。

(二)化学变化

有新物质生成的变化叫化学变化。不仅物质原有的状态、大小、形状会发生改变，而且原有物质消失，有新的物质生成。例如，蜡烛燃烧这个变化过程，原有物质——蜡烛不断熔化、消失，有新物质——水和二氧化碳生成；向澄清的石灰水中通入二氧化碳气体，有新物质——白色碳酸钙沉淀生成。这些变化都是化学变化。

表 1-1　物理变化与化学变化的区别与联系

	物理变化	化学变化
本质区别	宏观：没有新物质生成 微观：组成物质的微粒种类没有发生变化，只是微粒间的距离发生变化	宏观：有新物质生成 微观：组成物质的微粒种类发生了变化，生成了新的微粒
变化时伴随的现象	状态、大小、形状的改变	发光、发热、变色、产生气体、生成沉淀
判断依据	有无新物质的生成	
联系	化学变化中常伴随有物理变化，而物理变化中无化学变化	

化学变化的唯一判断标准为是否有新物质生成。这个过程中常伴随着发光、放热、色泽改变、放出气体、生成沉淀等现象。化学变化过程中不仅有新物质生成，还伴随着能量的变化，常表现为吸热、放热、发光等现象。这些现象有助于我们判断物质是否发生了化学变化。

在化学变化过程中，常伴随着物理变化。例如，点燃蜡烛时，蜡烛受热熔化是物理变化(由固态变为液态)，而蜡烛燃烧生成了水和二氧化碳，发生了化学变化。物理变化中不发生化学变化。

每一种物质都有其固有的属性，称为该物质的性质。例如，水是无色、无味的透明液体，它能溶解很多种物质。物质的性质根据其表现的条件不同可分为物理性质和化学性质。

二、物理性质和化学性质

(一)物理性质

物质不需要发生化学变化就能表现出来的性质称为物理性质。如物质的颜色、状态、气味、硬度、密度、熔点、沸点、导电性、导热性、溶解性等，可用肉眼观察或可用仪器测量获得。例如，水是一种无色透明的液体，无异味，标准状况下沸点为 100 ℃；氧气是一种无色、无味的气体，难溶于水。了解物质的物理性质，有助于我们研究它们的组成、结构和变化。

表 1-2　一些常见物质的物理性质(大气压强为 101 kPa)

物质	颜色(通常情况下)	熔点(℃)	沸点(℃)
水	无色液体	0	100
铁	银白色固体	1535	2750
铝	银白色固体	660.37	2467
氧气	无色气体	−218.4	−182.9

当外界条件发生改变时,物质的物理性质也会随之发生变化,因此,描述物质的物理性质时往往要注明条件。如纯水在低海拔地区要加热到 100 ℃时才会沸腾,而在高海拔地区,通常温度未达 100 ℃就沸腾了,这是由大气压强不同所造成的。所以,我们说水的沸点为 100 ℃,是限定在一个标准大气压下的。

(二)化学性质

物质在化学变化中表现出来的性质称为化学性质。如木炭可以燃烧说明它具有可燃性;氧气能支持物质燃烧说明其具有助燃性;浓硫酸使纸张变黑说明它具有脱水性;稀盐酸遇紫色石蕊试剂变红色说明它具有酸性,等等。这些性质只有通过化学变化才能表现出来,因而均属于化学性质。

了解物质的性质是为了更好地掌握、应用这种物质。例如,铝具有良好的延展性,我们可以把铝块制成铝箔作为包装材料;铜能导电,因而可用铜制作电缆;酒精燃烧放热,所以酒精是实验室常见的燃料;浓硫酸能吸收水分,因而实验室中常将其用作气体的干燥剂。

三、化学实验现象的观察和描述

化学是一门以实验为基础的科学,实验是学习化学的一条重要途径。通过实验以及对实验现象的观察、记录和分析,我们可以发现和验证化学原理,获得新的化学知识。

在物质发生变化前后,要仔细观察原有物质和新生成物质的颜色、形态和形状,闻闻气味,了解更多该物质的物理性质。用语言准确地描述物质在发生变化时的现象和性质,并分析这些变化,得出实验结果。

第 2 节　物质的分类

我们生存在由物质所组成的自然界中。我们的周围存在着各种各样的物质,如空气、水、土壤等。这些物质的组成又各不相同。为便于了解、应用物质,我们根据物质的组成情况,对自然界中的物质进行如下的分类。

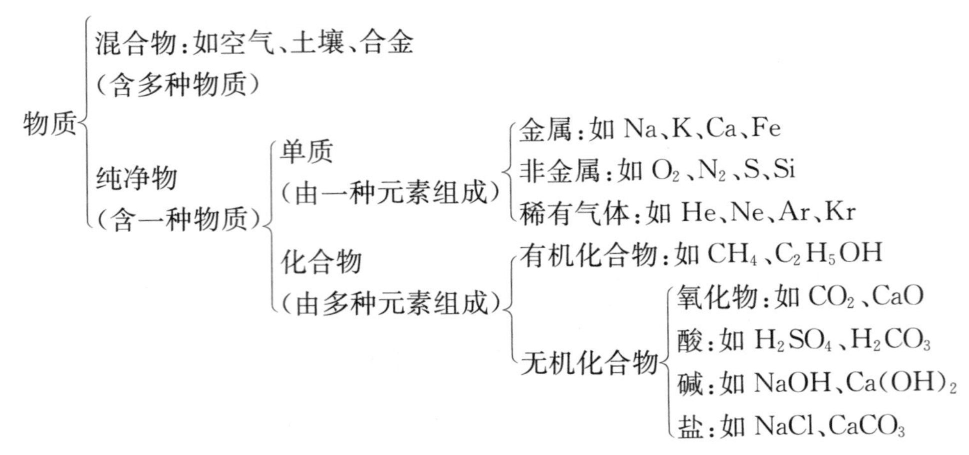

图 1-1 物质的分类

一、混合物和纯净物

(一)混合物

从宏观上看，**由两种或两种以上物质混合而成的物质称为混合物**。从微观上看，混合物是由不同种微粒组成的，只能用不同的化学式表示。组成混合物的各种组分保持它们各自的性质。

例如空气，通过实验测定，空气的成分按体积计算，大约是氮气 78%、氧气 21%、稀有气体 0.94%、二氧化碳 0.03%、其他气体和杂质 0.03%。其中各组分（如氧气、氮气、二氧化碳等）的物理和化学性质都保持不变。土壤和合金都是混合物。

(二)纯净物

从宏观上看，**只由一种物质组成的物质称为纯净物**。从微观上看，纯净物是由同一种微粒组成的，可用一个化学式来表示。如氧气用 O_2 表示，二氧化碳用 CO_2 表示，金属汞用 Hg 表示。

构成纯净物的微粒种类不同，有的由分子构成，如氢气和氧气；有的由原子构成，如金属汞；而有的由离子构成，如食盐由钠离子和氯离子构成。

表 1-3 纯净物和混合物的比较

	纯净物	混合物
性质	由同一种物质组成	由不同种物质组成
	有固定不变的组成	没有一定的组成
	能用一个化学式表示	不能用一个化学式表示
	有一定的物理性质和化学性质	没有固定的性质，各组分保持原来的性质

二、纯净物的分类

(一)单质

由同种元素所构成的纯净物称为单质,如氧气、氢气、氮气、铁、铝等。需要注意的是,氧气和臭氧虽然都由氧元素构成,但它们分子中的氧原子个数不同,化学式分别为 O_2 和 O_3,所以它们是不同种类的单质。这种由同种元素所构成的不同种单质,互称为同素异形体。金刚石和石墨就属于同素异形体。

单质根据构成的元素种类不同,分为金属单质、非金属单质和稀有气体。

1. 金属单质

由金属原子构成的单质称为金属单质。它们在常温下大多数为固态,具有特定的光泽以及良好的延伸性、导电性和导热性,如铁、锌、镁、铝、铜等。汞是常温下唯一为液态的金属单质。常用元素符号来表示金属单质的化学式,如铁用 Fe 表示,锌用 Zn 表示,镁用 Mg 表示。

根据金属单质在水溶液中失去电子生成金属阳离子的能力(即金属活动性)由强到弱的顺序,得到金属活动性顺序表。如下所示。

$$\xrightarrow[\text{金属活动性逐渐减弱}]{\text{K Ca Na Mg Al Mn Zn Fe Sn Pb (H) Cu Hg Ag Pt Au}}$$

通过金属活动性顺序可知:

(1)在金属活动性顺序里,金属的位置越靠前,它的活动性就越强。

(2)在金属活动性顺序里,位于氢前面的金属能置换出盐酸、稀硫酸中的氢。

(3)在金属活动性顺序里,位于前面的金属能把位于后面的金属从它们化合物的溶液里置换出来。

2. 非金属单质

由非金属元素所构成的单质称为非金属单质。它们在常温下状态不一,有气态的,如氧气、氢气等,也有固态的,如白磷、硫、石墨等。有的非金属单质能用反映单质分子组成的化学式表示,如氧气(O_2)、臭氧(O_3)、氮气(N_2)等;有的非金属单质的组成结构比较复杂,只能用它们的元素符号表示,如硼(B)、金刚石(C)、石墨(C)等。

3. 稀有气体

稀有气体在常温常压下都是无色无味的单原子气体,很难进行化学反应,所以又称惰性气体。稀有气体是由单原子分子构成的,也是用元素符号来表示,如氦(He)、氖(Ne)、氩(Ar)等。

(二)化合物

由不同种元素所构成的纯净物称为化合物。化合物根据组成分为有机化合物(如甲烷、酒精、蔗糖、淀粉等,后面课程介绍)和无机化合物(如二氧化碳、高锰酸钾等)。无机化合物按其组成又可分为氧化物、酸、碱、盐等几类。本节主要介绍氧化物。

氧化物是指由氧元素和另一种非氧元素组成的化合物，如二氧化碳(CO_2)、氧化铁(Fe_2O_3)等。

根据非氧元素的不同，氧化物又可分为金属氧化物和非金属氧化物。金属氧化物由金属元素和氧元素两种元素构成，如氧化钙(CaO)、氧化铁(Fe_2O_3)等；非金属氧化物由非金属元素和氧元素两种元素构成，如二氧化碳(CO_2)、三氧化硫(SO_3)等。

根据与酸、碱的反应情况，氧化物又可分为酸性氧化物、碱性氧化物、两性氧化物和不成盐氧化物。

酸性氧化物是指能与碱反应生成盐和水的氧化物。大多数非金属氧化物都是酸性氧化物，如 CO_2、SO_3、SO_2 等。大多数非金属氧化物都能与水直接反应生成对应的酸。

$$2NaOH+CO_2 = Na_2CO_3+H_2O$$

$$SO_3+H_2O = H_2SO_4$$

$$CO_2+H_2O = H_2CO_3$$

碱性氧化物是指能与酸反应生成盐和水的氧化物。大多数金属氧化物都是碱性氧化物，如 Na_2O、Fe_2O_3 等。少数金属氧化物能与水直接反应生成对应的碱。

$$MgO+H_2SO_4 = MgSO_4+H_2O$$

$$CaO+H_2O = Ca(OH)_2$$

$$Na_2O+H_2O = 2NaOH$$

两性氧化物是指既能与酸反应也能与碱反应生成盐和水的氧化物，如 Al_2O_3。

$$Al_2O_3+6HCl = 2AlCl_3+3H_2O$$

$$Al_2O_3+2NaOH = 2NaAlO_2+H_2O$$

不成盐氧化物是指既不能与酸反应也不能与碱反应生成盐和水的氧化物，如 CO、NO 等。

第 3 节　物质构成

人类赖以生存的自然界是由形形色色的物质所构成的。虽然自然界的物质种类繁多，但经科学验证，构成物质的微粒主要有 3 种：分子、原子和离子。不同的物质由不同种的微粒组成。如水和氧气由分子组成，金刚石和铁由原子组成，而氯化钠和硫酸铜则由离子组成。

一、分子、原子和离子

(一)分子

1. 分子的概念

分子是构成物质的一种微粒。许多物质由分子构成，如水、氧气、二氧化碳、酒精、蔗糖、蛋白质和核酸等。

由分子构成的物质在发生物理变化时，其分子本身不发生变化，只是分子间的距离发生了变化。例如，水变成水蒸气时，水分子本身没有变化，但水分子间的距离变大了，水的化学性质没变。但是由分子构成的物质发生化学变化时，分子的种类也发生了变化，生成了其他种类的分子。例如，甲烷在氧气中燃烧，甲烷分子裂解生成碳原子和氢原子，氧气分子裂解生成氧原子，这几种原子再重新组合，生成新的分子——二氧化碳分子和水分子。

$$CH_4 + O_2 \xrightarrow{\text{燃烧}} CO_2 + H_2O$$

由此说明：**分子是保持物质化学性质的最小微粒**。

2. 分子的性质

分子的**体积很小**。例如，一滴水(按 1 mL 水 20 滴来计算)大约有 1.67×10^{21} 个水分子。如果拿水分子的体积与乒乓球的体积相比，就如同拿乒乓球与地球的体积相比一样。分子的质量也很小，一个水分子的质量大约是 3×10^{-26} kg。

分子总是在**不断地运动着**。例如，我们能闻到食物的味道，衣柜中的樟脑球会不断地变小直至消失。夏季水的蒸发速度比冬季快，说明温度越高，分子的运动速度越快。

物质分子间**有一定的间隔**。例如，把 100 mL 的水和 100 mL 的酒精混合起来，混合后液体的总体积小于 200 mL，这说明分子间有一定的间隔。由于气体分子间的间隔大，因此气体是可压缩的；液体、固体分子间的间隔小，因而不易压缩。物质状态发生变化时体积的变化是由物质分子间间隔大小的变化所引起的。

分子是保持物质的化学性质的微粒。同种物质的分子，其化学性质相同；不同种物质的分子，其化学性质不同。分子是微观粒子，单个分子不具备物质的物理性质。因为物理性质如熔点、沸点、光泽、延展性等都是宏观现象，故需要大量分子的聚集体才能表现出来。

(二)原子

1. 原子的概念

虽然分子很小，但分子还可以再分为原子，分子由原子构成。有的分子由同种原子构成，如氧气分子就是由 2 个氧原子构成的；大多数分子是由 2 种或 2 种以上的原子构成的，如二氧化碳分子就是由 1 个碳原子和 2 个氧原子构成的。在化学变化中，分子可以裂解成原子，原子再重新结合生成新的分子。如加热氧化汞粉末时，氧化汞分子会裂解成氧原子和汞原子，每 2 个氧原子结合生成 1 个氧分子，许多汞原子聚集成金属汞。

可见，在化学变化中，分子的种类可以发生变化，而原子的种类不会发生变化，因此，**原子是化学变化中的最小粒子**。

2. 原子的性质

同分子一样，原子的体积很小，质量也很小。例如，若能把 1 亿个氧原子排成一行，其长度也只有 1 cm 多一点，一个氧原子的质量仅约为 2.657×10^{-26} kg。

原子同分子一样，也在不断地运动着，原子之间也有间隔。

原子可以通过组合成分子来构成物质，例如，氢原子和氧原子组合成水分子，形成水或冰。原子也可以直接构成物质，例如，石墨和金刚石就是由碳原子直接构成的。

同类原子的化学性质相同，不同类原子的化学性质不同。

3. 原子的构成

原子的概念是由英国化学家道尔顿于1803年首次提出的。1911年，英国物理学家卢瑟福用α射线照射到金箔上发现了原子核的存在，提出了原子的天体模型。在原子的中心有一个很小的带正电的原子核，在核外广袤的空间中有若干带负电的电子绕核高速运动。原子核所带的正电荷量和核外电子所带的负电荷量相等，因此，整个原子是电中性的。

原子核由质子和中子组成。每个质子带一个单位正电荷，中子不带电。因此，原子核所带的正电荷数（核电荷数）由质子数决定。

核外每个电子带一个单位的负电荷。由于整个原子呈电中性，因此，

核电荷数＝核内质子数＝核外电子数

原子
- 核外电子　每个电子带一个单位负电荷
- 原子核
  - 质子　每个质子带一个单位正电荷
  - 中子　不带电

4. 原子核外电子排布

原子核外有很大的空间，电子就在这个空间里做高速运动。每个星球都有其特定的运动轨道，每架飞机也有其特定的航道，与此相类似，原子核外的每个电子都有其特定的运动轨迹。对于含有多个电子的原子，核外的每个电子都具有不同的运动状态。有的在离核较近的区域运动，有的在离核较远的区域运动，也就是说，原子核外电子是分层运动，也称为分层排布。电子运动的层（空间区域）称为电子层。

根据电子与原子核的距离，电子层由内而外依次为第一层、第二层、第三层等，共7层，既$n=1,2,3,\cdots,7$。离核越近的电子能量越低，离核越远的电子能量越高。

原子结构示意图可以简明、方便地表示核外电子排布，如图1-2所示。

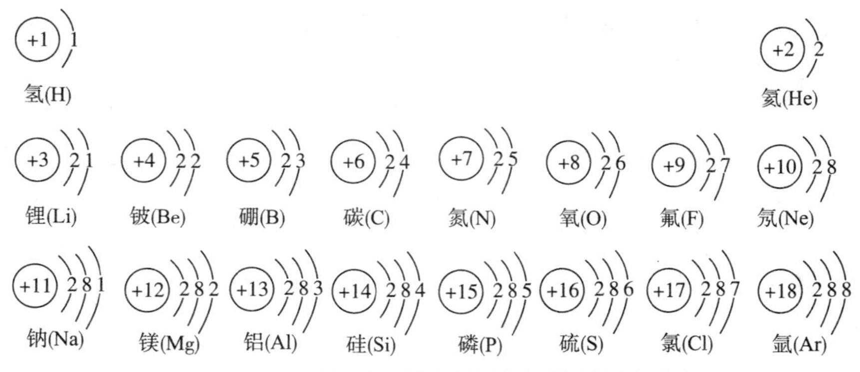

图1-2　部分原子的原子结构示意图

原子核外电子排布是有一定规律的：每个电子层最多排$2n^2$个电子，即第一层最多

排 2 个电子，第二层最多排 8 个电子，第三层最多排 18 个电子等；核外电子排布按能量最低原则，先排在能量最低的第一层，当第一层排满后，再排在能量较高的第二层，依此类推；最外层不能超过 8 个电子，次外层不能超过 18 个电子。

原子最外层电子数达到 8 个时为**相对稳定结构**(第一电子层为 2 个电子)，此时，原子的化学性质比较稳定，不易和其他物质发生反应。当最外层少于 8 个电子时，原子可通过得失电子来趋于达到相对稳定结构。

5. 相对原子质量

原子是微观粒子，它的实际质量很小。例如，一个氧原子的质量约为 2.657×10^{-26} kg。由于原子质量的数值太小，在书写、使用时很不方便，因此，在实际工作中一般不直接用原子的实际质量，而是采用原子的相对质量。

国际上以 ^{12}C 原子(原子核内含有 6 个质子和 6 个中子的碳原子)实际质量的 1/12 作为标准，其他原子实际质量和它相比较所得的比值，就是这种原子的**相对原子质量**。例如，^{12}C 的相对原子质量为 12，氧原子的相对原子质量为 16，氢原子的相对原子质量为 1。各原子的相对原子质量可以查阅元素周期表。

表 1-4　原子与分子比较表

	分子	原子
相似点	质量和体积都很小，处于永恒运动中，分子间有间隔 同种分子化学性质相同，不同种分子化学性质不同	质量和体积都很小，处于永恒运动中，原子间有间隔 同种原子化学性质相同，不同种原子化学性质不同
不同点	分子是保持物质化学性质的最小微粒。在化学反应中，分子可以裂解为原子	原子是化学变化中的最小粒子，在化学反应中不可再分，只能重新组合成新物质的分子
联系	分子是由原子构成的，分子是构成物质的一种粒子	原子是构成分子的粒子，原子也是构成物质的一种粒子

(三)离子

1. 离子的概念

在化学变化中原子不可再分，但原子可以通过得失外层的电子形成离子。**带有电荷的原子或原子团称为离子**。原子失去电子后成为带正电荷的粒子，称为阳离子(如 Na^+、Mg^{2+})；原子获得电子后成为带负电荷的粒子，称为阴离子(如 Cl^-、S^{2-})。原子所带的正电荷数或负电荷数等于原子失去或得到的电子数。

由几种原子结合而成的一个原子集团称为**原子团**(如 SO_4^{2-}、CO_3^{2-}、NH_4^+)。在许多化学反应中，原子团常作为一个整体参加反应，如同一个原子一样。

2. 离子的性质

同分子、原子一样，离子的质量和体积也很小，也处于不断的运动之中，离子之间也有间隙。离子也是构成物质的一种粒子。例如，食盐就是由钠离子和氯离子构成的。

二、元素、化学式、化合价

(一)元素和元素符号

1. 元素的概念

水分子由氢原子和氧原子构成,氧气分子由氧原子构成,二氧化碳分子由碳原子和氧原子构成。尽管水、氧气和二氧化碳是不同种类的物质,化学性质不同,但是它们都含有氧原子,即都含有原子核内有 8 个质子的氧原子(中子数可能不同)。化学上,**把具有相同核电荷数(即核内质子数)的同一类原子总称为元素**。例如,质子数为 1 的所有氢原子统称为氢元素,质子数为 6 的所有碳原子统称为碳元素。

同一元素的不同种原子含有相同的核电荷数(即质子数相同,中子数可以不同),不同元素的核电荷数不同。按元素核电荷数由小到大的顺序给元素编号,所得的序号称为该**元素的原子序数**。如氢元素的原子序数为 1,碳元素的原子序数为 6。

物质发生化学变化时,分子的种类会发生变化,但原子种类不变,元素的种类也不会变化,元素的存在形式可能会发生变化。

注意:构成物质的微粒——分子、原子、离子是微观的概念,而元素是宏观的概念。前者是可计数的,后者只有种类的区别而无数量的区别,即可以说 1 个氧分子、2 个氧原子或 3 个氧离子,而不能说 1 个氧元素,只能说 1 种氧元素。

自然界中的物质有几千万种,构成物质的原子也有几百种,但构成物质的元素目前只发现一百多种,其中还包括十几种人工合成的元素。把这些元素按照一定的规律排布就得到元素周期表。

表 1-5 元素与原子比较表

	元素	原子
区别	元素是宏观概念,只论种类,不论个数	原子是微观概念,既有种类,又有数量的含义
	化学变化中元素种类不变,但存在形式可能变化	化学变化中,原子的种类和数量不变,但外层电子数可能变化
联系	元素是同一类原子的总称,原子是构成元素的基本单元	

2. 元素符号

为便于国际学术的交流,用特定的符号来表示化学元素。这些**用来表示不同元素的化学符号称为元素符号**。

国际上统一采用元素拉丁文名称的第一个字母(大写)来表示元素,如氢元素的符号为 H,氧元素的符号为 O;如果几种元素拉丁文名称的第一个字母相同,就附加一个小写字母来区别,例如,Cu 表示铜元素,Cl 表示氯元素,Ca 表示钙元素。

书写元素符号时应注意,由两个字母表示的元素符号,第二个字母必须小写。

元素符号的含义(以 O 为例):表示一种元素(如氧元素);表示该元素的一个原子(如 O 表示 1 个氧原子)。

(二)化学式与相对分子质量

1. 化学式

我们知道,纯净物都有固定的组成,即分子中原子的种类和数目是固定的。为便于认识和研究物质,常用元素符号来表示这种物质。例如,H_2 表示氢气,H_2O 表示水,CO_2 表示二氧化碳。

在化学上,这种**用元素符号和数字的组合表示物质组成的式子称化学式**。

(1)化学式的意义(以 H_2O 为例)。

①表示一种物质(如 H_2O 表示水这种物质)。

②表示该物质的一个分子(如 H_2O 表示 1 个水分子)。

③表示该物质的元素组成(如 H_2O 表示水由氢元素和氧元素组成)。

④表示该物质的一个分子中各原子的个数(如 H_2O 表示 1 个水分子中含有 2 个氢原子和 1 个氧原子)。

(2)化学式的书写原则。

①单质化学式的书写。由原子构成的单质直接用元素符号表示,如稀有气体(He、Ne、Ar 等)、金属单质(Fe、Cu、Zn 等)、固态非金属单质(S、C、P 等)。由分子构成的单质,在元素符号的右下角用小数字表示一个单质分子中所含的原子个数,如 H_2、O_2、N_2 等。

②简单化合物化学式的书写。由两种元素组成的化合物,如果是氧化物,则一般把氧元素的符号写在右边,非氧元素写在左边,然后在相应的元素符号右下角标注原子的个数,原子个数为 1 时不标注。如 CO_2、H_2O、P_2O_5、CuO 等。如果是金属元素和非金属元素组成的化合物,一般把金属元素写在左边,非金属元素写在右边,再标注出相应的原子个数,如 ZnO、$CaCl_2$、Na_2S 等。

(3)化学式的命名。由两种元素组成的化合物的名称,一般从右往左读作"**某化某**",如 NaCl 读作氯化钠,ZnO 读作氧化锌。有时还要读出化学式中各元素的原子个数,如 CO_2 读作二氧化碳,Fe_3O_4 读作四氧化三铁。

2. 相对分子质量

化学式中各原子的相对原子质量的总和就是该物质的**相对分子质量**,单位为 1,以符号 M(B)或 M_B 表示,B 是物质的化学式。如 $M_{CO_2}=44$。

根据化学式可进行相关计算,举例如下。

①计算相对分子质量。

O_2 的相对分子质量$=16\times2=32$

H_2O 的相对分子质量$=1\times2+16=18$

②计算物质组成元素的质量比。

CO_2 中碳元素与氧元素的质量比$=12:(16\times2)=3:8$

③计算物质中某元素的质量分数。物质中某元素的质量分数就是该元素的质量与组成物质的所有元素的总质量之比。

【例 1-1】 计算硝酸铵(NH_4NO_3)中氮元素的质量分数。

解:先计算出 NH_4NO_3 的相对分子质量=14+1×4+14+16×3=80

$$再计算氮元素的质量分数=\frac{N的相对原子质量\times N的原子数}{NH_4NO_3的相对分子质量}$$

$$=\frac{14\times 2}{80}\times 100\%$$

$$=35\%$$

答:硝酸铵中氮元素的质量分数为35%。

(三)化合价

1. 化合价的定义

化合物都有固定的元素组成,即形成化合物的元素有固定的原子个数比,如 CO_2 中1个碳原子和2个氧原子化合;H_2O 中1个氧原子与2个氢原子化合。我们用化合价来描述一种元素的原子与其他元素原子化合的情况。

一种元素一定数目的原子与其他元素一定数目的原子化合的性质,称为该元素的化合价。

元素的化合价是元素与其他元素化合时所表现出来的性质,只存在于化合物中,所以单质中,元素的化合价为零。

元素的化合价有正、有负。化合物中,正负化合价的代数和为零。例如,在化合物中,O的化合价通常为−2价,H的化合价为+1价,Cl的化合价为−1价,所以1个氧原子与2个氢原子化合生成水,1个氯原子与1个氢原子化合生成氯化氢。

2. 化合价的表示方法

化合价用+1、+2、+3、−1、−2等来表示,标在化合物元素符号的正上方,如$\overset{+1}{Na}\overset{-1}{Cl}$、$\overset{+2}{Mg}\overset{-2}{O}$。

离子所带电荷符号用+、2+、−、2−来表示,标在元素符号的右上角,如 Na^+、Al^{3+}、Cl^-、O^{2-}等。

3. 确定元素化合价的一般规则

①化合物中,各元素的正负化合价代数和为零。

②单质中元素的化合价为零。

③化合物中,氢元素的化合价通常为+1价,氧元素的化合价通常为−2价。

④金属和非金属化合时,金属显正价,非金属显负价。

⑤氧、氟与其他非金属元素化合时,氧元素显−2价,氟元素显−1价,其他非金属元素显正价。

⑥许多元素具有可变化合价,在不同的化合物中显示的化合价是不同的,如 $Na\overset{-1}{Cl}$、$\overset{0}{Cl}_2$、$K\overset{+5}{Cl}O_3$、$H\overset{+7}{Cl}O_4$ 等。

4. 常见元素、原子团的化合价

常见元素、原子团化合价见表 1-6。

一价氢氯钾钠银、铵根硝酸(根)氢氧根；
二价氧镁钙钡锌、碳酸(根)硫酸(根)硅酸根；
二四六硫二四碳，三价铁铝磷酸根；
亚铁亚铜要记清，莫忘单质都为零。

表 1-6　常见元素、原子团的化合价表

元素名称	元素符号	常见的化合价	元素名称	元素符号	常见的化合价
钾	K	+1	氢	H	+1
钠	Na	+1	氟	F	−1
银	Ag	+1	氯	Cl	−1,+1,+5,+7
钙	Ca	+2	氧	O	−2
镁	Mg	+2	硫	S	−2,+4,+6
钡	Ba	+2	碳	C	+2,+4
锌	Zn	+2	硅	Si	+4
铜	Cu	+1,+2	氮	N	−3,+2,+4,+5
铁	Fe	+2,+3	磷	P	−3,+3,+5
铝	Al	+3	碳酸根	CO_3^{2-}	−2
锰	Mn	+2,+4,+6,+7	硫酸根	SO_4^{2-}	−2
铵根	NH_4^+	+1	硅酸根	SiO_3^{2-}	−2
硝酸根	NO_3^-	−1	磷酸根	PO_4^{3-}	−3
氢氧根	OH^-	−1			

5. 元素化合价的应用

依据化合物中正负化合价代数和为零的原则可以解决很多问题。

(1)书写化合物的化学式。

【例 1-2】　书写氧化铝的化学式。

解：写出组成化合物的两种元素的符号，正价在左、负价在右：$\overset{+3}{Al}\overset{-2}{O}$。

交叉约简定个数：最小公倍数为 $3\times2=6$，Al：$6/3=2$，O：$6/2=3$。

写右下，验正误：$(+3)\times2+(-2)\times3=0$

答：氧化铝的化学式是 Al_2O_3。

(2)根据化合价原则，计算化合物中某元素的未知化合价。

【例 1-3】　求 $KMnO_4$ 中 Mn 的化合价。

解：设 $KMnO_4$ 中 Mn 的化合价为 x 价，

根据化合价原则有 $(+1)\times1+(x)\times1+(-2)\times4=0$

解得 $x=+7$

答：$KMnO_4$ 中 Mn 的化合价为+7 价。

(3)根据化合价原则，判断化学式正误。

【例 1-4】　判断氧化钠(NaO)的化学式是否正确。

解：标出元素的化合价：$\overset{+1}{Na}\overset{-2}{O}$。

计算：$(+1)\times1+(-2)\times1=-1\neq0$

判断：NaO 的化学式错误，正确的应是 Na_2O。

练 习 题

一、名称解释

1. 物理变化
2. 物理性质
3. 化学变化
4. 化学性质
5. 混合物
6. 纯净物
7. 单质
8. 化合物
9. 元素符号
10. 化学式
11. 原子序数
12. 化合价

二、填空题

1. 下列物质中，属于金属单质的是________，属于化合物的是________，属于混合物的是________，属于氧化物的是________。（均填序号）

①铁矿石 ②白磷 ③水 ④氯化钾 ⑤黑色的四氧化三铁 ⑥水银 ⑦氧气 ⑧液态空气 ⑨二氧化碳

2. 构成物质的分子之间有________，气体容易压缩是因为它们分子间的________，液体、固体不易压缩是因为它们分子间的________。

3. 构成物质的粒子有________、________和________等。例如，氢气的构成粒子是________，汞的构成粒子是________，氯化钠的构成粒子是________和________。

4. 原子失去电子后，就带有________电荷，成为________离子；原子得到电子后，就带有________电荷，成为________离子。带电的原子称为________。

5. 用数字和化学符号表示：2 个氧分子________，3 个氢原子________，4 个铝离子________，5 个水分子________，6 个碳酸根离子________，氯化钾________，氢氧化钠________，硫酸________。

6. 海洛因是我国政府明令禁止的毒品，其化学式为 $C_{12}H_{23}NO_5$，它由________种元素组成，各种元素的质量比为________，每个海洛因分子中共有________个原子。

7. 燃放烟花爆竹能产生一种刺激性气味的气体，会污染空气，该气体由氧和硫两种元素组成，其质量比为 1∶1。这种气体的化学式为________。

三、选择题

1. 下列物质中，含有氧分子的是 (　　)

A. 水　B. 液氧　C. 氧化汞　D. 二氧化碳

2. 下列物质中，前者属于化合物，后者属于混合物的是 (　　)

A. 天然气、加碘食盐　B. 水银、生理盐水

C. 烧碱、啤酒　D. 石油、液态氮

3. 物质的下列性质中，属于化学性质的是 (　　)

A. 颜色、状态　B. 密度、硬度

C. 氧化性、可燃性　D. 熔点、沸点

4. 下列各组变化中，前者属于物理变化，后者属于化学变化的是 (　　)

A. 铜生锈，蒸汽锅炉爆炸　B. 高粱酿酒，白磷自燃

C. 石灰石破碎，石油液化气燃烧　D. 金属导电，食物腐烂变质

5. 下列关于物质的描述中，属于物理性质的是 (　　)

A. 镁条燃烧时发出耀眼的白光　B. 氮气在通常情况下没有颜色

C. 氧气能使火柴燃烧　D. 浓硫酸使纸张变黑

6. 下列物质的用途与它的物理性质有关的是 (　　)

A. 金刚石用作玻璃刀　B. 浓硫酸用作气体干燥剂

C. 木材作为燃料　D. 粮食能酿酒

7. 甲醛(化学式为 CH_2O)是室内装潢时的主要污染物之一，下列说法中正确的是 (　　)

A. 甲醛是由碳、氢、氧 3 种元素组成的

B. 甲醛由碳原子和水分子组成

C. 甲醛分子由碳原子、氢分子、氧原子组成

D. 甲醛由 1 个碳元素、2 个氢元素和 1 个氧元素组成

8. 在原子里，核内质子数等于 (　　)

A. 中子数　B. 核外电子数

C. 中子数和电子数之和　D. 中子数和电子数之差

9. 五氧化二氮的化学式是 (　　)

A. $5O_2N$　B. O_5N_2　C. N_2O_5　D. $2N_5O$

10. 某工地发生多人食物中毒，经化验为误食工业用盐亚硝酸钠($NaNO_2$)所致。$NaNO_2$ 中氮元素的化合价是 (　　)

A. +2　B. +4　C. +3　D. +5

11. 市售加碘盐是在食盐中加入一定量的碘酸钾(KIO_3)。在碘酸钾中碘元素的质量分数是 (　　)

A. 59.3%　B. 69.8%　C. 64.1%　D. 68.5%

12. 下列化合物中，含有+7 价元素的是 (　　)

A. $HClO_4$　B. K_2MnO_4　C. H_3PO_4　D. $HClO_3$

13. 决定元素种类的是 （　　）

A. 中子数　　B. 质子数

C. 核外电子数　　D. 最外层电子数

14. 下列化合物中，铁元素质量分数最小的是 （　　）

A. FeO　　B. Fe_2O_3　　C. Fe_3O_4　　D. FeS

15. 下列化合物中，氮元素的化合价最低的是 （　　）

A. N_2　　B. NH_3　　C. NO　　D. N_2O_5

四、简答题

1. 下列化合物中，氧为－2 价，氯为－1 价，判断化合物里其他元素的化合价：SO_2，$CaCl_2$，AgCl，Fe_2O_3，P_2O_5，MgO。

2. 已知下列元素在氧化物中的化合价，写出它们氧化物的化学式。（提示：元素符号上方的数字是化合价）。

$\overset{+2}{Ba}$、$\overset{+4}{S}$、$\overset{+4}{C}$、$\overset{+5}{N}$、$\overset{+2}{Ca}$。

五、计算题

1. 丙氨酸是一种氨基酸，相对分子质量为 89，其中氮元素的质量分数为 15.8%，则每个丙氨酸分子中含有几个氮原子？

2. 尿素是农业生产中重要的有机氮肥。某市售尿素[$CO(NH_2)_2$]经检测，结果显示其含氮量为 42%，求该化肥中尿素的含量。

（杨入梅）

第2章 化学反应

学习目标

1. 掌握化学方程式，质量守恒定律的概念与含义，熟悉化学方程式的正确书写方式及简单计算。

2. 熟悉四种基本化学反应类型，掌握酸碱中和反应与沉淀反应。

3. 熟悉电解质和电离的概念以及离子反应发生条件，掌握离子反应式的书写方式。

4. 掌握氧化还原反应的概念与本质、氧化剂和还原剂的概念，了解常见的氧化剂和还原剂。

5. 熟悉化学能的概念与能量守恒定律，熟悉吸热反应与放热反应，了解热化学反应方程式。

6. 熟悉原电池的结构与原理，了解化学电源。

我们生活的物质世界中，各种物质之间存在着多种相互作用，它们不断地发生变化。这些变化既有物理变化，也有化学变化。化学变化是有新物质生成的变化，也称为化学反应。

第1节 化学方程式

一、质量守恒定律

在一定的条件下，物质之间发生化学反应，生成新的物质。化学反应的过程就是参加反应的各物质(反应物)的各原子重新组合而生成其他新物质(生成物)的过程。在这个过程中，反应前后原子的种类没有改变，数目没有增减，原子的质量也没有改变。因此，**参加化学反应的各物质的质量总量，等于反应后生成的各物质的质量总和，这个规律称为质量守恒定律**。

二、化学方程式的定义

学习化学，常常需描述各种物质之间的反应，那么如何简便地表示化学反应呢?

物质可用化学式表示，化学反应同样可用化学式来表示。例如，木炭和氧气在点燃的条件下生成二氧化碳的反应，可以用文字表述为：

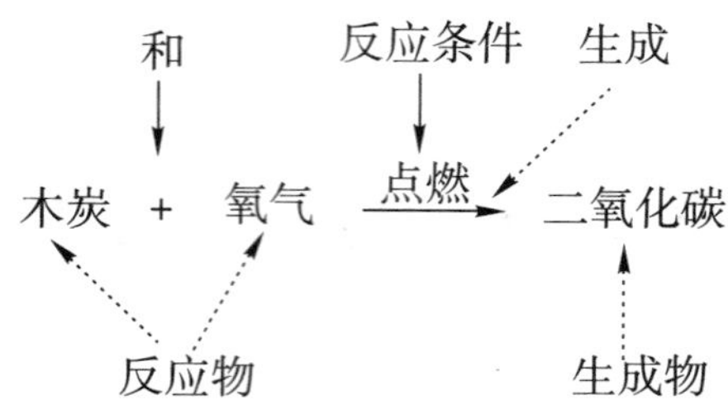

用文字表示化学反应书写很麻烦。可将反应中各物质用化学式表示，并采用国际通用的化学语言表示反应物和生成物的组成，以及各物质间量的关系。如木炭在氧气中的燃烧反应可表示为

$$C+O_2 \xlongequal{点燃} CO_2$$

这种**用化学式来表示化学反应的式子称为化学方程式**。

化学方程式可以清楚地表达如下的信息：参加反应的反应物有哪些；通过什么条件反应；生成了哪些生成物；参加反应的各种粒子的相对数量；反应前后质量守恒，等等。

三、正确读写化学方程式

(一)化学方程式的写法

化学方程式所反映的是化学反应的客观事实。因此，书写化学方程式必须遵守两个原则：一是以客观事实为依据；二是要遵守质量守恒定律，等号两边各原子的种类和数目必须相等。以磷在空气中燃烧生成五氧化二磷的反应为例，书写化学方程式的步骤如下。

1. 正确写出化学式

根据客观事实，在左边写反应物，在右边写生成物。若反应物或生成物有两种或两种以上，化学式中间用“＋”相连。在反应物与生成物之间画一条短线。

$$P+O_2 —— P_2O_5$$

2. 配平化学方程式

在化学式前填上适当的系数，使左右两边的各元素的原子数相等。

书写化学方程式时，在式子左右两边的化学式前要配上适当的化学计量数，使得每一种元素的原子总数相等，这个过程就是化学方程式的配平。常用方法是最小公倍数法，其步骤是：

①找出在反应式两边各出现过一次，并且两边原子个数相差较多或最小公倍数较大的元素作为配平的突破口。

②求它的最小公倍数。

③推出各化学式前面的系数。

$$4P+5O_2 —— 2P_2O_5$$

3. 注明反应条件

注明化学反应方程式发生的基本条件，如点燃、加热(常用“△”号表示)、温度、催化

剂等，并把短线改成等号。

$$4P+5O_2 \xlongequal{点燃} 2P_2O_5$$

4. 标出生成物状态

例如，气体逸出用“↑”表示，固体沉淀用“↓”表示。但是，如果反应物和生成物中都有气体，则气体生成物不能标“↑”，同样，若溶液中反应物和生成物都有固体，则固体生成物也不标“↓”。

(二)化学方程式的读法

1. 宏观

化学方程式在宏观上表示什么物质参加了反应，生成了什么物质，以及反应是在什么条件下进行的。例如：

$$CaO+H_2O = Ca(OH)_2$$

读作：氧化钙与水反应生成氢氧化钙。

2. 微观

化学方程式在微观上表示反应物、生成物的各个分子、原子的个数比。例如：

$$2H_2O_2 = 2H_2O+O_2\uparrow$$

读作：2 个过氧化氢分子分解生成 2 个水分子与 1 个氧气分子。

四、化学方程式的计算

利用化学方程式中各物质之间量的关系，可进行一系列的相关计算。我们先来学习较简单的计算。如根据反应物的量来计算生成物的量或利用生成物的量来计算所需反应物的量等。

【例 2-1】　加热分解 98 g 高锰酸钾，最多可获得多少克氧气？

解：设最多可获得氧气 x g，

$$2KMnO_4 \xlongequal{\triangle} K_2MnO_4+MnO_2+O_2\uparrow$$

$$2\times(39+55+4\times16) \qquad\qquad 1\times(2\times16)$$

$$98\ g \qquad\qquad x\ g$$

$$316\div98=32\div x$$

$$x=32\times98\div316=9.9(g)$$

答：最多可获得氧气 9.9 g。

【例 2-2】　工业上煅烧石灰石可制得生石灰，并生成二氧化碳。如果要制取 5600 kg 生石灰，需要石灰石的质量是多少？

解：设需要石灰石的质量为 x kg，

$$CaCO_3 \xlongequal{煅烧} CaO+CO_2\uparrow$$

$$100 \qquad 56$$

$$x\ kg \qquad 5600\ kg$$

$100 \div 56 = x \div 5600$

$x = 100 \times 5600 \div 56 = 10000$ kg

答:需要石灰石 10000 kg。

第 2 节　化学反应类型

一、基本反应类型

我们在学习、研究化学时,常根据一些化学反应的特点,如反应物和生成物的类型、数量、状态、性质等,将化学反应分为不同的类型。其中,最基本的四种化学反应类型见表 2-1,它们是根据反应物和生成物的数量、类型来分类的。

表 2-1　化学反应的基本类型

反应类型	描述	举例
化合反应	由多种反应物反应获得 1 种产物	$Na_2CO_3 + H_2O + CO_2 = 2NaHCO_3$
分解反应	由 1 种反应物反应获得多种产物	$(NH_4)_2CO_3 = 2NH_3\uparrow + H_2O + CO_2\uparrow$
置换反应	单质与化合物反应生成另一种单质与化合物	$Fe + CuSO_4 = FeSO_4 + Cu$
复分解反应	两种化合物反应生成另两种化合物	$CaO + 2HCl = CaCl_2 + H_2O$

二、中和反应与沉淀反应

(一)中和反应

酸与碱作用生成盐和水的反应称为中和反应。

$$酸 + 碱 = 盐 + 水$$

中和反应属于复分解反应,例如:

$$NaOH + HCl = NaCl + H_2O$$

中和反应在日常生活和工农业生产中有广泛的应用。例如,人的胃液中含有适量的盐酸,它可以帮助消化。但如果饮食过量,胃会分泌大量胃酸,造成胃部不适,以致消化不良。这种情况可遵医嘱服用某些含有碱性的药物,以中和过多的胃酸。

(二)沉淀反应

沉淀反应是指出现生成物沉淀现象的化学反应。沉淀的产生是由于反应生成溶解度较小的物质,或者由于溶液的浓度大于该溶质的溶解度所引起的。例如:

$$H_2S + CuSO_4 = CuS\downarrow + H_2SO_4$$

三、离子反应

(一)电解质及其电离

1. 电解质

分别用相同浓度(如 0.1 mol/L)的氯化钠、盐酸、氢氧化钠、醋酸、氨水和葡萄糖溶液,按图 2-1 的装置进行导电性实验。结果表明,氯化钠、盐酸、氢氧化钠、醋酸、氨水都能导电,只有葡萄糖溶液不能导电。

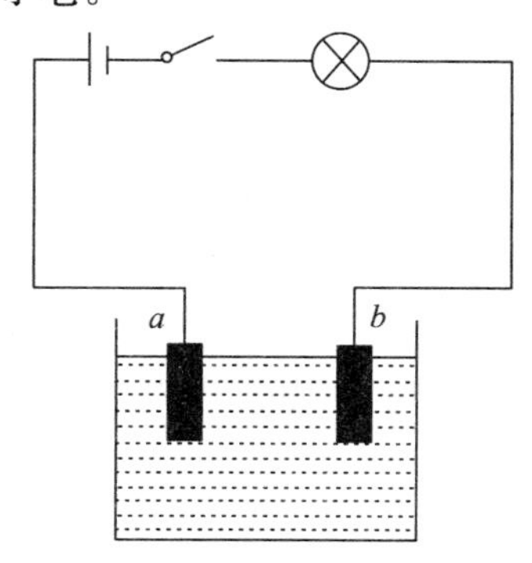

图 2-1　电解质与非电解质的导电性实验

在水溶液里或熔融状态下能导电的化合物称为电解质;反之,不能导电的即为非电解质。

2. 电解质的电离过程

电解质溶液的导电原理和金属导体的导电原理是不同的。实验表明,金属导体导电是由于自由电子的定向移动;电解质溶液导电,是因为电解质的分子在溶液中发生了电离,产生了可以自由移动的阴、阳离子。例如,将氯化钠加入水中,在水分子的作用下,钠离子(Na^+)和氯离子(Cl^-)脱离氯化钠晶体表面,进入水中,形成能够自由移动的水合钠离子和水合氯离子,这个过程就是氯化钠的电离。实际上,氯化钠在水溶液中是以水合钠离子和水合氯离子的形式存在的。通常情况下,为简便起见,仍用离子符号来表示水合离子。氯化钠的电离可以用电离方程式表示为

$$NaCl = Na^+ + Cl^-$$

同样,盐酸和氢氧化钠的电离也可以用电离方程式表示为

$$HCl = H^+ + Cl^-$$

$$NaOH = Na^+ + OH^-$$

葡萄糖溶液不能导电,说明其分子不能电离,在水溶液中仍然以葡萄糖分子形式存在。

因此,我们可以从电离的角度对酸、碱、盐的本质有一个新的认识。**电离时生成的阳离子全部是氢离子(H^+)的化合物称为酸;电离时生成的阴离子全部是氢氧根离子(OH^-)的化合物称为碱;而电离时生成金属阳离子和酸根离子的则称为盐。**

(二)离子反应和离子方程式

1. 离子反应

许多化学反应是在水溶液中进行的,参加反应的物质主要是酸、碱、盐,酸、碱、盐溶于水后电离成为离子。电解质在溶液中的反应实质上是离子之间的反应,这种**在反应中有离子参加或有离子生成的反应称为离子反应**。

例如,盐酸和氢氧化钠反应生成氯化钠和水。

$$NaOH+HCl = NaCl+H_2O$$

电解质在溶液中实际上以离子形式存在,如 NaOH、HCl 在溶液中实际上是以离子形式存在的。

$$HCl = H^+ + Cl^-$$

$$NaOH = Na^+ + OH^-$$

当盐酸溶液和氢氧化钠溶液混合后,溶液中的 Na^+ 和 Cl^- 之间没有发生化学反应,但是 H^+ 和 OH^- 之间发生了化学反应,生成了难电离的水。所以盐酸溶液与氢氧化钠溶液反应的实质是

$$OH^- + H^+ = H_2O$$

像这种用**实际参加反应的离子的符号来表示反应的式子称为离子方程式**。上述离子方程式就是强酸与强碱中和反应的本质。

2. 离子方程式的书写

以硫酸钠溶液与氯化钡溶液反应生成硫酸钡($BaSO_4$)白色沉淀为例,离子方程式书写的一般步骤如下。

(1)写出反应的化学方程式。

$$Na_2SO_4+BaCl_2 = 2NaCl+BaSO_4\downarrow$$

(2)把易溶于水、易电离的物质写成离子形式,把难溶于水的物质、气体、水等物质仍用化学式表示,上述化学方程式可改写成

$$2Na^+ + SO_4^{2-} + Ba^{2+} + 2Cl^- = 2Na^+ + 2Cl^- + BaSO_4\downarrow$$

(3)删除方程式两边没有参加反应的离子,得到

$$Ba^{2+} + SO_4^{2-} = BaSO_4\downarrow$$

(4)检查方程式两边各元素的原子个数和电荷总数是否相等。

3. 离子反应的含义

盐酸、硫酸分别与氢氧化钠、氢氧化钾溶液发生中和反应,化学方程式各不相同。

$$NaOH+HCl = NaCl+H_2O$$

$$KOH+HCl = KCl+H_2O$$

$$2NaOH+H_2SO_4 = Na_2SO_4+2H_2O$$

$$2KOH+H_2SO_4 = K_2SO_4+2H_2O$$

但它们的离子方程式却是相同的,即

$$OH^- + H^+ = H_2O$$

这说明：酸与碱发生中和反应的实质是由酸电离出来的 H^+ 与由碱电离出来的 OH^- 相结合生成了 H_2O。

由此可见，离子方程式与一般的化学方程式不同，它不仅可以表示某一个具体的化学反应，而且可以表示同一类型的离子反应。

(三)离子反应发生的条件

酸、碱、盐等在水溶液中发生的复分解反应，实质上是两种电解质在溶液中互相交换离子的反应。因此，只要具备下列条件之一，离子反应即可发生。

(1)生成难溶的物质(沉淀生成)，如生成 $BaSO_4$、$AgCl$、$CaCO_3$ 等。

(2)生成挥发性物质(放出气体)，如生成 CO_2、SO_2、H_2S 等。

(3)生成难电离的物质(生成水等)，如生成 CH_3COOH、H_2O、$NH_3 \cdot H_2O$、$HClO$ 等。

四、氧化还原反应

氧化还原反应是一类重要的化学反应。它不仅与科学研究、工农业生产和日常生活密切相关，而且是医学检验、药物生产、卫生检测等方面经常遇到的一类化学反应，如物质燃烧，铁生锈，营养物质在人体中的代谢，过氧化氢的消毒杀菌，维生素 C 的测定原理，饮用水加氯消毒杀菌等。

(一)氧化还原反应的概念

对氧化还原反应的认识是一个由浅入深、由表及里、由现象到本质的过程。

1. 氧化还原反应是得失氧的反应

在木炭还原氧化铜的化学反应中，碳得到氧变成二氧化碳，发生了氧化反应，而氧化铜失去氧变成单质铜，发生了还原反应，这两个截然相反的过程在一个反应中同时发生，这样的反应称为氧化还原反应。

失去氧，被还原

$$2CuO + C \xlongequal{高温} 2Cu + CO_2\uparrow$$

得到氧，被氧化

2. 氧化还原反应是化合价升降的反应

从化合价升降的角度来分析上述反应，可以看出，在氧化还原反应中，某些元素的化合价在反应前后发生了变化。我们称物质所含元素化合价升高的反应为氧化反应，称物质所含元素化合价降低的反应为还原反应。

化合价降低，被还原

$$2\overset{+2}{Cu}O + \overset{0}{C} \xlongequal{高温} 2\overset{0}{Cu} + \overset{+4}{C}O_2\uparrow$$

化合价升高，被氧化

再来分析下面的反应。

化合价降低，被还原

$$\overset{0}{Fe} + \overset{+2}{Cu}SO_4 = \overset{+2}{Fe}SO_4 + \overset{0}{Cu}$$

化合价升高，被氧化

可见，并非只有得失氧的化学反应才是氧化还原反应，凡是有元素化合价升降的化学反应都是氧化还原反应。

3. 氧化还原反应是电子转移的反应

由于化合价的升降与原子核核外电子的转移密切相关，因此，要想揭示氧化还原反应的本质，需要从微观的角度来认识电子转移与氧化还原的关系。

先分析一下氯气与金属钠的反应。在这个反应中，钠原子失去一个电子（用 e 表示），成为钠离子（Na^+），而氯原子得到了一个电子，成为氯离子（Cl^-）。

失去2e，化合价升高，被氧化

$$2\overset{0}{Na} + \overset{0}{Cl_2} = 2\overset{+1}{Na}\overset{-1}{Cl}$$

得到2e，化合价降低，被还原

在这个反应中，实际上发生了电子的转移。

2e

$$2Na + Cl_2 = 2NaCl$$

失电子　得电子

再来分析一下氢气和氯气的反应。在这个反应中，并没有发生电子的得失，而是氢原子与氯原子通过共用电子对的形式形成共价键而结合起来。由于氯原子对共用电子对的吸引能力比氢原子稍强一些，因而共用电子对偏向氯原子而偏离氢原子。

化合价升高，被氧化

$$\overset{0}{H_2} + \overset{0}{Cl_2} = 2\overset{+1}{H}\overset{-1}{Cl}$$

化合价降低，被还原

在这个反应中，虽然没有发生电子的得失，但由于共用电子对发生了偏移，造成原子所带的电性发生了变化，这类似于电子发生了转移，因此，该反应也属于氧化还原反应。

2e

$$H_2 + Cl_2 = 2HCl$$

通过以上分析可以看出：**凡有电子转移（得失或偏移）的反应就是氧化还原反应**，其本质是电子的转移。电子转移是微观表现，化合价的变化是宏观表现。

（二）氧化剂和还原剂

1. 氧化剂和还原剂的概念

氧化剂和还原剂作为反应物共同参加反应。在氧化还原反应中，**凡能得到电子（或电子对偏向）的物质，其所含元素化合价降低，该物质是氧化剂；凡能失去电子（或电子对偏离）的物质，其所含元素化合价升高，该物质是还原剂**。例如：

$$\underset{\text{还原剂}}{2Na} + \underset{\text{氧化剂}}{Cl_2} \xrightarrow{\quad} 2NaCl \quad (2e^{-}: Na \rightarrow Cl_2)$$

2e

2Na + Cl_2 ══ 2NaCl

还原剂　氧化剂

氧化剂具有氧化性，反应时本身被还原，生成还原产物；还原剂具有还原性，反应时本身被氧化，生成氧化产物。

还原剂＋氧化剂══氧化产物＋还原产物

根据得失电子的难易程度，氧化剂和还原剂还有强弱之分。

2. 常见的氧化剂和还原剂

（1）常见的氧化剂　氧化剂必须是容易获得电子的物质。一般可作氧化剂的物质有：

①活泼非金属，如 Cl_2、O_2 等。

②高价金属离子，如 Fe^{3+}、Cu^{2+} 等。

③具有高或较高化合价的含氧化合物，如 $KMnO_4$、$K_2Cr_2O_7$、$KClO_3$、HNO_3、H_2SO_4、HClO 等。

④某些氧化物和过氧化物，如 MnO_2、H_2O_2 等。

（2）常见的还原剂　还原剂必须是容易失去电子的物质。一般可作还原剂的物质有：

①活泼金属及某些非金属，如 Na、Mg、Zn、Fe、C、H 等。

②低价金属离子，如 Fe^{2+}、Sn^{2+}、Cu^{+} 等。

③具有低或较低化合价的化合物，如 CO、SO_2、H_2S、Na_2SO_3、$Na_2S_2O_3$、$NaNO_2$、KI 等。

第 3 节　化学反应与能量

化学反应在生成新物质的同时，还伴随着能量的变化。化学不仅研究物质的组成、结构、性质及其变化，还研究物质变化过程中伴随的能量变化。在当今社会，人类需要的大部分能量是由化学反应产生的，如目前普遍通过燃烧化石燃料（煤、石油、天然气等）来获取能量。

一、化学能与能量守恒定律

(一)能量守恒定律

质量守恒定律告诉我们,自然界的物质通过化学反应可发生相互转化,但是总质量保持不变。同样的,一种形式的能量可以转化为另一种形式的能量,转化的途径和能量的形式可以不同,但体系中包含的总能量保持不变,亦即总能量是守恒的,这就是**能量守恒定律**。质量守恒定律和能量守恒定律是两条基本的自然定律。

化学能是能量的一种形式,通过化学反应可以转化为其他形式的能量,如热能和电能等,但在转化时,同样也要遵守能量守恒定律。

(二)化学反应中的能量变化

各种物质都储存有化学能。不同物质的组成和结构不同,它所包含的化学能也不同。当物质发生化学反应时,反应物中化学键的断裂需要吸收能量,生成物中形成的化学键需要放出能量。一个化学反应完成后的结果是吸收能量还是放出能量,取决于反应物的总能量与生成物的总能量的相对大小,并遵守能量守恒定律。

若反应物的总能量大于生成物的总能量,则化学反应放出能量;若反应物的总能量小于生成物的总能量,则化学反应吸收能量。

在化学反应中,这种能量变化的形式有热能、电能、光能等。

二、化学能与热能

化学反应中的能量变化通常主要表现为热量的变化——吸热或放热。这就是化学能与热能的相互转化。

(一)吸热反应与放热反应

放出热量的化学反应称为放热反应。如木炭在氧气中的燃烧反应,氧化钙与水的反应、酸碱中和反应等,都是放热反应。

吸收热量的化学反应称为吸热反应。如反碳和水蒸气的反应等。

化学反应过程中释放或吸收的热能称为反应热。用符号 Q 表示,单位为 kJ/mol。

(二)热化学方程式

热化学方程式是指标出反应放出的热量或吸收的热量的化学方程式。例如:

$$C(s)+O_2(g)=\!=\!=CO_2(g)+393.5\ kJ$$

$$C(s)+H_2O(g)=\!=\!=CO(g)+H_2(g)-131.3\ kJ$$

热化学方程式中,放出热量用“+”表示,为放热反应;吸收热量用“-”表示,为吸热反应。

书写热化学方程式时必须注意以下几点:

(1)反应热与温度和压强等测定条件有关,因此,书写时必须指明反应时的温度和压强,在标准状况(25 ℃、101 kPa)时,可以不注明。

(2)各物质化学式右侧用圆括弧注明物质的聚集状态。可以用 g、l、s 分别代表气态、液态、固态。固体有不同晶态时,还需将晶态注明,如 C(石墨)、C(金刚石)等。溶液中的反应物质则需注明其浓度,以 aq 代表水溶液。

(3)热化学方程式中化学式前的系数只表示该物质的物质的量,不表示物质分子个数或原子个数,因此,它可以是整数,也可以是分数。

(4)反应热只能写在化学方程式的右边,放出热量用“+”表示,吸收热量用“−”表示。其单位一般为 kJ/mol。

(5)热化学方程式不标“↑”或“↓”,也不注明反应条件,如△(加热)等。

(三)反应热的应用

化学物质中的化学能通过化学反应转化成热能,提供人类生存和发展所需要的能量和动力,如化石燃料的燃烧、炸药爆破、发射火箭等。而热能转化为化学能,又是人们进行化工生产、研制新物质等活动所不可缺少的条件和途径,如高温冶炼金属、合成氨等,都需要化学能转化所用的热能。

化学能转化为热能在生物界也普遍存在。如人通过膳食将淀粉等糖类物质摄入体内,再通过一系列的化学反应(生化反应)释放出能量,以维持人的生理活动。

三、化学能与电能

在通常情况下,化学能会转化成热能。若将化学能转化为电能,一般需要经过一系列的能量转换过程。如火电就是通过化石燃料的燃烧,使化学能转变为热能,再加热水使之成为蒸汽来推动蒸汽机,然后带动发电机发电。

$$\text{化学能}\xrightarrow{\text{燃烧}}\text{热能}\xrightarrow{\text{蒸汽}}\text{机械能}\xrightarrow{\text{发电机}}\text{电能}$$

要想使氧化还原反应释放的能量直接转变为电能,就需要一种特殊的装置——原电池来实现。

(一)原电池

1. 原电池的原理

氧化还原反应的本质是反应物之间发生电子转移,但通常情况下的氧化还原反应并不能获得电流。例如:

$$Cu^{2+}+Zn \Longrightarrow Cu+Zn^{2+}$$

反应中,Zn 原子将电子直接给了在溶液中与之接触的 Cu^{2+},自身被氧化成 Zn^{2+} 进入溶液;Cu^{2+} 在锌片上直接得到电子被还原成 Cu。反应中没有形成电流,化学能直接转变成热能而放出热量。

原电池是把化学能转化为电能的装置,如图 2-2 所示。它把氧化反应和还原反应分开在不同的区域进行，再以适当的方式连接起来，就可以获得电流。

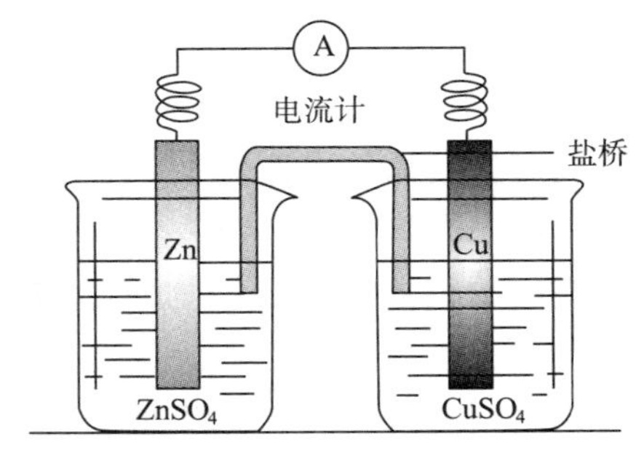

图 2-2 锌铜原电池

原电池的反应原理是：在硫酸锌溶液中，锌片逐渐被溶解，即 Zn 失去电子被氧化，形成 Zn^{2+} 进入溶液。锌电极（或负极）发生氧化反应。

$$Zn - 2e = Zn^{2+}$$

从锌片上释放出的电子，经过导线流向铜片；在硫酸铜溶液中，Cu^{2+} 从铜片上得到电子，被还原成金属铜并沉积在铜片上。铜电极（或正极）发生还原反应。

$$Cu^{2+} + 2e = Cu$$

两个电极反应之和即为总反应（电池反应），是可自发进行的氧化还原反应。

$$Cu^{2+} + Zn = Cu + Zn^{2+}$$

这样组成的原电池称为锌铜原电池，锌为负极，铜为正极。

随着反应的进行，形成的 Zn^{2+} 将增加硫酸锌溶液中的正电荷，而 Cu 的沉积则导致硫酸铜溶液中的负电荷过剩。盐桥中的溶液是电解质溶液（氯化钾溶液），此时，其中的 Cl^- 会移向硫酸锌溶液，K^+ 会移向硫酸铜溶液，使两溶液均保持电中性，进而使反应得以继续进行，最终使原电池不断产生电流。可见，盐桥的作用是沟通电路，使反应顺利进行。

从能量转化的角度看，原电池是将化学能转化为电能的装置；从化学反应的角度看，原电池的原理是氧化还原反应中的还原剂失去的电子经外接导线传递给氧化剂，使氧化还原反应分别在两个电极上进行。

2. 原电池的结构

原电池由两个半电池组成。如在前面的锌铜原电池中，锌和锌盐溶液组成锌半电池，锌为负极，铜和铜盐溶液组成铜半电池，铜为正极，中间通过盐桥连接起来，正、负极之间连有外接导线，即可产生电流。

理论上，任何一个氧化还原反应都可以设计成一个原电池。在这些原电池中，用还原性较强的物质作为负极，向外电路提供电子；用氧化性较强的物质作为正极，从外电路得到电子；在原电池内部，两电极浸在电解质溶液中，并通过正、负离子的定向移动形成内电路。放电时，负极上的电子通过导线流向正极，再通过溶液中离子形成的内电路构成环路。两极之间溶液中离子的定向移动和外部导线中电子的定向移动构成闭合回路，使两个电极不断进行反应，发生有序的电子转移过程，产生电流，实现化学能向电能的转化。

原电池输出电能的能力，取决于组成原电池的反应物的氧化还原能力。

3. 原电池的表示方法

为了方便，常用符号表示原电池装置。如上述锌铜原电池可表示为

$$(-)Zn \mid ZnSO_4(c_1) \parallel CuSO_4(c_2) \mid Cu(+)$$

式中，“(−)”和“(+)”分别表示负极和正极，习惯上把负极写在左边，正极写在右边；“‖”表示盐桥；“|”表示两相间的界面，同一相中不同物质之间及电极中其他相界面之间，可用“,”相隔；“(c_1)”和“(c_2)”表示电池中相关物质的浓度，单位为 mol/L，若是气体，则用分压表示。

(二)化学电源

原电池是化学电源(电池)的雏形。氧化还原反应释放的化学能，是化学电源的能量来源。根据原电池的原理研制、生产出种类繁多的化学电源，这在生产、生活中已得到广泛应用。

化学电池是将化学能转变成电能的装置，它包括一次电池、二次电池和燃料电池。在化学电池中，能发生氧化还原反应的物质称为活性物质。

1. 一次电池

一次电池中的电解质溶液成胶状，不流动，故一次电池也称为干电池。一次电池中的活性物质消耗到一定程度时，就不能使用了。如普通的锌锰电池、碱性锌锰电池等都是干电池。

2. 二次电池

二次电池又称**充电电池**或**蓄电池**，放电后可以再充电，使活性物质再生。这类电池可重复使用。二次电池除常见的铅蓄电池外，还包括镉镍电池、氢镍电池、锌银电池、锂离子电池、聚合物锂离子电池等一系列新型蓄电池。

3. 燃料电池

燃料电池是一种连续将燃料和氧化剂的化学能直接转换成电能的化学电池。它与一般的化学电池不同，一般的化学电池的活性物质储存在电池内部，因而限制了电池的容量，而燃料电池的电极本身不包含活性物质，只是一个催化转化元件。它工作时，燃料和氧化剂连续地由外部供给，在电极上不断地进行反应，生成物也不断地被排出，于是电池就能连续不断地提供电能。常见的燃料电池如氢氧燃料电池等。

练　习　题

一、填空题

1. V_C(维生素 C)能帮助人体将食物中摄取的不易吸收的 Fe^{3+} 转变为易吸收的

Fe^{2+}，这说明 V_C具有________（填"氧化性"或"还原性"）。

2. 黑火药爆炸时的反应为 $S+2KNO_3+3C = K_2S+N_2\uparrow+3CO_2\uparrow$。该反应中还原剂是________，氧化剂是________。

3. 稀盐酸与稀烧碱溶液反应的离子方程式：____________________。

4. 原电池中发生的反应属于________，原电池将________能转化为________能。其中，电子流出的一极是原电池的________极，该极发生________反应；电子流入的一极是原电池的________极，该极发生________反应。原电池中电解质溶液的作用是________。

二、选择题

1. 下列离子反应方程式中，正确的是 （　　）

A. 稀盐酸滴在铁片上：$2Fe+6H^{+} = 2Fe^{3+}+3H_2\uparrow$

B. 碳酸氢钠溶液与稀盐酸混合：$HCO_3^{-}+H^{+} = H_2O+CO_2\uparrow$

C. 硫酸铜溶液与氢氧化钠溶液混合：$CuSO_4+2OH^{-} = Cu(OH)_2+SO_4^{2-}$

D. 硝酸银溶液与氯化钠溶液混合：$AgNO_3+Cl^{-} = AgCl\downarrow+NO_3^{-}$

2. 下列各组离子中，能在溶液中大量共存的是 （　　）

A. H^{+}、Ca^{2+}、Cl^{-}、CO_3^{2-}　　B. Na^{+}、Mg^{2+}、SO_4^{2-}、OH^{-}

C. K^{+}、Na^{+}、OH^{-}、Cl^{-}　　D. Cu^{2+}、Ba^{2+}、Cl^{-}、SO_4^{2-}

3. 下列物质久置于空气中会发生相应的变化，其中发生氧化还原反应的是 （　　）

A. 浓硫酸体积增大　　B. 铝表面生成致密的氧化膜

C. 澄清的石灰水变浑浊　　D. 氢氧化钠表面发生潮解

4. 下列关于充电电池的叙述，错误的是 （　　）

A. 充电电池的化学原理是氧化还原反应

B. 充电电池可以无限制地反复充放电

C. 充电是使放电时的氧化还原反应逆向进行

D. 较长时间不使用的电器，最好取出电池，妥善存放

三、简答题

甲烷燃料电池以 30% KOH 溶液为电解质溶液，写出它的正负极反应方程式。

（刘　飞）

第3章　酸、碱、盐

学习目标

1. 掌握酸的定义和酸的通性，熟悉酸的分类和重要的酸及其特性，了解重要酸的用途。

2. 掌握酸碱指示剂的定义，熟悉常用的酸碱指示剂及其与酸碱反应的颜色变化。

3. 掌握碱的定义和碱的通性，熟悉碱的分类，重要的碱及其特性，了解重要碱的用途。

4. 掌握盐的定义，熟悉盐的分类、重要盐的主要性质，了解重要盐在医学上的用途。

在物质分类中，我们知道了无机化合物分为氧化物、酸、碱、盐四大类，那么，什么是酸、碱、盐呢?

第1节　酸

“酸”一词对我们来说并不陌生，我们的周围存在着很多酸的食材，如食醋有浓郁的酸味，柠檬酸涩难入口，而橙汁又酸甜可口。那么，什么是酸？酸具有哪些特点呢?

一、酸的定义

酸是指在水溶液中电离时，所生成的阳离子全部是氢离子的化合物。即酸是由氢离子和酸根离子组成的化合物。如醋酸（CH_3COOH）、碳酸（H_2CO_3）、硫酸（H_2SO_4）、盐酸（HCl）、硝酸（HNO_3）、磷酸（H_3PO_4）等。

二、酸的分类

根据酸的物质种类，酸可分为无机酸和有机酸。如碳酸、硫酸、盐酸、硝酸、磷酸等都属于无机酸，而甲酸、醋酸、苯甲酸等则属于有机酸。

根据酸的酸性强弱，酸可分为强酸、中强酸和弱酸。强酸是指在水溶液中几乎全部电离的酸，水溶液中几乎无酸分子而全部是氢离子和酸根离子，如硫酸、盐酸、硝酸等。弱酸是在水溶液中只能部分电离的酸，水溶液中酸分子和对应的离子共存，如碳酸、醋酸等。强酸的酸性比弱酸的酸性强。中强酸介于两者之间，磷酸就是中强酸。

三、酸碱指示剂

酸的酸性强弱可通过酸碱指示剂显示。**酸碱指示剂是指一类能根据颜色变化而指示溶液酸碱性的物质**，如石蕊试剂、酚酞试剂。指示剂通常为一类有机弱酸或有机弱碱。不同的指示剂与酸、碱作用时所显示的颜色不同。

紫色石蕊试剂：遇酸显红色，遇碱显蓝色；无色酚酞试剂：遇酸不变色，遇碱显红色。

四、酸的通性

不同的酸的酸性强弱不同，与指示剂反应的颜色也不尽相同，但所有的酸在水溶液中电离出的阳离子全部都是氢离子，因此酸具有相类似的化学性质。

(一)与酸、碱指示剂的反应

酸溶液遇紫色石蕊指示剂变红色，遇无色酚酞指示剂不变色。

(二)与活泼金属反应生成盐和氢气

$$Zn + 2HCl = ZnCl_2 + H_2\uparrow$$

$$Fe + H_2SO_4(稀) = FeSO_4 + H_2\uparrow$$

(三)与碱性氧化物反应生成盐和水

$$Fe_2O_3 + 6HCl = 2FeCl_3 + 3H_2O$$

$$MgO + H_2SO_4 = MgSO_4 + H_2O$$

(四)与碱反应生成盐和水

$$H_2SO_4 + 2NaOH = Na_2SO_4 + 2H_2O$$

$$2HCl + Cu(OH)_2 = CuCl_2 + 2H_2O$$

这种酸和碱作用生成盐和水的反应称为中和反应。中和反应是放热反应。

(五)与某些盐发生复分解反应

$$2HCl + Na_2CO_3 = 2NaCl + H_2O + CO_2\uparrow$$

$$BaCl_2 + H_2SO_4 = 2HCl + BaSO_4\downarrow$$

五、常见重要的酸

(一)硫酸

1. 物理性质

纯硫酸是无色、黏稠、油状的液体，不易挥发。市售浓硫酸中 H_2SO_4 的质量分数是

98%，密度为 1.84 g/cm^3，标准状况下，98.3%的硫酸的沸点为 338 ℃，它是一种高沸点的强酸。硫酸和盐酸、硝酸并称为工业三大强酸。

2. 化学性质

(1)具有酸的通性　硫酸遇紫色石蕊试剂显红色，遇无色酚酞溶液不变色。

(2)是难挥发性强酸　硫酸可用于制取挥发性酸，如

$$NaCl+H_2SO_4(浓)\overset{\triangle}{=\!=\!=}NaHSO_4+HCl\uparrow$$

该反应为实验室制取盐酸的反应。

(3)吸水性　浓硫酸能吸收游离的水分子，具有强烈的吸水性，常用作气体的干燥剂。如实验室常用浓硫酸干燥 H_2、CO_2 等酸性和中性气体。浓硫酸吸水时会产生大量的热量，因此，稀释浓硫酸时，一定要把浓硫酸沿着器壁缓慢地注入水中，并不断搅动，使产生的热量迅速扩散。切记不可将水倒入浓硫酸中，以免水沸腾，硫酸飞溅伤人！（因为水的密度较小，水会浮在浓硫酸上面，溶解时放出的热量使水立刻沸腾，使硫酸液滴飞溅伤人）

(4)脱水性　浓硫酸能把有机物（如纸张、木材、皮肤、衣物等）中的氢、氧按水的比例(2∶1)脱去，使有机物碳化变黑。因此，使用浓硫酸时应十分小心。

注意：如果不慎将浓硫酸沾到皮肤或衣物上，应立即用大量水冲洗，然后再涂上 3%～5%的碳酸氢钠溶液。

图 3-1　浓硫酸稀释的正确操作

(5)强氧化性　浓硫酸在浓、热的条件下具有强氧化性，能与一些金属和非金属单质反应。

$$Cu+2H_2SO_4(浓)\overset{\triangle}{=\!=\!=}CuSO_4+2H_2O+SO_2\uparrow$$

$$C+2H_2SO_4(浓)\overset{\triangle}{=\!=\!=}CO_2\uparrow+2H_2O+2SO_2\uparrow$$

常温下，浓硫酸与铁、铝接触时只与表层的铁、铝反应生成致密的氧化膜，阻止了内层的金属继续氧化，这种现象称为**金属的钝化**。

3. 用途

硫酸是一种重要的化工原料，广泛用于生产化肥、药品、炸药、染料以及冶炼有色金属、精炼石油、金属去锈等方面。在实验室中，它是重要的化学试剂和气体干燥剂。

(二)盐酸

盐酸即氯化氢气体的水溶液,也称为氢氯酸。

1. 物理性质

氯化氢气体极易溶于水,常温常压下,1 体积的水能溶解 500 体积的氯化氢气体。市售的浓盐酸是一种无色、具有刺激性气味的液体,具有挥发性。标准状况下,市售浓盐酸的密度为 1.19 g/cm^3,质量分数为 36.5%。打开浓盐酸瓶口,会出现发烟现象,这是由于挥发出的氯化氢气体遇到空气中的水汽生成盐酸小雾滴。

2. 化学性质

盐酸是三大强酸之一,有酸的通性和 Cl^- 的所有性质。

(1)酸的通性　盐酸遇紫色石蕊试剂变红色,遇无色酚酞溶液不变色。

(2)还原性　盐酸能被强氧化剂氧化,如

$$MnO_2 + 4HCl(浓) \xlongequal{\triangle} MnCl_2 + 2H_2O + Cl_2\uparrow$$

该反应为实验室制取氯气的反应。

(3)Cl^- 的特性　盐酸与可溶性银盐(如 $AgNO_3$)生成氯化银白色沉淀。

$$HCl + AgNO_3 = AgCl\downarrow + HNO_3$$

3. 用途

盐酸是重要的化工原料,可用于金属表面除锈、制造药品(如盐酸麻黄素和氯化锌)等。盐酸也少量存在于胃液中,维持胃液的酸性环境,以帮助消化。

(三)硝酸

1. 物理性质

纯净的硝酸是无色、易挥发、有刺激性气味的液体,能以任意比例溶解于水。常用浓硝酸的质量分数约为 69%。由于质量分数在 98%以上的浓硝酸暴露在空气里,会挥发而发生发烟现象,故常称为发烟硝酸。

2. 化学性质

(1)具有酸的通性　硝酸遇紫色石蕊试剂变红色,遇无色酚酞试剂不变色。

(2)不稳定性　硝酸不稳定,见光或受热易分解。

$$4HNO_3 \xlongequal{\triangle或光照} 2H_2O + 4NO_2\uparrow + O_2\uparrow$$

硝酸越浓、温度越高,越易分解。分解放出的红棕色NO_2溶于硝酸而使硝酸呈黄色。为了防止硝酸分解,常把硝酸放在棕色瓶中,置于阴暗低温处存放。

(3)氧化性　硝酸具有较强的氧化性,硝酸可以与除 Pt、Au 外的金属反应,也可与 S、C、P 等非金属反应。如

$$Cu + 4HNO_3(浓) = Cu(NO_3)_2 + 2NO_2\uparrow + 2H_2O$$

$$C + 4HNO_3(浓) = CO_2\uparrow + 4NO_2\uparrow + 2H_2O$$

$$S + 6HNO_3(浓) = 6NO_2\uparrow + H_2SO_4 + 2H_2O$$

$$3Cu + 8HNO_3(稀) = 3Cu(NO_3)_2 + 2NO\uparrow + 4H_2O$$

由上可知，浓硝酸的氧化性强于稀硝酸。浓硝酸被还原成 NO_2，稀硝酸被还原成 NO。

浓硝酸和浓盐酸按体积比 1∶3 混合，所得的混合溶液称为王水。王水有很强的氧化能力，能溶解 Pt 和 Au。

(4)钝化　冷、浓的硝酸可使 Fe、Al 钝化。

3. 用途

硝酸是一种重要的化工原料，广泛应用于生产化肥、燃料、药品、炸药等。

第 2 节　碱

“碱”一词在阿拉伯语中表示“灰”。生活中稻草燃烧所留的灰烬(俗称草木炭)中就含有强碱 KOH。石灰水中含有 $Ca(OH)_2$。那么，什么是碱？它具有哪些性质呢？

一、碱的定义

碱是指在水溶液中电离时生成的阴离子全部是氢氧根离子的化合物，即由金属离子和氢氧根离子组成的化合物。如氢氧化钠(NaOH)、氢氧化钙[$Ca(OH)_2$]、氢氧化钾(KOH)、氨水($NH_3 \cdot H_2O$)等。

二、碱的分类

(一)按碱性强弱分

碱按碱性强弱可分为：

强碱，如 NaOH、$Ca(OH)_2$、KOH、$Ba(OH)_2$等；

中强碱，如 $Mg(OH)_2$等；

弱碱，如 $NH_3 \cdot H_2O$ 等。

(二)按水溶性分

碱按水溶性可分为：

可溶性碱，如 NaOH、KOH、$Ba(OH)_2$、$NH_3 \cdot H_2O$ 等；

微溶性碱，如 $Ca(OH)_2$等；

不溶性碱，如 $Mg(OH)_2$、$Cu(OH)_2$、$Fe(OH)_3$等。

三、碱的通性

由于碱在水溶液中电离出的阴离子全部是氢氧根离子，因此，碱具有相类似的性质。

(一)使酸碱指示剂变色

碱遇紫色石蕊试剂变蓝色,遇无色酚酞试剂变红色。

(二)与酸性氧化物反应生成盐和水

$$Ca(OH)_2 + CO_2 = CaCO_3\downarrow + H_2O \quad (CO_2少量)$$
$$2NaOH + SO_2 = Na_2SO_3 + H_2O \quad (SO_2少量)$$

(三)与酸发生中和反应

$$NaOH + HCl = NaCl + H_2O$$
$$Ba(OH)_2 + 2HNO_3 = Ba(NO_3)_2 + 2H_2O$$

(四)与某些盐发生复分解反应

$$FeCl_3 + 3NaOH = Fe(OH)_3\downarrow + 3NaCl$$
$$Ba(OH)_2 + Na_2SO_4 = BaSO_4\downarrow + 2NaOH$$

四、常见重要的碱

(一)氢氧化钠

氢氧化钠俗称烧碱、火碱、苛性钠,化学式为 NaOH。

1. 物理性质

氢氧化钠为白色固体,熔点为 318.4 ℃。有强吸湿性,暴露在空气中易吸湿潮解。易溶于水,溶解时产生大量的热量,水溶液具有涩味和滑腻感。

氢氧化钠有强烈的腐蚀性,使用时必须十分小心,防止眼睛、皮肤、衣物等被它腐蚀。如不慎沾上浓 NaOH 溶液,应立即用水冲洗,然后再涂上 3%硼酸溶液。

2. 化学性质

氢氧化钠溶液呈强碱性,具有碱的通性,遇紫色石蕊试剂变蓝色,遇无色酚酞试剂变红色。

固体氢氧化钠暴露在空气中容易吸收水分,表面潮湿并逐步溶解,这种现象称为**潮解**。它同时能吸收空气中的 CO_2 而形成碳酸盐。

$$NaOH + HCl = NaCl + H_2O$$
$$2NaOH + CO_2 = Na_2CO_3 + H_2O$$

氢氧化钠与氧化硅反应生成硅酸钠和水,化学方程式如下:

$$2NaOH + SiO_2 = Na_2SiO_3 + H_2O$$

Na_2SiO_3 又称水玻璃,可做黏合剂。因此,盛放氢氧化钠的试剂瓶要用橡皮塞,不能用玻璃塞,以免瓶塞与瓶口粘接起来。工业上常用铸铁容器盛放氢氧化钠。

3. 用途

氢氧化钠是一种重要的化工原料，被广泛应用于肥皂、石油、造纸、纺织和印染等工业领域；在生活中能去除油污，是炉具清洁剂的成分之一；也是实验室常见的试剂之一。

（二）氢氧化钙

氢氧化钙俗称熟石灰或消石灰，化学式为 $Ca(OH)_2$。

1. 物理性质

氢氧化钙是白色粉末，微溶于水，其水溶液俗称石灰水。有很强的腐蚀性，对皮肤、衣物等有一定的腐蚀作用。氢氧化钙也具有很强的吸湿性。

2. 化学性质

氢氧化钙同样具有碱的通性，遇紫色石蕊试剂变蓝色，遇无色酚酞试剂变红色。

澄清的石灰水能吸收空气中的 CO_2，生成白色沉淀 $CaCO_3$。因此，往澄清的石灰水中通入 CO_2 气体，石灰水会变浑浊。可以利用这个特性来检验 CO_2 气体，同时这也是用石灰水刷墙会变白的原理。

$$Ca(OH)_2 + CO_2 = CaCO_3\downarrow + H_2O \quad (CO_2\text{少量})$$

$Ca(ClO)_2$、$CaCl_2$ 的混合物就是漂白粉，其中有效成分是 $Ca(ClO)_2$，这是工业上制取漂白粉的方法。

$$2Ca(OH)_2 + 2Cl_2 = Ca(ClO)_2 + CaCl_2 + 2H_2O$$

3. 用途

氢氧化钙在生产、生活中用途很广。氢氧化钙可用于制造漂白粉，也可用作硬水软化剂、消毒剂等。石灰水常用于制糖、医药和化学工业等方面。氢氧化钙与水组成的乳状悬浊液称为石灰乳，常用于刷墙和保护树干等。

（三）氢氧化铝

1. 物理性质

氢氧化铝的化学式为 $Al(OH)_3$，为白色晶体，相对密度为 2.40，难溶于水，是典型的两性氢氧化物。

2. 化学性质

（1）$Al(OH)_3$ 是两性氢氧化物，既可与强酸反应，也可与强碱反应。

$$Al(OH)_3 + 3HCl = AlCl_3 + 3H_2O$$

可见，氢氧化铝可用来中和胃酸。

$$Al(OH)_3 + NaOH = NaAlO_2 + 2H_2O$$

（2）$Al(OH)_3$ 受热会分解。

$$2Al(OH)_3 \xlongequal{\triangle} Al_2O_3 + 3H_2O$$

3. 用途

氢氧化铝可用来制作铝盐、媒染剂、吸附剂和离子交换剂，也可作瓷釉、耐火材料、防火布的原料，还可用于治疗胃和十二指肠溃疡病、胃酸过多等病症。

第3节　盐

日常生活中所说的盐，通常指食盐（主要成分是 NaCl）。而化学中的**盐是指一类含有金属离子和酸根离子的化合物**，包括氯化钠（NaCl）、硫酸铜（$CuSO_4$）、碳酸钙（$CaCO_3$）、碳酸氢钠（$NaHCO_3$）等。

一、盐的分类

（一）按组成分

正盐（酸与碱完全中和的产物），如 NaCl、K_2SO_4 等；
酸式盐（碱中和酸中部分氢离子的产物），如 $NaHCO_3$、$NaHSO_4$ 等；
碱式盐（酸中和碱中部分氢氧根离子的产物），如 $Cu_2(OH)_2CO_3$ 等；
复盐（电离出两种或多种阳离子的盐），如 $KAl(SO_4)_2 \cdot 12H_2O$ 等；
配盐（电离生成配离子的盐），如$[Ag(NH_3)_2]Cl$ 等。

（二）按形成分

盐可认为是酸碱中和反应的产物。根据对应的酸和碱的强弱可分为
强酸强碱盐，如 NaCl、K_2SO_4 等；
强酸弱碱盐，如 $AlCl_3$、$(NH_4)_2SO_4$ 等；
强碱弱酸盐，如 Na_2CO_3、CH_3COONa 等；
弱酸弱碱盐，如 CH_3COONH_4、$(NH_4)_2CO_3$ 等。

二、盐的性质

（一）与金属发生置换反应，生成另外一种盐和金属

$$Zn + CuSO_4 = ZnSO_4 + Cu$$
$$Fe + CuCl_2 = FeCl_2 + Cu$$

（二）与某些酸发生复分解反应

$$CaCO_3 + 2HCl = CaCl_2 + H_2O + CO_2 \uparrow$$

（三）与某些碱发生复分解反应

$$Fe_2(SO_4)_3 + 6NaOH = 2Fe(OH)_3 \downarrow + 3Na_2SO_4$$

$$NaOH + NH_4Cl = NaCl + NH_3\uparrow + H_2O$$

(四)与其他盐发生复分解反应

$$CaCl_2 + Na_2CO_3 = CaCO_3\downarrow + 2NaCl$$
$$BaCl_2 + Na_2SO_4 = BaSO_4\downarrow + 2NaCl$$

三、常见重要的盐

(一)氯化钠

氯化钠的化学式为 NaCl,是食盐的主要成分。

1. 物理性质

纯净的食盐是无色透明的立方晶体,熔点为 801 ℃,有咸味,易溶于水,难溶于乙醇,水溶液呈中性。食盐含杂质 $CaCl_2$、$MgCl_2$ 等时易潮解,这主要是 $CaCl_2$、$MgCl_2$ 吸水的缘故。

氯化钠是人类生活中重要的调味品,同时也是人的正常生理活动所必不可少的重要物质。人体内所含的氯化钠大部分以离子形式存在于体液中。钠离子有助于维持细胞内外正常的水分分布,并能促进细胞内外的物质交换。氯离子是胃液的主要成分,具有促生盐酸、帮助消化和增进食欲的作用。人体每天都必须摄入少量食盐(每人每天需 3～5 g),来补充体内由于出汗和排尿等排出的氯化钠。但氢化钠的摄入量过多时,又会导致高血压和心脏病。

2. 化学性质

(1)电解制取金属钠。

$$2NaCl \xlongequal{电解} 2Na + Cl_2\uparrow$$

(2)水溶液电解制取 NaOH。

$$2NaCl + 2H_2O \xlongequal{电解} 2NaOH + Cl_2\uparrow + H_2\uparrow$$

(3)与硝酸银反应。

$$NaCl + AgNO_3 = AgCl\downarrow + NaNO_3$$

(4)与浓硫酸反应。

$$NaCl + H_2SO_4(浓) \xlongequal{\triangle} NaHSO_4 + HCl\uparrow$$

这是实验室制取氯化氢的反应。

3. 存在

氯化钠在自然界中分布很广,除海水含有大量氯化钠外,盐湖、盐井和盐矿也是氯化钠的重要来源。

4. 用途

食盐是重要的化工原料,可用来制造氯气、氢气、盐酸、漂白粉、金属钠等,还可用作食品调味剂。经高度精制的 NaCl 可用来制作生理盐水，用于临床治疗和生理实验。

(二)碳酸钠和碳酸氢钠

碳酸钠的化学式为 Na_2CO_3，俗称苏打或纯碱。碳酸氢钠的化学式为 $NaHCO_3$，俗称小苏打。

1. 物理性质

Na_2CO_3 为白色粉末，易溶于水，水溶液因水解而显碱性；$NaHCO_3$ 为白色细小晶体，在水中的溶解度比 Na_2CO_3 小，水溶液因水解而显弱碱性。

2. 化学性质

(1)两者都能与强酸反应放出 CO_2，但 $NaHCO_3$ 与酸的反应更快、更剧烈。

$$Na_2CO_3 + 2HCl = 2NaCl + H_2O + CO_2\uparrow$$

$$NaHCO_3 + HCl = NaCl + H_2O + CO_2\uparrow$$

(2)$NaHCO_3$ 的热稳定性差，受热易分解。

$$2NaHCO_3 \overset{\triangle}{=} Na_2CO_3 + H_2O + CO_2\uparrow$$

此法可用于除去 Na_2CO_3 固体中混有的 $NaHCO_3$ 杂质。

3. 用途

在工业上，Na_2CO_3 广泛用于玻璃、造纸、纺织和洗涤剂的生产，是一种重要的化工原料。$NaHCO_3$ 是焙制糕点所用的发酵粉的主要成分之一，在医疗上是治疗胃酸过多症的一种药剂。

(三)碳酸钙

碳酸钙的化学式为 $CaCO_3$，俗称石灰石，是天然存在的石灰岩、大理石的主要成分。

1. 物理性质

$CaCO_3$ 是白色粉末或白色晶体，难溶于水。

2. 化学性质

(1)$CaCO_3$ 难溶于水而易溶于盐酸，生成 CO_2 气体，放出热量。

$$CaCO_3 + 2HCl = CaCl_2 + H_2O + CO_2\uparrow$$

(2)难溶的 $CaCO_3$ 可溶于 CO_2 的饱和溶液，生成可溶的 $Ca(HCO_3)_2$。

$$CaCO_3 + H_2O + CO_2 = Ca(HCO_3)_2$$

(3)$Ca(HCO_3)_2$ 的热稳定性差，受热可分解。

$$Ca(HCO_3)_2 \overset{\triangle}{=} CaCO_3 + H_2O + CO_2\uparrow$$

$Ca(HCO_3)_2$ 与 $CaCO_3$ 的相互转化是溶洞、钟乳石和石笋的成因。

(4)$CaCO_3$ 经高温煅烧可生成生石灰(CaO)。

$$CaCO_3 \overset{\triangle}{=} CaO + CO_2\uparrow$$

3. 用途

碳酸钙主要用于建筑业，如制水泥、石灰等；也可用作化工原料，如制取 CO_2；还可作为肥料和饲料添加剂等。

(四)硫酸钡

1. 物理性质

硫酸钡的化学式为 $BaSO_4$，为白色晶体或无定型粉末，几乎不溶于水、乙醇和稀酸。

$BaSO_4$ 极难溶于水，但溶解的 $BaSO_4$ 全部电离生成 Ba^{2+} 和 SO_4^{2-}，故 $BaSO_4$ 是强电解质。

2. 用途

硫酸钡可用作消化道 X 射线透视造影剂，即钡餐。它为优质白色颜料，可用于橡胶和造纸工业的填充剂。

练 习 题

一、填空题

1. 盐酸在水溶液中电离时，电离出的阳离子全部是________，在盐酸溶液中滴加一滴石蕊溶液，溶液颜色变为________；氢氧化钠在水溶液中电离时，电离出的阴离子全部是________，在其溶液中滴加一滴无色酚酞，其溶液变成________色。

2. 生活中的一些物质中含有酸和碱，如食醋中含有________，柠檬中含有________，除锈剂中含有________；石灰水中含有________，炉具清洁剂中含有________。

3. 固体氢氧化钠暴露在空气中，容易________而使表面潮湿并逐渐溶解，这种现象称为________；同时吸收空气中的________而变质，生成________，化学反应方程式为________________。因此，氢氧化钠固体必须保存在________。

4. 服用含氢氧化铝[$Al(OH)_3$]的药物可以治疗胃酸过多症，反应的化学方程式为____________________。

5. 热水瓶用久后，瓶胆内壁常附着一层水垢[主要成分是 $CaCO_3$ 和 $Mg(OH)_2$]，可以用________来洗涤。分别写出其与 $CaCO_3$ 和 $Mg(OH)_2$ 反应的化学反应方程式：____________________、__________________。

6. 一包白色固体，可能含有 $CuSO_4$、Na_2CO_3、NaCl、$BaCl_2$ 四种物质中的一种或几种，现进行如下实验：将此白色固体溶于水得无色溶液，取该溶液少许，滴加盐酸有无色、无味的气体产生。根据现象判断，原固体中：

(1)一定含有的物质是________；

(2)一定不含有的物质是________；

(3)可能含有的物质是________，若要进一步确定是否含有该物质，方法是________

________;

(4)书写出所有的化学反应方程式。

7. 酸溶液和盐溶液中含有的同类离子是________;碱溶液和盐溶液中含有的同类离子是________,酸和碱的组成中含有的共同元素是________。

二、选择题

1. 下列所列举的物质哪些能在水中电离产生 H^+、OH^-、Cl^-? 请加以归类(归成酸、碱、盐,填序号)。①KOH;②$KHSO_4$;③HNO_3;④$Ca(OH)_2$;⑤$Cu(OH)_2$;⑥$CuCl_2$;⑦$KClO_3$;⑧C_2H_5OH

   (1)能电离产生 H^+ 的是________;

   (2)能电离产生 Cl^- 的是________;

   (3)能电离产生 OH^- 的是________;

   (4)属于酸类的是________;

   (5)属于碱类的是________;

   (6)属于盐类的是________。

2. 下列各组气体中,可用固体 NaOH 来干燥的是 (　　)

   A. H_2、O_2、SO_2　　B. CO、CO_2、SO_2

   C. H_2、O_2、CO　　D. CO_2、HCl、N_2

3. 下列叙述中,正确的是 (　　)

   A. 某化合物的水溶液中有氢离子存在,则该化合物一定是酸

   B. 能与碱性氧化物反应生成盐和水的物质一定是酸

   C. 电解质电离时,生成的阳离子全部是氢离子时,该化合物一定属于酸类

   D. 能与碱反应的物质一定是酸

4. 厕所用清洁剂中含有盐酸,如果不慎洒到大理石地面上,会发出嘶嘶声,并有气体产生。这种气体是 (　　)

   A. SO_2　　B. CO_2　　C. H_2　　D. O_2

5. 下列关于氢氧化钠的描述中,错误的是 (　　)

   A. 易溶于水,溶解时放出大量的热

   B. 对皮肤有强烈的腐蚀作用

   C. 水溶液能使石蕊试剂变红

   D. 能去除油污,可作炉具清洁剂

三、简答题

1. 书写下列化学反应方程式,并写出对应的离子方程式:

   (1)镁条和稀盐酸反应;

   (2)稀盐酸和氧化铁反应;

   (3)稀硝酸和氢氧化钠反应;

   (4)盐酸和碳酸钙反应;

   (5)盐酸和硝酸银反应;

(6)锌与氯化亚铁溶液反应；

(7)氯化钡和稀硫酸溶液反应；

(8)碳酸氢铵受热分解；

(9)电解食盐水制取氯气。

2. 解释下列有关硫酸的现象。

(1)用玻棒蘸浓硫酸在白纸上写出黑字；

(2)将浓硫酸沿器壁缓慢倒入盛有水的烧杯中，并不断搅拌，烧杯壁变热；滴入一滴紫色石蕊试剂，溶液颜色变红；

(3)在盛有稀硫酸的试管中加入锌粒，锌粒溶解并有气泡产生；

(4)稀硫酸能除锈。

3. 用化学反应方程式解释喀斯特地貌中溶洞、钟乳石和石笋的成因。

4. 怎样鉴别石灰水和氢氧化钠溶液？写出化学反应方程式。

四、计算题

1. 某工厂利用废铁屑与废硫酸反应制取硫酸亚铁。现有废硫酸 9.8 t(H_2SO_4的质量分数为 20%)，与足量的废铁屑反应，可生成 $FeSO_4$多少吨？

2. 某工厂实验室用 15%氢氧化钠溶液洗涤一定量石油产品中的残余硫酸，共消耗氢氧化钠溶液 40 g，洗涤后的溶液呈中性。这一定量石油产品中含 H_2SO_4的质量是多少？

(杨入梅)

第4章 物质结构与元素周期律

学习目标

1. 掌握原子序数、核素的概念，了解放射性同位素的概念。
2. 掌握元素周期表的结构，熟悉周期表结构与原子结构的关系。
3. 熟悉碱金属和卤族元素的性质递变规律。
4. 了解能层、能级、电子云、原子轨道和电子自旋的概念。
5. 熟悉原子核外电子排布规律，能书写1～20号元素的原子核外电子排布式，了解电子排布图。
6. 掌握元素周期律，熟悉元素周期表中元素性质的递变规律，了解元素周期律和周期表的应用。
7. 掌握化学键、离子键的定义，熟悉离子键的形成过程，了解离子化合物及其特性。
8. 掌握共价键的定义及形成过程，熟悉离子键的特点，了解离子键的类型及键参数。
9. 了解极性键和非极性键、极性分子与非极性分子的概念。
10. 熟悉氢键的形成过程，了解分子间作用力。

第1节 元素周期表

自然界的物质由100多种元素组成，这些元素有着不同的性质。那么，这些元素及其原子结构与性质的关系有没有内在规律呢？元素周期表及其元素周期律会解答这个问题。

一、元素周期表

(一)元素周期表的出现

1869年，俄国化学家门捷列夫将当时已知的63种元素，按相对原子质量的大小依次排列，并将化学性质相似的元素放在一个纵行，制出了第一张元素周期表，使其构成了一个完整的体系。元素周期表揭示了化学元素间的内在联系，成为化学发展史上的重要里程碑之一。

随着化学科学的不断发展，在元素周期表中留下的空位的未知元素也陆续被发现，有些元素原子的相对质量也被更加精确地测量出来，元素周期表也变得更加完整。到1905 年，维尔纳制成了现代形式的元素周期表。

按照元素在周期表中的顺序给元素编号，得到**原子序数**。在发现原子的组成及结构后，人们发现：**原子序数＝核电荷数＝质子数＝核外电子数**。元素周期表中所揭示的元素性质随元素原子量递增而呈现出周期性变化规律，其实质是元素性质随着元素原子核电荷数递增而呈现周期性变化。

(二)元素周期表的结构

在现代的元素周期表中(见附页)，把电子层数目相同的元素，按原子序数递增的顺序从左到右排成行，再把不同行中最外层电子数相同的元素，按电子层数递增的顺序由上而下排成列。

1. 周期

具有相同电子层数而又按原子序数递增的顺序排列的一系列元素，称为一个周期。 元素周期表有 7 行，即有 7 个周期。周期序数就是该周期元素原子具有的电子层数。

各周期中元素的数目不一定相同，第一周期最短，只有 2 种元素；第二、三周期各有 8 种元素，称为短周期；其他周期均为长周期，其中第七周期未填满，也称为不完全周期。

除第一周期外，同一周期从左到右，各元素最外层电子数都从 1 个逐渐增加到 8 个，元素也都是从活泼的金属元素开始，逐渐过渡到活泼的非金属，最后以稀有气体结束。

第六、七周期中的镧系元素和锕系元素各有 15 种元素。由于它们的电子层结构和性质非常相似，也为了周期表结构更紧凑，因此它们在表中仅各占一格，详细元素情况则单独另列在表的下方。

2. 族

周期表中有 18 列，除第 8、9、10 列叫第Ⅷ族外，其余每列各为一族。族分为主族(A)和副族(B)。

主族是由短周期元素和长周期元素共同构成的族，可依次标记为ⅠA、ⅡA、ⅢA、…ⅦA；**副族仅是由长周期元素构成的族**，标记为ⅠB、ⅡB、ⅢB、…ⅦB；0 族是稀有气体，它们的化学性质不活泼，难发生化学反应，一般以单原子分子构成的单质存在，化合价为0，因而叫 0 族。

可见，整个周期表中有 7 个主族，7 个副族，1 个第Ⅷ族，1 个 0 族，共 16 个族。

周期表中有些族元素还有特别的名称。例如，第ⅠA 族(除氢外)中为碱金属元素；第ⅡA 族中为碱土金属元素；第ⅦA 族中为卤族元素(简称卤素)；0 族中为稀有气体元素。

二、元素性质与原子结构

(一)碱金属元素

1. 原子结构

表 4-1 碱金属元素的原子结构

元素名称	元素符号	核电荷数	核外电子排布						电子层数(层)	最外层电子数(个)	原子半径(nm)
			1	2	3	4	5	6			
锂	Li	+3	2	1					2	1	0.152
钠	Na	+11	2	8	1				3	1	0.186
钾	K	+19	2	8	8	1			4	1	0.227
铷	Rb	+37	2	8	18	8	1		5	1	0.248
铯	Cs	+55	2	8	18	18	8	1	6	1	0.265

可见,碱金属元素原子的最外层都只有 1 个电子,但随着核电荷数的增加,原子核外电子层数逐渐增多,原子半径逐渐增大。

2. 化学性质

碱金属元素原子的最外层都是 1 个电子,容易失去 1 个电子,使次外层电子变成最外层电子,并达到 8 个电子的相对稳定结构。因此,碱金属元素的化学性质相似,都是活泼的金属元素。

元素的金属性强弱,可以从其单质与水或酸反应置换出氢的难易程度,或根据它们的最高价氧化物的水化物——氢氧化物的碱性强弱来推断。

(1)性质相似——都是强的金属元素　碱金属元素都能与氧气等非金属单质及水反应,反应产物中碱金属元素的化合价都是+1。例如

$$4Li+O_2 \xlongequal{\triangle} 2Li_2O$$

$$2Na+O_2 \xlongequal{\triangle} Na_2O_2$$

$$2Na+2H_2O = 2NaOH+H_2\uparrow$$

$$2K+2H_2O = 2KOH+H_2\uparrow$$

(2)性质差异——金属性逐渐增强　随着核电荷数的增加,碱金属元素的电子层数增多,原子半径增大,原子核对最外层电子的引力减弱。所以,失电子能力递增,金属性逐渐增强。如与氧气或水反应时,钾比钠反应剧烈,铷、铯的反应更剧烈。

3. 物理性质

碱金属的单质在物理性质上也表现出一些相似性与规律性。例如,除铯外,其他碱金属都呈银白色,柔软,有延展性,密度比较小,熔点较低,导热性和导电性也都很好。

(二)卤素

1. 卤素的原子结构

表 4-2　卤素的原子结构

元素名称	元素符号	核电荷数	核外电子排布						电子层数（层）	最外层电子数（个）	原子半径（nm）
			1	2	3	4	5	6			
氟	F	+9	2	7					2	7	0.057
氯	Cl	+17	2	8	7				3	7	0.097
溴	Br	+35	2	8	18	7			4	7	0.112
碘	I	+53	2	8	18	18	7		5	7	0.132

可见，卤素原子最外层电子数都是 7 个，但随着核电荷数的增加，核外电子层数逐渐增多，原子半径逐渐增大。

2. 卤素的化学性质

卤素原子的最外层都是 7 个电子，容易得到 1 个电子，使最外电子层达到 8 个电子的相对稳定结构。因此，卤素的化学性质相似，都是活泼的非金属性元素。

元素的非金属性强弱，可以从其最高价氧化物的水化物——含氧酸的酸性强弱来判断，或根据单质与氢气生成气态氢化物的难易程度以及氢化物的稳定性来推断。

(1)卤素单质可与氢气发生如下反应：

$H_2+F_2 = 2HF$　在暗处剧烈反应并发生爆炸，HF 很稳定

$H_2+Cl_2 = 2HCl$　光照或点燃时发生反应，HCl 较稳定

$H_2+Br_2 \xlongequal{\triangle} 2HBr$　加热才反应，HBr 不如 HCl 稳定

$H_2+I_2 \xrightleftharpoons{高温} 2HI$　不断加热时才缓慢反应，HI 不稳定，同时分解，是可逆反应

从上述反应不难看出，随着核电荷数的增加，卤素单质与氢气的反应，按 F_2、Cl_2、Br_2、I_2 的顺序，反应剧烈程度逐渐减弱，生成的氢化物的稳定性逐渐降低。

(2)卤素单质间的置换反应如下：

$$2NaBr+Cl_2 = 2NaCl+Br_2$$

$$2KI+Cl_2 = 2KCl+I_2$$

$$2KI+Br_2 = 2KBr+I_2$$

从上述反应可以看出，随着核电荷数的增加，卤素单质的得电子能力递减，氧化性按 F_2、Cl_2、Br_2、I_2 的顺序逐渐减弱。

通过比较碱金属元素和卤素的化学性质，可知元素的性质与原子结构有密切的关系，主要与原子核外电子排布，特别是最外层电子数有关。原子结构相似的一族元素在化学性质上表现出相似性与递变性。

我们可以得出这样的结论：**在元素周期表中，同主族元素从上而下，原子核外电子**

层数依次增多，原子半径逐渐增大，失电子能力逐渐增强，得电子能力逐渐减弱，故金属性逐渐增强，非金属性逐渐减弱。

三、核素和放射性同位素

(一)核素

元素是具有相同核电荷数(质子数)的同一类原子的总称。即在同种元素原子的原子核中，质子数一定是相同的，但中子数不一定相同，见表4-3。

表4-3 氢元素的三种不同原子的组成

氢元素的原子核		原子名称	原子符号^A_ZX
质子数(*Z*)	中子数(*N*)		
1	0	氕、氢	^1_1H
1	1	氘、重氢	^2_1H、D
1	2	氚、超重氢	^3_1H、T

把**具有一定数目质子与一定数目中子的一种原子称为核素**。质子数相同而中子数不同的同一种元素的不同原子互称**同位素**(即同一元素的不同核素互称为同位素)。“同位”是指核素的质子数相同，在元素周期表中占有相同的位置。同一种元素的各种核素虽然质量数不同，但它们的化学性质却完全相同。

许多元素都有同位素，如碳元素有^{12}C、^{13}C、^{14}C，氧元素有^{16}O、^{17}O、^{18}O，铀元素有^{234}U、^{235}U、^{238}U，等等。天然存在的同位素相互之间保持一定的比率。元素的相对原子量就是按照该元素中各种核素原子所占的百分比算出来的平均值。

例如，自然界中有^{35}Cl(原子量34.969，丰度75.77%)、^{37}Cl(原子量36.966，丰度24.23%)，氯元素的相对原子质量为

$$A(Cl)=34.969\times75.77\%+36.966\times24.23\%=35.453$$

(二)放射性同位素

具有放射性的同位素称为放射性同位素。放射性同位素能自发的不断地放射出α或β射线和γ射线，或放射三种射线。这些放射线具有很高的能量和穿透能力。α射线是带有两个单位正电荷的氦原子核的高速粒子流；β射线是速度非常快的电子流；γ射线是一种与X射线相似，但穿透能力比X射线强得多的电磁波。

放射性同位素的原子放出射线后，它本身则转变为其他新元素的原子。例如，天然放射性元素镭(^{226}Ra)能自发地放射出射线，并转变成稀有气体元素氡(^{222}Rn)。

$$^{226}_{88}Ra \longrightarrow ^{222}_{86}Rn+^4_2He$$

镭　　氡　　氦

这种由于放射现象的发生而使一种元素的原子转变为另一种元素的原子的过程称为**原子的衰变**，这不是化学变化。

放射性同位素在生产、生活、科研等方面都有重要而广泛的用途。例如，考古时利

用 ^{14}C 测定文物的年代；^{2}H 和 ^{3}H 用于制造氢弹；医药上用 ^{60}Co、^{226}Ra 放射出的射线来抑制和破坏细胞的生长活动，用来治疗某些疾病如癌症（放疗）和消毒医疗器械；$Na^{131}I$ 用于甲状腺功能亢进的诊断和治疗。

第 2 节　元素周期律

一、原子核外电子的排布

电子在原子核外不同的电子层做高速运动。现代量子力学认为，原子核外的电子在原子轨道上运动。

(一)原子轨道

1. 能层与能级

多电子原子的核外电子分别在能量不同的空间区域内运动，通常把这些不同的空间区域简化成不同的电子层，分别用 n=1、2、3、4、5、6、7 或 K、L、M、N、O、P、Q 来表示从内到外的电子层。内层的电子能量较低，外层的电子能量较高，电子离核越远，能量越高。因此，电子层又称为**能层**。同一能层的电子，能量也可能不同。因此，还可以把能层分成**能级**（见表 4-4）。这好比能层是高楼的楼层，能级就是楼梯的阶级。

表 4-4　原子核外各能层所含能级

能层	1	2		3			4				5		……
符号	K	L		M			N				O		……
能级	1s	2s	2p	3s	3p	3d	4s	4p	4d	4f	5s	5p	… ……

从表中可知，能级有 s、p、d、f 等，但各能层所包含的能级数不同。每个能层的能级总是从 s 能级开始，能级数等于该能层的序数，如

第 1 能层，只有 1 个能级，用符号表示为 1s；

第 2 能层，只有 2 个能级，用符号表示为 2s、2p；

第 3 能层，只有 3 个能级，用符号表示为 3s、3p、3d；

以此类推，得到各能层所含的能级数和类型。

2. 电子云与原子轨道

在认识原子结构的过程中，最初我们用天体模型来理解原子结构，现已被量子力学原子结构理论取代。

量子力学指出，原子核外的电子是微观粒子，不可能像描述宏观物体运动那样来描述原子核外电子的运动状态。电子在原子核外的一定空间运动，没有固定的轨迹，既无法确定电子在某个时刻出现的位置，也无法知道到达某个位置的时间，而只能确定它出现在原子核外空间各处的概率。

氢原子只有一个电子，该电子在原子核外空间各处出现的概率密度如图 4-1 所示。图中的小黑点不代表电子，仅形象地表示电子出现的概率，小黑点越密，表明电子出现的概率越大。这看上去就像笼罩在原子核外的一层云雾，故形象地称为电子云。电子云是处于一定空间运动状态的电子在原子核外空间的概率密度分布的形象化描述。

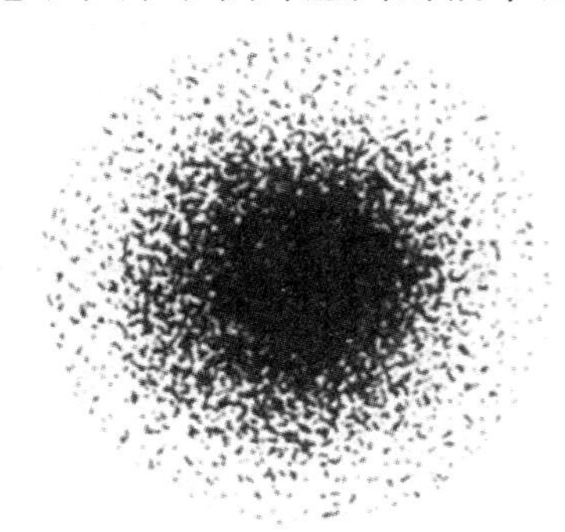

图 4-1　氢原子的 1s 电子云示意图

电子云图难绘制，使用也不方便，因而采用它的轮廓图。电子云轮廓图(通常称为电子云图)的形状，就是对核外电子运动的空间状态的一种形象化的简便描述。氢的 1s 电子云图呈球形。

各个能级的电子云都有特定的形状，如 s 电子云是球形，p 电子云是哑铃状的，如图 4-2 所示，其他能级的电子云形状很复杂，不要求认识。

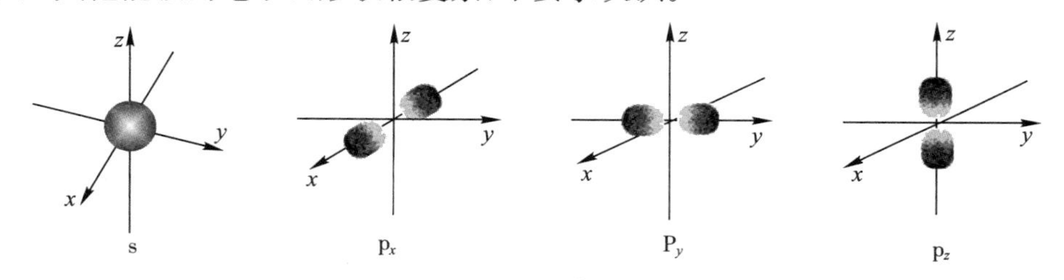

图 4-2　s 和 p 电子云图

不同能层的同类能级的电子云形状相同，但大小不同。能层越高，能级的电子云空间越大。如 1s、2s、3s、4s 等的电子云都是一个球形，只是球的半径大小不同，能层越高，半径越大。s 电子云半径大小顺序为：

$$1s<2s<3s<4s<5s<6s<7s$$

除 s 电子云是球形外，其他电子云在空间上还有一定的取向。例如，p 电子云有 3 种空间取向，即有 3 个相互垂直的电子云，分别称为 p_x、p_y 和 p_z(如图 4-2 所示)，右下标 x、y、z 分别是 p 电子云在空间坐标里的取向。

对于 d、f 电子云，它们分别有 5 种、7 种电子云。

同一能层的同一能级，无论它的空间取向如何，其电子的能量都相同。如 $2p_x$、$2p_y$ 和 $2p_z$ 的电子能量相等。

量子力学把电子在原子核外的一个空间运动状态称为一个**原子轨道**。也可简单地认为一个电子云就是一个原子轨道。原子核外的电子都是在原子轨道中运动。“轨道”

一词源自宏观物体的运动轨道，但已没有其原有的意义。K、L、M、N 等能层的能级、原子轨道数及名称、电子云见表 4-5。

表 4-5　不同能层的能级、原子轨道及电子云

能层	能级	原子轨道数	原子轨道名称	电子云	
				形状	取向
K	1s	1	1s	球形	——
L	2s	1	2s	球形	——
	2p	3	$2p_x$，$2p_y$，$2p_z$	哑铃形	3 个相互垂直
M	3s	1	3s	球形	——
	3p	3	$3p_x$，$3p_y$，$3p_z$	哑铃形	3 个相互垂直
	3d	5	……	……	5 个……
N	4s	1	4s	球形	——
	4p	3	$4p_x$，$4p_y$，$4p_z$	哑铃形	3 个相互垂直
	4d	5	……	……	5 个……
	4f	7	……	……	7 个……
……	……	……	……	……	……

3. 电子的自旋

电子除在原子核外的空间运动外，还有一种自身的运动状态，叫作**自旋**。电子的自旋有两种状态，相当于顺时针和逆时针两种状态，常用上、下箭头（↑和↓）表示自旋状态相反的电子。

（二）原子核外电子排布

原子核外电子排布就是指电子是如何在核外原子轨道分布的。

1. 泡利原理

泡利原理指出，**在一个原子轨道里，最多只能容纳 2 个电子，而且它们的自旋状态相反**。根据这个原理，可推算出各能层可最多容纳的电子数为 $2n^2$，见表 4-6。

表 4-6　原子核外各能层最多容纳电子数

能层	1	2		3			4				5			…
符号	K	L		M			N				O			…
能级	1s	2s	2p	3s	3p	3d	4s	4p	4d	4f	5s	5p	…	…
原子轨道数	1	1	3	1	3	5	1	3	5	7	1	3	…	…
能级最多容纳电子数	2	2	6	2	6	10	2	6	10	14	2	6	…	…
能层最多容纳电子数（$2n^2$）	2	8		18			32				50		…	

2. 构造原理与电子排布式

从核外只有 1 个电子的氢原子开始，随着核电荷数的递增，原子核内每增加一个质子，核外就会增加一个电子，这个电子会按图 4-3 所示的能级能量高低顺序填充，填满一个能级后再填下一个新能级，这种规律称为构造原理。

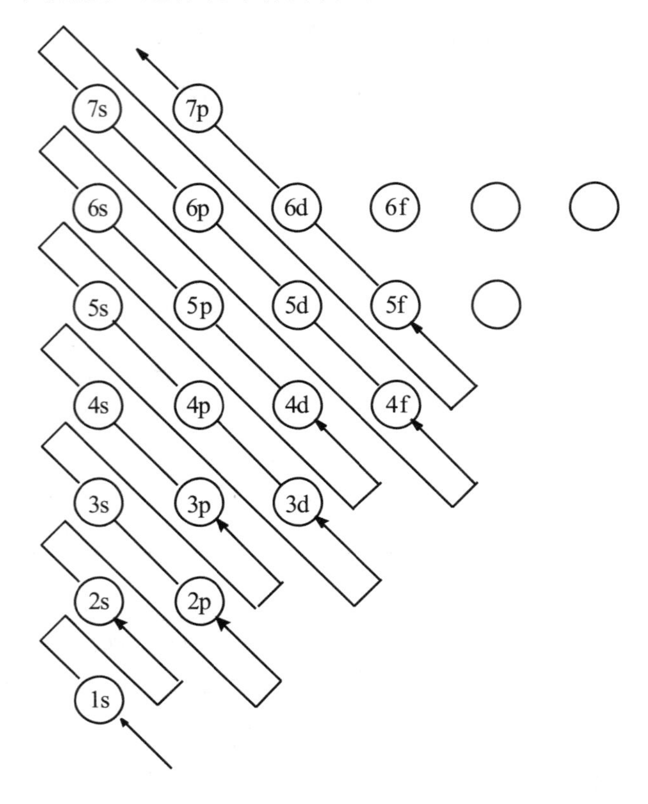

图 4-3 构造原理示意图

现代物质结构理论证实，原子核外的电子排布遵循构造原理，能使整个原子的能量处于最低状态，这就是**能量最低原理**。

根据构造原理进行电子排布，其表示方法是在能级符号的右上角写出该能级容纳的电子数，这就是电子排布式。如钠的电子排布式为 $1s^2 2s^2 2p^6 3s^1$。书写电子排布式时，应按能层高低顺序书写，不能按填充顺序来书写。表 4-7 为原子序数 1～20 的元素原子的电子排布式。

表 4-7 1～20 号元素原子的电子排布式

原子序数	元素名称	元素符号	电子排布式						
			K	L	M	N	O	P	Q
1	氢	H	$1s^1$						
2	氦	He	$1s^2$						
3	锂	Li	$1s^2$	$2s^1$					
4	铍	Be	$1s^2$	$2s^2$					
5	硼	B	$1s^2$	$2s^2 2p^1$					
6	碳	C	$1s^2$	$2s^2 2p^2$					

续表

原子序数	元素名称	元素符号	K	L	M	N	O	P	Q
			电子排布式						
7	氮	N	$1s^2$	$2s^2 2p^3$					
8	氧	O	$1s^2$	$2s^2 2p^4$					
9	氟	F	$1s^2$	$2s^2 2p^5$					
10	氖	Ne	$1s^2$	$2s^2 2p^6$					
11	钠	Na	$1s^2$	$2s^2 2p^6$	$3s^1$				
12	镁	Mg	$1s^2$	$2s^2 2p^6$	$3s^2$				
13	铝	Al	$1s^2$	$2s^2 2p^6$	$3s^2 3p^1$				
14	硅	Si	$1s^2$	$2s^2 2p^6$	$3s^2 3p^2$				
15	磷	P	$1s^2$	$2s^2 2p^6$	$3s^2 3p^3$				
16	硫	S	$1s^2$	$2s^2 2p^6$	$3s^2 3p^4$				
17	氯	Cl	$1s^2$	$2s^2 2p^6$	$3s^2 3p^5$				
18	氩	Ar	$1s^2$	$2s^2 2p^6$	$3s^2 3p^6$				
19	钾	K	$1s^2$	$2s^2 2p^6$	$3s^2 3p^6$	$4s^1$			
20	钙	Ca	$1s^2$	$2s^2 2p^6$	$3s^2 3p^6$	$4s^2$			

3. 洪特规则与电子排布图

电子排布图是表达电子排布的另一种方式。它用一个方框表示一个原子轨道，用一个箭头表示一个电子。例如：

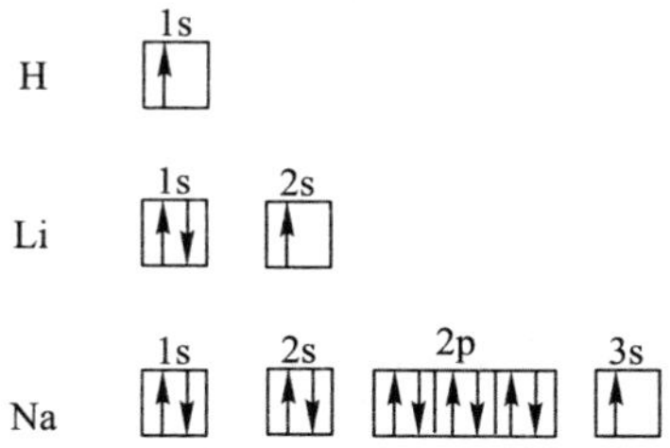

H　1s [↑]

Li　1s [↑↓]　2s [↑]

Na　1s [↑↓]　2s [↑↓]　2p [↑↓|↑↓|↑↓]　3s [↑]

N 元素原子核外电子排布式为 $1s^2 2s^2 2p^3$。若用电子排布图表示，则 2p 有 3 个轨道、3 个电子，又如何排布呢？洪特规则可回答这个问题。

当电子排布在同一能级的不同轨道时，电子总是优先单独占据一个轨道，而且自旋状态相同，这就是**洪特规则**。按此规则，可写出各类原子核外电子排布图。如 C、N、O 的电子排布图是：

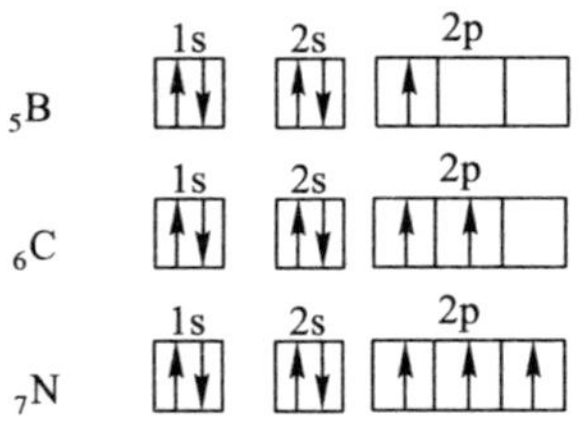

$_5$B　1s [↑↓]　2s [↑↓]　2p [↑| |]

$_6$C　1s [↑↓]　2s [↑↓]　2p [↑|↑|]

$_7$N　1s [↑↓]　2s [↑↓]　2p [↑|↑|↑]

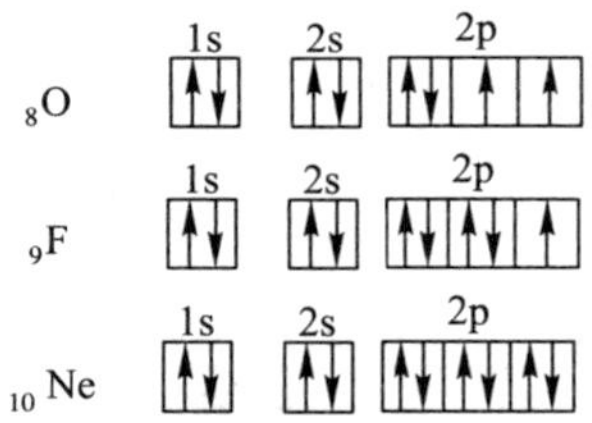

$_8$O　1s [↑↓]　2s [↑↓]　2p [↑↓|↑|↑]

$_9$F　1s [↑↓]　2s [↑↓]　2p [↑↓|↑↓|↑]

$_{10}$Ne　1s [↑↓]　2s [↑↓]　2p [↑↓|↑↓|↑↓]

总之，原子核外的电子排布必须遵循能量最低原理、泡利原理和洪特规则。电子排布的表达式有电子排布式和电子排布图。电子排布式表达了原子核外电子在能层和能级中的排布，而电子排布图则表达了电子在原子轨道中的排布。

(三)原子的基态、激发态和光谱

原子核外电子按能量最低原理排布，整个原子处于能量最低状态。这种处于能量最低状态的原子称为**基态原子**。我们通常所说的电子排布就是指基态原子的电子排布。

当基态原子的电子吸收能量后，电子会跃迁到较高的能级，此时原子处于能量较高的状态，这种状态的原子称为**激发态原子**。

处于激发态的原子不稳定，电子会从较高能级跃迁到较低能级，使原子处于能量较低的激发态甚至基态。此过程会释放出能量。光是电子释放能量的重要形式之一。我们日常看到的许多可见光，如灯光、激光、焰火等，都与原子核外电子发生跃迁释放能量有关。

不同元素的原子发生跃迁时会吸收或释放不同波长的光，可以用光谱仪来获得各种元素的电子吸收或放射出的各种波长的光，这就是**原子光谱**，可分为吸收光谱和发射光谱。光谱分析就是利用原子光谱上的特征谱线来鉴定元素的。

二、元素周期律

元素周期律是通过大量实验事实归纳出的规律，即**元素的性质随着核电荷数的递增而发生周期性变化**。元素周期律的内容丰富多样，包括原子结构、元素性质、相关化合物等。从前面学习原子核外电子排布不难看出：**随着核电荷数的递增，元素原子核外电子排布呈现周期性变化**。下面，我们来讨论主族元素的原子半径、电负性和化合价三方面的周期性变化(副族元素情况复杂，不作讨论)。

(一)原子半径周期性变化

表 4-8　主族元素的原子半径　　单位：nm

ⅠA	ⅡA	……	ⅢA	ⅣA	ⅤA	ⅥA	ⅦA
H 0.032		……					
Li 0.123	Be 0.089	……	B 0.082	C 0.077	N 0.070	O 0.066	F 0.064
Na 0.154	Mg 0.136	……	Al 0.118	Si 0.117	P 0.110	S 0.104	Cl 0.099
K 0.203	Ca 0.174	……	Ga 0.126	Ge 0.122	As 0.121	Se 0.117	Br 0.114
Rb 0.216	Sr 0.191	……	In 0.144	Sn 0.141	Sb 0.140	Te 0.137	I 0.133
Cs 0.235	Ba 0.198	……	Tl 0.148	Pb 0.147	Bi 0.146		

原子半径取决于核外电子的能层数与核电荷数。主族元素的原子半径见表 4-8。

电子层数相同时，核电荷数越大，原子半径越小。因此，**同一周期的原子半径从左至右依次递减**。

电子层数不同时，电子层数越多，原子半径越大。因此，**同一主族的原子半径从上而下依次递增**。

可见，**随着核电荷数的递增，原子半径出现同期性变化**。

如果核外电子排布相同，则核电荷数越大，原子半径越小，反之则越大。因此，阳离子半径小于对应的原子半径，如钠离子半径小于钠原子半径；而阴离子半径则大于相应的原子半径，如氯离子半径大于氯原子半径。

(二)电负性的周期性变化

元素原子相互化合，是因为原子之间产生化学作用力，这种作用力称为**化学键**。参与形成化学键的电子称为键合电子。不同元素的原子对键合电子的吸引力不同。

电负性是用来描述不同元素的原子对键合电子吸引力的大小的。电负性是相对值，以氟的电负性为 4.0、锂的电负性为 1.0 为标准，无单位。电负性值越大，对键合电子的吸引力越大。主族元素的电负性值见表 4-9。

表 4-9　主族元素的电负性

ⅠA	ⅡA	……	ⅢA	ⅣA	ⅤA	ⅥA	ⅦA
H 2.1		……					
Li 1.0	Be 1.5	……	B 2.0	C 2.5	N 3.0	O 3.5	F 4.0
Na 0.9	Mg 1.2	……	Al 1.5	Si 1.8	P 2.1	S 2.5	Cl 3.0
K 0.8	Ca 1.0	……	Ga 1.6	Ge 1.8	As 2.0	Se 2.4	Br 2.8
Rb 0.8	Sr 1.0	……	In 1.7	Sn 1.8	Sb 1.9	Te 2.1	I 2.5
Cs 0.7	Ba 0.9	……	Tl 1.8	Pb 1.9	Bi 1.9		

从表中可以看出：**同一周期，主族元素的电负性从左至右递增，吸引电子能力逐渐增强，非金属性、氧化性逐渐增强；同一主族，元素的电负性从上至下递减，吸引电子能力逐渐减弱，金属性、还原性逐渐增强**。

可见，**随着核电荷数的递增，元素的电负性呈现周期性变化**。

根据电负性大小，可衡量元素的金属性和非金属性的强弱。一般电负性小于 1.8 的元素为金属元素；电负性大于 1.8 的元素为非金属元素；而电负性在 1.8 左右时，为类金属，它们既有金属性，又有非金属性。

在化合物中，可以根据电负性差值判断化学键的类型。一般两元素电负性差值大于 1.7 时，可能形成离子键；若电负性差值小于 1.7，则可能形成共价键。

(三)主要化合价的周期性变化

1～18 号元素的主要化合价见表 4-10。从表中可以看出:**元素的化合价随着核电荷数的递增而呈现周期性变化。**

元素的化合价与元素在周期表中的位置有一定关系:**主族元素的最高正化合价等于它的主族序数;非金属元素的最高正化合价与负化合价的绝对值之和等于 8。**

表 4-10　1～18 号元素的主要化合价

Ⅰ	ⅡA	ⅢA	ⅣA	ⅤA	ⅥA	ⅦA	0
H							He
+1							0
Li	Be	B	C	N	O	F	Ne
+1	+2	+3	+4	+5			0
			−4	−3	−2	−1	
Na	Mg	Al	Si	P	S	Cl	Ar
+1	+2	+3	+4	+5	+6	+7	0
			−4	−3	−2	−1	

三、元素周期律和元素周期表的应用

元素周期表实际上就是元素周期律的具体表现形式。因此,元素在周期表中的位置反映了元素的原子结构与元素性质。可以根据元素在周期表中的位置推测其原子的结构与性质,也可以根据元素的原子结构推测它在元素周期表中的位置。

根据元素的金属性和非金属性递变规律,可在元素周期表中给金属元素与非金属元素分区,如图 4-4 所示。

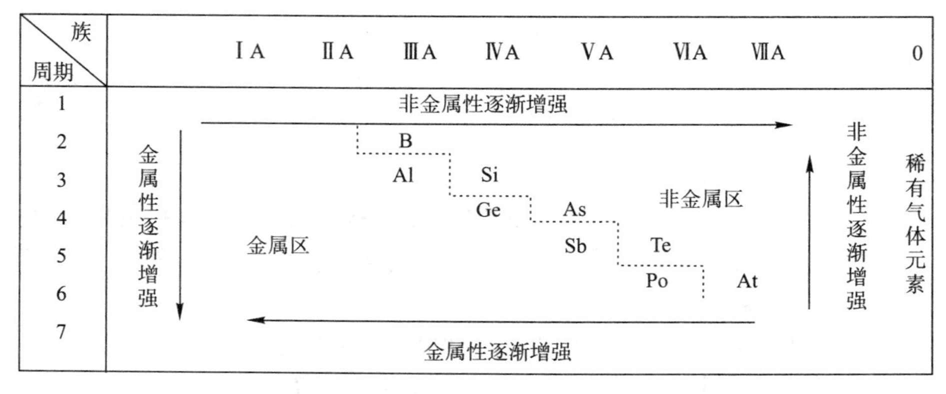

图 4-4　元素周期表中金属性与非金属性的递变规律

第 3 节　化学键和分子间作用力

自然界中大多数物质是由分子构成的，而分子是由原子相互结合形成的。分子中的原子之间相互结合，说明原子之间产生了化学作用力。我们把**分子中相邻原子之间的相互作用力称为化学键**。

一、离子键与离子化合物

(一)离子键的形成与特点

根据钠原子与氯原子的核外电子排布，钠原子失去 1 个电子，刚好达到 8 个电子的稳定结构；而氯原子达到 8 个电子的稳定结构，需要得到 1 个电子。钠与氯反应时，钠原子最外电子层上的 1 个电子转移到氯原子最外电子层上，形成带正电的钠离子与带负电的氯离子，它们通过静电作用结合在一起，生成氯化钠。人们把这种**带相反电荷离子间的相互作用称为离子键**。

$$Na^{\times}\ \cdot\ddot{\underset{\cdot\cdot}{Cl}}: \longrightarrow Na^{+}[\ddot{\underset{\cdot\cdot}{:Cl}}:]^{-}$$

离子键是阴、阳离子之间通过静电引力结合的。因此，离子键具以下两个特点：

(1)无方向性　只要空间条件许可，离子在各个方向上都可与带相反电荷的离子发生静电作用，故离子键没有方向性。

(2)无饱和性　只要不受空间条件的限制，任何一个离子都可与周围的多个带相反电荷的离子同时产生静电作用，因此离子键没有饱和性。

活泼的金属与活泼的非金属(两者电负性的差值一般大于 1.7)化合时，一般都能形成离子键。如元素周期表中的ⅠA、ⅡA 族元素与ⅥA、ⅦA 族元素相互化合时，一般形成的是离子键。

(二)离子化合物及其特点

由离子键构成的化合物称为**离子化合物**。如氯化钾、氧化镁、氟化钠等都是离子化合物。通常，活泼金属与活泼非金属间可形成离子化合物。

离子化合物通常都可形成离子晶体。**构成晶体的微粒在三维空间里呈周期性有序排列，而离子晶体是阴、阳离子通过离子键所形成的有序排列的晶体**。离子晶体中不存在一个一个的分子，如氯化钠晶体中没有单个的氯化钠分子，故离子化合物的化学式(如 NaCl)并非表示分子。

离子化合物一般有固定的熔点，熔点、沸点较高，对热稳定，形成的离子晶体硬度大而质脆，大多数易溶于水，晶体不导电，其水溶液或受热熔融时都能导电。

二、共价键

(一)共价键的形成、类型与特点

1. 共价键的形成

以氯原子相互结合成氯分子为例来说明共价键的形成。氯原子的最外层有 7 个电子,要达到稳定的 8 电子结构,需要获得 1 个电子,所以氯原子间难以发生电子得失。如果 2 个氯原子各提供 1 个电子,形成共用电子对,则 2 个氯原子就都形成了 8 个电子稳定结构。

$$:\ddot{\underset{..}{Cl}}\cdot + \cdot\ddot{\underset{..}{Cl}}: \longrightarrow :\ddot{\underset{..}{Cl}}:\ddot{\underset{..}{Cl}}:$$

在化学上,常用一根短线"—"表示一对共用电子。所以,氯分子也可以表示为 Cl—Cl。

像氯分子这样,**原子间通过共用电子对所形成的相互作用称为共价键**。

不同种非金属元素化合时,它们的原子之间也可以形成共价键,如 HCl 的形成过程可用下式表示:

$$H^{\times} + \cdot\ddot{\underset{..}{Cl}}: \longrightarrow H:\ddot{\underset{..}{Cl}}:$$

下面通过原子轨道来进一步理解共价键。以 H 原子形成 H_2 为例来说明,氢原子核外只有 1 个 1s 电子,其电子云形状是球形。两个 H 原子形成 H_2 分子的过程如图 4-5 所示。

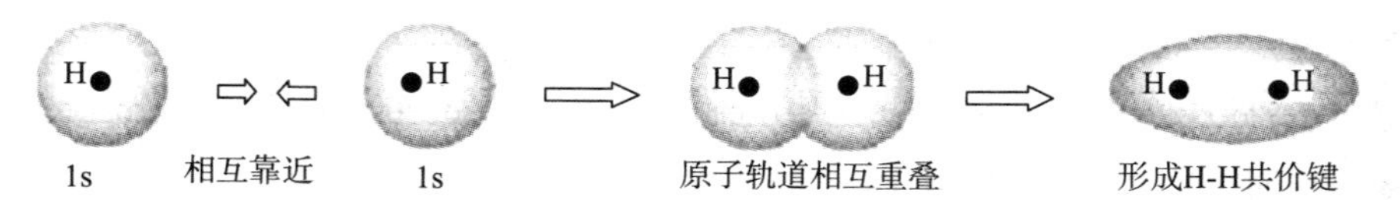

图 4-5 氢原子形成氢分子过程示意图

2 个氢原子的电子云在两原子核间重叠,意味着电子在核间出现的概率增大。由于电子带负电,原子核带正电,因此,靠正、负电荷的吸引力,将 2 个原子核"黏结"在一起,形成氢分子。

同样道理,HCl 分子中 H—Cl 共价键的形成,是通过 H 原子的 1s 电子云与 Cl 原子的 3p 电子云重叠形成的;Cl_2分子中的 Cl—Cl 共价键是通过 2 个 Cl 原子的 3p 电子云相互重叠形成的。如图 4-6 所示。

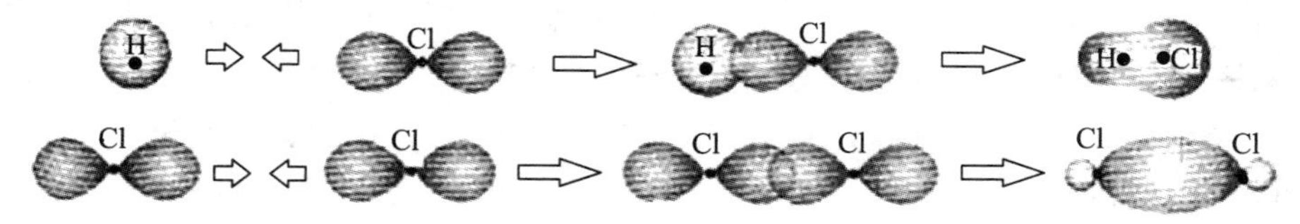

图 4-6 H—Cl 键和 Cl—Cl 键的形成

两原子间通过共用电子对形成共价键,若共用 1 对电子,则形成共价单键,简称**单键**;共用 2 对电子,形成 2 个共价键,称为**双键**;共用 3 对电子,形成 3 个共价键,称为三

键。H_2分子中的共价键是单键，为 H—H；O_2分子中的共价键是双键，为 O═O；N_2分子中的共价键是三键，为 N≡N。

2. 共价键的类型

从形成 H—H、H—Cl 和 Cl—Cl 共价键的电子云重叠的方向看，共价键是沿着电子云对称轴方向，“头碰头”重叠形成的，这种共价键又称为 **σ 键**。以上 3 种共价键可分别称为 s-s σ 键、s-p σ 键和 p-p σ 键。

σ 键具有轴对称的特征：以形成化学键的两原子核的连线为轴作旋转操作，共价键的电子云图形不变。

p 轨道与 p 轨道除能形成 σ 键外，还可形成 π 键，如图 4-7 所示。

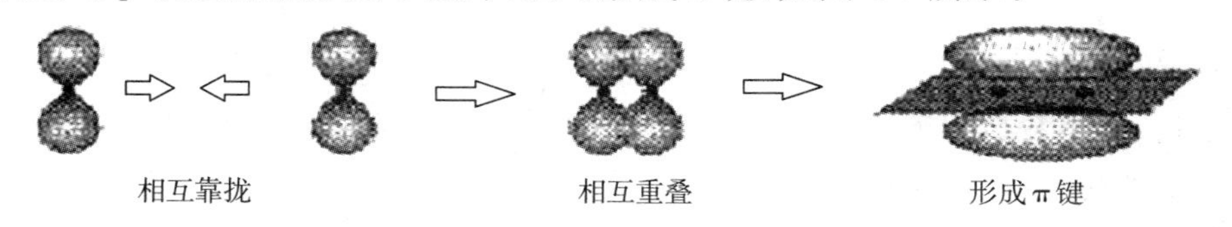

图 4-7　p-p π 键的形成

这种由两个原子的 p 电子云通过对称轴平行方向“肩并肩”重叠形成的共价键，又称为 **π 键**。

π 键的电子云由两部分组成，分别位于由两原子构成的平面的两侧，互为镜像，这种特征称为镜面对称。

π 键没有 σ 键牢固，比较容易断裂。σ 键可以单独存在，而 π 键必须与 σ 键同时存在。如两原子间形成一个共价键，是 σ 键；两原子间形成两个共价键（双键），一个是 σ 键，另一个是 π 键；两原子间形成三个共价键（三键），一个是 σ 键，另两个是 π 键。

3. 共价键的特点

共价键与离子键有显著的区别，前者的特点是：

(1)饱和性　共价键是通过电子配对形成共用电子对而形成的。根据泡利原理，只有自旋相反的两个电子才能配对。若一个电子与另一个自旋相反的电子配对，则就饱和了，不能再与其他电子配对，否则就有自旋方向相同的电子存在。这就是共价键的**饱和性**。

(2)方向性　从共价键形成看，电子云必须在一定的方向上重叠，才能达到最大程度的重叠，这样形成的共价键才稳定。这就是共价键的**方向性**。

4. 配位键

共价键中的共用电子对是由成键的两原子各提供一个电子来配对形成的。但还有另一种共用形式，即**电子对由一个原子单方面提供，和另一个原子共用，这种共价键称为配位键**。配位键用 A→B 表示，其中 A 原子是提供电子对的，称为**电子对的给予体**，B 原子是接受电子对的，称为**电子对的接受体**。例如：

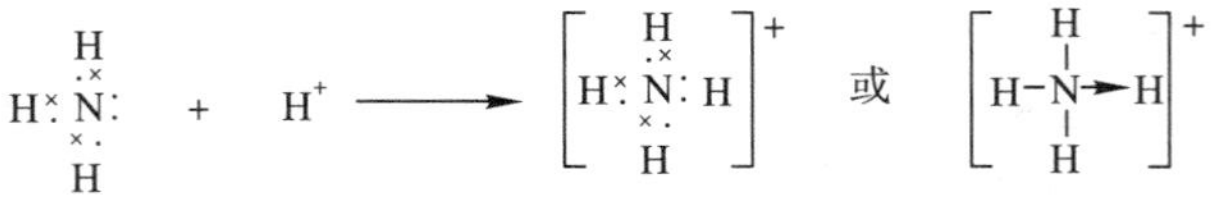

$$H:\overset{\cdot\times}{\underset{\times\cdot}{N}}:H \text{ (with H above) } + H^+ \longrightarrow \left[H:\overset{H}{\underset{H}{N}}:H\right]^+ \text{ 或 } \left[H-\overset{H}{\underset{H}{N}}\rightarrow H\right]^+$$

其中 NH_3 分子中 N 原子上有一对没有与其他原子共用的电子对,称为**孤电子对**。

配位键不是一种新的化学键,而是一种特殊的共价键。

(二)键参数

共价键的性质可用某些物理量来表征,这些物理量统称为**键参数**,如键能、键长、键角和键的极性等。

1. 键能

形成共价键所释放出的能量,或共价键断裂所吸收的能量称为**键能**,单位为 kJ/mol。一般来说,键能越大,共价键越牢固。

2. 键长

分子中成键的两个原子核之间的距离称为**键长**。一般键长越短,共价键越稳定。

3. 键角

分子中键与键之间的夹角称为**键角**。键角是反映分子空间结构的主要参数之一。如水分子中两个 O—H 键的键角为 104.5°,故水分子是"V"形结构;CO_2 的键角是 180°,其分子是直线形的。

4. 键的极性

根据键的极性,共价键可分为极性共价键和非极性共价键。

在 H_2、N_2、O_2 这样的单质分子中,由同种原子形成共价键,因电负性相同,两个原子吸引电子的能力相同,共用电子对不偏向任何一个原子,正负电荷重心重合,这样的共价键称为**非极性共价键**,简称**非极性键**。

而在化合物分子中,不同种原子形成共价键时,因为它们的电负性不同,原子吸引电子的能力不同,故共用电子对将偏向电负性较大的原子,电荷分布不对称。其中电负性较大的原子一端带部分负电荷,电负性较小的原子一端带部分正电荷,正、负电荷重心不重合,这种共价键称为**极性共价键**,简称**极性键**。例如,HCl 分子中,Cl 原子的电负性大于 H 原子,共用电子对偏向 Cl,使 Cl 相对显负电性,H 则相对显正电性,H—Cl 键就是极性键。H_2O 和 CO_2 中的共价键也是极性键。

在极性共价键中,成键原子的电负性相差越大,键的极性越强;电负性相差越小,键的极性越弱。可以认为离子键是最强的极性键。极性键是离子键到非极性键之间的一种过渡状态。

H_2	HI HBr HCl HF	NaF
非极性键	—— 键的极性依次增强 ——→	离子键

三、分子间作用力与氢键

(一)极性分子与非极性分子

根据分子中正、负电荷重心是否重合，可将分子分为极性分子和非极性分子。若分子的正、负电荷重心重合，则称为**非极性分子**，否则称为**极性分子**。分子的极性与其所含键的极性和空间结构有关。

双原子分子的极性与键的极性一致。如 H_2、Cl_2、N_2等，分子中共价键是非极性键，分子也是非极性分子；如 HF、HCl、HBr 等，分子中共价键是极性键，分子也是极性分子。

多原子分子一般是化合物，原子间多为极性键，分子的极性决定于分子的空间结构。如 CO_2分子中 C 与 O 之间是极性键，但因分子是直线型，键的极性相互抵消，分子中正、负电荷重心重合，故该分子为非极性分子；H_2O 分子中 H—O 为极性键，而水分子的空间结构呈“V”形，键的极性不能抵消，分子中的正、负电荷重心不重合，故水分子为极性分子。

(二)范德华力

自然界中很多物质是由分子构成的，如水和冰都是由水分子构成的。这说明分子间可结合起来，从而使我们能看到宏观的物体。这表明，分子之间存在着相互作用力。这类分子间的作用力称为**范德华力**。

范德华力很弱，比化学键的键能小 1～2 个数量级。分子间作用力的本质是静电引力，与分子的极性和分子的相对质量有关。分子极性强，相对分子质量大，范德华力就强。

分子间作用力对物质的性质，尤其是物理性质(如熔点、沸点、溶解度等)影响很大。

(三)氢键

同类型的化合物，分子的相对质量大，范德华力大，则熔沸点高。表 4-11 是卤素和氧族元素的氢化物及其沸点。

表 4-11　卤素和氧族元素的氢化物及其沸点　　单位：℃

卤素氢化物	沸点	氧族元素氢化物	沸点
HF	20	H_2O	100
HCl	−84	H_2S	−61
HBr	−67	H_2Se	−42
HI	−35	H_2Te	−2

从表中可以看出，HF 和 H_2O 的沸点异常的高。这是由于在 HF 分子、H_2O 分子之间存在着很大的作用力——**氢键**。氢键的形成过程是：当 H 原子和电负性较大、原子半径较小的原子 X(如 F、O、N 等)形成共价键时，共用电子对强烈偏向 X 原子，使 H 原子

几乎成了“裸露”的质子(失去电子的 H 原子只剩原子核,氢原子核就是单个质子,因 H 原子只有一个电子,故核中只有一个带正电荷的质子)。这个“裸露”的质子体积很小,又不带电子,一旦与另一个具有孤电子对、电负性较大、原子半径较小的 Y(如 F、O、N 等)原子相遇,就会强烈吸引 Y 原子的孤电子对,产生相对较强的作用力。H 原子与 Y 原子间的这种作用力称为氢键。氢键可表示为

$$X—H\cdots Y$$

X、Y 为 F、O、N 等,“—”为共价键,“···”为氢键。氢键不是化学键,而是原子间的一种作用力。

有些物质可通过氢键使一定数量的小分子“聚集”在一起,而不引起物质的改变,这种现象称为**缔合**,而“聚集”在一起的分子称为**缔合分子**。如水中就存在缔合水分子$(H_2O)n$。

除了分子之间形成氢键外,某些分子还可以形成分子内氢键。如邻羟基苯甲酸分子中就存在分子内氢键。

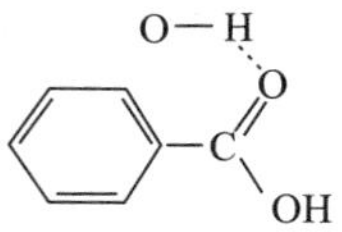

氢键的形成不仅使物质的熔沸点升高,还对物质的溶解度产生较大的影响。在极性溶剂中,若溶质分子和溶剂分子之间形成氢键,则溶质的溶解度增大。生命体内许多大分子内存在氢键,具有重要的意义。如氢键对维系蛋白质分子和核酸分子的高级结构起着很大的作用,而结构又与它们的生物活性有密切联系。

练　习　题

一、填空题

1. 碱金属元素原子最外层的电子数都是________个,在化学反应中它们容易失去________个电子;碱金属元素中金属性最强的是______,原子半径最小的是________。卤素原子最外层的电子数都是________个,在化学反应中它们容易得到________个电子;在卤族元素中非金属性最强的是________,原子半径最小的是________。

2. 在$^{6}_{3}Li$、$^{7}_{3}Li$、$^{23}_{11}Na$、$^{24}_{12}Mg$、$^{14}_{6}C$、$^{14}_{7}N$ 中,________和________互为同位素;________和________的质量数相等,但不能互称同位素;________和________的中子数相等,但质子数不等,所以不是同一种元素。

3. 元素周期表第三周期元素,从左到右,原子半径逐渐________;元素金属性逐渐________。该周期元素中,除了稀有气体,原子半径最大的是________;最高价氧化物对应的水化物碱性最强的是________;最高价氧化物对应的水化物呈两性的是________;最高价氧化物对应的水化物酸性最强的是________。

二、选择题

1. 查阅元素周期表,判断下列元素中不属于主族元素的是　　(　　)

A. 磷 B. 钙 C. 铁 D. 碘

2. 下列关于物质性质的比较，不正确的是 ( )

A. 它们的原子核外电子层数随核电荷数的增加而增多

B. 被其他卤素单质从其卤化物中置换出来的可能性随核电荷数的增加而增大

C. 它们的氢化物的稳定性随核电荷数的增加而增强

D. 单质的颜色随核电荷数的增加而加深

3. 放射性同位素钬的原子核内的中子数与核外电子数之差是 ( )

A. 32 B. 67 C. 99 D. 166

4. 制造半导体材料的元素区域位于元素周期表的 ( )

A. 左下方 B. 右下方

C. 稀有气体 D. 金属元素与非金属元素分界线附近

5. 下列叙述错误的是 ( )

A. 铍原子失电子能力比镁弱 B. 砹的氢化物不稳定

C. 硒化氢比硫化氢稳定 D. 氢氧化锶比氢氧化钙的碱性强

6. 下列物质中，只含有非极性共价键的是 ( )

A. NaOH B. NaCl C. H_2 D. H_2S

7. 下列物质中，含有极性共价键的是 ( )

A. 单质碘 B. 氯化镁 C. 溴化钾 D. 水

8. 下列关于化学键的描述，错误的是 ( )

A. 化学键是一种作用力

B. 化学键可以使离子相结合，也可以使原子相结合

C. 化学反应过程中，反应物分子内的化学键断裂，产物分子中的化学键形成

D. 非极性键不是化学键

三、简答题

1. 在元素周期表中找到金、银、铜、铁、锌、钛的位置(周期和族)，并指出这些元素的核电荷数。

2. 寻找你家中的食品、调味品、药品、化妆品、洗涤剂、清洁剂及杀虫剂等的标签或说明书，看一看其中含有哪些元素，查阅它们在元素周期表中的位置；查找哪些物品中含有卤族元素。试着向你的家人说明其中卤素的有关性质。

3. 比较下列各组中两种元素电负性的强弱。

(1)Na、K (2)B、Al (3)P、Cl

(4)S、Cl (5)O、S

4. 判断下列各组化合物的水溶液酸、碱性的强弱。

(1)H_3PO_4、HNO_3

(2)KOH、$Mg(OH)_2$

(3)$Mg(OH)_2$、$Al(OH)_3$

5. 写出下列物质的电子式。

KCl　　$MgCl_2$　　Cl_2　　N_2　　H_2O　　CH_4

6. 写出下列反应的化学方程式，并指出氧化剂和还原剂。

(1)锂在空气中燃烧

(2)钾与水反应

(3)溴与碘化钾反应

(4)氯化亚铁与氯气反应

7. 甲、乙、丙、丁四种元素的原子序数如下表所示，从周期表中找出这四种元素。

(1)填写下表

元素	甲	乙	丙	丁
原子序数	6	8	11	13
元素符号				
周期				
族				

(2)写出这几种元素的单质间反应的化学方程式。

甲与乙：

乙与丙：

乙与丁：

8. 用电子式表示下列物质的形成过程：①O_2；②$MgCl_2$。

9. 下列分子的化学键中，哪些是非极性键？哪些是极性键？

F_2　　O_2　　NH_4　　CH_4　　SO_2

（刘　飞）

第5章　溶　液

学习目标

1. 了解分散系的概念；掌握分散系的分类方法及各类分散系的特征。

2. 掌握溶胶、高分子溶液的性质及应用；熟悉溶胶稳定的因素和聚沉的方法。

3. 了解溶解的吸热与放热现象，掌握溶解度及饱和溶液的概念。

4. 掌握溶液浓度的表示方法及有关计算。

5. 掌握溶液的配制、稀释、混合等基本操作。

6. 了解渗透浓度的计算方法，掌握渗透压定律、渗透进行的方向，能解释与渗透压相关的医学问题。

第1节　分散系

一、分散系的定义

在进行科学研究时，常把所研究的对象称为体系，体系中物理性质和化学性质完全相同的部分称为相。只含有一个相的体系称为单相体系或均相体系；含有两个或多个相的体系称为多相体系或非均相体系。例如，消毒酒精、碘酊、生理盐水等都只有一个相，均属单相体系；而泥浆水、鱼肝油、硫黄合剂等所组成的体系，则属多相体系。

在日常生产、生活实践及医疗卫生工作中，经常遇到的物质并不是纯的气体、液体或固体物质，而是常见的几种物质共存的体系。例如，生理盐水是水和氯化钠的混合物；钢是由铁及少量碳、锰等物质组成的；空气是由氮气、氧气、二氧化碳等多种气体混合而成的体系等。

一种或几种物质以细小粒子的形式分散在另一种物质中所得到的体系称为分散系。其中被分散的物质称为**分散相或分散质**，容纳分散相的物质称为**分散介质或分散剂**。例如，氯化钠溶液是分散系，其中氯化钠是分散质，水是分散介质；泥浆水是分散系，其中泥土是分散相，水是分散介质。

分散系可以是液态的（如生理盐水、碘酊等），也可以是气态的（如空气等）或固态的（如钢、合金等），不过我们通常所说的分散系是液态分散系。从另一个角度看，有的分散系是均匀的，分散质与分散剂之间不存在界面（如酒精、合金等），这种分散系称为均相分散系；还有的分散系是不均匀的，分散质之间以及分散质与分散介质之间存在界面（如泥浆、牛奶等），这种分散系称为多相分散系。

二、分散系的分类

根据分散相粒子直径大小的不同，可将分散系分为三类。

（一）分子、离子分散系

分散质粒子直径小于 1 nm 的分散系，称为分子、离子分散系，也称**真溶液**（简称**溶液**）。这类分散系中，分散质为单个的分子或离子，它们扩散快，能透过滤纸和半透膜，不能阻挡光线通过，是透明的，无论放置多久，分散质在密闭容器中都不会从分散系中分离出来。分子、离子分散系是均匀稳定的单相体系，分散质亦称溶质，分散介质亦称溶剂。

若溶液是由固体（或气体）与液体组成时，则把固体（或气体）看作溶质，把液体看作溶剂；若溶液是由两种液体组成时，一般把量少的看作溶质，量多的看作溶剂。但也有例外，如 75%酒精，虽然酒精的量多于水，但习惯上仍把酒精看作溶质，把水看作溶剂。水是最常用的溶剂，一般不指明溶剂的溶液都为水溶液。例如，临床上用的葡萄糖溶液，实验中使用的各种酸、碱、盐溶液等，都属于这类分散系。

因此，**溶液是溶质以分子或离子的状态均匀地分散在溶剂中所得到的体系**。它具有高度的稳定性，只要外界条件不变（如温度不变、溶剂未蒸发），无论放置多久，溶质都不会析出。

（二）胶体分散系

分散质粒子的直径为 1～100 nm 的分散系，称为胶体分散系。胶体分散系的分散质微粒可以是许多小分子或原子聚集而成的，也可以是单个的高分子化合物分子，它们比分子、离子分散系的微粒大。胶体粒子能透过滤纸，不能透过半透膜，扩散速度较慢。胶体溶液可使部分光线通过，而且分散质微粒不易受重力的作用从分散介质中分离沉淀出来。因此，胶体溶液的外观是透明的、相对稳定的、非均匀的。例如，氢氧化铁溶胶、硫化砷溶胶等都是胶体分散系。

高分子化合物溶液的分散质微粒是单个的高分子化合物分子，它们的直径大小为 1～100 nm。高分子化合物溶液具有双重性质：一方面，表现出胶体分散系的某些特征，如不能透过半透膜、扩散速度较慢等，故高分子溶液可以纳入胶体研究的范畴，亦称为亲液溶胶；另一方面，高分子溶液是分子分散体系，又具有真溶液的某些特点，与胶体溶液有许多不同之处。高分子溶液还具有与真溶液和胶体溶液都不同的特性，这将在“高分子化合物溶液”章节中专门讨论。

（三）粗分散系

分散质粒子直径大于 100 nm 的分散系，称为粗分散系。粗分散系中的分散质粒子比胶体分散系的分散质粒子更大，分散相粒子与分散介质之间有明显的界面存在，有的分散质粒子肉眼可辨，不能透过半透膜，能阻止光线通过，所以粗分散系是不均匀的、浑浊的、不透明的。因为分散质易受重力的作用而沉降，所以粗分散系很不稳定。

分散质为固体微粒的粗分散系称为悬浊液，如泥浆水、硫黄合剂等；分散质为液体微粒的粗分散系称为乳浊液，如乳白鱼肝油、松节油搽剂等。放置一段时间，悬浊液会产生沉淀，乳浊液会分层。

表 1-1 分散系的分类及其特征

分散系类型		分散质粒子	粒子直径	分散系特征	举例
分子或离子分散系（真溶液）		分子或离子	<1 nm	均相、透明、均匀、稳定、能透过滤纸和半透膜	NaCl溶液、葡萄糖溶液
胶体分散系	溶胶	多分子聚集成的胶粒	1～100 nm	非均相、不均匀、相对稳定、粒子能透过滤纸，不能透过半透膜	$Fe(OH)_3$溶胶、As_2O_3溶胶
	高分子溶液	单个高分子	1～100 nm	均相、透明、均匀、稳定，粒子能透过滤纸，不能透过半透膜	明胶、蛋白质溶液
粗分散系	悬浊液	固体粒子	>100 nm	非均相、浑浊、不透明、不均匀、不稳定，粒子不能透过滤纸和半透膜	泥浆水、油水、鱼肝油
	乳浊液	液体小滴			

三、胶体溶液

胶体溶液按照分散介质的不同可分为气溶胶（如烟、雾等）、液溶胶（如氢氧化铁溶胶）和固溶胶（如有色玻璃等），通常所说的溶胶是指液溶胶。

难溶性固体微粒（直径为 1～100 nm）分散在液体（如水）中所形成的胶体溶液，简称溶胶。其中的分散质微粒称为胶粒。

溶胶的制备方法有两种，一种是将粗大的颗粒粉碎成细小的胶粒的**分散法**；另一种是使分子或离子聚集成胶粒的**凝聚法**，凝聚法可分为物理凝聚法和化学凝聚法两类。如硫难溶于水，易溶于乙醇，当改变溶剂，将硫的乙醇溶液滴入水中，则可以得到硫溶胶，这是**物理凝聚法**；将 $FeCl_3$溶液滴入沸水中，$FeCl_3$水解可形成红棕色透明的 $Fe(OH)_3$溶胶，这种通过化学反应使其产生难溶性物质，凝聚成胶体粒子的方法就是**化学凝聚法**。

胶体溶液中过量的电解质离子杂质会影响溶胶的稳定性，需要净化除去。渗析法是最常用的净化胶体的方法，其依据是溶胶粒子能扩散、透过滤纸，不能透过半透膜。

胶体分散质的粒子直径为 1～100 nm，是由许多分子聚集而成的，高度分散在不相溶的介质中，分散质与分散介质之间存在明显的界面。溶胶是多相的、高度分散的不稳定体系，但很多溶胶却可以较长时间稳定地存在而不聚沉，这是由溶胶的特殊性质决定的。

(一)溶胶的性质

1. 溶胶的光学性质——丁达尔现象

在暗室中,如果将一束聚焦的光射入胶体溶液,在与光束垂直的方向观察,可以看到一条发亮的光径(图如 5-1 所示),这种现象称为**丁达尔现象**。

丁达尔现象的本质是光的散射。当一束光线射向溶胶时,只有部分光线能通过,其余部分则被吸收、散射或反射。光的吸收取决于溶液的化学组成,而光的散射或反射强弱则与分散质粒子的大小有关。当入射光的波长大于粒子的直径(可见光的波长为 400～700 nm)时,粒子就产生散射。胶体粒子的大小可使射到它上面的光线环绕着它向各个方向散射,散射出来的光线称为散射光或乳光。对于高分子溶液,由于它是均相体系,无界面存在,故其散射光很微弱。由于真溶液中粒子太小,因此散射光非常微弱,以至于看不到。因此,丁达尔现象可以用来区别溶胶和真溶液。

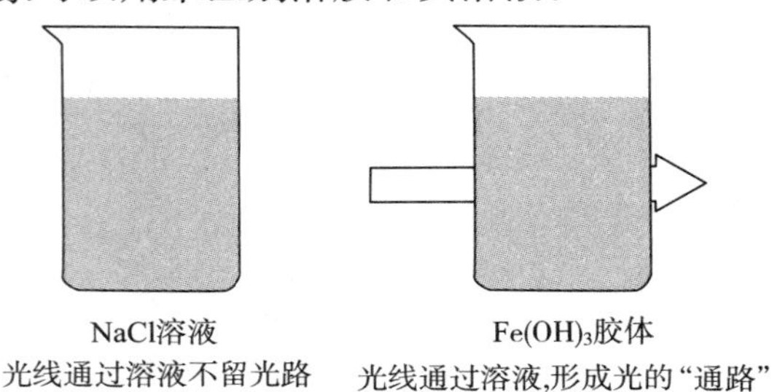

图 5-1 丁达尔现象

溶胶分散质的粒子直径为 1～100 nm,丁达尔现象很明显,因此可以用丁达尔现象来区别溶胶、真溶液、粗分散系以及高分子溶液。临床上,注射用的真溶液在灯光照射下应无乳光现象,若出现乳光现象,则为不合格,不能作注射用,这种检测方法称为灯检。

2. 溶胶的动力学性质——扩散和沉降

(1)扩散　在超显微镜下观察溶胶时,可以看到胶体粒子不断地做无规则运动,这种运动称为**布朗运动**(如图 5-2 所示)。

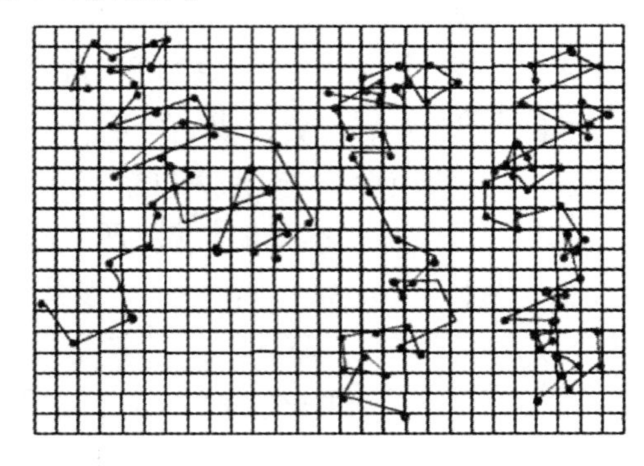

图 5-2 布朗运动示意图

布朗运动实质上是分散介质的分子热运动的结果。由于粒径大的分散质粒子受到周围粒径小的分散介质的撞击，在每一瞬间各个方向上的受力不平衡，使得分散质粒子处于无序的运动状态。布朗运动的存在使胶粒具有一定的能量，可以对抗重力的作用，使胶粒稳定，不易下沉。胶粒越小、温度越高、介质的黏度越低，则布朗运动越激烈，胶粒越容易从高浓度区域向低浓度区域自动扩散，以达到体系中浓度的均匀化。

（2）沉降 胶体中粒子的密度一般大于分散介质的密度，在重力作用下有下沉的趋势，这种现象称为**沉降**。沉降的结果是，使得溶胶下部的浓度增大，上部的浓度减小，破坏了它的均匀性，又会引起扩散作用。当扩散速率与沉降速率相等时，体系处于动态平衡，此时粒子随高度分布形成一浓度梯度。即在确定的高度下，粒子浓度不再随时间变化，利用沉降平衡时分散质粒子的分布规律，可以研究、测定溶胶或生物大分子的相对分子质量；可以分离、纯化蛋白质等生物大分子。由于分散的胶粒很小，沉降速率很慢，因此，为了加速沉降平衡的建立，常常利用超速离心机。

3. 溶胶的电学性质——电泳

把红棕色的氢氧化铁溶胶注入U形管中，小心地在溶胶液面上加入NaCl溶液（导电用，避免电极直接与溶胶接触），在管口插入两个电极（如图5-3所示）。接通直流电源后，阴极附近红棕色加深，表明氢氧化铁胶体粒子带有正电荷，在电场作用下向阴极移动。**在外电场的作用下，胶体粒子在分散介质中定向移动的现象称为电泳**。

电泳现象的存在可证明胶粒是带电的，根据电泳的方向可以判断胶粒所带电荷的种类。大多数金属氧化物和金属氢氧化物胶粒带正电，称为**正溶胶**，大多数金属硫化物、金属本身以及土壤所形成的胶粒带负电，称为**负溶胶**。电泳现象不仅有助于了解溶胶粒子的结构和电学性质，还可以利用不同的蛋白质或核酸的电泳速率不同，将不同蛋白质或核酸分开。

溶胶粒子之所以带有电荷，是因为它们具有吸附性，能吸附带电的离子。胶粒在溶液中能选择性吸附与其组成有关的离子，同种胶粒只能吸附同种离子，因而带有同一种电荷。

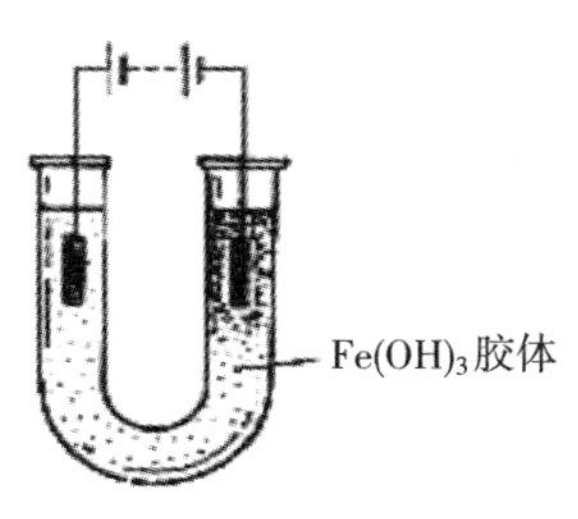

图5-3 电泳现象

（二）溶胶的稳定性和聚沉

1. 溶胶的稳定性

溶胶是高度分散的不稳定体系，但事实上有的溶胶却能保存数月、数年甚至更长的时间而不沉降，其原因主要是：

(1)胶粒带电　同一个分散系中,同种胶粒带同种电荷,相互排斥,从而阻止了胶粒在运动时互相接近聚合成较大的颗粒而沉降。胶粒带电越多,斥力越大,胶体越稳定。

(2)溶剂化膜(水化膜)的存在　胶核吸附层上的离子水化能力强,在胶粒周围形成一层水化膜,阻止了胶粒之间的聚集。水化膜越厚,胶体越稳定。

(3)布朗运动　布朗运动产生的动能可克服部分重力的作用,使胶体具有一定的稳定性。但激烈的布朗运动使粒子间不断地相互碰撞,互相合并成大的颗粒而引起聚沉。因此,布朗运动不是胶体稳定的主要因素。

2. 溶胶的聚沉

溶胶的稳定性是相对的、有条件的,一旦稳定因素被破坏,胶粒就会聚集成较大的颗粒而沉降,这种现象称为**聚沉**。

溶胶常用的聚沉方法有:

(1)加入少量电解质　加入电解质后,与胶粒带相反电荷的离子会进入吸附层,中和胶粒所带电荷,破坏水化膜,胶体稳定的主要因素被破坏,当胶粒运动时,今相互碰撞,就聚集成大的颗粒而沉降。

电解质对溶胶的聚沉能力主要取决于与胶粒带相反电荷的离子的价数。与胶粒带相反电荷的离子价数越高,聚沉能力越强。

江河入海口三角洲就是由于河流中带有负电荷的胶态黏土被海水中带正电荷的钠离子、镁离子中和后沉淀堆积而形成的。

(2)加入带相反电荷的胶体溶液　将带有相反电荷的两种溶胶适量混合后,两种带相反电荷的胶粒相互吸引,彼此中和电荷,从而发生聚沉。明矾净水就是溶胶相互聚沉的典型例子。天然水中常含有带负电荷的胶态杂质,明矾的主要成分是硫酸铝,水解后能生成带正电荷的氢氧化铝胶粒,互相中和电荷后,促使杂质快速聚沉,从而达到净水的目的。

(3)加热　许多溶胶在加热时能发生聚沉,是由于加热使胶粒的运动速率加快,碰撞聚合的机会增多;同时,升温降低了胶核对离子的吸附作用,减少了胶粒所带的电荷,使水化程度降低,有利于胶粒在碰撞时聚沉。

在制药过程中,有时胶体的形成会带来不利的影响。如使某药物成分以沉淀形式析出,若沉淀以胶态形式存在,由于胶粒细小,表面积巨大,吸附能力强,故其表面能吸附溶液中很多杂质离子,不易洗涤干净,可造成产品不纯和分离上的困难;过滤时,胶粒能穿过滤纸,容易丢失产品,使分析不准确。因此,需要破坏胶体,促使胶粒快速沉降。

四、高分子化合物溶液

高分子溶液即高分子化合物的水溶液。**高分子化合物**简称**高分子**,是指**相对分子质量很大、分子体积也很大的物质**(如图 5-4 所示),如蛋白质、淀粉等。在高分子化合物溶液中,分散质是单个的分子,这一点与普通的低分子溶液(如糖水和盐水)相似。但是,由于它们的分子很大,达到了胶体粒子的大小,因此,高分子溶液又具有胶体溶液的某些性质,如与胶体粒子一样具有布朗运动、扩散慢、不能透过半透膜等。此外,高分子化合物溶液还具有自己的一些特征。

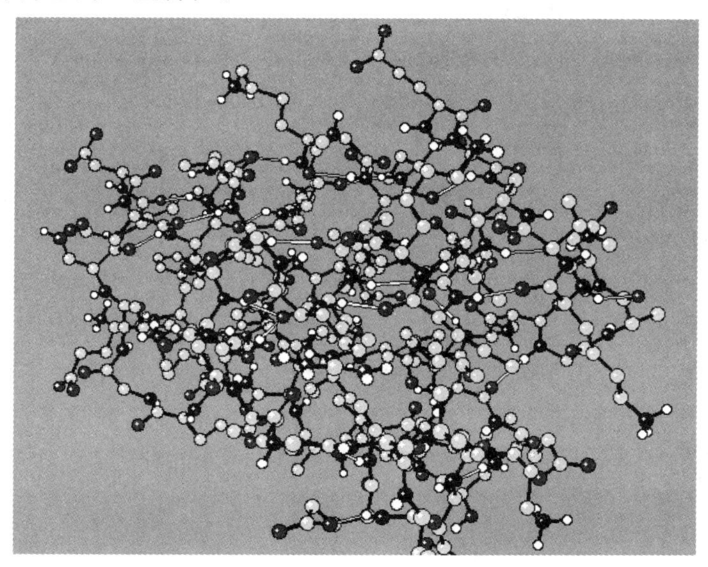

图 5-4 高分子化合物结构

(一)高分子化合物溶液的特征

1. 稳定性较大

高分子化合物溶液比溶胶稳定。因为高分子与水分子的亲合力很强,大量的水分子被吸附在高分子的周围形成一定厚度的水化膜,因而能阻止高分子间的聚集。这是其稳定的主要原因。

2. 黏度大

高分子溶液的黏度较大,如蛋白质溶液。而溶胶的黏度一般来说几乎和纯溶剂没有区别,如 $Fe(OH)_3$溶胶的黏度和水几乎相同。

3. 盐析

溶胶对电解质非常敏感,只需少量的电解质就可使溶胶聚沉;若要使高分子化合物从溶液中析出,则需要大量电解质。这是因为高分子化合物溶液稳定的主要因素不是胶粒带电,而是其分子表面有很厚的水化膜,只有加入大量的电解质,才能把高分子化合物表面的水化膜破坏掉,使高分子化合物聚沉析出。

用大量电解质使高分子化合物从溶液中沉淀析出的过程,称为盐析。不同的高分子化合物盐析时需要的电解质的浓度不一样,利用这一点可分离蛋白质。例如,在血清中加硫酸铵,可使血清蛋白与球蛋白分开,因为球蛋白沉淀时需要的硫酸铵浓度是 2.0 mol/L,而血清蛋白沉淀时需要的硫酸铵浓度是 3.0～3.5 mol/L。常用于盐析的电解质有硫酸铵、硫酸钠、硫酸镁、氯化钠等。

盐析过程是可逆的,将经盐析出来的高分子物质放入水中,仍能溶解,恢复其原有的性质。

(二)高分子溶液对溶胶的保护作用

在一定量的溶胶中加入足够量的高分子溶液,可以大大增强溶胶的稳定性,当受外界因素作用时(如电解质的作用),不易发生聚沉,这种作用称为高分子化合物溶液对溶胶的保护作用。如在加有明胶的硝酸银溶液中滴加氯化钠溶液时,生成的氯化银不容易形成沉淀,而形成氯化银胶体溶液。这是由于明胶是高分子化合物,对生成的适度大小的氯化银微粒(直径为 1～100 nm)起到了保护作用。高分子化合物溶液对溶胶的保护作用是由于高分子化合物都是链状且能卷曲的线形分子,很容易吸附在胶粒表面,使胶粒增加了一层保护膜;由于高分子化合物的水化能力很强,在高分子化合物的保护膜外面又形成了一层水化膜,这样就阻止了胶粒对溶液中异性电荷离子的吸引,减少了胶粒之间互相碰撞的机会,从而大大增强了胶体的稳定性(如图 5-5 所示)。

图 5-5 高分子化合物对溶胶的保护作用和敏化作用

要保护溶胶,必须加入足够量的高分子化合物。这是因为高分子化合物量少时,无法将胶粒表面完全覆盖,许多胶粒吸附在高分子化合物表面,高分子将起到"搭桥"的作用,把多个胶粒联结起来,变成较大的聚集体而下沉,这种作用称为**高分子化合物对溶胶的敏化作用**。

我们常用的墨水是一种胶体,为了让墨水稳定、长时间不聚沉,常常加入明胶或阿拉伯胶起保护作用;用于胃肠道造影的硫酸钡合剂就是加了足量的起保护作用的阿拉伯胶,才能以胶体形式存在的;血液中所含的难溶性盐,如碳酸钙、磷酸钙等,就是靠血液中的血清蛋白保护而以胶态存在的,若血液中蛋白质减少,则难溶盐就可能沉积在肾、胆囊等器官中,形成各种结石。

第 2 节　溶液的形成

一种或几种物质以分子或离子的状态分散到另一种物质中,形成均匀、稳定、澄清的体系,称为溶液。溶液是由溶质和溶剂所组成的,其中能溶解其他物质的物质称为**溶剂**,被溶解的物质称为**溶质**。如生理盐水中,水是溶剂,氯化钠是溶质。水是常用的溶剂,通常不指明溶剂的溶液,都是指水溶液。除水之外,酒精、汽油、氯仿等也是常用的溶剂,汽油能溶解油脂,酒精能溶解碘等,这类溶液统称为非水溶液。

在溶液里进行的化学反应通常是比较快的。所以,在实验室里或化工生产中,要使两种能起反应的固体起反应，常常先把它们溶解，然后把两种溶液混合，并加以振荡或搅动，以加快反应的进行。

溶液对动植物的生理活动也有很大意义。动物摄取食物里的养分，必须经过消化，变成溶液，才能被吸收。在动物体内，氧气和二氧化碳也是溶解在血液中进行循环的。在医疗上用的葡萄糖溶液、生理盐水、医治细菌感染引起的各种炎症的注射液（如庆大霉素、卡那霉素等）、各种眼药水等，都是按一定的要求配成溶液使用的。植物从土壤里获得各种养料，也要成为溶液，才能由根部吸收。土壤里含有水分，里面溶解了多种物质，形成土壤溶液，土壤溶液里就含有植物需要的养料。许多肥料，如人粪尿、牛马粪、农作物秸秆、野草等，在施用以前都要经过腐熟的过程。这样做的目的之一是使复杂的、难溶的有机物变成简单的、易溶的物质，这些物质能溶解在土壤溶液里，供农作物吸收。

一、溶解时的吸热与放热现象

溶液形成的过程伴随着**能量**、**体积**变化，有时还有**颜色**变化。例如，取相同质量的固态 $NaCl$、NH_4NO_3、$NaOH$ 分别溶于相同体积的水中，测定溶解前后水及溶液温度的变化。发现固态 $NaCl$ 溶于水后温度几乎无变化，固态 NH_4NO_3 溶于水后温度降低，固态 $NaOH$ 溶于水后温度升高。这说明 NH_4NO_3 溶于水的过程是吸热的，而 $NaOH$ 溶于水的过程是放热的。

这是因为溶解是一个特殊的物理化学变化，分为两个过程：一是溶质分子或离子离散并扩散到溶剂中，要克服分子间或离子间的吸引力，需要吸收能量（吸热），同时伴有体积增大现象；二是溶剂分子或离子与溶质分子结合，形成溶剂化物（如果溶剂是水，就生成水合物），这一过程放出能量（放热），同时伴有体积缩小现象。溶液形成的整个过程所表现出的现象就是这两方面共同作用的结果。

二、饱和溶液与溶解度

（一）饱和溶液

1. 饱和溶液的形成

我们知道，很多物质很容易溶解在水中形成溶液，但是它们是否能无限制地溶解在一定量的水中呢？现在来观察下面的实验。

在室温下，向盛有 20 mL 水的烧杯中加入 5 g 硝酸钾，搅拌；等溶解后，再加 5 g 硝酸钾，搅拌，加热烧杯一段时间；再加 5 g 硝酸钾，搅拌；将溶液冷却后，再观察现象。

现象：开始时加 5 g 硝酸钾搅拌，硝酸钾很快溶解形成溶液；再加 5 g 硝酸钾搅拌，还剩余部分固体硝酸钾不能继续溶解，出现溶液与固体共存现象；对烧杯加热，温度升高，剩余硝酸钾固体很快溶解；然后再加 5 g 硝酸钾，搅拌后溶解；将溶液冷却后，烧杯中又出现硝酸钾固体。

实验中，第二次加入硝酸钾固体不能全部溶解而有剩余时，此溶液就是**饱和溶液**。升高一定温度后，溶质没有剩余，还能继续溶解，这种溶液称为**不饱和溶液**。

需要强调的是，溶液是否为饱和溶液，与溶剂量和溶解时的温度密切相关，因此，饱和溶液必须指明“一定量的溶剂”和“一定温度下”这两个条件，如果溶质是气体，还要指明气体的压强。饱和溶液不一定是浓溶液，稀溶液也不一定是不饱和溶液。一定温度时，不同物质的饱和溶液浓度不同，同种溶质的饱和溶液浓度最大，且浓度一定。

2. 饱和溶液与不饱和溶液的相互转化

饱和溶液的形成是有条件的，与温度、溶剂及溶质的量有关，当这些条件改变时，饱和溶液与不饱和溶液间会发生相互的转化。

从上述实验还可以看到，当热的硝酸钾溶液冷却后，烧杯底部出现了固体。这是因为冷却过程中，硝酸钾不饱和溶液变成了饱和溶液；温度继续降低，过多的硝酸钾会从溶液中以晶体形式析出，这一过程称为**结晶**。结晶方法常用于物质的分离、提纯。

(1)不饱和溶液变为饱和溶液的方法：①增加溶质至有剩余；②减少溶剂(可用蒸发法，最好为恒温蒸发，要看到有晶体析出)；③降低溶剂温度至有晶体析出。

(2)饱和溶液变为不饱和溶液的方法：①升高溶剂温度；②增加溶剂。

需要注意的是，此转化条件仅适用于溶解的最大量随温度升高而增大的固体物质，但有些溶液则相反，它们的溶剂温度越高，溶质越难溶解，这类溶液需要用升高温度的方法使其不饱和溶液转化为饱和溶液。如熟石灰在一定量水中溶解的最大量随温度升高而降低，若把熟石灰的不饱和溶液转化为饱和溶液，可采取升高温度的方法。有些物质能与水以任意比例互溶，不能形成饱和溶液。

3. 过饱和溶液

过饱和溶液是指溶液中所含溶质的量大于在这个温度下饱和溶液中溶质的含量的溶液(即超过了正常的溶解度)。溶液中必须没有固态溶质存在才能产生过饱和溶液。制取过饱和溶液，需要在较高的温度下配制饱和溶液，然后慢慢过滤，去掉过剩的未溶解的溶质，并使溶液的温度慢慢地降低到室温。这时的溶液浓度已超过室温的饱和值，达到过饱和状态。过饱和溶液的性质不稳定，当在此溶液中加入一块小的溶质晶体(作为“晶种”)时，即能引起过饱和溶液中溶质的结晶。

(二)溶解度

1. 溶解度的概念

上面的实验还说明，在一定的温度下，在一定量的溶剂中，溶质的溶解量是有一定的限度的。另外，在相同条件下，不同物质在同一溶剂中溶解能力不同。有些物质易于溶解，而有些物质则难以溶解。我们通常把**某一物质溶解在另一物质里的能力称为溶解性**。溶解性是物质的一种物理性质。例如，蔗糖易溶于水，而油脂不溶于水，原因就是它们在水中的溶解性不同。**溶解度**是溶解性的定量表示。

(1)固体及少部分液体物质的溶解度　溶解度是指在一定的温度下，某固体物质在100 g溶剂里达到饱和状态时所能溶解的质量。也可以说，在一定温度下，100 g溶剂里溶解某物质的最大量。溶解度用字母 S 表示，其单位是“g/100 g水”。在未注明溶剂的情况下，通常溶解度是指物质在水里的溶解度。物质的溶解性与溶解度的关系见表 5-2。

表 5-2　溶解性与溶解度(20 ℃)关系

溶解度(g/100 g 水)	>10	1～10	0.01～1	<0.01
溶解性	易溶	可溶	微溶	难(不)溶

(2)气体的溶解度　**溶解度通常是指在压强为 101 kPa 和一定温度下，溶解在 1 体积溶剂里的气体体积数**。如压强为 101 kPa、温度为 0 ℃时，1 L 水中最多溶解 0.24 L 氮气，此时氮气的溶解度为 0.24 L/1 L 水。气体的溶解度有时也用"g/100 mL 溶剂"作为单位。

溶解度不同于溶解速度。搅拌、振荡、粉碎颗粒等增大的是溶解速度，但不能增大溶解度。溶解度也不同于溶解的质量，溶剂的质量增加，能溶解的溶质质量也增加，但溶解度不会改变。

2. 溶解度的影响因素

从前面的学习中不难看出，溶解度的大小，首先取决于溶质和溶剂的本性；此外，还与外界条件如温度、压强等有关，但与溶质和溶剂的量无关。

(1)固体物质的溶解度主要受温度的影响：①多数固体物质的溶解度随温度的上升而增大，如氯化铵、硝酸钾等；②少数固体物质的溶解度随温度上升增加很小，如氯化钠；③有些物质的溶解度随温度上升先增大后减小，如含有结晶水的硫酸钠($Na_2SO_4 \cdot 10H_2O$)的溶解度开始随温度的升高而增大，当达到一定温度(32.4 ℃)时，随温度的升高而减小；④另有一些物质的溶解度会随温度上升而减小，如含有结晶水的氢氧化钙[$Ca(OH)_2 \cdot 2H_2O$]和醋酸钙[$Ca(CH_3COO)_2 \cdot 2H_2O$]等。

(2)固体物质的溶解度曲线　固体物质的溶解度随温度变化的情况，可以用溶解度曲线来表示。我们用纵坐标表示溶解度，横坐标表示温度，绘出固体物质的溶解度随温度变化的曲线，这种曲线称为**溶解度曲线**(如图 5-6 所示)。

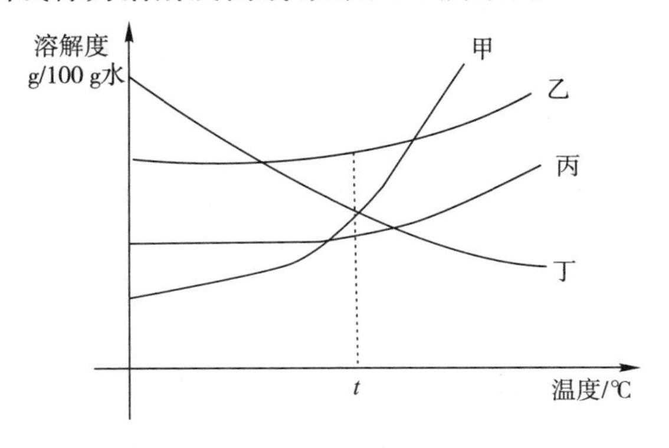

图 5-6　溶解度曲线示意图

溶解度曲线的意义在于：①表示同一种物质在不同温度时的溶解度或溶解度随温度变化的情况；②表示不同物质在同一温度时的溶解度，可以比较同一温度时，不同物质的溶解度的大小，若两种物质的溶解度曲线相交，则在该温度下两种物质的溶解度相等；③根据溶解度曲线可以确定从饱和溶液中析出晶体或进行混合物分离提纯的方法；④根据溶解度曲线能进行有关的计算。

大多数固体物质的溶解度随温度升高而增大，曲线为“陡升型”，如硝酸钾；少数固体物质的溶解度受温度的影响很小，曲线为“缓升型”，如氯化钠；极少数固体物质的溶解度随温度的升高而减小，曲线为“下降型”，如氢氧化钙。

(3)气体物质的溶解度主要受温度和压强的影响　夏天打开汽水瓶盖时，压强减小，气体的溶解度减小，会有大量气体涌出。喝汽水后会打嗝，因为汽水到胃里后，温度升高，气体的溶解度减小。从上面的事例中不难看出：气体物质的溶解度随温度的升高而减小，随压强的增大而增大。

三、乳化现象

把少量不溶于水的液体(如油)加入水中并剧烈振荡，油即以油滴形式分散在水中，就能形成乳状液(或乳浊液)，在医药上又称为乳剂，属于粗分散系。但是这种溶液不稳定，静置一段时间后会自动分层。若想制得较为稳定的乳状液，常常需要加入一些适当的试剂，这种试剂称为**表面活性剂**。**由于表面活性剂的作用，使一种液体分散在另一种互不相溶的液体中，形成高度分散体系的现象称为乳化现象**，具有乳化作用的表面活性剂称为**乳化剂**。

乳化剂的作用是在液体分散质的小液滴表面形成一层乳化剂薄膜，即使小液滴之间不能相互聚集，又使液滴稳定地分散到分散剂中，从而使溶液保持相对稳定状态。常见的乳化剂有合成洗涤剂、肥皂、人体内的胆汁酸盐等。乳化剂能使乳剂稳定的作用称为**乳化作用**。

乳化作用在医学上有重要意义，油脂在体内的消化、吸收和运输，很大程度有赖于乳化作用。例如，食物中脂类被胆汁乳化成直径仅为 3～10 μm 的混合微团，使脂类与水的接触界面增大，增加了消化酶与脂质的接触面积，有利于脂类的消化吸收；牛奶是天然的乳状液，营养丰富且易于吸收；一些不溶于水的油性药物，为了使其能被人体吸收，常常制成乳状液，如市售乳白鱼肝油是把清鱼肝油分散在水中，制成水包油型乳剂，以掩盖清鱼肝油的气味并使其易于吸收。乳剂可用于多种给药途径，如静脉注射、肌内注射、口服和外用等，由于乳剂中分散质的分散程度高，药物吸收迅速，故可以大大提高其效力。

第 3 节　溶液的浓度

溶液的浓度是指一定量的溶液(或溶剂)中所含溶质的量。溶液浓度的表示方法很多，根据不同工作的需要或为了计算方便，可选择不同的表示方法。

一、溶液浓度的表示

(一)质量浓度

溶液中溶质B的质量(m_B)与溶液的体积(V)之比称为溶质B的质量浓度,用符号ρ_B表示,即

$$\rho_B=\frac{m_B}{V}$$

质量浓度的单位是kg/m^3,实际工作中常用的单位是g/L、mg/L和μg/L。

【例5-1】 100 mL静脉滴注用的葡萄糖溶液中含5 g葡萄糖($C_6H_{12}O_6$),计算此葡萄糖溶液的质量浓度。

解:溶液中葡萄糖的质量浓度为

$$\rho_{C_6H_{12}O_6}=\frac{m_{C_6H_{12}O_6}}{V}=\frac{5\ g}{0.1\ L}=50\ g/L$$

答:此葡萄糖溶液的质量浓度为50 g/L。

要特别注意区别密度与质量浓度:**溶液的质量(m)与溶液的体积(V)之比称为溶液的密度**,用符号ρ表示,即$\rho=m/V$,单位是k g/L或g/cm^3。密度ρ与质量浓度ρ_B表示符号相同,但含义不同。例如,市售浓硫酸的质量浓度$\rho_{H_2SO_4}=1.77$ kg/L,密度$\rho=1.84$ kg/L,分别表示每升该溶液中含纯H_2SO_4 1.77 kg和每升该溶液的质量为1.84 kg。故使用质量浓度时,应注意标明物质的化学式或名称。

(二)质量分数

溶液中溶质B的质量(m_B)与溶液的总质量(m)之比称为溶质B的质量分数,用符号ω_B或ω(B)表示,即

$$\omega_B=\frac{m_B}{m}$$

式中,m_B和m的单位相同,质量分数是一个无量纲的量,可以用小数或百分数表示。例如,浓硫酸的质量分数$\omega_{H_2SO_4}=0.98$或$\omega_{H_2SO_4}=98\%$,它表示100 g浓硫酸溶液中H_2SO_4的质量是98 g。

【例5-2】 浓盐酸的质量分数为0.36,密度为1.18 kg/L,500 mL浓盐酸中含氯化氢多少克?

解:500 mL浓盐酸的质量为

$$m=\rho\times V=1180\times 0.5=590(g)$$

$$\because \omega_B=\frac{m_B}{m}$$

$$\therefore m_{HCl}=\omega_{HCl}\times m=0.36\times 590=212.4(g)$$

答:含氯化氢212.4 g。

(三)体积分数

在相同的温度和压力下，溶液中溶质 B 的体积(V_B)与溶液的体积(V)之比称为溶质 B 的**体积分数**，用符号 φ_B表示，即

$$\varphi_B=\frac{V_B}{V}$$

式中，V_B和 V 的单位相同，体积分数也是一个无量纲的量，也可以用小数或百分数表示。例如，外用酒精的体积分数为 $\varphi_B=0.75$ 或 $\varphi_B=75\%$。

【例 5-3】 药用酒精的体积分数 $\varphi_B=0.95$，300 mL 药用酒精中含有纯酒精多少毫升？

解：
$$\varphi_B=\frac{V_B}{V}$$

所以 $V_{C_2H_5OH}=\varphi_{C_2H_5OH}\times V=0.95\times 300=285(\text{mL})$

答：含有纯酒精 285 mL。

(四)物质的量浓度

1. 物质的量及其单位

物质是由许多原子、分子、离子等微观粒子构成的。物质之间的化学反应，如果只取一个或几个原子、分子或离子来进行，是难以做到的。因为单个或几个粒子不但难以称量，而且难以观察到反应现象。在实际生活中，分子、原子或离子都是以特定数目的“集合体”的宏观形式出现的，所以，生产和科学实验很需要一个物理量，**把微观粒子与宏观可称量的物质质量联系起来**，这个物理量就是**物质的量**。

(1)物质的量的定义 **物质的量是表示以某一特定数目的基本单元(粒子)为集合体数及其倍数的物理量**。它是国际单位制(SI)中 7 个基本物理量之一，用 n 作为物质的量的符号。某物质基本单元 B 的物质的量可以表示为 n_B或 $n(B)$。例如：

氢原子的物质的量可表示为 n_H或 $n(H)$；

氢分子的物质的量可表示为 n_{H_2} 或 $n(H_2)$；

氢离子的物质的量可表示为 n_{H^+} 或 $n(H^+)$。

物质的基本单元可以是原子、分子或离子等粒子。根据需要，物质的基本单元也可以是这些粒子的特定组合，如 $1/3Fe^{3+}$ 等。

(2)物质的量的单位——摩尔 物质的量与质量、长度、体积等一样，是一种物理量的名称，是表示物质数量的基本物理量。1971 年第 14 届国际计量大会(CGPM)通过决议，规定物质的量的单位是摩尔，简称**摩**，用符号 mol 表示。“摩尔”一词来源于拉丁文“moles”，原意为“大量和堆集”。

规定 1 mol 粒子集合体所含的粒子数与 12 g ^{12}C(即 0.012 kg ^{12}C)中所含的碳原子数相同。12 g ^{12}C 中含有的碳原子数约为 6.02×10^{23}。这个数值称为**阿伏加德罗常数**，符号为 N_A，即 $N_A=6.02\times10^{23}$个/mol。这里采用的是近似值。

摩尔的定义:**摩尔是一系统的物质的量,该系统中所含有的基本单元数与0.012 kg ^{12}C的原子数相同。**

由摩尔的定义可知:

1 mol C含有6.02×10^{23}个碳原子;

1 mol O_2含有6.02×10^{23}个氧分子;

1 mol H_2O含有6.02×10^{23}个水分子;

1 mol H^+含有6.02×10^{23}个氢离子;

0.5 mol H^+含有$0.5\times6.02\times10^{23}$个氢离子;

2 mol H^+含有$2\times6.02\times10^{23}$个氢离子。

物质的量(n)是与物质基本单元数(N)成正比的物理量,它们之间的关系如下:

$$\text{物质的量}=\frac{\text{基本单元数(粒子数)}}{\text{阿伏加德罗常数}}$$

$$n=\frac{N}{N_A}\text{或}N=nN_A$$

这一关系表明物质的量是物质的基本单元数与阿伏加德罗常数之比。

物质的量这个物理量只适合于微观粒子,使用摩尔作单位时,所指粒子必须十分明确,且粒子的种类要用化学式表示,可以是原子、分子、离子、电子及其他粒子,或这些粒子的特定组合。如$n(H)$、$n(H_2)$、$n(H_2O)$、$n(1/2H_2SO_4)$、$n(2H_2+O_2)$等。例如,我们只能说1 mol氧原子(O)或1 mol氧分子(O_2),而不能笼统地说1 mol氧。

由此可以推知:物质的量相等的任何物质,它们所含的基本单元数一定相同;若要比较几种物质所含基本单元数目的多少,只需比较它们物质的量的大小即可。

2. 摩尔质量

单位物质的量的物质所具有的质量称为摩尔质量。摩尔质量的符号为M。物质的质量、摩尔质量和物质的量之间的关系可用下式表示:

$$\text{物质的量}=\frac{\text{物质的质量}}{\text{摩尔质量}}$$

$$n_B=\frac{m}{M_B}$$

摩尔质量的基本单位是kg/mol,化学上常用g/mol作单位。物质基本单元B的摩尔质量的表示方法为M_B或$M(B)$。

元素的相对原子质量是以^{12}C作为标准,而物质的量的单位也是以^{12}C作为标准。因1 mol碳原子的质量是12 g,同理,1 mol氧原子的质量就是16 g。故得出:**1 mol任何原子的质量都是以克为单位,数值上等于该种原子的相对原子质量**。由此我们可以直接推知:

H的相对原子质量是1,1 mol H的质量是1 g,即$M(H)=1$ g/mol;

Fe的相对原子质量是56,1 mol Fe的质量是56 g,即$M(Fe)=56$ g/mol。

同样的,也可以推知:1 mol任何分子的质量,如果以克为单位,数值上等于该种分子的相对分子质量。

H_2的相对分子质量是2,1 mol H_2的质量是2 g,即$M(H_2)=2$ g/mol;

O_2的相对分子质量是16,1 mol O_2的质量是32 g,即$M(O_2)=32$ g/mol;

CO_2的相对分子质量是44,1 mol CO_2的质量是44 g,即$M(CO_2)=44$ g/mol;

H_2O的相对分子质量是18,1 mol H_2O的质量是18 g,即$M(H_2O)=18$ g/mol。

我们同样也可以推知1mol离子的质量。由于电子的质量非常微小,失去或得到的电子的质量可以忽略不计。因此,离子的摩尔质量可以看成形成离子的原子或原子团的摩尔质量。如:

1 mol H^+的质量是1 g,即$M(H^+)=1$ g/mol;

1 mol Cl^-的质量是35.5 g,即$M(Cl^-)=35.5$ g/mol;

1 mol OH^-的质量是17 g,即$M(OH^-)=17$ g/mol。

总之,**任何物质的基本单元B的摩尔质量如果以g/mol为单位,其数值就等于该物质的化学式量**。

在实际应用中,摩尔这个单位有时显得偏大,常常还采用毫摩尔(mmol)和微摩尔(μmol)作单位。三者的换算关系为:

$$1\ \text{mol}=10^3\ \text{mmol}=10^6\ \mu\text{mol}$$

3. 有关物质的量的计算

关于物质的量的计算主要有以下几种类型。

(1)已知物质的质量,求物质的量。

【例5-4】 90 g水的物质的量是多少?

解:$\because M_{H_2O}=18$ g/mol　$m_{H_2O}=90$ g

$$\therefore n_{H_2O}=\frac{m}{M_{H_2O}}=\frac{90}{18}=5(\text{mol})$$

答:90 g水的物质的量为5 mol。

(2)已知物质的量,求物质的质量。

【例5-5】 2.5 mol铜原子的质量是多少克?

解:$\because M_{Cu}=64$ g/mol　$n_{Cu}=2.5$ mol

$$\therefore m=n_{Cu}\times M_{Cu}=2.5\times 64=160(\text{g})$$

答:2.5 mol铜原子的质量是160 g。

(3)有关化学方程式的计算。

【例5-6】 与20 g $CaCO_3$完全反应,需要HCl的物质的量是多少?

解:$CaCO_3$与HCl反应的化学方程式及量关系如下:

$CaCO_3+2HCl=CaCl_2+CO_2\uparrow+H_2O$

100 g　2 mol

20 g　n(HCl)

$$\frac{100}{20}=\frac{2}{n_{HCl}}$$

$$n_{HCl}=0.4(\text{mol})$$

答：与 20 g $CaCO_3$ 完全反应，需要 HCl 的物质的量为 0.4 mol。

4. 物质的量浓度

溶液中溶质 B 的物质的量(n_B)与溶液的体积(V)之比称为溶质 B 的**物质的量浓度**，用符号 c_B 表示，即

$$c_B=\frac{n_B}{V}$$

物质的量浓度的 SI 单位为 mol/m^3，在化学和医学工作中常用的单位是 mol/L、mmol/L。如 1 L 氢氧化钠溶液中含有 0.5 mol 的 NaOH 可表示为：

$$c(NaOH)=0.5\ mol/L$$

如果已知溶质的质量，则

$$c_B=\frac{\frac{m_B}{M_B}}{V}=\frac{m_B}{M_BV}$$

关于物质的量浓度的计算主要有下列几类。

(1)已知溶质物质的量，求物质的量浓度。

【例 5-7】　某 KOH 溶液 500 mL 中含有 0.5 mol 的 KOH，试问该 KOH 溶液的物质的量浓度为多少？

解：∵ $n_{KOH}=0.5\ mol$　　$V=500\ mL=0.5\ L$

$$c_B=\frac{n_B}{V}$$

$$\therefore c_{KOH}=\frac{n_{KOH}}{V}=\frac{0.5}{0.5}=1.0(mol/L)$$

答：该 KOH 溶液的物质的量浓度为 1.0 mol/L。

(2)已知溶质的质量和溶液体积，求物质的量浓度。

【例 5-8】　100 mL 正常人的血清中含 10.0 mg Ca^{2+}，计算正常人血清中含 Ca^{2+} 的物质的量浓度。

解：∵ $m_{Ca^{2+}}=10.0\ mg=0.010\ g$　　$M_{Ca^{2+}}=40.0\ g/mol$

又∵　$V=100\ mL=0.1\ L$

$$c_{Ca^{2+}}=\frac{n_{Ca^{2+}}}{V}=\frac{m_{Ca^{2+}}}{M_{Ca^{2+}}V}=\frac{0.01}{40.0\times0.1}=2.50\times10^{-3}(mol/L)=2.5(mmol/L)$$

答：正常人血清中 Ca^{2+} 的物质的量浓度为 2.5 mmol/L。

(3)已知物质的量浓度和溶液的体积，求溶质的质量。

【例 5-9】　500 mL 的 2 mol/L NaOH 溶液中，含 NaOH 多少克？

解：∵ $c_{NaOH}=2\ mol/L$　$V=500\ mL=0.5\ L$　$M_{NaOH}=40\ g/mol$

由 $c_B=\frac{m_B}{M_BV}$

得　　$m_B=c_BVM_B$

$\therefore m_{NaOH}=2\ mol/L\times0.5\ L\times40\ g/mol=40\ g$

答：含 NaOH 40 g。

物质的量浓度已在医学上广泛使用。世界卫生组织建议，凡是已知相对分子质量的物质在体内的含量，均应用其物质的量浓度表示。例如，人体血液中葡萄糖含量的正常值，按法定计量单位应表示为 $c(C_6H_{12}O_6)=3.9\sim7.8$ mmol/L。对于未知其相对分子质量的物质，则可用其他溶液的浓度来表示，如质量浓度。对于注射液，世界卫生组织认为，在绝大多数情况下，应同时标明质量浓度和物质的量浓度。例如，临床上给患者注射的等渗葡萄糖溶液，过去标为 5%，现在应标为"50 g/L $C_6H_{12}O_6$"和"0.28 mol/L $C_6H_{12}O_6$"。

二、溶液浓度的换算

(一)质量浓度与物质的量浓度间的换算

质量浓度和物质的量浓度是两种常用的浓度表示方法，根据它们的基本定义，可以求出它们之间的关系。

$$\because \quad \rho_B=\frac{m_B}{V} \qquad c_B=\frac{m_B}{M_BV}$$

$$\therefore \quad m_B=\rho_BV=c_BVM_B$$

$$\therefore \quad \rho_B=c_BM_B \quad 或 \quad c_B=\frac{\rho_B}{M_B}$$

【例 5-10】 50 g/L 碳酸氢钠($NaHCO_3$)注射液的物质的量浓度是多少？

解：$\because M_{NaHCO_3}=84$ g/mol $\rho_{NaHCO_3}=50$ g/L

$$\therefore c_{NaHCO_3}=\frac{\rho_{NaHCO_3}}{M_{NaHCO_3}}=\frac{50}{84}=0.60(\text{mol/L})$$

答：该注射液的物质的量浓度为 0.60 mol/L。

(二)质量分数与物质的量浓度的换算

质量分数是用质量表示溶液的量，而其他浓度均以体积表示溶液的量。在进行浓度换算时，需要知道溶液的密度，由此得出溶液的质量和体积的关系。

设溶液的质量为 m，体积为 V，密度为 ρ，物质的量浓度为 c_B，其中，溶质 B 的质量为 m_B，摩尔质量为 M_B。

$$\because m_B=n_BM_B=c_BVM_B$$

$$m_B=\omega_Bm=\omega_B\rho V$$

$$\therefore c_BVM_B=\omega_B\rho V$$

故有 $c_B=\dfrac{\omega_B\rho}{M_B}$

【例 5-11】 已知硫酸溶液的质量分数 $\omega_{H_2SO_4}=0.98$，$\rho=1.84$ kg/L，计算此硫酸溶液物质的量浓度。

解：$\because \omega_{H_2SO_4}=0.98$，$\rho=1.84$ kg/L$=1840$ g/L，$M_{H_2SO_4}=98$ g/mol

$$\therefore c_{H_2SO_4}=\frac{\omega_{H_2SO_4}\rho}{M_{H_2SO_4}}=\frac{0.98\times1840}{98}=18.4(\text{mol/L})$$

答：此硫酸溶液的物质的量浓度为 18.4 mol/L。

三、溶液的配制、稀释和混合

溶液的配制、稀释和混合是化学和医学工作中常用的基本操作。

(一)溶液的配制

溶液配制的基本方法有两种。

1. 一定质量溶液的配制

配制时，将定量的溶质和溶剂混合均匀即得。配制的步骤通常是计算、称量、溶解、转移和定容。当用质量分数(ω_B)表示溶液的浓度时，应采用此法配制。例如，配制质量分数 $\omega_{NaCl}=0.10$ 的 NaCl 溶液 100 g，分别称取 10 g NaCl 和 90 g 蒸馏水，将其溶解，混合均匀即得。

2. 一定体积溶液的配制

将一定质量(或体积)的溶质与适量的溶剂混合，完全溶解后，再加溶剂至所需体积，混匀即可。配制的步骤通常是计算、称量、溶解、定量转移和定容。一般用物质的量浓度 c_B、质量浓度 ρ_B、体积分数 φ_B表示溶液的浓度时，应采用此法配制。

【例 5-12】 如何配制质量浓度为 50 g/L 的葡萄糖溶液 1000 mL?

解：1000 mL 50 g/L 葡萄糖溶液中含有的葡萄糖的质量为

$$m_{C_6H_{12}O_6}=50\times\frac{1000}{1000}=50(\text{g})$$

配制方法：用表面皿在托盘天平上称取 50 g 葡萄糖置于烧杯中，加少量蒸馏水溶解后，转移至 1000 mL 量筒内，再用少量蒸馏水冲洗烧杯 2～3 次，冲洗液也全部转移至量筒内(此过程称为定量转移)，最后加蒸馏水至 1000 mL，混匀即可(后一步可称为定容)。

用于定性分析的溶液的配制，通常用托盘天平称量溶质的质量，用量筒量取液体的体积。若用于定量分析的溶液，需要精确的溶液浓度时，则要用分析天平称量溶质的质量，用移液管量取液体的体积，用容量瓶来定容。

(二)溶液的稀释

在浓溶液中加入溶剂使溶液浓度降低的操作称为**溶液的稀释**。稀释的特点是稀释前后溶液的浓度和体积发生变化，但溶液中所含有的溶质的量不变。

若溶液的浓度为 c_1、体积为 V_1，稀释后稀溶液的浓度为 c_2、体积为 V_2。则

$$c_1V_1=c_2V_2$$

该式称为**稀释公式**，使用时要注意等式两边的单位一致。式中 c_1 和 c_2 可为 c_B、ρ_B或 φ_B。

浓度为质量分数的溶液，其稀释公式应调整为：

$$\omega_{B_1}V_1=\omega_{B_2}V_2$$

【例 5-13】 如何用市售体积分数为 95%的药用酒精，配制体积分数为 75%的消毒酒精 500 mL?

解：设需 95%药用酒精 V_1 mL，根据稀释公式得

$$V_1=\frac{75\%\times 500}{95\%}=395(\mathrm{mL})$$

配制方法：用量筒量取 95%药用酒精 395 mL，加蒸馏水稀释至 500 mL，混匀即可。

(三)溶液的混合

在浓溶液中加入同溶质的稀溶液得到所需浓度的溶液的操作称为溶液的混合。计算依据：混合前后溶质的总量不变。

设浓溶液的浓度为 c_1、体积为 V_1，稀溶液的浓度为 c_2、体积为 V_2，混合后溶液的浓度为 c、总体积为 V_1+V_2(忽略混合前后体积的改变)。则

$$c_1V_1+c_2V_2=c(V_1+V_2)$$

运用此公式计算时，要注意等式两边单位一致。

【例 5-14】 某患者需用 0.56 mol/L 的葡萄糖溶液 500 mL，问应取 2.8 mol/L 的葡萄糖溶液和 0.28 mol/L 的葡萄糖溶液各多少毫升?

解：设需用 2.8 mol/L 的葡萄糖溶液 V_1 mL，0.28 mol/L 的葡萄糖溶液 V_2 mL，则：

$$2.8V_1+0.28V_2=0.56\times 500$$

$$V_1+V_2=500$$

解得：$V_1=55.6$ mL，$V_2=444.4$ mL

配制方法：分别量取 2.8 mol/L 的葡萄糖溶液 55.6 mL，0.28 mol/L 的葡萄糖溶液 444.4 mL，混匀即可。

第 4 节　溶液的渗透压

溶液的性质既不同于纯溶质，又不同于纯溶剂。其性质可分为两类：一类是由溶质的本性所引起的，如溶液的颜色、导电性、密度等；另一类是由溶液的组成，即溶质和溶剂微粒数的比值所引起的，而与溶质的本性几乎无关。例如，溶液的沸点比纯溶剂的沸点高，溶液的凝固点比纯溶剂的凝固点低，产生渗透压等。本节主要学习渗透压及其意义。

一、渗透现象和渗透压

假设在很浓的蔗糖溶液的液面上加一层清水，则蔗糖分子从下层进入上层，同时水分子从上层进入下层，一定时间后，上面的水也有甜味了，直到形成浓度均匀一致的溶液，这个现象称为**扩散**。扩散是一种双向运动，是溶质分子和溶剂分子相互运动的结果。只要是两种不同浓度的溶液相互接触，都会发生扩散现象。

有一种性能特殊的薄膜，它只允许较小的溶剂分子自由通过而溶质分子很难通过，

这种薄膜称为**半透膜**。半透膜有天然存在的，像生物的细胞膜、动物的膀胱膜、肠衣、鸡蛋衣等；也可以人工制得，如羊皮纸、火棉胶、玻璃纸和硫酸纸等。如果用半透膜将蔗糖水溶液和纯水隔开，会发生怎样的现象呢？

先来观察下面的一个简单的实验，如图 5-7 所示。把一个长颈漏斗的上口用半透膜扎紧，然后把它安装固定在一只盛有水的烧杯中，而在长颈漏斗内装入 500 g/L 蔗糖溶液，使烧杯和长颈漏斗的液面相平。一段时间后，便可看到长颈漏斗内液面慢慢升高，达到一定高度后不再上升。

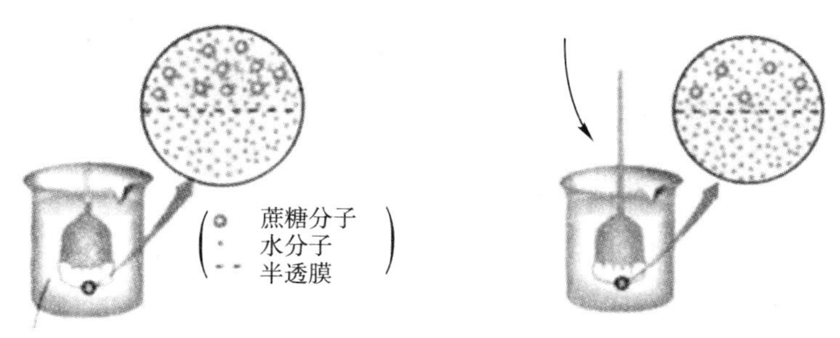

图 5-7　渗透作用示意图

此现象说明水透过半透膜进入溶液（蔗糖溶液）中，而使其液面上升。这种**溶剂分子透过半透膜进入溶液（或由稀溶液进入浓溶液）的现象，称为渗透现象，简称渗透**。

为什么会产生渗透现象呢？这是由于半透膜内是蔗糖溶液，而膜外是纯水，即半透膜内外水的浓度（单位体积内水分子的个数）不相等，纯溶剂中水的浓度大于蔗糖溶液中水的浓度。虽然水分子可透过半透膜产生双向移动，但单位时间内从纯溶剂进入溶液的水分子比从蔗糖溶液进入纯水中的水分子要多得多，因而产生了渗透现象。结果表现为水不断透过半透膜渗入蔗糖溶液，使蔗糖溶液的浓度逐渐变稀而体积增大，溶液的液面上升。

随着渗透作用的进行，管内溶液的液面逐渐升高，管内外出现液面差，产生静水压。静水压可使纯水中的水分子从外面进入蔗糖溶液的速度逐渐减慢。当管中的液面上升到一定高度时，水分子向两个方向扩散的速度相等，即单位时间内水分子从纯水进入溶液的数目与从溶液进入纯水的数目相等，体系达到动态平衡，称为**渗透平衡**。这时管内液面不再升高，渗透现象不再进行。此时管内液柱所产生的压强称为蔗糖溶液的渗透压（如图 5-8 所示）。

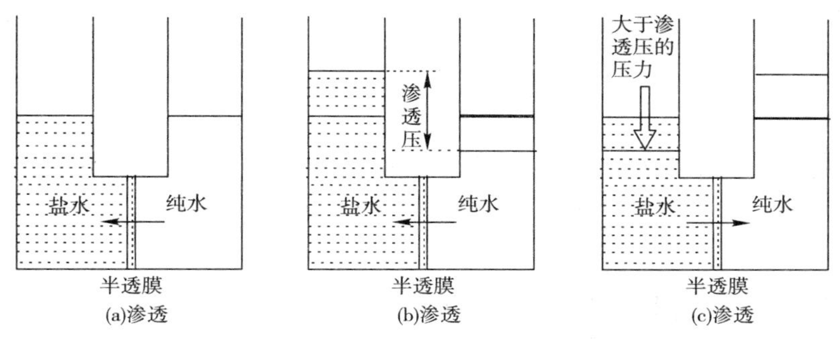

图 5-8　溶液的渗透压

渗透压的大小可以用管内外液面之差来衡量。这段液面高度之差所产生的压强即为该溶液的渗透压。因此,渗透压可以定义为:**将两种不同浓度溶液的用半透膜隔开,恰能阻止渗透现象继续发生,而达到动态平衡的压力,称为渗透压,简称渗压。**

渗透压的单位为帕(Pa)或千帕(kPa)。不同浓度的溶液渗透压不同。如正常人血浆的渗透压为 720~800 kPa。

若用半透膜把两种不同浓度的溶液隔开,也能发生渗透现象,这时水从稀溶液渗入浓溶液中。由此可见,渗透现象的实质是水分子由纯水向溶液方向渗透或由稀溶液向浓溶液方向渗透的过程,但必须有半透膜存在,否则只是扩散而不是渗透。总之,产生渗透现象必须具备两个条件:一是有半透膜存在;二是半透膜两侧溶液存在浓度差。

二、渗透压与溶液浓度的关系

凡是溶液都有渗透压。渗透压的大小与溶液的浓度密切相关。

实验证明:**在一定的温度下,稀溶液渗透压的大小与单位体积中所含溶质的粒子数(分子或离子)成正比,而与溶质的本性无关。这个规律称为渗透压定律。**

因此,如要比较两种溶液的渗透压大小,不能只看溶液的浓度,而是要比较两种溶液中的粒子(分子或离子)总浓度的大小。

对于非电解质,如葡萄糖、蔗糖,在溶液中不发生电离,一个分子就是一个粒子。因此,在相同温度下,只要物质的量浓度相同,单位体积内溶质的粒子数目就相同,它们的渗透压也必然相等。如 0.3 mol/L 葡萄糖($C_6H_{12}O_6$)溶液和 0.3 mol/L 蔗糖($C_{12}H_{22}O_{11}$)溶液,它们的渗透压相等。当两种非电解质溶液的物质的量浓度不同时,浓度较大的溶液,渗透压也较大。如 $c(C_6H_{12}O_6)=0.6$ mol/L 的溶液的渗透压是 $c(C_6H_{12}O_6)=0.3$ mol/L 的溶液的渗透压的 2 倍。

对于强电解质来说,情况就不同了。因为强电解质分子在溶液中能全部电离成离子,使溶液中的粒子数成倍增加,因此,强电解质溶液中溶质粒子的物质的量浓度应该是电解质电解出的阴、阳离子的物质的量浓度的总和。不同的电解质溶液,即使物质的量浓度相等,渗透压也未必相等。

【例 5-15】 比较 0.1 mol/L 氯化钠(NaCl)溶液与 0.1 mol/L 氯化钙($CaCl_2$)溶液的渗透压大小。

解:NaCl 和 $CaCl_2$ 在水中的电离情况如下:

$$NaCl \longrightarrow Na^+ + Cl^-$$

$$CaCl_2 \longrightarrow Ca^{2+} + 2Cl^-$$

0.1 mol/L NaCl 溶液中离子浓度为 0.2 mol/L;而 0.1 mol/L $CaCl_2$ 溶液中离子浓度为 0.3 mol/L。

答:0.1 mol/L $CaCl_2$ 溶液的渗透压大于 0.1 mol/L NaCl 溶液的渗透压。

【例 5-16】 比较 9 g/L NaCl 溶液和 0.3 mol/L 葡萄糖溶液的渗透压。

解:先把 9 g/L NaCl 溶液的质量浓度换算成物质的量浓度,得

$$c_{NaCl}=\frac{\rho_{NaCl}}{M_{NaCl}}=\frac{9}{58.5}=0.15(mol/L)$$

∵ $NaCl \longrightarrow Na^{+}+Cl^{-}$

∴ NaCl 溶液中溶质粒子的浓度为 0.15×2=0.3(mol/L)

答:9 g/L NaCl 溶液和 0.3 mol/L 葡萄糖溶液的渗透压相等。

三、渗透压在医学上的意义

(一)医学中的渗透压单位

医学上除了用千帕(kPa)表示溶液的渗透压外,还常常采用毫渗量摩尔浓度,又称毫渗量/升(mOsm/L)。毫渗量/升是指溶液中能产生渗透效应的各种物质粒子(分子或离子)的总浓度,以 mmol/L 来计算的渗透压单位。

(二)等渗溶液、低渗溶液和高渗溶液

溶液的渗透压高低是相对的。在相同温度下,渗透压相等的两种溶液称为**等渗溶液**。对于渗透压不等的两种溶液,渗透压高的称为**高渗溶液**,渗透压低的称为**低渗溶液**。

血浆中各种阴、阳离子的总浓度约为 300 mmol/L,所以正常人血浆的渗透压约为 300 mmol/L。故临床上规定,凡渗透压在 280～320 mmol/L 范围内的溶液称为等渗溶液;浓度低于 280 mmol/L 的溶液称为低渗溶液;浓度高于 320 mmol/L 的溶液称为高渗溶液。在实际应用中,略超过 320 mmol/L 或略低于 280 mmol/L 的溶液,在临床上也作为等渗溶液使用。

临床上常用的等渗溶液有 0.154 mol/L(9 g/L)氯化钠溶液(生理盐水)、0.278 mol/L(50 g/L)葡萄糖溶液、0.149 mol/L(12.5 g/L)碳酸氢钠溶液、1/6 mol/L(18.7 g/L)乳酸钠溶液等。临床上常用的高渗溶液有 0.60 mol/L(50 g/L)氯化钠溶液、2.78 mol/L(500 g/L)葡萄糖溶液、0.278 mol/L 葡萄糖氯化钠溶液(生理盐水中含 0.278 mol/L 葡萄糖),其中生理盐水维持渗透压,葡萄糖供给热量和水。

输液是临床治疗中常用的方法之一。输液必须掌握的基本原则是不因输入液体而影响血浆渗透压。所以大量输液时,应该使用等渗溶液。下面讨论红细胞分别在三种 NaCl 溶液中产生的现象。①将红细胞放到低渗的 0.068 mol/L NaCl 溶液中,在显微镜下可以看到红细胞逐渐膨胀,最后破裂,医学上称这种现象为**溶血**。这是因为红细胞内液的渗透压大于外面的 0.068 mol/L NaCl 溶液的渗透压,因此,水分子就要向红细胞内渗透,使红细胞膨胀,以致破裂。②若将红细胞放到高渗的 0.256 mol/L NaCl 溶液中,在显微镜下可以看到红细胞逐渐皱缩,这种现象称为**胞浆分离**。因为这时红细胞内液的渗透压小于外面的 0.256 mol/L NaCl 溶液的渗透压,因此,水分子由红细胞内向外渗透,使红细胞皱缩。③若将红细胞放到等渗的生理盐水中,在显微镜下可以看到红细胞维持原状。这是因为红细胞与生理盐水的渗透压相等,细胞内外达到渗透平衡。图 5-9 为红细胞在不同浓度 NaCl 溶液中的形态图。

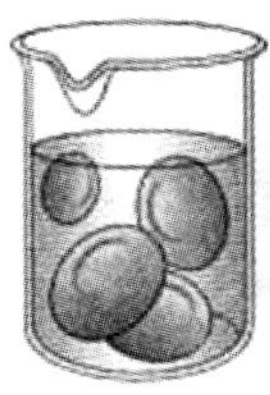

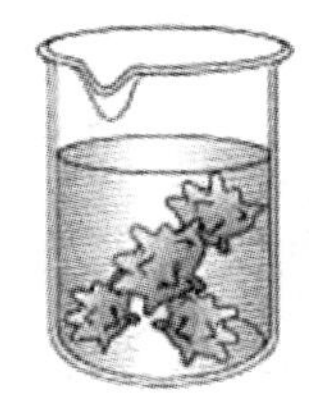
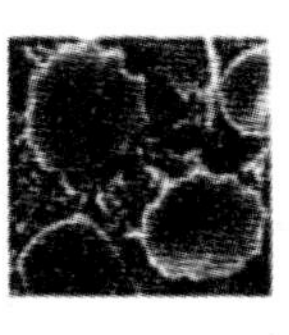
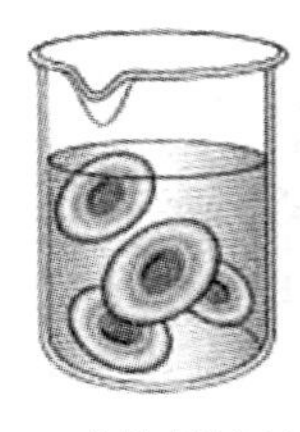

(a)当外界溶液的浓度比细胞质的浓度低时，细胞吸水膨胀

(b)当外界溶液的浓度比细胞质的浓度高时，细胞失水皱缩

(c)当外界溶液的浓度与细胞质的浓度相同时，水分进出细胞处于动态平衡

图 5-9　红细胞在不同浓度 NaCl 溶液中的形态示意图

(三)晶体渗透压与胶体渗透压

人体血浆中既有小分子和小离子(如葡萄糖和 NaCl 等)，也有高分子化合物(如蛋白质等)。其中小分子和小离子所产生的渗透压称为晶体渗透压，高分子化合物产生的渗透压称为胶体渗透压。血浆总渗透压是这两种渗透压的总和。晶体渗透压和胶体渗透压具有不同的生理功能，这是由于生物半透膜(如细胞膜和毛细血管壁)对各种溶质的通透性不同。

细胞膜是一种间隔着细胞内液和细胞外液的半透膜，它只允许水分子自由通过而不允许其他分子或离子透过。由于晶体渗透压远大于胶体渗透压，因此水分子的渗透方向主要由晶体渗透压决定。当人体缺水时，细胞外液各种溶质的浓度升高，外液的晶体渗透压增大，于是细胞内液中的水分子将向细胞外液渗透，造成细胞皱缩。如果大量饮水，则又会导致细胞外液晶体渗透压减小，水分子透过细胞膜向细胞内液渗透，使细胞肿胀，严重时可引起水肿。

毛细血管壁也是体内的一种半透膜，它间隔着血液和组织间液，允许水分子、小分子和小离子自由透过，而不允许高分子化合物的分子和离子透过。在这种情况下，晶体渗透压对维持血管血液和组织间液的水、盐平衡不起作用，只有胶体渗透压对这一平衡起重要作用。人体因某种原因导致血浆蛋白质减少时，血浆的胶体渗透压降低，血浆中的水和其他小分子、小离子就会透过毛细血管壁而进入组织间液，导致血容量(人体血液总量)降低，组织间液增多，这是形成水肿的原因之一。临床上对大面积烧伤或由于失血造成血浆的胶体渗透压降低的患者补液时，除补充生理盐水外，还需要同时输入血浆或右旋糖酐等代血浆，才能够恢复胶体渗透压和增加血容量。

渗析法可用于中草药中有效成分的分离提取。在中草药浸取液中，利用植物蛋白、淀粉、树胶、多聚糖等胶体溶液不能透过半透膜的性质而将它们除去；中草药注射剂也常存在微量的胶体状态的杂质，在放置中变浑浊，用半透膜可改变其澄明度。人工肾能帮助肾衰竭患者去除血液中的毒素和水分也是基于渗析的原理。

练　习　题

一、名词解释

1. 分散系
2. 溶解度
3. 乳化作用
4. 摩尔
5. 摩尔质量
6. 物质的量浓度
7. 质量浓度渗透压

二、填空题

1. 2 mol H_2SO_4 中含有________mol H^+，________mol SO_4^{2-}。

2. 氯化钠的摩尔质量 $M(NaCl)=$______，0.5 mol NaCl 的质量 $m(NaCl)=$________。

3. 氢氧化钠的摩尔质量 $M(NaOH)=$________，20 g NaOH 的物质的量 $n(NaOH)=$________。

4. 1 mol $CaCO_3$ 中 $m(Ca)=$________，64 g SO_2 中的氧原子数 $N(O)=$________。

5. 恰好完全中和 0.5 mol HCl，需要________g NaOH；恰好完全中和 0.5 mol H_2SO_4，需要________g NaOH。

6. 碘酒、葡萄糖溶液、NaCl 溶液都属于分散系，其中分散质分别是________，分散剂分别是________。

7. 世界卫生组织建议：在医学上表示体液浓度时，可用________和________，它们的常用单位是________和________。

8. 用半透膜把纯溶剂或稀溶液与溶液或浓溶液隔开，溶剂分子的渗透方向为______________。

9. 医学上的等渗溶液是以__________________为标准制定的。

10. 晶体渗透压是由________产生的渗透压，其主要生理功能是________。胶体渗透压是由________________产生的渗透压，其主要生理功能为______________________。

11. 蛋白质溶液属于________________分散系中的高分子溶液。

三、选择题

1. 下列关于分散系概念的描述，错误的是　（　　）

   A. 分散系由分散质和分散介质组成

   B. 分散系包括均相体系和非均相体系

   C. 高分子溶液属于胶体分散系

   D. 分散质颗粒直径大于 100 nm 的体系为胶体分散系

2. 下列关于分散系概念的描述，正确的是　（　　）

A. 分散系只能是液态体系

B. 分散系为均一、稳定体系

C. 分散质微粒都是单个分子或离子

D. 分散系中被分散的物质称为分散相(分散质)

3. 分散质粒子能透过滤纸,而不能透过半透膜的是 ( )

A. 粗分散系　B. 胶体分散系　C. 分子、离子分散系　D. 以上都不是

4. 下列关于胶体分散系的描述,正确的是 ( )

A. 其分散质粒子的直径小于 10 nm

B. 其分散质粒子的直径大于 100 nm

C. 其分散质粒子的直径为 1～100 nm

D. 其分散介质只能为水

5. 根据溶解度的概念,下列说法正确的是 ( )

A. 20 ℃时,10 g 食盐可以溶解在 100 g 水中,所以 20 ℃时,食盐的溶解度是 10 g

B. 20 ℃时,10 g 食盐溶解在水中制成了饱和溶液,所以 20 ℃时,食盐的溶解度是 10 g

C. 20 ℃时,20 g 某物质全部溶解在 100 g 水中,溶液恰好达到饱和,所以 20 ℃时,该物质的溶解度是 20 g

D. 20 ℃时,碳酸钙在 100 g 水中达到饱和时能溶解 0.0013 g,所以 20 ℃时,碳酸钙的溶解度是 0.0013 g

6. 使不饱和溶液变为饱和溶液,下列方法最可靠的是 ( )

A. 升高温度　B. 加入溶质　C. 降低温度　D. 倒掉部分溶液

7. 据文字记载,我们的祖先在神农氏时代就开始利用海水晒盐。海水晒盐的基本原理是 ( )

A. 风吹日晒使海水中的氯化钠蒸发

B. 风吹日晒使海水由饱和变为不饱和

C. 风吹日晒使海水中的氯化钠溶解度降低

D. 风吹日晒使水分蒸发,晶体析出

8. 物质的量表示 ( )

A. 物质数量的量　B. 物质质量的量

C. 物质基本单元数目的量　D. 物质单位的量

9. 下列表示方法中正确的是 ( )

A. 1 mol 氢　B. 1 mol H_2　C. 1 mol 氧　D. $n(O_2)=1$

10. 与 32 g O_2 具有相同分子数的是 ( )

A. 1 mol H_2O　B. 22 g CO_2　C. 3.01×10^{23} 个 SO_2　D. 20 g NaOH

11. 与 1 mol CO 具有相同原子数的是 ( )

A. 2 g He　B. 6.02×10^{23} 个 NH_3

C. 1 mol H_2　D. 16 g CH_4

12. 配制 300 mL 0.10 mol/L NaOH 溶液，需要称取固体 NaOH 的质量是 ( )

A. 1.2 g B. 1.2 mg C. 4.0 g D. 4.0 mg

13. 将 12.5 g 葡萄糖溶于水，配成 250 mL 溶液，该溶液的质量浓度为 ( )

A. 25 g/L B. 5.0 g/L C. 50 g/L D. 0.025 g/L

14. 生理盐水的浓度曾经是以质量体积百分数来表示的。0.90% NaCl 溶液，即 100 mL溶液中含 0.90 g NaCl，则其物质的量浓度为 ( )

A. 9.0 mol/L B. 0.308 mol/L C. 0.154 mol/L D. 0.154 mmol/L

15. 配制 1.00 mol/L HCl 溶液 1000 mL，需质量分数为 37% 的 HCl 溶液（密度为 1.19 kg/L）的体积为 ( )

A. 82.9 mL B. 829 mL C. 119 mL D. 8.29 mL

16. 已知 Na 的相对原子质量为 23.0，Cl 的相对原子质量为 35.5。某患者需补充 Na^+ 50.0 mmol，应输入生理盐水 ( )

A. 123 mL B. 1280 mL C. 310 mL D. 325 mL

17. 0.154 mol/L NaCl 溶液的渗透浓度为（以 mmol/L 表示） ( )

A. 0.308 B. 308 C. 154 D. 0.154

18. 用只允许水分子透过，而不允许溶质粒子透过的半透膜将此溶质的稀溶液与浓溶液隔开，下面关于渗透作用的描述正确的是 ( )

A. 水从浓溶液向稀溶液渗透，最后达到平衡

B. 水从稀溶液向浓溶液渗透，最后达到平衡

C. 水从稀溶液向浓溶液渗透，不能达到平衡

D. 由于水分子能自由透过半透膜，故不会发生渗透

19. 欲使被半透膜隔开的 A、B 两种溶液间不发生渗透，应使两溶液 ( )

A. 物质的量浓度相等 B. 渗透浓度相等

C. 质量浓度相等 D. 质量分数相等

20. 人体血液平均每 100 mL 中含 K^+ 19 mg，则血液中 K^+ 的渗透浓度为（以 mmol/L 表示） ( )

A. 0.0049 B. 4.9 C. 49 D. 490

21. 会使红细胞发生皱缩的是 ( )

A. 12.5 g/L $NaHCO_3$溶液 B. 1.00 g/L NaCl 溶液

C. 112 g/L $NaC_3H_5O_3$溶液 D. 50 g/L 葡萄糖溶液

22. 在 37 ℃时，NaCl 溶液与葡萄糖溶液的渗透压相等，则两溶液的物质的量浓度有以下关系 ( )

A. c(NaCl)＝c(葡萄糖) B. c(NaCl)＝2c(葡萄糖)

C. c(葡萄糖)＝2c(NaCl) D. c(NaCl)＝3c(葡萄糖)

23. 下面叙述错误的是 ( )

A. 在维持细胞内外渗透平衡方面，胶体渗透压起主要作用

B. 在维持毛细血管内外渗透平衡方面，胶体渗透压起主要作用

C. 血浆中胶体渗透压较小

D. 晶体渗透压和胶体渗透压都很重要

24. 影响渗透压的因素是 ( )

A. 压力、温度 B. 压力、密度 C. 浓度、压力 D. 浓度、温度

25. 与血浆等渗的两溶液以任意比例混合(不发生化学反应),所得混合液为 ( )

A. 低渗溶液 B. 高渗溶液 C. 等渗溶液 D. 无法判断

26. 溶胶的丁达尔现象是胶粒对光的 ( )

A. 透射作用 B. 反射作用 C. 折射作用 D. 散射作用

27. 在电场中,胶粒在分散介质中的定向移动,称为 ( )

A. 电泳 B. 电渗 C. 扩散 D. 电解

28. 下列分散系有丁达尔现象,加少量电解质可聚沉的是 ( )

A. AgCl 溶胶 B. NaCl 溶液 C. 蛋白质溶液 D. 蔗糖溶液

29. 对溶胶起保护作用的是 ( )

A. $CaCl_2$ B. NaCl C. 明胶 D. Na_2SO_4

30. 下列事实与胶体性质无关的是 ( )

A. 在豆浆中加入盐卤做豆腐

B. 河流入海口处易形成沙洲

C. 一束平行光线照射溶胶时,从侧面可以看到光亮的通路

D. 三氯化铁溶液中滴入氢氧化钠溶液出现红褐色沉淀

四、判断题

1. 质量浓度是指 100 g 水中所含溶质的克数。 ( )

2. 32 g 氧气中含有 6.02×10^{23} 个氧分子。 ( )

3. 1 mL 1 mol/L 的硫酸溶液比 10 mL 1 mol/L 的硫酸溶液的浓度小。 ( )

4. 胶体分散系的分散质粒子都是由分子聚集体组成的。 ( )

5. 所谓某物质的浓度,通常是指某物质的物质的量浓度。 ( )

6. 将红细胞放入某氯化钠水溶液中出现破裂,该氯化钠溶液为高渗溶液。 ( )

7. 两个等渗溶液以任意比例混合所得的溶液仍为等渗溶液(设两等渗溶液无化学反应)。 ( )

8. 因为血浆中小分子(或离子)物质的含量低于高分子物质,所以晶体渗透压一定小于胶体渗透压。 ( )

五、简答题

1. 产生渗透现象的条件是什么?

2. 高分子溶液和胶体同属胶体分散系,其主要异同点是什么?

3. 分别比较下列各组溶液中两种溶液渗透压的高低,各组中两溶液如用半透膜隔开,指出渗透方向。

(1)50 g/L 葡萄糖溶液与 50 g/L 蔗糖溶液;

(2)1 mol/L 葡萄糖溶液与 1 mol/L 蔗糖溶液;

(3)0.1 mol/L 葡萄糖溶液与 0.1 mol/L NaCl 溶液；

(4)0.2 mol/L NaCl 溶液与 0.2 mol/L $CaCl_2$溶液。

4.影响胶体溶液稳定的因素是什么？使胶体聚沉有哪些方法？

5.使用不同型号的墨水，有时会使钢笔堵塞而写不出来，为什么？

6.某患者需补 4.0×10^{-2} mol K^+，问需用多少支 100 g/L KCl 针剂(每支 10 mL)加到葡萄糖溶液中静脉滴注？

7.正常人血清中每 100 mL 约含 Ca^{2+} 10 mg，其渗透浓度是多少？

8.1.17 g/L 的氯化钠溶液所产生的渗透压与质量浓度为多少的葡萄糖溶液产生的渗透压相等？

9.计算下列溶液的渗透浓度。

(1)$\rho_B=56$ g/L 的乳酸钠($C_3H_5O_3Na$)；

(2)$\rho_B=21$ g/L 的 $NaHCO_3$。

(王　丹)

第6章　化学反应速率与化学平衡

学习目标

1. 掌握化学反应速率的概念，熟悉浓度、温度、催化剂对反应速率的影响，了解化学反应速率的表示方法。

2. 掌握可逆反应、非可逆反应、化学平衡的概念，熟悉平衡定律和平衡常数表达式，了解平衡常数的计算和应用，熟悉浓度、压强、温度对化学平衡的影响。

3. 掌握强、弱电解质的概念，熟悉弱电解质的电离平衡、平衡常数及表达式、电离度、同离子效应，了解多元弱酸的电离。

4. 熟悉水的电离和水的离子积，掌握pH和溶液的酸碱性。

5. 掌握缓冲作用和缓冲溶液的组成、配制，熟悉缓冲原理、缓冲液在医学中的应用，了解缓冲溶液pH的计算。

6. 熟悉沉淀溶解平衡和溶度积常数，了解溶度积与溶解度的关系、溶度积的计算与应用。

7. 掌握配合物定义、组成，熟悉配合物的命名，熟悉配位平衡及平衡常数，了解配位平衡的影响因素。

8. 熟悉氧化数的概念，熟悉能斯特方程式，了解氧化还原电极电势及其应用。

在研究一个理论上能够发生的化学反应时，必然涉及两个基本问题：第一，这个反应进行的快慢如何，即多长时间可以完成这个反应，有哪些因素可以影响反应的快慢。第二，这个化学反应能进行到什么程度。显然，探讨这些问题对于理论研究和生产实践都具有指导意义。人们总是希望对人类生产和生活有益的化学反应进行得更快、更完全一些；而对那些影响人类生活质量，危害人体健康的化学反应，则在不断地研究各种抑制方法。如在药品和食品的生产和加工时，希望越快越好，但是在药品和食品的失效变质等方面，则希望越慢越好。

第1节　化学反应速率

一、化学反应速率的概念及表示方法

化学反应速率即化学反应的快慢，用单位时间内反应物或生成物浓度的变化（反应

物浓度减小,生成物浓度增大)来表示。浓度单位一般用物质的量浓度(mol/L)表示,时间单位可根据化学反应的快慢用 s、min、h 等表示。如:

	$N_2(g)$ +	$3H_2(g)$ ══	$2NH_3(g)$
初始浓度(mol/L)	1	2	0
2 min 后浓度(mol/L)	0.6	0.8	0.8
反应速率[mol/(L·min)]	0.2	0.6	0.4

通过上例,可以得出以下结论:

(1)在一个反应中,如果用不同的反应物或生成物浓度的变化来表示某一个反应速率时,所得的数值可以不同,且数值与其化学式系数成比例关系。

$$aA+bB=dD+eE$$

$$v_A:v_B:v_D:v_E=a:b:d:e$$

(2)化学反应速率的数值仅表示某一时间内反应的平均速率。在反应过程中,反应速率是在变化的。

二、影响化学反应速率的因素

决定化学反应快慢的根本因素在于反应物的本性。如火药一旦点火就会爆炸,反应在一瞬间完成;而煤炭和石油的形成必须要经过亿万年的演变。对于某一特定的化学反应,其反应速率还受到浓度、温度、催化剂等外部因素的影响。

(一)浓度对反应速率的影响

大量实验事实证明,对于某一特定的化学反应,当其他条件不变时,其反应速率取决于反应物的浓度。即:**增大反应物的浓度,反应速率加快,反之,减小反应物浓度,反应速率减慢**。如火柴棒在氧气中燃烧比在空气中燃烧时剧烈,锅炉在燃烧时使用鼓风机鼓风等,都是利用浓度对化学速率影响的例子。在本章的实验部分,将会从对比实验中得到验证。

对于有气体参加的化学反应,**增大压强,会使气体体积减小,从而导致浓度增大,将会加快反应速率**。如工业上合成氨的反应,都是在高压的条件下进行的。

(二)温度对反应速率的影响

温度对反应速率的影响远远大于浓度的影响。在其他条件不变的情况下,**温度升高,反应速率加快;温度降低,反应速率减慢**。1884 年,荷兰科学家范特霍夫(J. H. Vant Hoff)提出了一条经验规则:在反应物浓度不变的情况下,温度每升高 10 ℃,化学反应速率增加到原来的 2~4 倍。在化工生产过程中,最常用的加快反应速率的方法就是加热;食品、药品等存放在冰箱等低温处就是为了减慢失效变质反应的速率。

(三)催化剂对反应速率的影响

催化剂是一种能改变化学反应速率,而本身在反应前后质量和化学组成均不改变

的物质。如实验室制备氧气，用氯酸钾和二氧化锰混合加热，二氧化锰就是一种催化剂。能加快反应速率的叫正催化剂；能减慢反应速率的叫负催化剂（又称抑制剂或阻化剂）。通常所说的催化剂一般是指正催化剂。催化剂在现代化学中占有极其重要的地位，据统计，约有85%的化学反应要借助催化剂。生物体内的许多化学反应，也与酶这种生物催化剂密切相关。**酶是生物体内的天然活性催化剂，也称为生物催化剂**。酶的种类很多，如蔗糖酶、淀粉酶、胃蛋白酶、胰蛋白酶等。

第2节　化学平衡

一、化学平衡的概念

（一）可逆反应与非可逆反应

有些化学反应在一定的条件下一旦发生，就能不断反应，直到某一反应物消耗完全为止。例如，

$$2KClO_3 \xrightarrow[\triangle]{MnO_2} 2KCl + 3O_2\uparrow$$

氯酸钾能全部分解生成氯化钾和氧气。但在同一条件下，氯化钾不可能与氧气反应生成氯酸钾。这种**只能向一个方向进行的反应是单向反应，称为不可逆反应**。

但大多数反应与上述反应不同。同一条件下，化学反应既能按反应方程式从左向右进行，又能从右向左进行。这类**在同一条件下，能同时向两个相反方向进行的化学反应称为可逆反应**。例如，在一定温度下，$N_2(g)$和$H_2(g)$反应可生成NH_3：

$$N_2(g) + 3H_2(g) \longrightarrow 2NH_3(g)$$

在相同条件下，$NH_3(g)$也能分解成$N_2(g)$和$H_2(g)$：

$$2NH_3(g) \longrightarrow N_2(g) + 3H_2(g)$$

这两个反应在相同条件下同时发生，可合并表示为：

$$2NH_3(g) \underset{\text{逆反应}}{\overset{\text{正反应}}{\rightleftharpoons}} N_2(g) + 3H_2(g)$$

式中，符号“$\rightleftharpoons$”表示该反应为可逆反应，把从左向右进行的反应称为**正反应**，从右向左进行的反应称为**逆反应**。

（二）化学平衡

在一定条件下的可逆反应，随着反应的进行，反应物浓度必然会不断降低，正反应速率随之逐渐减慢；而生成物浓度必然会不断升高，逆反应速率随之逐渐加快。经过一定时间后，正反应速率与逆反应速率相等（如图6-1所示），此时，各反应物和生成物的浓度均不再改变，反应达到该条件下的最大限度。这种**在一定条件下，正反应与逆反应速**

率相等的状态称为化学平衡状态，简称化学平衡。处于平衡状态下的各物质浓度称为**平衡浓度**。

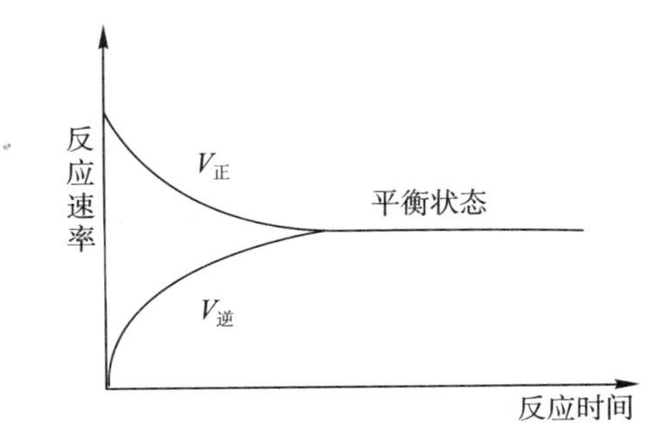

图 6-1　可逆反应的化学平衡状态

化学平衡和自然界中任何平衡一样，都是一种**动态平衡**。首先，当可逆反应达到平衡状态时，虽然各物质浓度不再改变，但正逆反应仍在不断进行，只不过两者的速率相等而已，反应并没有停止；其次，化学平衡是一种相对的、暂时的、有条件的平衡，当平衡条件一旦改变，原有的平衡必然会被打破，直至在新的条件下又会建立新的平衡。

二、化学平衡常数

(一)化学平衡定律

大量实验结果表明：**在一定温度下，当可逆反应达到平衡状态时，生成物浓度幂次方乘积与反应物浓度幂次方乘积之比为一常数。这一定量关系称为化学平衡定律。**

如可逆反应：

$$aA+bB \rightleftharpoons dD+eE$$

在一定温度下达到平衡时，

$$K=\frac{[D]^d\,[E]^e}{[A]^a\,[B]^b}$$

式中 K 称为**化学平衡常数**(简称**平衡常数**)。

对于某一可逆反应达到平衡时，**平衡常数 K 值大小只与温度有关**，而与反应是从正反应方向开始，还是从逆反应开始，以及各物质的起始浓度和平衡浓度均无关。

(二)平衡常数表达式的书写规则

在书写平衡常数表达式时，应注意以下几点。

1. 与反应方程式相对应

如：

$$N_2O_4 \rightleftharpoons 2NO_2 \qquad K_1=\frac{[NO_2]^2}{[N_2O_4]}$$

$$1/2N_2O_4 \rightleftharpoons NO_2 \qquad K_2=\frac{[NO_2]}{[N_2O_4]^{1/2}}$$

$$2NO_2 \rightleftharpoons N_2O_4 \qquad K_3=\frac{[N_2O_4]}{[NO_2]^2}$$

式中，$K_1=K_2^2=1/K_3$，说明同一反应的化学计量系数不同时，平衡常数 K 值也不相同。

2. 纯物质浓度为 1

反应方程式中，如果有纯固体、纯液体以及稀溶液中的水，则作为常数 1 处理，即不包括在平衡表达式中。如：

$$Cr_2O_7^{2-}+H_2O \rightleftharpoons 2CrO_4^{2-}+2H^+$$

$$K=\frac{[CrO_4^{2-}]^2[H^+]^2}{[Cr_2O_7^{2-}]}$$

3. 多重平衡规则

当几个平衡反应式相加（或相减）得到另一个平衡反应时，其平衡常数等于几个反应的平衡常数的乘积（或商）。这个关系称为**多重平衡规则**。如：

① $H_2(g)+1/2O_2(g) \rightleftharpoons H_2O(g) \qquad K_1=\frac{[H_2O]}{[H_2][O_2]^{1/2}}$

② $CO_2(g) \rightleftharpoons CO(g)+1/2O_2(g) \qquad K_2=\frac{[CO][O_2]^{1/2}}{[CO_2]}$

①+②得：

③ $H_2(g)+CO_2(g) \rightleftharpoons CO(g)+H_2O(g) \qquad K_3=\frac{[CO][H_2O]}{[H_2][CO_2]}=K_1 \cdot K_2$

利用多重平衡规则，可以进行多个平衡同时存在的有关计算。这将在后续有关章节里讨论。

（三）关于平衡常数的计算

根据平衡浓度，可以计算平衡常数以及反应物的起始浓度等；也可以根据平衡常数及反应物的起始浓度，计算平衡浓度和平衡转化率。

【例 6-1】 合成氨反应在某温度下达到平衡时，各物质的浓度为：$[N_2]=3.0$ mol/L，$[H_2]=9.0$ mol/L，$[NH_3]=4.0$ mol/L，求该温度时的平衡常数 K 和 N_2、H_2 的起始浓度。反应方程式如下：

$$N_2(g)+3H_2(g) \rightleftharpoons 2NH_3(g)$$

解：

$$K=\frac{[NH_3]^2}{[N_2][H_2]^3}=\frac{4.0^2}{3.0\times 9.0^3}=7.3\times 10^{-3}$$

设 N_2 的起始浓度为 x mol/L，H_2 的起始浓度为 y mol/L，

	$N_2(g)$	$+3H_2(g)$	$\rightleftharpoons 2NH_3(g)$
初始浓度(mol/L)	x	y	0
消耗浓度(mol/L)	?	?	
平衡浓度(mol/L)	3.0	9.0	4.0

根据反应方程式可知，每生成 4.0 mol/L NH_3，必定同时消耗 $4.0\times1/2=2.0$ mol/L N_2 和 $4.0\times3/2=6.0$ mol/L H_2，所以

$$[N_2]_{起始}=x=3.0+2.0=5.0(\text{mol/L})$$
$$[H_2]_{起始}=y=9.0+6.0=15.0(\text{mol/L})$$

【例 6-2】　反应 $CO(g)+H_2O(g)\rightleftharpoons CO_2(g)+H_2(g)$ 在 750 K 达平衡时，$K=2.60$，若 $CO(g)$ 和 $H_2O(g)$ 的起始浓度均为 2.0 mol/L，求 CO 的平衡转化率 α。

解：

$$\alpha=\frac{已转化的反应物浓度}{反应物的起始浓度}$$

	$CO(g)$ +	$H_2O(g)\rightleftharpoons$	$CO_2(g)$ +	$H_2(g)$
起始浓度(mol/L)	2.0	2.0	0	0
平衡浓度(mol/L)	$2.0(1-\alpha)$	$2.0(1-\alpha)$	2.0α	2.0α

$$K=\frac{[CO_2][H_2]}{[H_2O][CO]}=\frac{(2.0\alpha)^2}{[2.0(1-\alpha)]^2}=2.60$$

解得：$\alpha=0.618=61.8\%$。

(四)平衡常数与可逆反应的方向

设在一定温度下，某可逆反应：

$$a\text{A}+b\text{B}\rightleftharpoons d\text{D}+e\text{E}$$

并定义：

$$Q=\frac{[\text{D}]^d\ [\text{E}]^e}{[\text{A}]^a\ [\text{B}]^b}$$

式中[A]、[B]、[D]、[E]分别表示各反应物和生成物在任意状态下的浓度，Q 称为**反应商**。

比较 K 式和 Q 式可知：反应商 Q 与平衡常数 K 的表达式相似，但 Q 式中各物质的浓度为任意状态下的浓度，其比值随着反应进程是可变的；而 K 式中各物质的浓度为平衡状态下的浓度，其比值在一定温度下为一常数。

若 $Q<K$，表明该状态下生成物浓度小于平衡时的浓度或反应物浓度大于平衡时的浓度，反应将正向进行。

若 $Q>K$，表明该状态下生成物浓度大于平衡时的浓度或反应物浓度小于平衡时的浓度，反应将逆向进行。

若 $Q=K$，表明反应已处于平衡状态(即反应进行到最大程度)。

将反应商 Q 与平衡常数 K 进行比较，即可预测可逆反应进行的方向，并判断反应是否已进行到最大程度。

三、化学平衡的移动

任何化学平衡都是相对的、暂时的、有条件的平衡，如果条件改变，原有的平衡将随之改变，直至在新的条件下建立起新的平衡为止。**由于条件的改变，可逆反应从原来的**

平衡状态转变为新的平衡状态的过程，称为化学平衡的移动。

(一)浓度对化学平衡的影响

在一定温度下，对于已处于平衡状态的可逆反应，若增加反应物浓度或降低生成物浓度，则 $Q<K$，平衡将向正反应方向移动(或称为向右移动)；若增加生成物浓度或减小反应物浓度，则 $Q>K$，平衡将向逆反应方向移动(或称为向左移动)。

【例 6-3】 若例 6-2 中其他条件不变，而 $H_2O(g)$的起始浓度为 6.0 mol/L，求 CO 的平衡转化率 α。

解：

	$CO(g)$ +	$H_2O(g) \rightleftharpoons$	$CO_2(g)$ +	$H_2(g)$
起始浓度(mol/L)	2.0	6.0	0	0
平衡浓度(mol/L)	$2.0-2.0\alpha$	$6.0-2.0\alpha$	2.0α	2.0α

$$K=\frac{(2.0\alpha)^2}{(2.0-2.0\alpha)(6.0-2.0\alpha)}=2.60$$

解得：$\alpha=0.865=86.5\%$。

计算结果表明，在其他条件不变的情况下，增加反应物水蒸气的浓度，可使 CO 的平衡转化率从 61.8%提高至 86.5%。在工业生产中，常利用这一原理达到充分利用和提高贵重原料转化率的目的。工业上合成氨的生产中，大量地通入压缩空气(增加氮气浓度)就是这个原因。

(二)压强对化学平衡的影响

对于有气体参加的化学反应，改变(增大或减小)压强会改变气体的体积，从而改变其浓度。所以压强对化学平衡的影响还是通过浓度的影响实现的。

对于反应前后气体分子数不变的反应，如：

$$CO(g)+H_2O(g) \rightleftharpoons CO_2(g)+H_2(g)$$

假如增大压强，使总体积减小为原来的 1/2，即各物质的浓度均增大为原来的 2 倍，则

$$Q=\frac{[CO][H_2O]}{[CO_2][H_2]}=\frac{2[CO]\times 2[H_2O]}{2[CO_2]\times 2[H_2]}=K$$

即不会影响平衡状态。

而对于反应前后气体分子数有变化的反应，如：

$$N_2(g)+3H_2(g) \rightleftharpoons 2NH_3(g)$$

与上面同样的情况下，

$$Q=\frac{[NH_3]^2}{(N_2][H_2]^3}=\frac{[2[NH_3]]^2}{2[N_2]\times[2[H_2]]^3}=\frac{1}{4}K$$

即 $Q<K$，平衡将向右移动。工业上合成氨的条件之一便是高压。

理论和实践表明：**在一定温度下，增大压强，平衡向气体分子数减少的方向移动；降低压强，平衡向气体分子数增加的方向移动。**

(三)温度对化学平衡的影响

温度对化学平衡的影响与以上两种情况有本质的区别。改变浓度和压强只能改变平衡点,但平衡常数不变;而温度的变化却导致了平衡常数的改变。

理论和实践表明:**升高温度,化学平衡向吸热反应方向移动;降低温度,化学平衡向放热反应方向移动**。

放热反应通常用"+Q"表示;而吸热反应则用"-Q"表示。如:

$$CO(g)+H_2O(g) \rightleftharpoons CO_2(g)+H_2(g) \quad \text{是吸热反应}$$

$$N_2(g)+3H_2(g) \rightleftharpoons 2NH_3(g) \quad \text{是放热反应}$$

可分别表示为:

$$CO(g)+H_2O(g) \rightleftharpoons CO_2(g)+H_2(g)-Q$$

$$N_2(g)+3H_2(g) \rightleftharpoons 2NH_3(g)+Q$$

对于前一个反应,加热既能加快反应速率,又有利于平衡的转化;而对于后一个反应,加热能加快反应速率,但对平衡的转化是不利的。在实际工作中,要综合两者的影响,找到一个合适的温度范围。

对于一个可逆反应,正反应若是放热反应,则逆反应就是吸热反应;反之,正反应若是吸热反应,则逆反应就是放热反应。

第 3 节　弱电解质的电离平衡

体液是人体的重要组成部分,保持其生理平衡是维持生命的重要条件。体液中水、电解质、酸碱度、渗透压等的动态平衡决定着体液的生理平衡。

一、强电解质和弱电解质

从电解质溶液导电性试验可以看出,在五个可以导电的溶液中,氯化钠、盐酸、氢氧化钠的导电能力较强(小灯泡更亮),而醋酸和氨水的导电能力较弱(灯光较暗)。在试验中,使用的是相同浓度、相同体积的溶液,而且装置也相同,为什么有的灯光较亮,有的灯光较暗呢? 这只能理解为在溶液中真正能导电的自由移动的离子浓度是不相同的。理论和实践证明,像氯化钠、盐酸、氢氧化钠等在水溶液里能完全电离成自由移动的离子,而醋酸和氨水等在水溶液里只能部分电离成自由移动的离子。

在水溶液里能完全电离的电解质称为强电解质;在水溶液里只能部分电离的电解质称为弱电解质。强酸、强碱和绝大多数盐都属于强电解质,弱酸、弱碱及极少数盐是弱电解质。如上述氯化钠、盐酸、氢氧化钠等都是强电解质,而醋酸和氨水等是弱电解质。

因为强电解质能完全电离,其电离过程是不可逆的,所以其方程式用"$=\!=\!=$"表示;而**弱电解质的电离是可逆的**,其方程式用"$\rightleftharpoons$"表示。如:

$$NaCl = Na^+ + Cl^-$$

$$HCl = H^+ + Cl^-$$

$$NaOH = Na^+ + OH^-$$

$$CH_3COOH \rightleftharpoons CH_3COO^- + H^+$$

$$NH_3 \cdot H_2O \rightleftharpoons NH_4^+ + OH^-$$

二、弱电解质的电离平衡

因为弱电解质在溶液中只能部分电离，其电离过程是可逆的，其分子和离子之间存在着一种平衡关系，所以它遵循化学平衡的一般规律。常用电离平衡常数和电离度定量地描述弱电解质的电离平衡状态。

（一）电离平衡常数

为了方便讨论问题，通常用 HA 表示一元弱酸。下面就以 HA 为例，讨论其电离平衡常数和电离度。

HA 在水溶液中的电离平衡方程式为：

$$HA \rightleftharpoons H^+ + A^-$$

在一定温度下，电离过程达到平衡状态时，分子和离子的浓度之间的关系符合化学平衡定律，可表示为：

$$K_i = \frac{[H^+][A^-]}{[HA]}$$

式中 K_i 为**电离平衡常数**，简称**电离常数**，其大小反映了弱酸 HA 的电离能力，其值越大，表示 HA 的电离程度越大。根据不同弱电解质的 K_i 值，可比较它们电离能力的相对强弱。为区别弱酸和弱碱的电离常数 K_i，弱酸的电离常数用 K_a 表示，弱碱的电离常数用 K_b 表示。如 CH_3COOH 和 $NH_3 \cdot H_2O$ 的 K_a 和 K_b 表示为：

$$CH_3COOH \rightleftharpoons CH_3COO^- + H^+$$

$$K_a = \frac{[H^+][CH_3COO^-]}{[CH_3COOH]}$$

$$NH_3 \cdot H_2O \rightleftharpoons NH_4^+ + OH^-$$

$$K_b = \frac{[NH_4^+][OH^-]}{[NH_3 \cdot H_2O]}$$

与所有的化学平衡常数一样，**电离常数与温度有关，而与浓度无关**。在同一温度下，不论弱电解质的浓度如何变化，电离常数是不变的。

（二）电离度

电离度是指已电离的电解质分子数占电解质分子总数的百分数，即以百分比的形式表示弱电解质的分子中有多大一部分电离成离子。电离度通常用 α 表示。

$$\alpha = \frac{\text{已电离的电解质分子数}}{\text{电解质分子总数}} \times 100\%$$

例如，298 K（25 ℃）时，浓度为 0.1 mol/L 的醋酸溶液中，每 10000 个分子中有 132

个分子电离成 H^+ 和 CH_3COO^-，其电离度表示为：

$$\alpha=\frac{132}{10000}\times100\%=1.32\%$$

电离度和电离常数都可以用来比较弱电解质的相对强弱，它们有联系，也有区别。电离常数是弱电解质的一个特性常数，它是化学平衡的一种形式，不受浓度影响；而**电离度则是转化率的一种形式，随浓度的变化而变化**。以弱酸醋酸为例，可导出 K_a 和 α 之间的数量关系，设弱酸的浓度为 c mol/L，则：

$$CH_3COOH \rightleftharpoons CH_3COO^- + H^+$$

	CH_3COOH	CH_3COO^-	H^+
初始浓度(mol/L)	c	0	0
平衡浓度(mol/L)	$c-c\alpha$	$c\alpha$	$c\alpha$

$$K_a=\frac{c\alpha\times c\alpha}{c-c\alpha}=\frac{c\alpha^2}{1-\alpha}$$

一般地，当 $\alpha<5\%$ 时，近似地认为 $1-\alpha\approx1$，上式可简化为：

$$K_a=c\alpha^2$$

$$\alpha=\sqrt{\frac{K_a}{c}}$$

上式表明在一定温度下，弱电解质的电离度随溶液浓度的变化情况。**浓度增大，电离度减小；浓度减小，电离度增大**。

(三)多元弱酸(碱)的电离

多元弱酸(碱)在水溶液中的电离是分步进行的，每一步都有对应的一个电离常数。如 H_2CO_3 分两步电离：

$$H_2CO_3 \rightleftharpoons HCO_3^- + H^+$$

$$K_{a_1}=\frac{[H^+][HCO_3^-]}{[H_2CO_3]}=4.30\times10^{-7}\quad(298\ K)$$

$$HCO_3^- \rightleftharpoons CO_3^{2-} + H^+$$

$$K_{a_1}=\frac{[H^+][CO_3^{2-}]}{[HCO_3^-]}=5.61\times10^{-11}\quad(298\ K)$$

K_{a_1}、K_{a_2} 分别为 H_2CO_3 的第一级、第二级电离常数。$K_{a_1}\gg K_{a_2}$，这说明两级电离平衡虽然同时存在，但电离程度相差很大，$[HCO_3^-]\gg[CO_3^{2-}]$。

(四)同离子效应

电离平衡是化学平衡的一种形式，它也是建立在一定条件下的动态平衡。当条件改变时，平衡将发生移动，直至建立新的平衡。电离平衡移动的结果是使其电离度增大或减小。影响电离平衡移动的因素很多(见“化学平衡的移动”)，这里着重讨论同离子效应。

在 2 mL 0.1 mol/L CH_3COOH 溶液中加 2 滴甲基橙指示剂，溶液显红色，再加入少量 CH_3COONa 固体，溶液由红变黄。这一结果表明溶液中 $[H^+]$ 减小。

$$CH_3COOH \rightleftharpoons CH_3COO^- + H^+$$

$$CH_3COONa = CH_3COO^- + Na^+$$

这是因为，加入 CH_3COONa（强电解质）后，溶液中[CH_3COO]增大，使 CH_3COOH 的电离平衡向左移动，即向着生成 CH_3COOH 分子的方向移动，因而导致[H^+]减小。

在弱电解质溶液中，加入与该弱电解质具有相同离子的易溶强电解质，导致弱电解质的电离度降低，这种效应称为同离子效应。

三、水的电离和溶液的 pH

(一)水的电离平衡和水的离子积

通常情况下认为水是不导电的，但通过精密试验表明，水具有极其微弱的导电性。所以水也是一种极弱的电解质。其电离及平衡常数分别为：

$$H_2O \rightleftharpoons OH^- + H^+$$

$$K_a = \frac{[H^+][A^-]}{[HA]} = \frac{[H^+]^2}{c_0 - [H^+]}$$

$$[H^+]^2 + K_a[H^+] - c_0K_a = 0$$

$$[H^+] = \frac{-K_a}{2} + \sqrt{\frac{K_a^2}{4} + c_0K_a}$$

$$[H^+] = \sqrt{c_0K_a}$$

水的电离平衡常数 K_a 在一定温度下也为常数，用 K_w 表示，称为**水的离子积常数**，简称**水的离子积**。实验测得：在 25 ℃时，纯水中[H^+]和[OH^-]均为 1.0×10^{-7} mol/L，即 $K_w = 10^{-14}$。

K_w 与化学平衡常数一样，只与温度有关（水的电离是吸热的，升高温度，K_w 增大），而与浓度无关。也就是说，上式不仅适用于纯水，同样适用于一切稀的水溶液，即无论是中性、酸性还是碱性溶液中，都存在 H^+ 和 OH^-，只是两者浓度的相对大小不同而已。

(二)溶液的酸碱性和 pH

向纯水中加入少量强酸，强酸提供的 H^+ 使水的电离平衡向逆反应方向移动，当重新建立新的平衡时，仍然保持 $K_w = [H^+][OH^-] = 10^{-14}$，只是[$OH^-$]相对减小了；同样的，向纯水中加入少量强碱，[$H^+$]会相应地减小，$K_w$ 值不变。水溶液之所以会表现出酸性、碱性和中性，是因为溶液中 H^+ 和 OH^- 浓度大小不同。

酸性溶液：$[H^+] > 10^{-7}\ mol/L > [OH^-]$

碱性溶液：$[H^+] < 10^{-7}\ mol/L < [OH^-]$

中性溶液：$[H^+] = 10^{-7}\ mol/L = [OH^-]$

根据水的离子积常数，由已知的[H^+]，可算出未知的[OH^-]，反之亦然。

常温下，0.10 mol/L HCl 溶液中[OH^-]的计算方法如下。

因盐酸为强电解质，全部电离，则 0.10 mol/L HCl 溶液中

$$[H^+]=0.10\ mol/L$$

$$[OH^-]=10^{-14}/0.10=1.0\times10^{-13}(mol/L)$$

常温下，0.10 mol/L NaOH 溶液中$[H^+]$的计算方法如下。

因氢氧化钠为强电解质，全部电离，则 0.10 mol/L NaOH 溶液中

$$[OH^-]=0.10\ mol/L$$

$$[H^+]=10^{-14}/0.10=1.0\times10^{-13}(mol/L)$$

在稀溶液中，$[H^+]$和$[OH^-]$均较小，所以通常用 pH 来表示溶液的酸碱性。**pH 是溶液中$[H^+]$的负对数**。即：

$$pH=-\lg[H^+]$$

酸性溶液：$[H^+]>10^{-7}$ mol/L　pH<7

碱性溶液：$[H^+]<10^{-7}$ mol/L　pH>7

中性溶液：$[H^+]=10^{-7}$ mol/L　pH=7

在酸性范围，pH 越小，溶液的酸性越强；在碱性范围，pH 越大，碱性越强。若两种溶液的 pH 相差 1 个单位，则$[H^+]$相差 10 倍，若相差 n 个单位，则$[H^+]$相差 10^n 倍。

pH 的使用范围通常是 0～14，即溶液中$[H^+]$和$[OH^-]$均在 1 mol/L 以下。若$[H^+]$和$[OH^-]$在 1 mol/L 以上，则直接用$[H^+]$和$[OH^-]$表示溶液的酸碱性会更加方便。

（三）一元弱酸（碱）水溶液的酸碱性

以一元弱酸 HA 为例，介绍一元弱酸中$[H^+]$的计算方法。在浓度为 c_0 mol/L 的 HA 水溶液中，存在着下列关系：

	HA	⇌	H^+	+	A^-
起始浓度(mol/L)	c_0		0		0
平衡浓度(mol/L)	$c_0-[H^+]$		$[H^+]$		$[A^-]$

由于

$$[H^+]=[A^-]$$

故

$$K_a=\frac{[H^+][A^-]}{[HA]}=\frac{[H^+]^2}{c_0-[H^+]}$$

$$[H^+]^2+K_a[H^+]-c_0K_a=0$$

$$[H^+]=\frac{-K_a}{2}+\sqrt{\frac{K_a^2}{4}+c_0K_a}$$

若$[H^+]\ll c_0$，上式可简化为：

$$[H^+]=\sqrt{c_0K_a}$$

一般地，当 $c_0K_a>20K_w$ 和 $c_0/K_a\geqslant500$ 时，采用上式计算，误差小于 5%。

【例 6-4】　298 K 时 CH_3COOH 的 $K_a=1.76\times10^{-5}$，求 0.10 mol/L CH_3COOH 溶液中$[H^+]$。

解：　因 $c_0K_a=0.10\times1.76\times10^{-5}=1.76\times10^{-6}>20K_w$

可用简化式计算：

$$[H^+]=\sqrt{0.10\times1.76\times10^{-5}}=1.33\times10^{-3}(mol/L)$$

【例 6-5】 计算 0.10 mol/L NH_4Cl 水溶液的 pH(NH_4^+ 的 $K_a=5.68\times10^{-10}$)。

解:$[NH_4^+]=0.10$ mol/L,$c_0K_a>20K_w$,$c_0/K_a>500$

$$[H^+]=\sqrt{0.10\times5.68\times10^{-10}}=7.54\times10^{-6}(mol/L)$$

$$pH=-\lg[H^+]=5.12$$

同理,对一元弱碱,当 $c_0K_b>20K_w$ 和 $c_0/K_b\geqslant500$ 时,计算一元弱碱水溶液中 $[OH^-]$的简化式为:

$$[OH^-]=\sqrt{c_0K_b}$$

【例 6-6】 计算 0.10 mol/L $NH_3\cdot H_2O$ 溶液的 pH($NH_3\cdot H_2O$ 的 $K_b=1.77\times10^{-5}$)。

解:因为 $c_0K_b>20K_w$,$c_0/K_b>500$

$$[OH^-]=\sqrt{c_0K_b}=\sqrt{0.10\times1.77\times10^{-5}}=1.33\times10^{-3}(mol/L)$$

$$[H^+]=10^{-14}/1.33\times10^{-3}=7.52\times10^{-12}(mol/L)$$

$$pH=-\lg[H^+]=12-0.88=11.12$$

四、盐的水解

盐类多是强电解质,在溶液中能完全电离。用 pH 试纸测定 0.1 mol/L 的 NaCl、CH_3COONa 和 NH_4Cl 溶液的 pH,测定结果表明:NaCl 溶液显中性,CH_3COONa 溶液显碱性,NH_4Cl 溶液显酸性。这些正盐在水中不能电离出 H^+ 或 OH^-,为什么有些盐的溶液会呈酸性或碱性呢?因为这些盐的离子与水中的 H^+ 或 OH^- 反应,生成了弱电解质,破坏了水的电离平衡,改变了溶液的$[H^+]$和$[OH^-]$,所以溶液显酸性或碱性。

在溶液中,盐的离子与水中的 H^+ 或 OH^- 结合成弱电解质的反应称为**盐的水解反应**,简称**盐的水解**。它是中和反应的逆反应。

由于生成盐的酸和碱的强弱不同,故盐类水解的情况也不同。

(一)弱酸强碱盐的水解

以醋酸钠为例,其水解过程可表示为:

$$CH_3COONa = Na^+ + CH_3COO^-$$
$$H_2O \rightleftharpoons OH^- + H^+$$
$$CH_3COO^- + H^+ \rightleftharpoons CH_3COOH$$

可见,溶液中的 H^+ 与 CH_3COO^- 结合成弱电解质 CH_3COOH 分子,破坏了水的电离平衡,使 H_2O 继续电离,导致溶液中$[H^+]$不断减小,而$[OH^-]$不断增大,直至建立新的平衡。醋酸钠水解的离子方程式为:

$$CH_3COO^-+H_2O\rightleftharpoons CH_3COOH+OH^-$$

当达到平衡时,溶液中的$[OH^-]>[H^+]$,pH>7,故醋酸钠溶液呈碱性。

由此可以得出:**弱酸强碱盐能水解,溶液呈碱性**。

(二)强酸弱碱盐的水解

以氯化铵为例,其水解过程可表示为:

$$
\begin{array}{ll}
NH_4Cl = & \boxed{\begin{array}{c} NH_4^+ \\ + \\ H^- \\ \Updownarrow \\ NH_3 \cdot H_2O \end{array}} \begin{array}{l} + Cl^- \\ \\ + H^+ \\ \\ \\ \end{array} \\
H_2O \rightleftharpoons &
\end{array}
$$

可见,溶液中的 NH_4^+ 与 OH^- 结合成弱电解质 $NH_3 \cdot H_2O$,破坏了水的电离平衡,使 H_2O 继续电离,导致溶液中$[OH^-]$不断减小,而$[H^+]$不断增大,直至建立新的平衡。氯化铵水解的离子方程式为:

$$NH_4^+ + H_2O \rightleftharpoons NH_3 \cdot H_2O + OH^-$$

当达到平衡时,溶液中的$[H^+]>[OH^-]$,pH<7,故氯化铵溶液呈酸性。

由此可以得出:**强酸弱碱盐能水解,溶液呈酸性**。

(三)弱酸弱碱盐的水解

以醋酸铵为例,其水解过程可表示为:

$$
\begin{array}{ll}
CH_3COONH_4 = & \boxed{\begin{array}{c} NH_4^+ \\ + \\ OH^- \\ \Updownarrow \\ NH_3 \cdot H_2O \end{array}} \begin{array}{c} + \\ \\ + \\ \\ \\ \end{array} \boxed{\begin{array}{c} CH_3COO^- \\ + \\ H^+ \\ \Updownarrow \\ CH_3COOH \end{array}} \\
H_2O \rightleftharpoons &
\end{array}
$$

溶液中醋酸铵完全电离出 $NH_4{}^+$ 和 CH_3COO^-,分别与水中的 OH^- 和 H^+ 结合成弱电解质 $NH_3 \cdot H_2O$ 和 CH_3COOH 分子,在更大程度上破坏了水的电离平衡。醋酸铵水解的离子方程式为:

$$NH_4^+ + CH_3COO^- + H_2O \rightleftharpoons NH_3 \cdot H_2O + CH_3COOH$$

可见,弱酸弱碱盐更容易水解。水解后溶液显示酸性、碱性还是中性,取决于水解生成弱酸和弱碱的相对强弱,即它们电离常数的相对大小。

$K_a = K_b$,溶液显中性;

$K_a > K_b$,溶液显酸性;

$K_a < K_b$,溶液显碱性。

由此可以得出:**弱酸弱碱盐能强烈水解,溶液的酸碱性取决于弱酸、弱碱的相对强弱**。

(四)强酸强碱盐

以氯化钠为例,其溶液存在以下电离:

$$NaCl = Na^+ + Cl^-$$

$$H_2O \rightleftharpoons OH^- + H^+$$

上述反应没有弱电解质生成，水的电离平衡不受影响。所以氯化钠在水中不发生水解，溶液仍为中性。

由此可以得出：**强酸强碱盐不水解，溶液呈中性**。

盐类的水解可以概括为：酸碱组成盐，遇弱即水解，谁强呈谁性。

五、缓冲溶液

许多化学反应，特别是生物体内进行的酶催化反应，往往需要在一定的 pH 条件下才能正常进行。当溶液的 pH 不合适或反应过程中溶液的 pH 发生了较大变化时，就会影响反应的正常进行。因此，人体内环境的恒定(包括 pH 恒定)是对全身细胞活动以至于对生命的必要保证。

(一)缓冲溶液的组成及缓冲作用

1. 缓冲溶液和缓冲作用

分别在 0.1 mol/L NaCl 溶液、0.1 mol/L CH_3COOH 与 CH_3COONa 混合溶液中，加入 1 滴 1 mol/L 的 HCl 和 NaOH 溶液时，溶液的 pH 变化见表 6-1。

表 6-1 两种溶液中加入 HCl 和 NaOH 溶液时 pH 的变化比较

溶液	0.1 mol/L NaCl	0.1 mol/L CH_3COOH 和 CH_3COONa
pH	7.0	4.75
加 HCl 后 pH	3.0	4.74
加 NaOH 后 pH	11.0	4.76
pH 改变值	4	0.01

实验结果表明：在氯化钠溶液中加入少量强酸(盐酸)，pH 明显降低，加入少量强碱(氢氧化钠)，pH 明显升高；而在醋酸和醋酸钠的混合溶液中加入少量强酸或强碱，pH 几乎不变。这说明氯化钠溶液没有抗酸和抗碱能力，而醋酸和醋酸钠的混合溶液有抗酸和抗碱能力。

能抵抗外加少量强酸或强碱(或适当稀释)而保持其 pH 几乎不变的溶液，称为缓冲溶液。缓冲溶液对强酸或强碱的抵抗作用称为**缓冲作用**。

2. 缓冲溶液的组成

缓冲溶液一般由两种物质组成。一种起抗酸作用，称为**抗酸成分**；另一种起抗碱作用，称为**抗碱成分**。缓冲溶液可归纳为以下类型。

弱酸及其对应的盐：$CH_3COOH-CH_3COONa$、$H_2CO_3-NaHCO_3$、$H_3PO_4-NaH_2PO_4$ 等。

弱碱及其对应的盐：$NH_3 \cdot H_2O-NH_4Cl$ 等。

多元弱酸的酸式盐及其对应的次级盐：$NaHCO_3-Na_2CO_3$、$NaH_2PO_4-Na_2HPO_4$、$Na_2HPO_4-Na_3PO_4$ 等。

3. 缓冲作用原理

以 $CH_3COOH-CH_3COONa$ 缓冲溶液为例，讨论其缓冲作用原理。

CH_3COOH 是弱电解质，仅有小部分电离成 H^+ 和 CH_3COO^-，绝大部分仍然以 CH_3COOH 分子形式存在，而 CH_3COONa 是强电解质，在溶液中完全电离成 Na^+ 和 CH_3COO^-。其电离方程式表示为：

$$CH_3COOH \rightleftharpoons CH_3COO^- + H^+$$

$$CH_3COONa = CH_3COO^- + Na^+$$

所以在 $CH_3COOH-CH_3COONa$ 混合溶液中存在着大量的 CH_3COOH 和 CH_3COO^-。当向该混合溶液中加入少量强酸时，溶液中大量的 CH_3COO^- 便发生下列反应：

$$H^+ + CH_3COO^- \longrightarrow CH_3COOH$$

该反应消耗外来的 H^+，使溶液中的 H^+ 浓度没有明显升高，溶液的 pH 保持几乎不变。可见，缓冲溶液中的 CH_3COO^-（主要来自 CH_3COONa）发挥抵抗外来强酸的作用，故称之为抗酸成分。

当向溶液中加入少量强碱时，溶液中大量的 CH_3COOH 便会发生如下反应：

$$CH_3COOH + OH^- \longrightarrow CH_3COO^- + H_2O$$

该反应消耗外来的 OH^-，使溶液中的 OH^- 浓度没有明显升高，或者说溶液中的 H^+ 浓度没有明显降低，pH 也保持几乎不变。缓冲溶液中 CH_3COOH 发挥了抵抗外来强碱的作用，故称之为抗碱成分。

总之，由于缓冲溶液中同时含有较大量的抗酸成分和抗碱成分，可对抗并消耗掉外来的少量强酸和强碱，使溶液中的 H^+ 和 OH^- 浓度没有发生明显的变化，因此它具有缓冲作用。

（二）缓冲溶液 pH 的计算

缓冲溶液的 pH 的计算公式，称为**缓冲公式**，亦称为亨德森一哈赛尔巴赫方程。如弱酸（HA）和其对应的盐（MA）所组成的缓冲溶液，电离过程为：

$$HA \rightleftharpoons H^+ + A^-$$

$$AM = M^+ + A^-$$

根据电离平衡常数，推导出其$[H^+]$为：

$$[H^+] = \frac{K_a[HA]}{[A^-]}$$

由于同离子效应及缓冲对的浓度较大，可近似地认为$[HA]=c_{HA}$，$[A^-]=c_{MA}$，则 pH 计算式为：

$$pH = pK_a + \lg\frac{c_{MA}}{c_{HA}}$$

【例 6-7】 计算由 0.080 mol/L CH_3COOH 和 0.20 mol/L CH_3COONa 等体积混合成的缓冲溶液的 pH（CH_3COOH 的 $K_a = 1.76\times10^{-5}$）。

解：缓冲溶液中缓冲对的浓度分别为：

$$c_{CH_3COOH}=\frac{0.080}{2}=0.040(mol/L)$$

$$c_{CH_3COONa}=\frac{0.20}{2}=0.10(mol/L)$$

又因 $pK_a=-\lg K_a=-\lg(1.76\times10^{-5})=4.75$

代入公式得：

$$pH=4.75+\lg\frac{0.10}{0.040}=5.15$$

【例 6-8】 计算 0.10 mol/L $NH_3\cdot H_2O$—0.050 mol/L NH_4Cl 缓冲溶液的 pH（NH_4^+ 的 $K_a=5.68\times10^{-10}$）。

解：　　$pK_a=-\lg K_a=-\lg(5.68\times10^{-10})=9.25$

代入公式得：

$$pH=9.25+\lg\frac{0.10}{0.050}=9.55$$

由 pH 计算公式可以看出：

（1）缓冲溶液的 pH，主要取决于缓冲对中的 K_a 值，其次取决于缓冲比（缓冲对中抗碱和抗酸组分的浓度比）。

（2）对于同一缓冲对组成的不同浓度的缓冲溶液，其 pH 只取决于缓冲比。改变缓冲比，缓冲溶液的 pH 亦随之改变。当缓冲比为 1 时，$pH=pK_a$。

（3）适当稀释缓冲溶液，因缓冲比不变，所以缓冲溶液的 pH 亦不变。

（三）缓冲溶液的配制

缓冲溶液有标准缓冲溶液与非标准缓冲溶液。表 6-2 列出了 1960 年国际纯粹与应用化学学会（IUPAC）确定的五种标准缓冲溶液。在测定溶液 pH 时，可将它们作为标准参照液。配制和使用的标准缓冲溶液应根据具体要求，严格操作。

表 6-2　pH 标准缓冲溶液

pH 标准缓冲溶液	pH 标准值（298 K）
饱和酒石酸氢钾（0.034 mol/L）	3.557
0.05 mol/L 邻苯二甲酸氢钾	4.008
0.025 mol/L KH_2PO_4—0.025 mol/L Na_2HPO_4	6.865
0.008695 mol/L KH_2PO_4—0.003043 mol/L Na_2HPO_4	7.413
0.01 mol/L 硼砂	9.180

非标准缓冲溶液是根据实际需要配制的，常用来控制溶液的酸度。为了保证所配的缓冲溶液具有较强的抗酸、抗碱能力，通常按下列原则进行。

1. 选择合适的缓冲对

选择缓冲对要考虑两个因素：一个是所配制缓冲溶液的 pH 尽可能接近 HA 的 pK_a 值，从而使缓冲比接近 1∶1，这样的缓冲溶液抗酸、抗碱能力都较强；另一个是所选缓冲对物质不能与溶液中的主要物质发生作用，特别是药用缓冲溶液，缓冲对物质不能与主药发生配伍禁忌。另外，在加温灭菌和贮存期内，不能有毒性等。

2. 缓冲溶液的总浓度要适当

缓冲溶液的总浓度如果太低，则缓冲能力不够；如果太高，则造成浪费。实际工作中总浓度一般为 0.05～0.5 mol/L。

实际工作中配制缓冲溶液最常用的方法是：先配制相同浓度的缓冲对，再按一定体积比混合。设混合前的浓度均为 c，体积分别为 V_{HA} 和 V_{A^-}，混合后的浓度分别 c_{HA} 和 c_{A^-}。

$$c_{HA}=\frac{cV_{HA}}{V_{HA}+V_{A^-}} \qquad c_{A^-}=\frac{cV_{A^-}}{V_{HA}+V_{A^-}}$$

$$pH=pK_a+\lg\frac{c_{A^-}}{c_{HA}}=pK_a+\lg\frac{V_{A^-}}{V_{HA}}$$

改变体积比就可制得实际需要的缓冲溶液。

【例 6-9】　配制 pH 为 5.00 的缓冲溶液 100 mL。

解：CH_3COOH 的 $pK_a=4.75$，接近 pH＝5.00，因此可选择 $CH_3COOH-CH_3COONa$ 缓冲对。用等浓度的 CH_3COOH 和 CH_3COONa 溶液，按一定体积比混合。设 CH_3COOH 的体积为 V_{CH_3COOH}(mL)，CH_3COONa 的体积为 V_{CH_3COONa}(mL)，由公式得：

$$\frac{V_{CH_3COONa}}{V_{CH_3COOH}}=1.8$$

又因为　$V_{CH_3COONa}+V_{CH_3COOH}=100$

联立解得：$V_{CH_3COONa}=64$(mL)　　$V_{CH_3COOH}=36$(mL)

配制方法：取等浓度（0.1～0.2 mol/L）的 CH_3COOH 溶液 36 mL 和 CH_3COONa 溶液 64 mL，混合后便得到所需要的缓冲溶液。

（四）血液中的缓冲对

人体血浆中的缓冲对主要有 $H_2CO_3-HCO_3^-$、$H_2PO_4^--HPO_4^{2-}$ 和蛋白质－H^+ 蛋白质，其中以碳酸缓冲对在血液中浓度最高，缓冲能力最强，在维持血液正常 pH 中发挥着决定性作用。

正常情况下，血浆中 HCO_3^- 和 H_2CO_3 的浓度分别为 0.024 和 0.0012，即缓冲比为 20∶1，正常体温 310 K(37 ℃)下，H_2CO_3 的 $pK_a=6.10$，所以血浆的正常 pH 为：

$$pH=6.10+\lg 20=7.40$$

临床上把血液 pH 小于 7.35 的称为酸中毒，血液 pH 大于 7.45 的称为碱中毒。人体通过体内缓冲对的缓冲作用、呼吸作用和肾脏调节功能等，使正常人血液的 pH 维持在 7.35～7.45 之间的一个狭小范围内。

正常血液中缓冲比为 20∶1，按理说，缓冲能力应该非常有限（H_2CO_3 浓度低，抗碱能力差），而事实上，它们在血液中的缓冲能力是很强的。这是因为体内的缓冲作用与体外的缓冲作用是不同的，体外缓冲系是一个“封闭系统”，当 $H_2CO_3-HCO_3^-$ 发生缓冲作用后，HCO_3^- 或 H_2CO_3 的浓度要发生改变；而缓冲系在体内是一个"敞开系统"，H_2CO_3—HCO_3^- 发生缓冲作用后，HCO_3^- 或 H_2CO_3 的浓度改变可由呼吸作用和肾脏的生理功能获得补充或调节，使得血液中 HCO_3^- 和 H_2CO_3 的浓度保持相对稳定。

各种因素都能引起血液中酸度增加。例如，充血性心力衰竭、支气管炎、糖尿病及食用低糖或高脂肪食物引起代谢酸增加等，此时将消耗大量的抗酸成分(HCO_3^-)，并生成大量的 CO_2。机体首先通过加快呼吸速率来排除多余的 CO_2，其次通过肾脏调节(如延长 HCO_3^- 的停留时间)使 HCO_3^- 浓度回升，从而使两种组分的浓度都恢复正常，维持血液 pH 基本不变。

在发高烧、气喘、严重呕吐及摄入过多碱性物质(蔬菜、果类等)时，都会引起血液的碱量增加。此时，通过降低肺部 CO_2 的排出量、增加肾脏 HCO_3^- 的排泄量来维持 HCO_3^- 和 H_2CO_3 浓度不变，从而保持血液的 pH 正常。

第 4 节　沉淀溶解平衡

通常把在 100 g 水中溶解度小于 0.01 g 的物质称为难溶物质，如氯化银、碳酸钙、硫酸钡等都属于此类。但绝对不溶解的物质是不存在的，"水滴石穿"便蕴含着这个道理。

一、难溶电解质的溶度积

(一)沉淀—溶解平衡

$BaSO_4$ 是离子型难溶化合物。将 $BaSO_4$ 晶体投入水中，有两种相反的过程同时进行：Ba^{2+} 和 SO_4^{2-} 脱离 $BaSO_4$ 晶体，进入水中形成水合离子，这是固体的溶解过程；不断运动的 Ba^{2+} 和 SO_4^{2-} 受到晶体表面离子的吸引，脱去溶剂重新回到晶体表面，这是离子生成沉淀的过程。

当溶解和沉淀速率相等时，体系达到动态平衡，称为沉淀—溶解平衡。此时溶液处于饱和状态，只要温度不变，溶液中的离子浓度就不再改变，这种平衡体系可表示为：

$$BaSO_4 \underset{\text{沉淀}}{\overset{\text{溶解}}{\rightleftharpoons}} Ba^{2+} + SO_4^{2-}$$

(二)溶度积常数

对于上述的平衡体系，则平衡常数为：

$$K = \frac{[Ba^{2+}][SO_4^{2-}]}{[BaSO_4]}$$

因 $BaSO_4$ 是固体，不计入平衡常数公式中，所以上式可表示为：

$$K_{sp} = [Ba^{2+}][SO_4^{2-}]$$

K_{sp} 称为**溶度积常数**，简称**溶度积**。

对于 $A_mB_n(s)$ 型难溶电解质，其溶度积可表示为：

$$A_mB_n(s) \underset{\text{沉淀}}{\overset{\text{溶解}}{\rightleftharpoons}} mA^{n+} + nB^{m-}$$

$$K_{sp} = [A^{n+}]^m[B^{m-}]^n$$

K_{sp} 的大小间接地反映了难溶电解质的溶解能力的大小（直接反映的是溶解度），K_{sp} 较大，相对来说溶解能力较强，反之亦然。

K_{sp} 属于平衡常数，与前面学过的化学平衡常数及弱电解质的电离平衡常数一样，均只与温度有关。

（三）溶解度与溶度积

所谓"溶解度"，就是指 100 g 溶剂中所能溶解溶质的克数，一般用 S 表示。平衡常数的有关计算中，浓度使用物质的量浓度，单位是 mol/L，则溶解度用 s 表示。

由于难溶性物质的溶解度都很小（$<0.01\%$），因此 s 可近似地认为等于其饱和浓度。下面按不同类型化合物讨论其溶度积与溶解度的关系。

1. AB 型

$$AB(s) \underset{\text{沉淀}}{\overset{\text{溶解}}{\rightleftharpoons}} A^+ + B^-$$

平衡浓度　　　　s　　s

$$K_{sp} = [A^+][B^-] = s^2$$

$$s = \sqrt{K_{sp}}$$

此类型包括 AgCl、AgBr、AgI、$CaCO_3$、$BaSO_4$ 等。

2. A_2B 型或 AB_2 型

$$A_2B(s) \underset{\text{沉淀}}{\overset{\text{溶解}}{\rightleftharpoons}} 2A^+ + B^{2-}$$

平衡浓度　　　　$2s$　　s

$$K_{sp} = [A^+]^2[B^{2-}] = 4s^3$$

$$s = \sqrt[3]{\frac{K_{sp}}{4}}$$

【例 6-10】　已知 25 ℃时，$BaSO_4$ 的溶解度为 0.000242 g/100 g H_2O，求 $BaSO_4$ 的溶度积（已知 $BaSO_4$ 的相对分子质量为 233.4）。

解：将 $BaSO_4$ 的溶解度换算成物质的量浓度：

$$s(BaSO_4) = 0.000242 \times \frac{1000}{100} \times \frac{1}{233.4} = 1.04 \times 10^{-5}(\text{mol/L})$$

$$BaSO_4 \underset{\text{沉淀}}{\overset{\text{溶解}}{\rightleftharpoons}} Ba^{2+} + SO_4^{2-}$$

属 AB 型，则　　$K_{sp} = s^2 = (1.04 \times 10^{-5})^2 = 1.1 \times 10^{-10}$

【例 6-11】　已知 25 ℃时，AgCl 的 $K_{sp} = 1.8 \times 10^{-10}$，$Ag_2CrO_4$ 的 $K_{sp} = 1.1 \times 10^{-12}$，

通过计算说明哪一种银盐在水中的溶解度较大。

解：AgCl 的沉淀一溶解平衡为：

$$AgCl(s) \underset{沉淀}{\overset{溶解}{\rightleftharpoons}} Ag^{+} + Cl^{-}$$

属 AB 型，则

$$s=\sqrt{K_{sp}}=\sqrt{1.8\times10^{-10}}=1.3\times10^{-5}(mol/L)$$

Ag_2CrO_4 的沉淀一溶解平衡为：

$$Ag_2CrO_4(s) \underset{沉淀}{\overset{溶解}{\rightleftharpoons}} 2Ag^{+} + CrO_4^{2-}$$

属 A_2B 型，则

$$s=\sqrt[3]{\frac{K_{sp}}{4}}=\sqrt[3]{\frac{1.1\times10^{-12}}{4}}=6.5\times10^{-5}(mol/L)$$

计算结果表明，Ag_2CrO_4 在水中的溶解度比 AgCl 大。

对于相同类型的难溶电解质相互比较时，K_{sp} 值越小，其溶解度越小；但对于不同类型的难溶电解质，不能直接通过比较它们的 K_{sp} 大小来判断溶解度的大小，而需要进行换算。

二、溶度积规则及其应用

（一）溶度积规则

在实际工作中，应用沉淀一溶解平衡可以判断某难溶电解质在一定条件下能否生成沉淀，已有的沉淀能否发生溶解。为了说明这个问题，引入了离子积的概念。将溶液中两种离子实际浓度的乘积，称为**离子积**，用 Q_i 表示。溶度积 K_{sp} 与离子积 Q_i 进行比较，就可判断沉淀产生和溶解进行的方向。

（1）若 $Q_i>K_{sp}$：过饱和溶液，有沉淀析出，直到溶液呈饱和状态。

（2）若 $Q_i=K_{sp}$：饱和溶液，沉淀和溶解处于平衡状态。

（3）若 $Q_i<K_{sp}$：不饱和溶液，无沉淀析出，若原来有沉淀存在，则沉淀溶解，直到溶液呈饱和状态。

上述情况是难溶电解平衡移动的规律，称为**溶度积规则**。从中可以看出，通过控制离子的浓度，便可使沉淀一溶解平衡发生移动，从而使平衡向着人们需要的方向转化。

（二）溶度积规则的应用

1. 判断沉淀的生成或溶解

【例 6-12】 将等体积的 0.020 mol/L 的 $CaCl_2$ 溶液与 0.020 mol/L 的 Na_2CO_3 溶液混合，判断能否析出 $CaCO_3$ 沉淀。

解：两种溶液等体积混合后，体积增大 1 倍，浓度各自减小至原来的 1/2。即混合后的浓度分别为：

$$c(Ca^{2+})=0.020/2=0.010(mol/L)$$
$$c(CO_3^{2-})=0.020/2=0.010(mol/L)$$
$$Q_i=c(Ca^{2+})\times c(CO_3^{2-})=0.010\times 0.010=1.0\times 10^{-4}$$

查表得 $K_{sp}(CaCO_3)=2.8\times 10^{-9}$

$Q_i>K_{sp}$,应该有沉淀生成。

在化工生产中,利用沉淀的生成除去某些杂质离子。如在无机盐工业中,Fe^{3+}杂质常利用调节溶液 pH 的方法,使Fe^{3+}生成$Fe(OH)_3$沉淀被除去。

2. 判断沉淀的完全程度

当用沉淀反应制备产品或分离杂质时,沉淀是否完全是人们最关心的问题。由于难溶电解质溶液中存在着沉淀一溶解平衡,一定温度下 K_{sp} 为常数,因此,没有任何一种沉淀反应是绝对完全的。所谓"沉淀完全",并不是说溶液中某种离子完全不存在,而是其含量极少。在定性分析中,一般要求离子浓度小于 1.0×10^{-5} mol/L,在定量分析中通常要求离子浓度小于 1.0×10^{-6} mol/L,就可以认为沉淀完全了。

在生产上欲使某种离子沉淀完全,可将另一种离子(即沉淀剂)过量。例如,以硝酸银和盐酸为原料生产 AgCl,由于硝酸银来自金属银,银为贵重金属,应充分利用,因此常加入过量的盐酸促使 Ag^+ 沉淀完全。

3. 分步沉淀

如果溶液中同时含有几种离子,并且这几种离子可以与同一种试剂(沉淀剂)发生沉淀反应,生成几种不同的沉淀,按一定顺序先后沉淀,这种现象称为**分步沉淀**。

在分步沉淀中,哪一种离子先沉淀呢?先沉淀的离子沉淀到什么程度,另一种离子才开始沉淀呢?

【例 6-13】 有一含 Cl^- 和 I^- 的溶液中,Cl^- 和 I^- 的浓度均为 0.01 mol/L,加入 $AgNO_3$,谁先沉淀?

解:根据溶度积原理,可计算出生成 AgCl 和 AgI 沉淀所需 Ag^+ 的最低浓度。

$$AgCl:\quad c(Ag^+)=\frac{K_{sp(AgCl)}}{c(Cl^-)}=\frac{1.76\times 10^{-10}}{0.01}=1.76\times 10^{-8}(mol/L)$$

$$AgI:\quad c(Ag^+)=\frac{K_{sp(AgI)}}{c(I^-)}=\frac{8.51\times 10^{-17}}{0.01}=8.51\times 10^{-15}(mol/L)$$

因为生成 AgI 沉淀所需 Ag^+ 的最低浓度低,所以先出现 AgI 沉淀,即 I^- 先沉淀。

当 Cl^- 与 Ag^+ 开始形成沉淀时,$c(Ag^+)=1.76\times 10^{-8}$ mol/L,此时溶液中残留的 I^- 的浓度为:

$$c(I^-)=\frac{K_{sp(AgI)}}{c(Ag^+)}=\frac{8.51\times 10^{-17}}{1.76\times 10^{-8}}=4.82\times 10^{-9}(mol/L)$$

因为此浓度远远小于 10^{-5} mol/L,故可视为完全沉淀。

通过以上讨论可以得出:同种类型的沉淀,K_{sp} 小(s 也小)的先出现沉淀;不同类型的沉淀,s 小的先出现沉淀。

第5节　配合物及配位平衡

配位化合物简称配合物，过去曾称为络合物，是一类组成较为复杂、分布极广的化合物。自1798年法国化学家塔萨尔获得钴氨配合物$[Co(NH_3)_6]Cl_3$以来，人们已相继合成了成千上万种配合物，并在动植物的机体中发现了许多重要的配合物。配合物的制备、性质和结构已成为无机化学的重要研究课题，其应用日益广泛，目前已成为一门独立的学科——配位化学。

配合物与医药学有着密切的关系。应用配位化学的原理，可补充体内不足的某些金属元素（如Fe、Zn、Co、Mn等）或促使体内过量或有害元素的排出；很多生物催化剂——酶，都是金属配合物；一系列金属配合物具有杀菌、抗病毒和抗癌的生理作用，其中某些配合物已在临床上获得实际应用；此外，在生化检验、药物分析、食品检测及环境检测等方面，配合物都有着广泛的应用。

一、配合物的基本概念

（一）配合物的定义

向1 mL 0.1 mol/L $CuSO_4$溶液中加入1 mL 1 mol/L $NH_3 \cdot H_2O$。

结果表明，反应并没有生成$Cu(OH)_2$沉淀，而生成了深蓝色的溶液，该溶液中含有大量的结构为$[Cu(NH_3)_4]^{2+}$的离子。Cu^{2+}与NH_3之间是以配位键的形式结合的。

$$CuSO_4 + 4NH_3 \cdot H_2O = [Cu(NH_3)_4]SO_4 + 4H_2O$$

中心原子（金属阳离子或原子）和一定数目的中性分子或阴离子之间以配位键的形式结合成的化合物，称为配位化合物，简称配合物。

（二）配合物的组成

配合物一般包括内界和外界两部分。中心原子和配体组成配合物的**内界**，书写化学式时，用方括号括起来。括号以外的其他部分为**外界**（特殊的配位分子无外界）。如配合物$[Cu(NH_3)_4]SO_4$中，Cu^{2+}是中心原子，NH_3分子是配体，$[Cu(NH_3)_4]^{2+}$是内界，SO_4^{2-}是外界。

1. 中心原子

中心原子一般是金属阳离子，特别是过渡金属阳离子。如Fe^{2+}、Fe^{3+}、Co^{2+}、Co^{3+}、Ni^{2+}、Cu^{2+}、Zn^{2+}、Ag^+等，但也有中性原子作为中心原子的，如$Ni(CO)_4$等。

2. 配体

配体可以是阴离子，如X^-（X=F、Cl、Br、I）、OH^-、CN^-、SCN^-等，也可以是中性分子，如H_2O、NH_3、CO等。配体中直接与中心原子以配位键相连的原子称为**配位原子**。

如 NH_3 分子中的 N 原子，H_2O 分子中的 O 原子。

3. 配位数

直接与中心原子结合的配体的数目称为**配位数**。影响配位数的因素很多，常见的配位数有 2、4、6。如 $[Ag(NH_3)_2]^+$ 的配位数是 2，$[Cu(NH_3)_4]^{2+}$ 的配位数是 4，$[Fe(CN)_6]^{3-}$ 的配位数是 6。

4. 配离子的电荷

配离子的电荷等于中心原子和配体电荷的代数和。也可以根据外界离子的电荷来决定离子的电荷数。如 $K_3[Fe(CN)_6]$ 中的配离子电荷数为－3。

(三)配合物的命名

配合物命名服从一般无机化合物的命名原则。若配合物的外界是简单的阴离子（如 Cl^-），则称为“某化某”；若外界是复杂的阴离子（如 SO_4^{2-}），则称为“某酸某”。若外界为 H^+，则配阴离子的名称之后用“酸”字结尾。

内界的命名按如下顺序：

配位数—配体名称—合—中心原子名称—中心原子氧化数。如：

$[Cu(NH_3)_4]SO_4$	硫酸四氨合铜(Ⅱ)
$[Pt(NH_3)_6]Cl_4$	四氯化六氨合铂(Ⅳ)
$K_3[Fe(CN)_6]$	六氰合铁(Ⅲ)酸钾
$[Ni(CO)_4]$	四羰基合镍

二、配位平衡

在应用和研究配合物时，首先注意的是它的稳定性。“稳定性”一词含意较广，如配合物对热的稳定性、氧化还原稳定性以及在溶液中的稳定性等。其中应用最广的是配合物在溶液中的稳定性，即配合物在溶液中是否容易离解为简单离子和配体。

(一)配位平衡和稳定常数

在 $AgNO_3$ 溶液中加入过量氨水，会生成 $[Ag(NH_3)_2]^+$ 配离子。

$$Ag^+ + 2NH_3 \longrightarrow [Ag(NH_3)_2]^+$$

该反应称为**配位反应**。

若向上述溶液中加入 NaCl 溶液，无 AgCl 沉淀生成；但若加入 KI 溶液，则有黄色 AgI 沉淀生成。这表明溶液中还有少量 Ag^+ 存在，即 $[Ag(NH_3)_2]^+$ 配离子可发生如下离解反应：

$$[Ag(NH_3)_2]^+ \longrightarrow Ag^+ + 2NH_3$$

在一定温度下，当配位反应和离解反应速率相等时，体系达到动态平衡，称为**配位平衡**。可表示为：

$$Ag^+ + 2NH_3 \underset{\text{离解}}{\overset{\text{配位}}{\rightleftharpoons}} [Ag(NH_3)_2]^+$$

根据化学平衡定律，有

$$K=\frac{[Ag(NH_3)_2^+]}{[Ag^+][NH_3]^2}$$

该平衡常数是用来描述配位平衡的，所以称为**配位平衡常数**。K 值越大，表明配离子越稳定，即离解的倾向越小，因此又称之为配离子的**稳定常数**，用 $K_{稳}$ 表示。在实际应用中，由于 $K_{稳}$ 值一般都很大，故也常用 $\lg K_{稳}$ 表示。

利用 $K_{稳}$ 值，也可以比较相同类型配离子的稳定性。$K_{稳}$（或 $\lg K_{稳}$）值越大，对应的配合物越稳定。

(二)配位平衡的移动

中心原子 M 和配体 L 生成的配离子 ML_x 在水溶液中存在如下配位平衡（略去电荷）：

$$M+xL \rightleftharpoons ML_x$$

根据平衡移动原理，若在含配离子 ML_x 的溶液中加入某种试剂而产生酸碱反应、沉淀反应或氧化还原反应等，均会使配位平衡发生移动。

1. 溶液酸度的影响

(1)酸效应　配体中的配位原子上有孤对电子，它们能与溶液中的 H^+ 形成配位键，使配位平衡向离解方向移动，导致配离子的稳定性降低，这种现象称为**酸效应**。如：

$$[Ag(NH_3)_2]^+ +2H^+ \rightleftharpoons Ag^+ +2NH_4^+$$

(2)水解效应　当溶液 pH 升高时，中心原子 M(特别是高价金属离子)将发生水解而使配位平衡向离解方向移动，导致配离子的稳定性降低，这种现象称为水解效应。例如溶液 pH 升高时，FeF_6^{3-} 配离子可发生如下水解反应：

$$FeF_6^{3-} +3H_2O \rightleftharpoons Fe(OH)_3\downarrow +3H^+ +6F^-$$

在水溶液中，酸效应与水解效应同时存在，至于以哪个效应为主，取决于配离子的稳定常数、配体的碱性以及金属氢氧化物的溶解性。一般在不发生水解效应的前提下，提高溶液的 pH 有利于配合物的生成。在人体内，酸度对配合物稳定性的影响也是普遍存在的。例如，在胃液中 pH 约为 2，许多金属离子无法与配体结合生成配合物，但当这些金属离子随消化液进入肠道或血液时，pH 上升到 7 或者更高，此时就容易形成配合物。

2. 沉淀平衡的影响

若在配离子溶液中加入沉淀剂，由于金属离子和沉淀剂生成沉淀，会使配位平衡向离解方向移动；反之，若在沉淀中加入能与金属离子形成配合物的配位剂，则沉淀可转化为配离子而溶解。例如，向含有 AgCl 沉淀的溶液中加入氨水，AgCl 沉淀溶解转化为 $[Ag(NH_3)_2]^+$；再向此溶液中加入 KI 溶液，又会生成黄色 AgI 沉淀。这一系列转化过程可表示为：

$$AgCl+2NH_3 \rightleftharpoons [Ag(NH_3)_2]^+ +Cl^-$$

$$[Ag(NH_3)_2]^+ + I^- \rightleftharpoons AgI\downarrow + 2NH_3$$

可见，配位剂和沉淀剂处于共同争夺金属离子之中，即溶液中同时存在配位平衡和沉淀平衡，这两个平衡既相互联系，又相互制约。当配合物的 $K_{稳}$ 越大或沉淀的 K_{sp} 越大时，沉淀越容易转化为配离子；反之，当配合物的 $K_{稳}$ 越小或沉淀的 K_{sp} 越小时，配离子越容易转化为沉淀。

（三）配位常数的应用

1. 计算配合物溶液中有关物质的浓度

【例 6-14】　在含有 0.10 mol/L 的 $[Cu(NH_3)_4]^{2+}$ 配离子溶液中，当 NH_3 浓度分别为 1.0 mol/L 和 4.0 mol/L 时，Cu^{2+} 的平衡浓度各为多少？（已知 $K_{稳}([Cu(NH_3)_4]^{2+})=2.1\times10^{13}$）

解：设 $[NH_3]$ 为 1.0 mol/L 时的 $[Cu^{2+}]$ 为 x mol/L

$[NH_3]$ 为 4.0 mol/L 时的 $[Cu^{2+}]$ 为 y mol/L

$$Cu^{2+} + 4NH_3 \rightleftharpoons [Cu(NH_3)_4]^{2+}$$

平衡浓度(mol/L)(1)　x　$1.0+4x$　$0.1-x$

(2)　y　$4.0+4y$　$0.1-y$

$$K_{稳}=\frac{[Cu(NH_3)_4^{2+}]}{[Cu^{2+}][NH_3]^4}=2.1\times10^{13}$$

(1)
$$\frac{0.10-x}{x(1.0+4x)^4}=2.1\times10^{13}$$

由于 $K_{稳}$ 值很大，所以 x 一定很小，则

$$0.10-x\approx0.10 \qquad 1.0+4x\approx1.0$$

解得：$x=[Cu^{2+}]\approx4.8\times10^{-15}$ mol/L

(2)　同理可解得：$y=[Cu^{2+}]\approx1.9\times10^{-17}$ mol/L

计算结果表明，NH_3 浓度越大，$[Cu(NH_3)_4]^{2+}$ 离解程度越小，Cu^{2+} 浓度越低。即过量配位剂的存在可增加配离子的稳定性。

2. 判断配位反应的方向

【例 6-15】　试判断下列反应能否向右进行，已知 $K_{稳}([Ag(NH_3)_2]^+)=1.1\times10^7$，$K_{稳}([Ag(CN)_2]^-)=1.3\times10^{21}$。

$$[Ag(NH_3)_2]^+ + 2CN^- \rightleftharpoons [Ag(CN)_2]^- + 2NH_3$$

解：该反应包括两个分平衡：

$$[Ag(NH_3)_2]^+ \rightleftharpoons Ag^+ + 2NH_3 \qquad K_1=\frac{[Ag^+][NH_3]^2}{[Ag(NH_3)_2^+]}$$

$$Ag^+ + 2CN^- \rightleftharpoons [Ag(CN)_2]^- \qquad K_2=\frac{[Ag(CN)_2^-]}{[Ag^+][CN^-]^2}$$

所以总反应的平衡常数为：

$$K=K_1\times K_2=\frac{1}{1.1\times10^7}\times1.3\times10^{21}=1.2\times10^{14}$$

此平衡常数很大，说明反应向右进行的趋势很强，$[Ag(NH_3)_2]^+$ 几乎完全转变为 $[Ag(CN)_2]^-$。

3. 判断沉淀的生成或溶解

【例 6-16】 试计算 AgCl 在浓度为 6.0 mol/L 的氨水中的溶解度(298 K)。已知 $K_{sp}(AgCl)=1.77\times10^{-10}$，$K_{稳}([Ag(NH_3)_2]^+)=1.1\times10^7$。

解：设 AgCl 的溶解度为 x mol/L。

$$AgCl+2NH_3 \rightleftharpoons [Ag(NH_3)_2]^+ + Cl^-$$

起始浓度(mol/L)　　6.0

平衡浓度(mol/L)　　$6.0-2x$　　x　　x

根据多重平衡规则，该反应的平衡常数为：

$$K=\frac{[Ag(NH_3)_2^+][Cl^-]}{[NH_3]^2}\times\frac{[Ag^+]}{[Ag^+]}=K_{稳}\times K_{sp}$$

$$=1.1\times10^7\times1.77\times10^{-10}=1.95\times10^{-3}$$

即　$$K=\frac{x^2}{(6.0-2x)^2}=1.95\times10^{-3}$$

解得：$x=0.24$ mol/L

即 AgCl 在 6.0 mol/L 氨水中的溶解度为 0.24 mol/L。此数值远远大于其在水中的溶解度 1.3×10^{-5} mol/L。

第 6 节　氧化还原与电极电势

一、氧化数

氧化还原反应的本质是反应物之间发生了电子的转移(包括电子得失和电子偏移)。如：

$$2Na+Cl_2 = 2NaCl$$

$$H_2+Cl_2 = 2HCl$$

在上述第一个反应中发生的是电子的得失，在第二个反应中发生的是电子对的偏移。

为了方便判断氧化还原反应中的氧化还原作用，表明元素所处的氧化状态，引入了氧化数的概念。1970 年，国际纯粹与应用化学联合会(IUPAC)较严格地定义了氧化数的概念，氧化数是某元素一个原子的形式荷电数。

(一)氧化数

氧化数是某元素一个原子的形式荷电数。氧化数的确定方法是：

(1)在单质中，元素的氧化数为零。

(2)在化合物中,氟的氧化数总是－1,碱金属和碱土金属分别为＋1 和＋2;氧为－2,氢为＋1,但少数情况例外。

(3)单原子离子中,元素的氧化数等于离子的电荷数;在多原子离子中,各元素的氧化数代数和等于离子的电荷数。

(4)在中性分子中,各元素的氧化数代数和为零。

由氧化数的概念可知,元素氧化数升高的过程称为氧化,而氧化数升高的物质称为**还原剂**;元素氧化数降低的过程称为还原,而氧化数降低的物质称为**氧化剂**。**凡是在反应前后元素氧化数发生了变化的反应就称为氧化还原反应**。如上述反应中 Na 和 H 元素的氧化数都是由 0 升高到＋1,发生了氧化反应,Na 和 H_2都是还原剂;而 Cl 的氧化数由 0 降低到－1,发生了还原反应,Cl_2是氧化剂。

(二)氧化还原共轭关系

氧化还原反应中,氧化剂得到电子后变成了还原剂,而还原剂失去电子后变成氧化剂,两者不是孤立的。它们之间这种相互依存、相互转化的关系称为**氧化还原共轭关系**,可表示为:

$$\underset{\text{氧化剂}}{Ox} + ne \underset{\text{氧化}}{\overset{\text{还原}}{\rightleftharpoons}} \underset{\text{还原剂}}{Red}$$

Ox－Red 联系在一起组成共轭氧化还原电对,简称**共轭电对**。它们之间组成的反应称为氧化还原反应的半反应。例如:

$$Cu^{2+} + Zn = Cu + Zn^{2+} \quad (2e \text{ 由 Zn 转移给 } Cu^{2+})$$

该氧化还原反应包含的两个"半反应"为(两个共轭电对):

$$Zn - 2e = Zn^{2+} \quad \text{(氧化反应)}$$

$$Cu^{2+} + 2e = Cu \quad \text{(还原反应)}$$

当然,共轭电对的反应是不能单独存在的半反应。氧化剂要得到电子,必然有另一个共轭电对提供电子才行,反之亦然。因此,氧化还原反应的实质也可理解为两个共轭电对之间发生了电子转移。

(三)氧化还原反应式的配平

如高锰酸钾和过氧化氢(俗称双氧水)在酸性溶液中的反应。

(1)根据实验事实写出反应式。

$$KMnO_4 + H_2O_2 + H_2SO_4 —— MnSO_4 + K_2SO_4 + O_2\uparrow + H_2O$$

(2)标出各元素的氧化数,并找出氧化数升高和降低的最小公倍数。

$KMnO_4$中 Mn 的氧化数是＋7,$MnSO_4$中 Mn 的氧化数是＋2,降低了 5;H_2O_2中 O 的氧化数是－1,O_2中 O 的氧化数是 0,升高了 1,两个 O 原子升高了 2。2 和 5 的最小公倍数是 10。所以在 $KMnO_4$和 $MnSO_4$化学式前配上 2,在 H_2O_2和 O_2的化学式前配上 5。

$$2KMnO_4+5H_2O_2+H_2SO_4 —— 2MnSO_4+K_2SO_4+5O_2\uparrow+H_2O$$

(3)根据反应前后原子个数相等的原则,配平其他系数。

$$2KMnO_4+5H_2O_2+3H_2SO_4 = 2MnSO_4+K_2SO_4+5O_2\uparrow+8H_2O$$

二、电极电势

(一)电极电势

在化学能与电能中,我们知道,原电池能产生电流,说明在原电池的两电极之间有电势差存在(可理解为电压)。也可以说,原电池电流的产生是由于两个电极的电极电势(或称为电极电位)不同所引起的。

原电池的两电极间的电极电势之差就是原电池的电动势(用 $E_{池}$ 表示),即:

$$E_{池}=\varphi_{(+)}-\varphi_{(-)}$$

式中,$\varphi_{(+)}$、$\varphi_{(-)}$分别表示正、负极的电极电势。

其中,$E_{池}$可由实验准确测得,但单个电极的电极电势(φ)的绝对值却无法测定,只能通过比较得到电极电势的相对值。为此,必须选取某一电极作为比较标准,来得到其他各电极的相对电极电势值。这种方法如同确定海拔高度以海平面作为比较标准一样。

1. 标准氢电极

目前,国际上采用标准氢电极为比较标准,并规定其电极电势为 0。标准氢电极是将铂片表面上镀上一层多孔的铂黑,放入氢离子浓度为 1.0 mol/L 的硫酸溶液中,然后不断地通入压力为 101325 Pa 的氢气流,使铂黑电极上吸附的氢气达到饱和(如图 6-2 所示)。

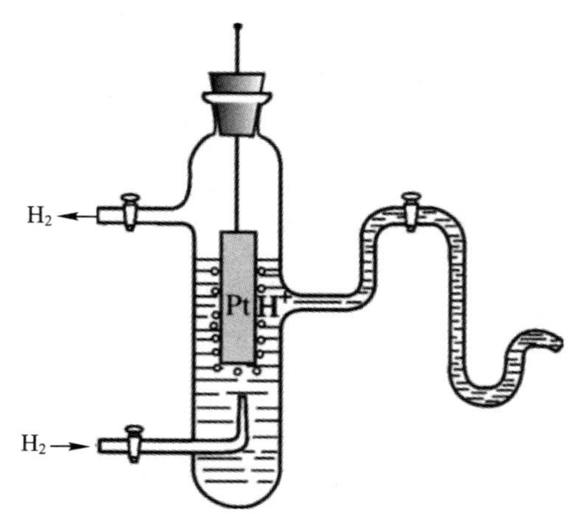

图 6-2 标准氢电极

标准氢电极的电极反应:

$$2H^+(aq)+2e \longrightarrow H_2(g)$$

其电极组成: $Pt,H_2(p^0)\mid H^+(1.0\ mol/L)$

式中 p^0 表示标准大气压(101325 Pa)。规定标准氢电极在标准状态下的电极电势

φ^0 为 0，即：

$$\varphi^0_{H^+/H_2}=0.0000V$$

据此，只要将某一待测电极与标准氢电极组成原电池，便可根据测得的电动势计算出待测电极的电极电势。

2. 标准电极电势

由于电极电势的大小除取决于电极的本性外，还受到离子的浓度和温度等外界条件的影响。而**标准电极电势，就是指在标准状态**（溶液的浓度为 1，气体分压为 101325 Pa，液体和固体均为纯净物）**时电极的电极电势**，用符号 φ^0 表示。因此，在标准状态下，只要把标准氢电极与其他电极组成原电池，测量出电池电动势，就可得出该电极的标准电极电势。

例如，将标准氢电极与标准锌电极组成原电池：

$$(-)Zn \mid Zn^{2+}(1.0\ mol/L) \parallel H^+(1.0\ mol/L) \mid H_2(p^0),Pt(+)$$

测得该原电池的电动势为 0.7618 V，计算标准锌电极的标准电极电势。

因　　$E_{池}=\varphi_{(+)}-\varphi_{(-)}$

则　　$E^0_{池}=\varphi^0_{H^+/H_2}-\varphi^0_{Zn^{2+}/Zn}$

$$\varphi^0_{Zn^{2+}/Zn}=\varphi^0_{H^+/H_2}-E^0_{池}$$
$$=0-0.7618$$
$$=-0.7618(V)$$

即得标准锌电极的标准电极电势为：

$$\varphi^0_{Zn^{2+}/Zn}=-0.7618V$$

氧化剂和还原剂氧化还原能力的强弱，可用电极电势定量表达。

（二）影响电极电势的因素

由于化学反应经常是在非标准状态下进行的，这就必须考虑离子的浓度、体系的温度对电极电势的影响。它们之间的定量关系可用**能斯特（Nernst）方程式**表达。

对于任一电极反应：

$$Ox+ne \rightleftharpoons Red$$

有
$$\varphi=\varphi^0+\frac{RT}{nF}\lg\frac{[Ox]}{[Red]}$$

式中，φ 是标准电极电势，是氧化剂（还原剂）的本质属性，在一定条件下是常数，可查表得到；R 是气体常数[8.314 J/mol·K]；T 是热力学温度（K）；n 是电极反应中电子的转移数（mol）；F 是 Faraday 常数（96487 C/mol）。[Ox]代表电极反应中在氧化型一侧各物质浓度（mol/L）的乘积；[Red]代表电极反应中在还原型一侧各物质浓度（mol/L）的乘积。各物质浓度的指数应等于电极反应式中相应各物质的计量系数。

当 $T=298$ K 时，

$$\varphi=\varphi^0+\frac{0.0592}{n}\lg\frac{[Ox]}{[Red]}$$

使用 Nernst 方程式时，应注意以下几点：

(1)计算前首先配平电极反应。

(2)如果电极反应中某一物质是固体或纯液体，则它们的浓度以 1 代入方程式。

(3)电极反应式中参与反应的物质系数不等于 1 时，应以该系数为指数，以浓度幂形式代入方程。

(4)离子浓度单位用 mol/L。如：

①已知 $Fe^{3+}+e \rightleftharpoons Fe^{2+}$

反应的 $\varphi^0=0.77\ V$，则

$$\varphi=\varphi^0+\frac{0.0592}{1}\lg\frac{[Fe^{3+}]}{[Fe^{2+}]}=0.77+0.0592\lg\frac{[Fe^{3+}]}{[Fe^{2+}]}$$

②已知 $MnO_2+4H^++2e \rightleftharpoons Mn^{2+}+2H_2O$

反应的 $\varphi^0=1.224\ V$，则

$$\varphi=\varphi^0+\frac{0.0592}{2}\lg\frac{[H^+]^4}{[Mn^{2+}]}=1.224+\frac{0.0592}{2}\lg\frac{[H^+]^4}{[Mn^{2+}]}$$

(三)电极电势的应用

1. 判断氧化剂和还原剂的相对强弱

(1)标准状态下　可通过直接比较 φ^0 的大小而判断氧化剂和还原剂的相对强弱；φ^0 值较大的电对中的氧化型是较强的氧化剂；φ^0 值较小的电对中的还原型是较强的还原剂。例如：

$$Zn^{2+}+2e \rightleftharpoons Zn \qquad \varphi^0=-0.7618\ V$$

$$Cu^{2+}+2e \rightleftharpoons Cu \qquad \varphi^0=0.3419\ V$$

由于 $\varphi^0{}_{Cu^{2+}/Cu}>\varphi^0{}_{Zn^{2+}/Zn}$，所以氧化性 $Cu^{2+}>Zn^{2+}$，还原性 $Zn>Cu$。

(2)非标准状态下　应通过 Nernst 方程的计算来决定氧化剂和还原剂的相对强弱。

【例 6-17】　298 K 时，电对 $Co^{3+}(1.0\times10^{-5}\ mol/L)/\ Co^{2+}(1.0\ mol/L)$ 和 H_2O_2，$H^+(0.10\ mol/L)/H_2O$ 中，哪种是较强的氧化剂？哪种是较强的还原剂？

解：查标准电极电势表得 $\varphi^0{}_{Co^{3+}/Co^{2+}}=1.83\ V$，$\varphi^0_{H_2O_2/H_2O}=1.78\ V$

代入 Nernst 方程，得

$$\varphi_{Co^{3+}/Co^{2+}}=\varphi^0_{Co^{3+}/Co^{2+}}+0.0592\lg\frac{[Co^{3+}]}{[Co^{2+}]}=1.83+0.0592\lg\frac{1.0\times10^{-5}}{1.0}=1.53(V)$$

$$\varphi_{H_2O_2/H_2O}=\varphi^0_{H_2O_2/H_2O}+\frac{0.0592}{2}\lg[H^+]^2=1.78+\frac{0.0592}{2}\lg 0.10^2=1.72(V)$$

由于 $\varphi_{H_2O_2/H_2O}>\varphi_{Co^{3+}/Co^{2+}}$，所以氧化性 $H_2O_2>Co^{3+}$；H_2O_2 是较强的氧化剂，Co^{2+} 是较强的还原剂。

2. 判断氧化还原反应进行的方向

在氧化还原反应中，反应总是向生成弱氧化剂和弱还原剂的方向进行，即：

较强氧化剂＋较强还原剂⟶较弱氧化剂＋较弱还原剂

因此，只要知道构成氧化还原反应的各半反应的电极电势，就可以方便地判断反应的方向。

【例 6-18】 试判断标准状态下下列反应进行的方向。

$$2Fe^{3+} + 2I^- \rightleftharpoons 2Fe^{2+} + I_2$$

解：查标准电极电势表得

$$Fe^{3+} + e \rightleftharpoons Fe^{2+} \qquad \varphi^0 = 0.77\ V$$

$$I_2 + 2e \rightleftharpoons 2I^- \qquad \varphi^0 = 0.54\ V$$

由于 $\varphi^0_{Fe^{3+}/Fe^{2+}} > \varphi^0_{I_2/I^-}$，所以氧化性 $Fe^{3+} > I_2$，还原性 $I^- > Fe^{2+}$。

即反应向正方向进行。

用电极电势判断反应进行的方向时，应注意以下几点：

(1)当反应在标准状态下进行时，可直接用 φ^0 作判断依据。

(2)当反应在非标准状态下进行时，浓度的变化将引起电极电势的改变，必须用 Nernst 方程计算出所给条件下的电极电势 φ，然后才能判断。

(3)电极电势判断依据仅能告诉人们反应有无自发进行的可能性，至于该反应能否自发进行，则属于动力学问题，电极电势判断依据无法作出结论。

练　习　题

一、名词解释

1. 强电解质和弱电解质
2. 电离度
3. 电离平衡
4. 缓冲溶液

二、填空题

1. 化学反应速率通常用________________来表示，单位为________、________或________。

2. 影响化学反应速率的主要因素有________、________、________和________。若要加快化学反应速率，需采用的措施是________、________、________和________。

3. 实验证明，当其他条件不变时，温度每升高 10 ℃，化学反应速率约增大到原来的________倍。

4. 化学平衡状态的主要特征是____________。

5. 在 $FeCl_3 + 6KSCN \rightleftharpoons K_3[Fe(SCN)_6] + 3KCl$ 平衡体系中，加入 $FeCl_3$ 或 KSCN 溶液，混合液的颜色________（变深、变浅），表明平衡向________移动。若加入少量晶体 KCl，混合液的颜色________（变深、变浅），表明平衡向________移动。

6. 在 $2NO + O_2 \rightleftharpoons 2NO_2$ 平衡体系中，升高温度，平衡向________移动；减小压强，平衡向________移动；减小 NO 浓度，平衡向________移动。

7. 对于 $CO(g)+NO_2(g) \rightleftharpoons NO(g)+CO_2(g)+Q$ 的平衡体系，增加 NO_2 浓度，平衡向________移动；升高温度，平衡向________移动；加入催化剂，平衡________移动。

8. 在一定条件下，可逆反应 $A+B \rightleftharpoons 2C$ 已达平衡，若升高温度，平衡向右移动，则此反应是________（放热、吸热）反应。若 A 为气体，增大压强平衡向左移动，则 C 为________体，B 为________体。若 A、B、C 均为气体，增大 A 的浓度，B 的浓度将________，C 的浓度将________。

9. 对于同一弱电解质溶液而言，溶液浓度越小，其电离度越________；溶液温度越高，其电离度越________。

10. pH 是________浓度的________，数学表达式为________。正常人体血液的 pH 总是维持在________________之间。

11. $[H^+]=10^{-5}$ mol/L 的溶液，pH=________，溶液呈________性；若将 pH 调到 9，则$[H^+]$为________ mol/L，溶液呈________性。

12. 常见的缓冲溶液类型有________________、____________________和________________________三种。

13. 在 CH_3COOH 和 CH_3COONa 组成的缓冲溶液中，抗酸成分是____________，抗碱成分是____________。在 $NH_3 \cdot H_2O$ 和 NH_4Cl 组成的缓冲溶液中，抗酸成分是________，抗碱成分是________。

14. 人体血液中浓度最大、缓冲能力最强的缓冲对是______________。

三、选择题

1. 可逆反应 $H_2O(g)+CO(g) \rightleftharpoons H_2(g)+CO_2(g)+Q$ 已达平衡状态，若使平衡向左移动，可采用的措施是 （　　）
   A. 减小压强　　B. 升高温度　　C. 增大 CO 的浓度　　D. 加入催化剂

2. 可逆反应 $N_2(g)+3H_2(g) \rightleftharpoons 2NH_3(g)$ 已达平衡状态，下列说法正确的是 （　　）
   A. N_2、H_2 和 NH_3 浓度相等　　B. 正、逆反应速率等于零
   C. N_2 和 H_2 不再反应　　D. N_2、H_2 和 NH_3 浓度保持不变

3. 增大压强和降低温度，平衡移动方向一致的是 （　　）
   A. $N_2(g)+O_2(g) \rightleftharpoons 2NO(g)-Q$
   B. $CaO(s)+CO_2(g) \rightleftharpoons CaCO_3(s)+Q$
   C. $H_2(g)+I_2(g) \rightleftharpoons 2HI(g)+Q$
   D. $4NH_3(g)+3O_2(g) \rightleftharpoons 2N_2(g)+6H_2O(g)+Q$

4. 可逆反应 $2NO+O_2 \rightleftharpoons 2NO_2$ 已达平衡状态，温度一定，若缩小反应容器的容积，物质的量增加的是 （　　）
   A. NO 和 O_2　　B. NO　　C. NO、O_2 和 NO_2　　D. NO_2

5. 增大压强，平衡不移动的是 （　　）
   A. $2SO_2+O_2 \rightleftharpoons 2SO_3$　　B. $C+O_2 \rightleftharpoons CO_2$
   C. $CaCO_3(s) \rightleftharpoons CaO(s)+CO_2$　　D. $H_2O(g)+C(s) \rightleftharpoons CO+H_2$

6. 下列物质属于弱电解质的是 （　　）

A. 硫酸铜　　B. 醋酸铵　　C. 氨水　　D. 葡萄糖

7. 用水稀释 0.1 mol/L 的醋酸溶液，下列叙述不正确的是　　(　　)

A. 醋酸的电离度增大　　B. H^+ 数目增多

C. 用碱中和时耗碱量不变　　D. $[H^+]$增大

8. 已知成人胃液的 pH=1，婴儿胃液的 pH=5，所以成人胃液中的$[H^+]$是婴儿胃液中的$[H^+]$的　　(　　)

A. 5 倍　　B. 1000 倍　　C. 10000 倍　　D. 10^{-5}倍

9. 下列各对物质能组成缓冲溶液的是　　(　　)

A. NaCl　HCl　　B. NaOH　HCl

C. CH_3COOH　CH_3COONa　　D. Na_2CO_3　H_2CO_3

10. 下列溶液能组成缓冲溶液的是　　(　　)

A. 0.1 mol/L 的 $NH_3 \cdot H_2O$ 和 0.1 mol/L 的 NaOH 等体积混合

B. 0.1 mol/L 的 HCl 和 0.1 mol/L 的 NaOH 等体积混合

C. 0.1 mol/L 的 $NaHCO_3$ 和 0.1 mol/L 的 Na_2CO_3 等体积混合

D. 0.1 mol/L 的 $NH_3 \cdot H_2O$ 和 0.1 mol/L 的 HCl 等体积混合

11. 若用 HAc 和 NaOH 来配制缓冲溶液，所得缓冲溶液的抗酸成分是　　(　　)

A. H^+　　B. OH^-　　C. CH_3COOH　　D. CH_3COO^-

12. 下列物质中哪种是多齿配位体　　(　　)

A. NH_3　　B. EDTA　　C. F^-　　D. H_2O

13. $K_3[Fe(CN)_6]$中配离子电荷和中心原子电荷分别为　　(　　)

A. 3－，2＋　　B. 3－，3＋　　C. 2－，2＋　　D. 3＋，3－

14. 配位化合物中一定存在　　(　　)

A. 共价键　　B. 离子键　　C. 配位键　　D. 氢键

15. 在二乙胺合铜(Ⅱ)中，铜离子的配位数是　　(　　)

A. 2　　B. 4　　C. 6　　D. 8

16. 在 $Cu^{2+} + 4NH_3 \rightleftharpoons [Cu(NH_3)_4]^{2+}$ 配位平衡体系中加入稀盐酸，可能产生的后果是　　(　　)

A. 体系析出沉淀　　B. 配离子解离

C. 平衡不受影响　　D. 平衡向右移动

四、简答题

1. 已知某温度下 0.01 mol/L 醋酸溶液的电离度为 4.2%，求此时醋酸的电离常数和溶液中的$[H^+]$。

2. 计算下列溶液的 pH。

(1)0.01 mol/L 盐酸　　(2)0.01 mol/L 氢氧化钠

(3)$[H^+]=10^{-5}$ mol/L　　(4)$[OH^-]=10^{-10}$ mol/L

(5)4 g 氢氧化钠溶于水制成的 1 L 溶液

3. 取 10 mL 0.1 mol/L 的 NaH_2PO_4 与 1.0 mL 0.20 mol/L 的 Na_2HPO_4 混合，求此

混合溶液的 pH。

4. 0.1 mol/L 的 CH_3COOH 500 mL 与 0.2 mol/L 的 CH_3COONa 250 mL 配成缓冲溶液，计算溶液的 pH。

5. 临床检验测得甲、乙、丙三人血浆中 HCO_3^- 和溶解 CO_2 浓度分别为

甲：$[HCO_3^-]=24.0$ mmol/L，$[CO_2]=1.20$ mmol/L

乙：$[HCO_3^-]=20.0$ mmol/L，$[CO_2]=1.34$ mmol/L

丙：$[HCO_3^-]=56.0$ mmol/L，$[CO_2]=1.40$ mmol/L

试求三人血浆的 pH(已知 $pK_a=6.10$)，并判断何人为正常，何人为酸中毒患者，何人为碱中毒患者。

6. 反应 $H_2(g)+CO_2(g)\rightleftharpoons CO(g)+H_2O(g)$ 在某温度下达平衡时，$[H_2]=[CO_2]=0.44$ mol/L，$[H_2O]=[CO]=0.56$ mol/L，求该温度下的平衡常数 K 值及 H_2 和 CO_2 的起始浓度。

7. 已知 $FeO(s)+CO(g)\rightleftharpoons Fe(s)+CO_2(g)$ 在某温度时的 $K=0.5$，若起始浓度 $c(CO)=0.05$ mol/L，$c(CO_2)=0.01$ mol/L，问：

(1)各物质的平衡浓度分别是多少？

(2)CO 的转化率 α 是多少？

(3)增加 FeO 的量，对平衡有影响吗？为什么？

8. 298 K 时，$Mg(OH)_2$ 的 K_{sp} 为 5.61×10^{-12}，求该温度下 $Mg(OH)_2$ 的溶解度。

9. 将等体积等浓度的 0.004 mol/L K_2CrO_4 溶液和 $AgNO_3$ 溶液混合时，有无红色 Ag_2CrO_4 沉淀析出？

10. 在含有 0.1 mol/L 的 Cl^-、Br^-、I^- 离子的混合溶液中，逐滴加入 $AgNO_3$ 溶液，能分别生成 AgCl、AgBr、AgI 沉淀。

(1)通过计算判断其沉淀析出的顺序；

(2)当第三种沉淀生成时，前两种离子的浓度分别为多少？

11. 在含有 0.10 mol/L 的 $[Ag(NH_3)_2]^+$ 配离子溶液中，当 NH_3 浓度分别为 1.0 mol/L 和 4.0 mol/L 时，Ag^+ 的平衡浓度各为多少？当加入 Br^- 的浓度为 0.10 mol/L 时，是否有沉淀生成？

12. 试通过计算说明溶解氯化银沉淀至少需要氨水的浓度是多少。

13. 影响化学反应速率的因素有哪些？是如何影响的？

14. 命名。

(1)$[Ag(NH_3)_2]Cl$

(2)$[Zn(NH_3)_4]SO_4$

(3)$[Co(NH_3)_6]Cl_3$

(4)$K_3[Fe(CN)_6]$

(5)$Na_2[HgI_4]$

15. 写出下列配合物的化学式。

(1)硫酸四氨合铜(Ⅱ)

(2)二氯化二乙胺合铜(Ⅱ)
(3)五羰基合铁(0)
(4)六氟合铁(Ⅲ)
(5)四硫氰合汞(Ⅱ)酸铵

(程国友)

第7章　常见元素概述

学习目标

1. 了解常见元素的性质与元素原子的电子层结构之间的关系。
2. 掌握常见元素及其重要化合物的主要化学性质。
3. 了解常见元素的生物学意义及其在医学中的应用。

第1节　钾和钠

钾和钠属于元素周期表中的ⅠA族元素。ⅠA族元素除H外，有Li、Na、K、Rb、Cs、Fr共6种元素，其中Fr是放射性元素。由于它们的氧化物的水溶液显碱性，因此称为**碱金属**。

一、碱金属通性

ⅠA族元素的原子价层电子构型为ns^1。与同周期元素比较，原子半径大，电负性小，最容易失去电子，是最活泼的金属。其最高化合价为+1，无变价，化合物通常为离子型。

单质具有金属光泽，熔点低、硬度小、密度小，除铯略带金属光泽外，其余的都呈银白色，且质地柔软，能用刀子切开。具有良好的导电性和传热性。

在自然界中以化合态存在，它们的单质由人工制得。碱金属具有很强的还原性，它们与氧、硫、氯等非金属都能发生剧烈反应，还能从许多金属化合物中置换出金属。并且其活泼性随着原子半径的增大而增强。例如，钠和水剧烈反应，钾则更剧烈，而铷、铯遇水会发生爆炸。

实验室常用的钠、钾必须存放在煤油中(钾还需先用石蜡包裹)，隔离空气和水，以免发生燃烧和爆炸。

钠、钾可以和其他金属制成合金。例如，钠溶于汞得到钠汞齐，钠的还原性强，反应猛烈，不易控制，但钠汞齐却是平和的还原剂。

锂原子半径最小，表现出与钠和钾的不同性质，锂的密度特别小，它与镁、铝制成的合金，具有质轻、强度大、塑性好等优良特点，尤其适用于航空、航天工程。锂也是一种能源材料，锂电池质量轻、体积小、寿命长，被用于心脏起搏器。

二、钾和钠的重要化合物

(一)过氧化钠

钠和钾的氧化物有普通氧化物(M_2O)、过氧化物(M_2O_2)、超氧化物(MO_2)和臭氧化物(MO_3)四种。重要的是过氧化钠。

$$Na_2O_2+2H_2O = H_2O_2+2NaOH$$

$$Na_2O_2+H_2SO_4(\text{稀}) = H_2O_2+Na_2SO_4$$

$$2H_2O_2 = 2H_2O+O_2\uparrow$$

Na_2O_2常用作氧化剂、漂白剂和氧气发生剂。

(二)氢氧化钠和氢氧化钾

氢氧化钠(钾)俗称苛性钠(钾),也称烧碱,工业上通常由电解氯化钠(钾) 溶液而制得。NaOH(KOH)是白色固体,极易吸水和空气中的 CO_2,吸收 CO_2 后变成 Na_2CO_3(K_2CO_3),所以固体 NaOH 是常用的干燥剂。NaOH(KOH)的水溶液呈强碱性,可以与酸反应,也可与许多金属和非金属的氧化物反应生成钠(钾)盐。NaOH(KOH)既是重要的化学实验试剂,也是重要的化工生产原料,主要用于精炼石油、肥皂、造纸、纺织、洗涤剂等生产。

(三)碳酸钠与碳酸氢钠

碳酸钠俗称纯碱或苏打。含 10 个结晶水的碳酸钠($Na_2CO_3\cdot 10H_2O$)为白色晶体,在空气中易风化而逐渐碎裂为疏松的粉末,易溶于水,其水溶液有较强的碱性, 可在不同反应中作碱使用,这也是人们称其为纯碱的原因。碳酸钠是一种基本化工原料,可用于玻璃、搪瓷、肥皂、造纸、纺织、洗涤剂的生产和有色金属的冶炼中,它还是制备其他钠盐或碳酸盐的原料。工业上常用氨碱法生产碳酸钠。

$$NaCl+NH_3+CO_2+H_2O = NaHCO_3\downarrow+NH_4Cl$$

$$2NaHCO_3 \overset{\triangle}{=} Na_2CO_3+H_2O\uparrow+CO_2\uparrow$$

碳酸氢钠俗称小苏打,白色粉末,可溶于水,但溶解度不大,其水溶液呈弱碱性。碳酸氢钠主要用于医药和食品工业中;在医疗上内服可中和过剩的胃酸;在治疗酸中毒时,大量内服、用等渗液或高渗液作静脉注射,以补充血液中的碱储备量。

(四)氯化钠

氯化钠俗称食盐。是日常生活和工业生产中不可缺少的化合物。氯化钠也是制造其他钠、氯化合物的常用原料。在自然界中,氯化钠资源非常丰富,海水、内陆盐湖、地下卤水及盐矿都蕴藏着丰富的氯化钠资源。氯化钠为透明晶体,味咸,易溶于水,其溶解度受温度影响较小。它是人和动物所必需的物质,在人体中的含量约占 0.9%。大量的生理盐水用于出血过多,或补充腹泻引起的缺水症,还可以清洗伤口。氯化钠可作食品调味剂和防腐剂，其冰盐混合物还可用作制冷剂。它是制取金属 Na、NaOH、Na_2CO_3、Cl_2和 HCl 等多种化工产品的基本原料。

三、钾和钠的生物学意义

钾和钠元素对人体健康起着重要作用。人体内含钠 80～120 g，其中一半以上以 Na^+ 形式存在于细胞外液中，而人体中的钾主要以 K^+ 形式存在于细胞内液中，细胞外液和细胞内液中的 Na^+、K^+ 各自保持一定的浓度，对于维持人体内的水分、正常渗透压和 pH 起着重要的作用。因为人在排泄中有大量电解质损失，所以食物中必须有足够的钠、钾补充。如剧烈运动大量出汗后，常会饮用一些含无机盐的运动饮料，就是为了补充钠和钾。但过量的钠、钾对心血管有害，甚至会造成死亡。

构成生物体的所有元素在自然界中都能找到，并且与地球表层元素的含量大致相当。在人和动物体内的生命元素按其含量和作用可分为三类。常量元素是指含量在 0.01%以上的元素，包括碳、氢、氧、氮、钠、镁、钙、磷、硫、钾和氯共 11 种；微量元素是指含量在 0.01%以下的元素，如铁、铜、锌、锰、钴、钼、硒、碘、锂、铬、氟、锡、硅、钒、砷和硼共 16 种；有害元素是指对人和生物有毒害作用的元素，如铅、汞、镉、铍等。

第 2 节　钙和镁

元素周期表中ⅡA 族 Be、Mg 、Ca、Sr、Ba、Ra 共 6 种元素，其中 Ra 是放射性元素。由于钙、锶、钡的氧化物介于“碱性的”碱金属氧化物和“土性的”难溶的 Al_2O_3 等之间，因此称为**碱土金属**。

一、碱土金属通性

ⅡA 族元素的原子价层电子构型为 ns^2。碱土金属与同周期的碱金属相比，其有效核电荷数增加，金属原子半径减小，核电电子的引力增强，金属键增强，密度、硬度、熔点、沸点等都比同周期的碱金属高。钙、锶、钡也质地柔软，可以用刀子切开，它们的单质基本上也有银白色金属光泽。碱土金属中，除了铍外，都能与水反应，生成氢氧化物并放出氢气，同时产生热量，但反应的剧烈程度比碱金属弱。碱土金属与锂相近，与水反应较慢。

$$Ca + 2H_2O \xlongequal{} Ca(OH)_2 + H_2\uparrow$$

$$Mg + 2H_2O \xlongequal{\triangle} Mg(OH)_2 + H_2\uparrow$$

二、钙和镁的重要化合物

(一)氧化镁和氧化钙

氧化镁俗称苦土，是一种白色粉末，具有碱性氧化物的通性，难溶于水，熔点约为

2850 ℃，可作耐火材料，制备坩埚、耐火砖、高温炉的衬里等。医学上将纯的MgO用作抑酸剂，以中和过多的胃酸，还可作轻泻剂。含有MgO的滑石粉（$3MgO \cdot 4SiO_2 \cdot H_2O$）广泛用于造纸、橡胶、颜料、纺织、陶瓷等工业，也作为机器的润滑剂。

氧化钙俗称生石灰，是一种白色块状或粉末状固体，熔点为2615 ℃，也可作耐火材料。氧化钙吸湿性强，可作干燥剂。它微溶于水，并与水作用生成$Ca(OH)_2$，放出大量的热。氧化钙也具有碱性氧化物的通性，高温下能与SiO_2、P_2O_5等化合。

$$CaO + SiO_2 \xlongequal{高温} CaSiO_3$$

$$3CaO + P_2O_5 \xlongequal{高温} Ca_3(PO_4)_2$$

在冶金工业中，利用这两个反应，可将矿石中的Si、P等杂质以炉渣形式除去。氧化钙还广泛地用于制造漂白粉、电石及建筑材料方面。氧化镁与氧化钙通常都用煅烧相应的碳酸盐矿的方法来制备。

（二）氯化镁和氯化钙

氯化镁常以$MgCl_2 \cdot 6H_2O$形式存在，为无色晶体，味苦，易吸水。$MgCl_2 \cdot 6H_2O$受热到530 ℃以上，分解为MgO和HCl气体。

$$MgCl_2 \cdot 6H_2O \xlongequal{强热} MgO + 2HCl\uparrow + 5H_2O$$

因此，欲得到无水$MgCl_2$，必须在干燥的HCl气流中加热$MgCl_2 \cdot 6H_2O$，使其脱水。无水$MgCl_2$是制取金属镁的原料。纺织工业中用$MgCl_2$保持棉纱的湿度而使其柔软。从海水中制得不纯$MgCl_2 \cdot 6H_2O$的盐卤块，工业上常用于制造$MgCO_3$和其他镁的化合物。

氯化钙极易溶于水，也溶于乙醇。将$CaCl_2 \cdot 6H_2O$加热脱水，可得到白色多孔的无水$CaCl_2$。无水$CaCl_2$有很强的吸水性，实验室常用作干燥剂，但不能干燥NH_3及酒精，因为它们会形成$CaCl_2 \cdot 4NH_3$、$CaCl_2 \cdot 4C_2H_5OH$等。$CaCl_2$水溶液的冰点很低（当质量分数为32.5%时，其冰点为−50 ℃），它是常用的冷冻液，工业上称其为冷冻盐水。

（三）硫酸钙和碳酸钙

硫酸钙常含结晶水，$CaSO_4 \cdot 2H_2O$俗称石膏，为无色晶体，微溶于水，将其加热到120 ℃左右，部分脱水转变为熟石膏。

$$2CaSO_4 \cdot 2H_2O \xlongequal{\triangle} (CaSO_4)_2 \cdot H_2O + 3H_2O$$

此反应为可逆反应，若将熟石膏加水混合成糊状后放置一段时间，又会变成$CaSO_4 \cdot 2H_2O$，逐渐硬化并膨胀，故常用于制模型、塑像、粉笔和石膏绷带，还用于生产水泥和轻质建筑材料。

碳酸钙为白色粉末，难溶于水，溶于酸和NH_4Cl溶液。碳酸钙也很容易溶解在含有二氧化碳的水中，形成易溶于水的碳酸氢钙。

$$CaCO_3 + CO_2 + H_2O \xlongequal{} Ca(HCO_3)_2$$

而在一定条件下，含有 $Ca(HCO_3)_2$ 的水流经岩石又会分解。

$$Ca(HCO_3)_2 = CaCO_3 + CO_2 + H_2O$$

石灰岩溶洞及钟乳石的形成就是基于上述反应。碳酸钙常用于制 CaO、CO_2、发酵粉和涂料等，在建筑工业中俗称老粉，有轻质和重质之分。

(四)硫酸镁

硫酸镁晶体易溶于水，溶液带有苦味。常温下从水溶液中析出含有 7 分子结晶水的水化物，在医药上用作轻泻剂。硫酸镁与甘油调和是外用消炎药。

(五)硫酸钡

硫酸钡不溶于水，也不溶于酸，具有强烈吸收 X 射线的能力。在医疗上用作胃肠透视时的内服反对比剂，检查诊断疾病。因硫酸钡在胃肠道中不溶解，也不被吸收，能完全排出体外，因而对人体无害。钡盐中除硫酸钡以外，其他大多数都有毒性，因此使用硫酸钡时必须保证纯度。

天然水如果含有较多的钙盐或镁盐，则称为硬水。若为酸式碳酸盐，则称为暂时硬水，可用煮沸的方法生成碳酸盐沉淀而软化；若为硫酸盐或氯化物，则称为永久硬水，只能用蒸馏法或化学方法软化。硬度高的水的用途受到较大的限制，它对生产和生活都有较大的危害。

三、钙和镁的生物学意义

钙和镁都是人体必需的营养元素。钙是人体内含量最多的金属元素，是构成人体的重要组分。成人体内约含 1.2 kg 的钙，其中 99%存在于骨骼和牙齿中。幼儿和青少年缺钙会患佝偻病和发育不良，老年人缺钙会发生骨质疏松，容易骨折。因此，人体每日必须摄入足够量的钙。奶及奶制品、豆类、虾类等食品中含钙丰富。

镁是人体内很多酶的活化剂，它能促进脂肪和脂肪酸的合成和钙、磷的吸收，对神经活动有重要的作用。

第 3 节　碳、硅、铅

一、碳族元素的通性

周期表中第ⅣA 族元素包括碳、硅、锗、锡、铅五种，称为**碳族元素**，其价电子层构型是 ns^2np^2，主要为+2、+4价。碳和硅的+2 价化合物很不稳定，它们的化合价主要为+4价。碳是非金属，硅的外观像金属，但化学性质显示更多的非金属性。锗兼有金属性和非金属性，但金属性强于非金属性。锡和铅则是较典型的金属。

二、碳、硅、铅及其化合物

(一)碳及其重要化合物

碳在地壳中的含量为0.027%,在自然界中碳以游离态和化合态两种方式存在,且分布很广。化合态的碳种类很多,空气中的二氧化碳,地壳中的各种碳酸盐、煤、石油以及动植物体内的糖、脂肪、蛋白质、纤维素和其他有机物都是含碳的化合物。可以说碳是生命世界的桥梁。

1. 单质碳

单质碳有定形碳和无定形碳两种。前者有金刚石、石墨、C_{60}等,而后者有木炭、焦炭、活性炭等,它们都属于同素异形体。活性炭有较强的吸附作用,有广泛的用途。

2. 碳的氧化物

碳的氧化物有CO和CO_2。一氧化碳是无色、无臭、无味的气体,难溶于水。一氧化碳有剧毒,当空气中的一氧化碳达到0.1%时,可引起中毒,甚至使人致死。一氧化碳中毒的原因是它与血液中携氧的血红蛋白结合,形成非常稳定的配合物,使血红蛋白丧失携氧的能力和作用,造成组织窒息。

二氧化碳是无色、无臭、略带酸味的气体,能溶于水,在20 ℃时,1体积水约能溶解1体积的CO_2。二氧化碳易液化和固化,固体二氧化碳称为干冰,是一种制冷剂。二氧化碳不能燃烧,也不支持燃烧,故可作灭火剂。

3. 碳酸及碳酸盐

碳酸为二元弱酸,仅存在于水溶液中。它溶于水后只有一小部分转化成碳酸,大部分仍以水合分子形式存在。

$$CO_2 + H_2O \rightleftharpoons H^+ + HCO_3^- \qquad K_{a_1} = 4.30 \times 10^{-7}$$

$$HCO_3^- \rightleftharpoons H^+ + CO_3^{2-} \qquad K_{a_2} = 5.61 \times 10^{-11}$$

碳酸盐有正盐和酸式盐两种。所有酸式盐都溶于水。正盐中只有铵盐和钾、钠的碳酸盐溶于水,其余均不溶。所有可溶性的碳酸盐和其他酸式盐的水溶液均呈碱性,这是由于这些盐发生了水解。

(二)硅及其重要化合物

1. 单质硅

单质硅有晶形和无定形两种。晶体硅常作半导体材料。硅的化学性质不活泼,常温下不和其他元素反应。

2. 硅的氧化物

二氧化硅是硅的主要氧化物,有晶形和无定形两种。石英是常见的二氧化硅晶体,无色透明的石英称为水晶,被杂质染成紫色或淡褐色的水晶称为紫晶或茶晶,就是常说的玛瑙、碧玉等。石英玻璃的膨胀系数小，剧热剧冷不会碎裂，且能通过紫外线，故常用于光学仪器上。硅藻土属于无定形的二氧化硅，有很好的吸附性，常作吸附剂。二氧化硅不溶于水，化学性质不活泼。

3. 硅酸及其盐

二氧化硅可以构成多种硅酸，其组成随形成的条件而改变，常用 $xSiO_2 \cdot yH_2O$ 来表示。现已确认能独立存在的有偏硅酸（H_2SiO_3，$SiO_2 \cdot H_2O$）、二偏硅酸（$H_2Si_2O_5$，$2SiO_2 \cdot H_2O$）、正硅酸（H_4SiO_4，$SiO_2 \cdot 2H_2O$）等。不过，在水溶液中主要以正硅酸（H_4SiO_4）存在，并由它脱水聚合而形成其他不同的多硅酸。因为在各种硅酸中以偏硅酸的组成最简单，所以常把 H_2SiO_3 称为硅酸，它的盐为硅酸盐。

硅酸脱水后，经加电解质及烘干等适当处理后，便得到硅胶。硅胶是白色、多孔性固体，有很大的表面积。实验室中硅胶可用作精密仪器的干燥剂，常制成变色硅胶。变色硅胶含有二氯化钴，无水时二氯化钴呈蓝色，含结晶水（如 $CoCl_2 \cdot 6H_2O$）时呈粉红色，根据二氯化钴吸水、脱水时硅胶颜色的变化，可以指示硅胶的吸湿程度。

（三）铅及其化合物

铅在自然界的主要矿石为铅矿石（PbS）。铅为蓝白色的重金属，质软、有毒。铅能有效阻挡 X 射线和核裂变射线，而被用作放射性的防护材料。

铅在空气中表面易生成致密的氧化膜，可阻止反应进一步进行。铅与稀盐酸、稀硫酸几乎不反应，因为生成的 $PbCl_2$ 和 $PbSO_4$ 溶解度很小，覆盖在铅的表面，阻止反应继续进行。铅与硝酸反应生成 $Pb(NO_3)_2$。

铅的氧化物有 PbO、PbO_2。PbO 是碱性氧化物，PbO_2 是酸性氧化物。

正二价铅盐大多数难溶，且有颜色特征，广泛用作颜料或涂料，如 $PbCrO_4$ 可作黄色颜料，俗称铬黄；$PbSO_4$ 可作白色油漆。可溶性的铅盐有毒，常见的可溶性铅盐有 $PbCl_2$、$Pb(NO_3)_2$、$Pb(CH_3COO)_2$ 等。

三、碳、硅、铅的生物学意义

碳是构成有机物和生物体的主要元素，可以说，没有碳就没有生物体。硅有促进骨骼钙化的作用，在人体内主要集中于细胞膜、血管和其他器官内壁内，可增强其弹性，防止血管硬化，抵抗病菌侵入。

铅是公认有害元素。水溶性大的铅的化合物的毒性强，有机铅化合物比无机铅毒性更大。铅主要损害造血系统和神经系统。

第 4 节　氮、磷、砷

一、氮族元素的通性

氮、磷、砷、锑、铋五种元素构成周期表的ⅤA 族，通称**氮族元素**。氮、磷是非金属，铋是金属，砷、锑的性质介于两者之间，是半导体，称为半金属。本族元素的价电子层结构为 ns^2np^3，最外层有 5 个电子，呈现 +3 价、+5 价和 −3 价。本族元素表现出典型的从非金属元素到金属元素的完整过渡。

二、氮、磷、砷及其化合物

(一)氮及其重要化合物

1. 氨及铵盐

氨是氮的最重要的化合物之一，工业上利用氮气、氢气在高温高压和活性铁催化剂存在下合成氨。在实验室通常用铵盐与碱反应制取少量的氨气。

氨与酸反应生成铵盐。

$$NH_3 + H^+ = [NH_4^+]$$

氨溶于水主要形成水合分子，也有一小部分水合分子发生电离。氨水中存在着下列平衡：

$$NH_3 + H_2O \rightleftharpoons NH_3 \cdot H_2O \rightleftharpoons NH_4{}^+ + OH^-$$

298 K 时，电离常数($K_b = 1.8 \times 10^{-5}$)很小，所以氨水显弱碱性。

氨可以在纯氧中燃烧，生成氮气和水；如果有催化剂存在并在高温下，氨可以被氧化为 NO。反应如下：

$$4NH_3 + 3O_2 = 2N_2 + 6H_2O$$

$$4NH_3 + 5O_2 \xlongequal[Pt]{733K} 4NO + 6H_2O$$

氨的催化反应是工业上制硝酸的重要反应。

铵盐一般是无色晶体，是易溶于水的强电解质。铵离子与钾离子的半径相近，并带有相同的电荷，化学性质类似。铵盐和钾盐很相似，具有相似的溶解度。

铵离子能发生水解反应：

$$NH_4^+ + H_2O \rightleftharpoons NH_3 \cdot H_2O + H^+$$

因此，在任何铵盐溶液中加入强碱并加热，就会释放出氨气，可用湿的 pH 试纸检验逸出的氨气。

$$2NH_4Cl + NaOH = NH_3\uparrow + H_2O + NaCl$$

这是一切铵盐的通性，可用于检验铵盐和实验室制取氨。

铵盐的热稳定性差，铵盐加热可分解，产物随组成铵盐的酸根离子的不同而有区别，如：

$$NH_4HCO_3 \xlongequal{\triangle} NH_3\uparrow + CO_2\uparrow + H_2O$$

$$NH_4Cl \xlongequal{\triangle} NH_3\uparrow + HCl\uparrow$$

加热 NH_4NO_3 分解出来的氨会被氧化，如：

$$NH_4NO_3 \xlongequal{\triangle} N_2O\uparrow + 2H_2O$$

$$2NH_4NO_3 \xlongequal{\triangle} N_2\uparrow + O_2\uparrow + 4H_2O$$

由于加热硝酸铵产生大量的气体和热量，气体受热体积急剧膨胀，如果在密闭容器中进行，就会发生爆炸，因此，硝酸铵可用于制造炸药。

2. 氮的含氧化合物

氮的氧化物有 N_2O、NO、NO_2、N_2O_3、N_2O_4、N_2O_5 等六种，在本族中是独特的。除 N_2O 毒性较小外，其他氮氧化物会刺激呼吸道，引起胸痛、气喘、肺水肿等症状。工业尾气中含有各种含氮的氧化物（以 NO_x 表示），主要是 NO（无色）和 NO_2（红棕色），燃料燃烧、汽车尾气中也都有 NO_x 生成。

$$2NO + O_2 = 2NO_2$$

$$3NO_2 + H_2O = 2HNO_2 + NO + O_2$$

亚硝酸是一种弱酸。强酸加入亚硝酸盐溶液中时，就可以得到亚硝酸的溶液。

$$NaNO_2 + HCl = NaCl + HNO_2$$

$$HNO_2 \rightleftharpoons H^+ + NO_2^- \qquad K_a = 5\times10^{-4}$$

亚硝酸盐一般易溶于水，有毒，且是致癌物质。

纯硝酸为无色液体，熔点为－42 ℃，沸点为 83 ℃。溶有过多 NO_2 的浓 HNO_3 叫发烟硝酸。硝酸可以任意比例与水混合。稀硝酸较稳定，浓硝酸见光或加热会分解。

$$4HNO_3(浓) = 4NO_2 + O_2 + 2H_2O$$

分解产生的 NO_2 溶于浓硝酸中，使它的颜色呈现黄色到红色。

硝酸是一种强氧化剂，其还原产物相当复杂，不仅与还原剂的本性有关，还与硝酸的浓度有关。例如：

$$Cu + 4HNO_3(浓) = Cu(NO_3)_2 + 2NO_2 + 2H_2O$$

$$Mg + 4HNO_3(浓) = Mg(NO_3)_2 + 2NO_2 + 2H_2O$$

$$3Cu + 8HNO_3(稀) = 3Cu(NO_3)_2 + 2NO + 4H_2O$$

$$4Mg + 10HNO_3(稀) = 4Mg(NO_3)_2 + N_2O + 5H_2O$$

$$4Mg + 10HNO_3(极稀) = 4Mg(NO_3)_2 + NH_4NO_3 + 3H_2O$$

1 体积浓硝酸与 3 体积浓盐酸的混合物称为王水，可溶解金、铂等惰性贵金属。

硝酸是工业上重要的三酸（盐酸、硫酸、硝酸）之一。它是制造化肥、炸药、染料、人造纤维、药剂、塑料和分离贵金属的重要化工原料。

硝酸盐大多为晶体，易溶于水。硝酸盐在高温时有氧化作用，但它们的水溶液没有氧化性。若将溶液酸化，则具有氧化性。

硝酸盐性质不稳定，受热易分解。各种硝酸盐受热分解的产物，因金属活泼性不同而不同。

(二)磷及其化合物

磷的化学性质活泼，在自然界里不存在游离态的磷。磷主要以磷酸盐的形式存在于矿石中。

单质磷有多种同素异形体，如红磷、白磷和黑磷，其中最常见的是红磷和白磷。

红磷是暗红色粉末，不溶于水，也不溶于二硫化碳，燃点为 240 ℃，无毒。白磷是无色透明晶体，不溶于水，但溶于二硫化碳，遇光会变黄，有剧毒。白磷的燃点很低，约为 40 ℃。

磷的化学性质很活泼，主要表现为与氧、卤素和金属的直接化合。

磷酸通常是指正磷酸，纯品为无色晶体，可以与水以任意比互溶。市售磷酸是黏稠的浓溶液，无挥发性。磷酸是三元中强酸，无氧化性。

磷酸可形成三类磷酸盐：磷酸正盐、磷酸一氢盐和磷酸二氢盐。例如，其钠盐有 Na_3PO_4、Na_2HPO_4 和 NaH_2PO_4。所有磷酸二氢盐都溶于水，而磷酸氢盐和正磷酸盐中除钠、钾、铵盐外，其余都难溶于水。实验室及医药工作中常用各种磷酸盐配制缓冲溶液。

(三)砷及其化合物

砷在地壳中含量不大，在自然界有游离态存在，但主要以硫化物矿形式存在。

砷有几种同素异形体，其中最重要的是灰砷。灰砷为灰白色固体，略带金属光泽。在常温下，砷在水和空气中都比较稳定，不溶于稀酸，但能与硝酸、热浓硫酸反应。高温下能和氧、硫、卤素化合，如

$$4As+3O_2 = 2As_2O_3$$

砷能够形成氧化数为 +3、+5 的氧化物，如三氧化二砷(As_2O_3)、五氧化二砷(As_2O_5)及其水合物亚砷酸(H_3AsO_3)、砷酸(H_3AsO_4)等。

三氧化二砷俗称**砒霜**，是一种无臭无味的白色粉末，剧毒，为致癌物。

亚砷酸盐在碱性溶液中是较强的还原剂，可以被单质碘氧化。

$$NaAsO_2+I_2+2H_2O = NaI+H_3AsO_4+HI$$

在酸性溶液中，砷酸则表现出氧化性，可以将碘离子氧化。

$$Na_3AsO_4+2NaI+2HCl = Na_3AsO_3+I_2+H_2O+2NaCl$$

砷化氢无色、剧毒，是具有大蒜味的有毒可燃气体，受热分解后，在加热部位形成亮黑色的“砷镜”。利用该反应可以检验砷的存在。

$$2AsH_3 \xlongequal{\triangle} 3H_2\uparrow+2As$$

三、氮、磷、砷的生物学意义

氮是动植物体最重要的元素之一，是构成蛋白质的主要成分。

磷也是生物体内的重要营养元素。骨骼中含有大量的磷酸钙。生物体内存在的许多磷的重要化合物，都具有重要的生理生化作用。例如，DNA 和 RNA 是控制生物生长发育和遗传变异的重要物质；磷脂与糖脂、蛋白质构成生物膜（如细胞质膜），以调节生命活动；三磷酸腺苷是细胞能量的主要来源；磷是各种脱氢酶、转氨酶的催化剂；磷酸盐是体液中维持酸碱平衡的重要缓冲对。

砷对人体的作用存在两面性，与含量和价态有关。三价砷毒性较大，五价砷毒性较小。低浓度的砷能促进细胞的生长和繁殖。大剂量的砷可与血红蛋白结合，影响氧的输送，同时会抑制体内各种酶的活性。

第 5 节　氧、硫、硒

一、氧族元素的通性

周期表中ⅥA 族包括氧、硫、硒、碲、钋五种元素，简称**氧族元素**。氧族元素价电子的构型是 ns^2np^4，表现出较活泼的非金属性。氧和硫是典型的非金属元素，氧元素呈－2价，硫常见的有－2、＋4、＋6 价。

氧的电负性较大（仅次于氟），是很活泼的非金属元素，可直接或间接地与几乎所有的元素化合，生成数目众多的化合物。

二、硫、硒及其化合物

（一）硫及其化合物

1. 单质硫

硫在自然界以单质和化合态两种形式存在。天然的单质硫存在于火山地区和地壳的岩层中。单质硫俗称硫黄，纯的单质硫是黄色晶状固体，性松脆，熔点为 119 ℃，沸点为 444.6 ℃。硫不溶于水，微溶于酒精，易溶于二硫化碳中。硫经沸腾变成黄色蒸气再急速冷却，直接冷凝成硫的很小晶体粉末，称为硫华，即药用的升华硫。硫有许多同素异形体，主要有斜方硫、单斜硫和弹性硫三种。

硫的化学性质比较活泼，能与大多数的金属和卤素（碘除外）、氧、氢、碳、磷等非金属直接化合。硫主要用于制造硫酸，也用于橡胶制品、纸张、火柴、焰火、硫酸盐、黑火药、药剂和农药等产品的制造中。

2. 金属硫化物

金属硫化物在水中的溶解度相差很大，且大多数都有特征颜色。利用这些性质可以初步分离和鉴别多数金属离子。

$$Pb(NO_3)_2 + Na_2S = PbS\downarrow + 2NaNO_3$$

3. 硫代硫酸钠

硫代硫酸钠的商品名为海波，俗称大苏打，是一种无色透明晶体，易溶于水，稳定存在于中性或碱性溶液中，遇酸迅速分解。

$$H_2SO_4 + Na_2S_2O_3 = Na_2SO_4 + S\downarrow + SO_2\uparrow + H_2O$$

该反应常用作 $S_2O_3^{2-}$ 的鉴定反应。硫代硫酸钠具有较强的还原性，用作药物制剂中的抗氧化剂。硫代硫酸根离子能与许多重金属离子形成稳定的配合物，医药上用作卤素、氰化物和重金属中毒的解毒剂。

$$AgX + 2Na_2S_2O_3 = Na_3AgS_2O_3 + NaX$$

$$NaCN + Na_2S_2O_3 = Na_2SO_3 + NaSCN$$

4. 硫酸

纯硫酸是无色油状液体，凝固点和沸点分别为 10.4 ℃和 338 ℃，化学上常利用其高沸点性质将挥发性酸从其盐溶液中置换出来。例如，浓 H_2SO_4 与硝酸盐作用，可制得易挥发的 HNO_3。

$$H_2SO_4(浓) + NaNO_3 = NaHSO_4 + HNO_3$$

硫酸的化学性质主要表现在以下三个方面。

(1)吸水性　由于浓硫酸能和水结合为一系列的稳定水化物，因此它具有极强的吸水性，常用作干燥剂。它还能从有机化合物中夺取水分子而具脱水性。这一性质常用于炸药、油漆和一些化学药品的制造中。

(2)氧化性　浓硫酸是一种相当强的氧化剂，特别是在加热时，它能氧化很多金属和非金属，而其本身被还原为 SO_2、S 或 S^{2-}。铁和铝易被浓硫酸钝化，可用来运输硫酸。不过，稀硫酸没有强氧化性，金属活泼性在氢前面的金属与稀硫酸作用可产生氢气。

(3)酸性　硫酸是二元酸，稀硫酸能完全解离为 H^+ 和 HSO_4^-，其二级解离较不完全，$K_{a_2}^{\theta} = 1.2\times10^{-2}$。

硫酸是化学工业最重要的产品之一，它的用途极广，硫酸大量用于制造化肥，也大量用于炸药生产、石油炼制上。硫酸还用来制造其他各种酸、各种矾类及颜料、染料等。

(二)硒及其化合物

硒是稀有的分散元素之一，以非晶态固体形式存在。硒的化学性质近似于硫。在室温下，硒在空气中燃烧发出蓝色火焰，生成二氧化硒(SeO_2)，硒也能直接与一些金属和非金属反应，可溶于浓硫酸、硝酸和强碱中。

硒化氢(H_2Se)是无色气体，有难闻的恶臭，毒性较大。溶于水的硒化氢能使许多重金属离子沉淀为硒化物。硒化氢不稳定，较硫化氢更易分解，其在潮湿的空气中遇氧可被氧化成单质硒，如

$$2H_2Se + O_2 = 2H_2O + 2Se\downarrow$$

硒和硒化物是重要的半导体材料，具有优良的光电性能，在电子工业、冶金工业、石油工业等领域有较多用途。

三、氧、硫、硒的生物学意义

氧是维持生命活动最重要的元素之一。无论是生物体的物质构成，还是生命的活动过程，都离不开氧。

硫是构成蛋白质和酶的重要组成元素。硫在生物体内对维持酸碱平衡、细胞内外液间的渗透压恒定和蛋白质合成、脂肪及糖的代谢等均起重要作用。

硒在生物体的生理生化作用，目前的研究尚不充分。在人体内硒参与辅酶的合成。人体缺硒常表现为白肌病，造成肌肉萎缩、肝坏死等症。微量硒具有抗癌作用，同时还用于缺硒患者以及克山病的防治。过多使用硒也会有害。

第6节 氯和碘

一、卤素的通性

元素周期表中第ⅦA族元素称为卤素，通常指F、Cl、Br、I。其价电子构型为ns^2np^5。卤素极易获得1个电子，呈－1价态，是典型的非金属元素，大多为强氧化剂，能与金属、非金属、水和碱等发生反应，并且卤素的氧化性越强，所发生的反应就越剧烈。

卤素与电负性大的原子（如O）形成共价键时，共用电子对会偏离卤原子，而表现＋1、＋3、＋5和＋7价态。

卤素的单质都是以双原子分子存在的，以X_2表示。其熔、沸点较低，按$F_2 \rightarrow Cl_2 \rightarrow Br_2 \rightarrow I_2$的次序依次增高。$Cl_2$易液化，常压下冷却到－35 ℃或加压到$6\times10^5$ Pa时，变成黄绿色油状液体。I_2在常压下加热会发生升华，常利用此性质提纯碘。

卤素在水中的溶解度不大（F_2与H_2O剧烈反应除外），Cl_2、Br_2、I_2的水溶液分别称为氯水、溴水和碘水，颜色分别为黄绿色、橙色和棕黄色。卤素单质在有机溶剂中的溶解度比在水中的溶解度要大得多。如Br_2可溶于乙醚、氯仿、乙醇、四氯化碳、二硫化碳等溶剂中。另外，I_2由于能与I^-形成I_3^-而易溶于水。

$$I_2 + I^- = I_3^-$$

卤素单质均有刺激性气味，强烈刺激眼、鼻、气管等黏膜，吸入少量时，会引起胸部疼痛和强烈咳嗽；吸入较多蒸气会发生严重中毒，甚至造成死亡。

卤素的用途非常广泛。F_2大量用来制取有机氟化物，如高效灭火剂（CF_2ClBr和CBr_2F_2等）、杀虫剂（CCl_3F）、塑料（聚四氟乙烯）等。

Cl_2是一种重要的化工原料，主要用于盐酸、农药、炸药、有机染料、有机溶剂及化学试剂的制备，用于漂白纸张、布匹等。

Br_2是制取有机化合物和无机化合物的工业原料，广泛用于医药、农药、感光材料、含溴染料、香料等方面。它也是制取催泪性毒气和高效低毒灭火剂的主要原料。用Br_2制取的二溴乙烷（$C_2H_4Br_2$）是汽油抗震剂中的添加剂。

I_2在医药上有重要用途，如制备消毒剂(碘酒)、防腐剂(碘仿 CHI_3)、镇痛剂等。碘还用于制造偏光玻璃，在偏光显微镜、车灯、车窗上得到应用。

二、卤素化合物

(一)卤化氢

卤化氢可采用氢与卤素直接合成，或金属卤化物与酸发生复分解反应以及非金属卤化物的水解等方法制取。

卤化氢是共价型化合物，在通常条件下为具有强烈刺激气味的无色气体。分子有极性，其极性按 HF>HCl>HBr>HI 顺序降低，显然这与卤素原子的电负性有关。卤化氢的热稳定性按 HF>HCl>HBr>HI 顺序降低。碘化氢在通常条件无催化剂时分解速率慢，加热则明显分解。

$$2HI \xlongequal{\triangle} H_2 + I_2$$

除氟化氢外，卤化氢具有还原性，其还原性强弱顺序是 HCl<HBr<HI。卤化氢溶于水生成氢卤酸。

(二)卤化物

卤素单质直接与其他元素单质反应或金属与卤化氢反应可生成卤化物。

$$2Fe + 3Br_2 \xlongequal{} 2FeBr_3$$

$$Sn + 2Cl_2 \xlongequal{} SnCl_4$$

$$S + 3F_2 \xlongequal{} SF_6$$

$$Fe + 2HCl \xlongequal{} FeCl_2 + H_2\uparrow$$

除非金属离子显色，一般卤化物无论是在固态或溶液中，都是无色的。但碘化物例外，如 AgI 为黄色，PbI_2为鲜黄色，HgI_2为红色。卤化物的主要性质是共价型卤化物的水解性和卤负离子 X^- 的配位作用。

(三)卤素含氧酸及其盐

氯、溴、碘可以形成四种类型含氧酸及其盐，即次卤酸及其盐、亚卤酸及其盐、卤酸及其盐和高卤酸及其盐，不过亚溴酸及其盐和亚碘酸及其盐尚未制得。

1. 次卤酸及其盐

氟只能形成一种含氧酸，于 1971 年制得次氟酸(HFO)，它是在低温下将氟通过冰的表面生成的。

$$F_2 + H_2O(s) \xlongequal{-40\ ℃} HFO + HF$$

次卤酸为弱酸，容易发生分解。次氯酸、次氯酸盐是强的氧化剂。

2. 亚卤酸及其盐

亚氯酸是氯的含氧酸中最不稳定的，只能存在于稀的水溶液中，亚溴酸和亚碘酸更不稳定。

3. 卤酸及其盐

将氯酸钡或溴酸钡与硫酸作用可制得氯酸或溴酸溶液。

$$Ba(XO_3)_2 + H_2SO_4 \longrightarrow 2HXO_3 + BaSO_4 \downarrow$$

30%的氯酸冷溶液是相当稳定的，但加热时放出 Cl_2 和 ClO_2，减压蒸馏可使 $HClO_3$ 的浓度达到 40%。

$KClO_3$ 是强的氧化剂，加热或与碳、硫、磷、有机物等接触受冲击后会引起爆炸。碘酸钾(KIO_3)为白色固体，也是常用的氧化剂。

4. 高卤酸及其盐

用无水高氯酸钠或高氯酸钡与浓盐酸反应可制得高氯酸。

$$NaClO_4 + HCl \longrightarrow HClO_4 + NaCl$$

无水高氯酸是无色易流动的液体，沸点为 90 ℃，易发生爆炸，使用时要特别注意，不能与有机物和其他可被氧化的物质接触。高氯酸是最强的无机酸，无水高氯酸具有非常强的氧化性，可能发生爆炸性的氧化作用，但其水溶液显现较小的氧化性。

三、氯和碘的生物学意义

氯常与钠、钾离子相结合参与生理作用。如胃液中有大量的盐酸，其中 Cl^- 来自于血液中的 NaCl。

碘是人体必需的微量元素之一，有"智力元素"之称，含量极低却是人体各个系统特别是神经系统发育不可缺少的。人体内的碘大部分集中在甲状腺，是合成甲状腺素的主要成分。缺碘会引起甲状腺机能降低和肿大。缺碘在我国绝大部分地区存在，因此我国食用盐为碘盐。1989 年开始用碘酸钾加工碘盐。

第 7 节　铜、锌、镉、汞

一、通性

元素周期表中第ⅠB 族也称为**铜族元素**，它包括铜、银、金三种元素，第ⅡB 族元素也称为**锌族元素**，包括锌、镉、汞三种元素。它们的价电子组态分别为这两族元素的最外电子层上的电子数，分别与碱金属和碱土金属相同，且在化合物中，铜族元素可表现为+1 氧化态，锌族元素可表现为+2 氧化态，但它们的次外电子层上都有 18 个电子，比碱金属和碱土金属多了 10 个$(n-1)$d 电子，所以它们的性质与碱金属和碱土金属差别很大。

二、铜及其重要化合物

铜、银、金这三种金属的颜色各不相同，铜为紫红色，银为白色，金为黄色。铜、银、金都具有非常良好的导电性和传热性。

铜族元素的熔点、沸点、密度及硬度均比相应的碱金属高，与邻近的过渡元素的熔点、沸点、密度及硬度相比，都有所下降，铜族元素的化学性质不很活泼，不仅比碱金属的活泼性差得多，而且也不如右边锌族元素活泼。室温下铜在干燥的空气中也比较稳定，在水中也不发生反应，但在含有 CO_2 的潮湿空气中，会在其表面形成一层铜绿(其主要成分为碱式碳酸铜)。

$$2Cu+O_2+H_2O+CO_2 = Cu_2(OH)_2CO_3$$

铜可以溶于硝酸和热的浓硫酸。

$$Cu+2H_2SO_4(浓) \xlongequal{\triangle} CuSO_4+SO_2\uparrow+2H_2O$$

$$3Cu+8HNO_3 \xlongequal{\triangle} 3Cu(NO_3)_2+2NO\uparrow+4H_2O$$

铜可以形成氧化态为+1 和+2 的化合物，在固态或配位化合物中，这两种氧化态都是相当稳定的，但在酸性水溶液中，+2 氧化态的化合物更为稳定。

铜可以形成黑色的氧化铜(CuO)与红色的氧化亚铜(Cu_2O)，这两种氧化物分别是黑铜矿和赤铜矿的主要成分。CuO 和 Cu_2O 都不溶于水，也不能与水反应生成氢氧化物。当向 Cu(Ⅱ)盐的溶液中加入碱时，即可生成胶状的淡蓝色的$Cu(OH)_2$沉淀，$Cu(OH)_2$不够稳定，即使在水溶液中加热，也会分解为黑色的氧化铜。氢氧化铜有微弱的两性倾向，它很容易溶解于酸中，也可溶解于很浓的碱中，在浓碱中形成深蓝色的$[Cu(OH)_4]^{2-}$配离子。

硫酸铜是最重要的铜盐，从水溶液中结晶出的五水合物(胆矾，$CuSO_4\cdot 5H_2O$)是最常见的存在形式。硝酸铜是强氧化剂，浸过硝酸铜乙醇溶液的纸干燥后可以自燃。

三、锌、镉、汞及其重要化合物

(一)单质的性质

锌族元素的熔点和沸点不仅比对应的铜族元素低得多，而且还低于碱土金属。锌族元素的原子半径比相应的铜族元素的原子半径大。锌的新磨光的表面呈现蓝白色的金属光泽，镉和汞都是具有银白色金属光泽的金属。汞是唯一在常温下呈液态的金属元素。

汞的热膨胀系数相当大，而且在 0～300 ℃的范围内，膨胀系数与温度之间具有很好的线性关系，又不润湿玻璃，故汞用来制作玻璃温度计。常温下汞的蒸气压虽然很低，但当其暴露在空气中时，仍会有汞蒸气逸到空气中。人吸入汞蒸气会引起慢性中毒，汞在空气中的最大允许浓度为 $0.1\ \mu g/m^3$，所以蒸馏汞必须在通风柜中进行。在使用汞时必须十分小心，不得将汞撒落在实验台或地面上。万一撒落，务必尽量收集起来，然后在估计还有汞的地方撒上硫黄粉，以使残余的汞转化为 HgS。

室温下锌、镉、汞在干燥的空气中都是稳定的，在有 CO_2 存在的湿空气中，锌的表面能形成一层碱式碳酸锌的薄膜，这种薄膜能保护锌不被继续氧化。在空气中将锌和镉加热到足够高的温度时能够着火燃烧，并分别产生蓝色和红色的火焰，生成 ZnO 和

CdO。汞在空气中加热到沸腾时，才慢慢氧化生成 HgO。锌和镉都能溶于稀酸，当与非氧化性酸反应时，能放出氢气。但纯锌与稀硫酸反应很慢，不纯的锌或在酸中含有少量硫酸铜时反应速度能大大加快。汞不能与非氧化性酸反应，但可以与热的浓硫酸或硝酸反应。

$$Hg + 2H_2SO_4(浓) \xlongequal{\triangle} HgSO_4 + SO_2\uparrow + 2H_2O$$

$$3Hg + 8HNO_3 \xlongequal{\triangle} 3Hg(NO_3)_2 + 2NO\uparrow + 4H_2O$$

锌是两性元素，除能溶于酸外，还能溶解于强碱溶液中，并放出氢气。

$$Zn + 2OH^- + 2H_2O = Zn(OH)_4^{2-} + H_2\uparrow$$

镉和汞不能与碱发生类似的反应。

(二)氢氧化物和氧化物

$Zn(OH)_2$是典型的两性氢氧化物，当加入的碱溶液稍过量时，$Zn(OH)_2$就可发生溶解，它完全溶解后生成无色透明的 $Zn(OH)_4^{2-}$ 溶液。当然，$Zn(OH)_2$也容易溶解于酸中形成 Zn^{2+} 的盐。$Cd(OH)_2$基本上为碱性。$Hg(OH)_2$在室温下不存在，所以将碱加入含 Hg^{2+} 的溶液中只能生成黄色的 HgO。

氧化锌是一种两性氧化物，既可溶于酸中生成锌盐，也可溶于碱中生成锌酸盐。氧化锌除了用于制备硫酸锌、氯化锌等化合物外，本身也有广泛的用途。它的最主要应用是在橡胶工业中作橡胶的补强剂、白色橡胶的着色剂和填充剂。另外，它也作为一种白色颜料用于油漆生产中。

氧化镉是一种棕色的粉末，易溶于酸而难溶于碱。

氧化汞有红色和黄色两种变体，这种颜色的差别仅仅是由于结晶颗粒大小不同所致。氧化汞的热稳定性不是很高，当加热温度高于 500 ℃时，它可分解为汞和氧气。

(三)重要的含氧酸盐

锌的重要含氧酸盐主要有硫酸锌、碳酸锌和硝酸锌等。七水硫酸锌($ZnSO_4 \cdot 7H_2O$)俗称锌矾、皓矾，当温度高于 100 ℃时，它失去六分子 H_2O，在 280 ℃时失去全部结晶水成为无水盐。$ZnSO_4 \cdot 7H_2O$ 主要用于电镀工业中，也可用作媒染剂、木材防腐剂、医药用催吐剂、收敛剂等。

硫酸镉有两种水合物结晶，化学式分别为 $3CdSO_4 \cdot 8H_2O$ 和 $CdSO_4 \cdot H_2O$，硫酸镉主要用于制标准镉电池及其他镉化合物。

常用的可溶性汞盐为硝酸汞 $2Hg(NO_3)_2 \cdot H_2O$ 和硝酸亚汞 $Hg_2(NO_3)_2 \cdot 2H_2O$。汞与过量的硝酸反应可生成硝酸汞，而硝酸与过量的汞反应则生成硝酸亚汞，这两种汞盐都是无色的结晶物质，有剧毒。

四、铜、锌、镉、汞的生物学意义

铜是人体必需的微量元素之一，在肝脏中含量较高，血液中铜与蛋白质结合形成血细胞铜蛋白。铜通过影响铁的代谢参与造血活动，促进无机铁转变为有机铁，同时使 Fe^{2+} 转变为 Fe^{3+}，有利于铁的运输。铜还参与构成体内许多酶和细胞色素并影响酶的活性。但过量摄入铜对人体反而有害。

锌也是人体必需的微量元素，是体内多种酶的组成元素。锌参与蛋白质和核酸的代谢并影响糖和脂肪代谢。锌参与肝脏和视网膜内维生素 A 还原酶的合成，所以缺锌也表现为肝病并发夜盲症。锌有促进创伤愈合的作用，能增强免疫能力和抗毒能力。此外，人体高血压症与缺锌也有一定的关系。

镉是有害元素，可引起急性和慢性中毒。镉能降低人体内许多酶的活性，造成生理障碍。镉中毒会引起极痛苦的“骨痛症”。

汞也是有害元素，有机汞的毒性高于无机汞。汞在生物体内有积累效应。汞在体内主要与蛋白质中的巯基（—SH）结合，使蛋白质的合成受到抑制，使酶失去活性。汞中毒表现为肢体震颤、痉挛，严重时会导致脑组织和肾脏损伤，造成运动失调、听觉损害和语言障碍，甚至死亡。

第 8 节　铬、锰、铁

铬、锰、铁都属于过渡元素，过渡元素有许多共同性质，它们都是化学上常用的重要金属元素。

一、铬及其化合物

铬位于元素周期表中第 4 周期，第ⅥB 族，颜色为钢灰色。在自然界中，铬的含量为 0.01%。铬是人体必需的微量元素，但铬（Ⅵ）化合物有毒。

三氧化二铬（Cr_2O_3）为绿色固体，熔点很高，为 2263 K。Cr_2O_3 是生产金属铬的原料，也是高温陶瓷的材料。由于它呈绿色，故常用作绿色颜料，俗称铬绿。

Cr_2O_3 与 Al_2O_3 同晶型，微溶于水，具有两性，溶于 H_2SO_4 生成紫色的硫酸铬（Ⅲ）。

$$Cr_2O_3 + 3H_2SO_4 = Cr_2(SO_4)_3 + 3H_2O$$

Cr_2O_3 溶于浓 NaOH 生成深绿色的亚铬酸钠。

$$Cr_2O_3 + 2NaOH + 3H_2O = 2NaCr(OH)_4$$

向铬（Ⅲ）盐溶液中加碱，可析出灰蓝色水合三氧化二铬（$Cr_2O_3 \cdot nH_2O$）的胶状沉淀，即所谓的氢氧化铬[$Cr(OH)_3$]。$Cr(OH)_3$ 也具有两性，溶于酸生成 Cr^{3+}，溶于碱生成亮绿色的 $Cr(OH)_4^-$。

$$Cr(OH)_3 + 3H^+ = Cr^{3+} + 3H_2O$$

$$Cr(OH)_3 + OH^- = Cr(OH)_4^-$$

将 Cr_2O_3 溶于冷的浓 H_2SO_4 中，得到紫色的硫酸铬[$Cr_2(SO_4)_3 \cdot 18H_2O$]。此外，还有绿色的 $Cr_2(SO_4)_3 \cdot 6H_2O$、桃红色的无水 $Cr_2(SO_4)_3$。硫酸铬与碱金属的硫酸盐形成铬矾[$MCr(SO_4)_2 \cdot 12H_2O$（$M^+ = Na^+$、K^+、Rb^+、Cs^+、NH_4^+）]。铬矾广泛地用于鞣革

和纺织工业。

在酸性溶液中，Cr^{3+}的还原性很弱，但在碱性溶液中，CrO_2^-却具有较强的还原性。

常见的铬酸盐是铬酸钾（K_2CrO_4）和铬酸钠（Na_2CrO_4），它们都是易溶于水的黄色晶体。

最重要的Cr(Ⅵ)的化合物是重铬酸钾（$K_2Cr_2O_7$，俗称红矾钾）和重铬酸钠（$Na_2Cr_2O_7$，俗称红矾钠），它们都是橙红色晶体。

在工业上，$K_2Cr_2O_7$大量用于鞣革、印染、颜料、电镀等方面。在实验室使用$K_2Cr_2O_7$作氧化剂。

二、锰及其化合物

锰位于元素周期表中第4周期，第ⅦB族。在自然界中主要有软锰矿（MnO_2）、黑锰矿（Mn_3O_4）、褐锰矿（$3Mn_2O_3 \cdot MnSiO_3$）和碳酸锰矿（$MnCO_3$）。锰可以呈现+7、+6、+4、+2等价态。金属锰在室温时不活泼，但在高温时，能与卤素、氧、氮、硫、碳、硼、硅、磷等直接化合，但它不能直接与氢化合。

$$Mn + X_2 \xlongequal{\triangle} MnX_2$$

$$3Mn + N_2 \xlongequal{\triangle} Mn_3N_2$$

$$3Mn + C \xlongequal{\triangle} Mn_3C$$

单质锰主要用于生产各种合金。如含锰80%、铁20%的锰铁可制作锰铁合金；含锰12%～15%的锰钢坚硬、强韧、耐磨损，用来轧制铁轨、架设桥梁、构筑高楼、造装甲板、做耐磨的轴承和破碎机等。

在Mn(Ⅶ)的化合物中，最常用的是$KMnO_4$，广泛用作化学试剂和消毒剂。

$KMnO_4$在200 ℃以上时分解放出氧气，这是实验室制备氧气的简便方法。

$$2KMnO_4 \xlongequal{\triangle} K_2MnO_4 + MnO_2 + O_2\uparrow$$

$KMnO_4$溶液并不十分稳定，在酸性溶液中明显地分解。

$$4MnO_4^- + 4H^+ = 3O_2\uparrow + 4MnO_2\downarrow + 2H_2O$$

$KMnO_4$在中性或微碱性溶液中分解速度慢，但在浓碱性溶液中也分解。

$$4MnO_4^- + 4OH^- = 4MnO_4^{2-} + O_2\uparrow + 2H_2O$$

光可以催化$KMnO_4$的分解反应，因此，配制好的$KMnO_4$溶液应保存在棕色瓶中。

$KMnO_4$是强氧化剂，其氧化能力和还原产物随介质酸碱度的不同而不同。例如：

酸　性：$2MnO_4^- + 5SO_3^{2-} + 6H^+ = 2Mn^{2+} + 5SO_4^{2-} + 3H_2O$

近中性：$2MnO_4^- + 3SO_3^{2-} + H_2O = 2MnO_2 + 3SO_4^{2-} + 2OH^-$

碱　性：$2MnO_4^- + SO_3^{2-} + 2OH^- = 2MnO_4^{2-} + SO_4^{2-} + H_2O$

Mn(Ⅳ)的重要化合物是二氧化锰（MnO_2），它在通常情况下很稳定，但锰(Ⅳ)的盐不稳定。MnO_2是一种黑色的粉末状物质，难溶于水，呈弱碱性。

MnO_2在中性介质中很稳定；在碱性介质中可被氧化为Mn(Ⅵ)的化合物；在酸性介

质中是一种强氧化剂。

$$MnO_2 + 4H^+ + 2e \longrightarrow Mn^{2+} + 2H_2O \quad \varphi^\theta = 1.23\ V$$

MnO_2与浓 H_2SO_4作用生成 O_2。

$$2MnO_2 + 2H_2SO_4(\text{浓}) \longrightarrow 2MnSO_4 + O_2\uparrow + 2H_2O$$

MnO_2 与浓盐酸作用生成 Cl_2。

$$MnO_2 + 4HCl(\text{浓}) \longrightarrow MnCl_2 + Cl_2\uparrow + 2H_2O$$

实验室中常用此反应制备少量氯气。

Mn^{2+}是 Mn 的最稳定状态。在酸性溶液中，Mn^{2+}只有遇到极强的氧化剂，才能被氧化成 MnO_4^-，由于 MnO_4^- 呈紫色，因此可用来定性检出 Mn^{2+}；在碱性溶液中 Mn(Ⅱ)很容易被氧化成 Mn(Ⅳ)。例如，Mn^{2+}溶液与 NaOH 溶液或 $NH_3 \cdot H_2O$ 作用都能生成白色的 $Mn(OH)_2$沉淀。

$$Mn^{2+} + 2OH^- \longrightarrow Mn(OH)_2\downarrow$$

$$Mn^{2+} + 2NH_3 \cdot H_2O \longrightarrow Mn(OH)_2\downarrow + 2NH_4^+$$

$Mn(OH)_2$很容易被氧气氧化，甚至溶在水中的少量氧也能将其氧化成棕褐色的 $MnO(OH)_2$。

$$2Mn(OH)_2 + O_2 \longrightarrow 2MnO(OH)_2\downarrow$$

这一反应在水质分析中用于测定水中的溶氧量。

三、铁及其化合物

(一)铁的单质

铁是重要的基本结构材料。大部分铁被炼成钢，钢是含少量碳的铁合金的通称，钢铁的年产量代表一个国家的现代化水平。铁分为生铁、熟铁和钢三类。生铁的含碳量为1.7%～4.5%。生铁没有延展性，不能锻打。但生铁坚硬耐磨，可以浇铸成型，如火炉等，因此生铁又称为铸铁。熟铁含碳量在 0.1%以下，接近于纯铁。熟铁韧性很强，可以锻打成型，如镰刀、铁勺等，所以熟铁又叫锻铁。钢的基本成分也是铁，其含碳量比生铁低、比熟铁高，在 0.1%～1.7%之间。钢兼具生铁和熟铁的优点，既坚硬又强韧。

(二)铁的氧化物与氢氧化物

FeO 呈碱性，能溶于酸，一般不溶于水或碱性溶液。

Fe_2O_3均具有较强的氧化性，砖红色的 Fe_2O_3在工业上称为氧化铁红，是一种重要颜料，用于油漆、油墨、橡胶等工业中，也可作催化剂以及玻璃、宝石、金属的抛光剂。铁除了生成 FeO 和 Fe_2O_3外，还生成 Fe_3O_4。Fe_3O_4又称为磁性氧化铁，具有磁性，是电的良导体，是磁铁矿的主要成分。它可作颜料和抛光剂。

$Fe(OH)_2$主要呈碱性，酸性很弱，但能溶于浓碱溶液形成 $Fe(OH)_6^{4-}$；$Fe(OH)_2$在空气中很容易被空气中的氧气氧化成 $Fe(OH)_3$。

$Fe(OH)_3$显两性，以碱性为主，溶于酸。新制备的 $Fe(OH)_3$能溶于浓的强碱溶液形

成 $Fe(OH)_6^{3-}$。

$$Fe(OH)_3 + 3OH^- = Fe(OH)_6^{3-}$$

(三)铁盐

较重要的Fe(Ⅱ)盐是硫酸亚铁。绿色的 $FeSO_4 \cdot 7H_2O$ 晶体俗称绿矾。绿矾在农业上用作农药,主治小麦黑穗病;在工业上用于染色,制造蓝黑墨水和木材防腐剂等。硫酸亚铁易溶于水,在水中有微弱水解,使溶液显酸性(pH=3)。

$$Fe^{2+} + H_2O = Fe(OH)^+ + H^+$$

硫酸亚铁在空气中能被氧化,生成黄色或铁锈色的碱式Fe(Ⅲ)盐。

$$4FeSO_4 + O_2 + 2H_2O = 4Fe(OH)SO_4$$

因此,在绿矾晶体表面常有铁锈色斑点,其溶液久置后常有棕色沉淀。保存 $FeSO_4$ 溶液时,应加入足够浓度的硫酸,必要时加入铁钉来防止氧化。

$FeSO_4$ 与碱金属硫酸盐形成复盐,最重要的复盐是硫酸亚铁铵[$(NH_4)_2SO_4 \cdot FeSO_4 \cdot 6H_2O$],俗称摩尔盐,常被用作还原剂,在定量分析中用来标定重铬酸钾或高锰酸钾溶液。

四、铬、锰、铁的生物学意义

铬是人体必需的微量元素,但铬(Ⅵ)化合物有毒,是公认的致癌物。铬在人体内可协助胰岛素发挥作用,为代谢糖和胆固醇所必需。缺铬将导致糖和脂肪代谢紊乱,使体内胆固醇增高,出现动脉粥样硬化症。

锰是人体不可缺少的微量元素,是人体多种酶的核心组成部分。缺锰会导致人的畸形生殖、畸形生长和脑惊厥。成年人每天需要吸收3 mg的锰。茶叶中含有较多的锰,常饮茶能供应人体必需的锰量的1/3还多。在酶催化过程中,锰可以活化精氨酸酶、磷酸丙酮酸水合酶和过氧化氢酶。锰也是核酸结构中的成分,能促进胆固醇的合成。尽管锰在生物体中很重要,但过量则有毒性。

在人体内的各种微量元素中,铁的含量最多,其中一半存在于血红蛋白中。铁是体内呼吸和氧化还原过程的直接参与者。此外,铁还与体内能量释放、物质代谢及免疫功能有密切关系。缺铁最明显的病症为贫血病,其次是胃肠道炎症。

练　习　题

一、填空题

1. 苏打和小苏打有着广泛应用。试从反应物的消耗量角度来说明在下列用途中选用苏打还是小苏打。

(1)作为泡沫灭火器中的药品,选用________。

(2)用于洗涤餐具及实验室的玻璃仪器等,选用________。

2. 把一块由镁和铝两种金属组成的合金,先溶解在适量盐酸中,然后加入过量

NaOH 溶液，发生反应的离子方程式依次是：

(1)__________________________________。

(2)__________________________________。

(3)__________________________________。

(4)__________________________________。

(5)__________________________________。

3. 就目前所知，按质量分数计，填上在下列几个方面含量最高的元素。

A. 地球上(地壳、水圈、大气圈)________。

B. 大气中________。

C. 人体中________。

4. 石油主要含有碳、氢两种元素，还含有少量的硫、磷、氧、氮等。1991 年海湾战争中，科威特大量油井燃烧，造成了严重的环境污染。据报道，有些地区降黑雨或酸雨。黑雨的主要成分是________，形成酸雨的主要气体是______________。

5. 为提高我国人口的素质，防治甲状腺肿大病，目前市场上出售的食盐中常添加一种碘酸的钾盐(其中碘的化合价呈+5 价)，此盐的化学式为__________________。

6. 孔雀石的主要成分是 $Cu_2(OH)_2CO_3$。当孔雀石在树木燃烧的熊熊烈火中灼烧后，余烬里有一种红色光亮的金属显露出来。用两个主要反应方程式说明这种变化的原因________________，__________________。

7. 铁是由铁矿石(主要成分为 Fe_2O_3)、石灰石、焦炭冶炼而成的，根据上述原料和加热(高温)的条件，试从理论上用化学方程式表示炼铁过程：__________________。

8. 一瓶氢氧化钠溶液较长时间敞口放置，取出少量溶液于试管中，滴入氯化钡溶液，发现试管中出现白色沉淀，加入少量稀盐酸，白色沉淀溶解，并有气泡产生。试解释上述现象(用化学方程式表示)。

(1)_______________________。

(2)_______________________。

(3)_______________________。

9. 在牙膏、化妆品、涂料中常用轻质碳酸钙粉末作填充剂。它通常由石灰石煅烧先制得氧化钙，再将氧化钙用水消化成消石灰悬浊液，然后使净化后的消石灰悬浊液与二氧化碳反应制碳酸钙，经干燥、粉碎后即得产品。试用化学方程式表示上述反应原理：______________________。

10. 某纯液体在 0 ℃时是良导体，它不溶于水，常温下能与硫粉反应，则此物质为____________________。

二、选择题

1. 下列关于氮气性质的描述不正确的是　(　　)

A. 无毒　　B. 无色　　C. 无味　　D. 黄绿色

2. 下列关于二氧化氮的性质描述正确的是　(　　)

A. 无毒　　B. 无色　　C. 无味　　D. 红棕色

3. 目前，很多自来水厂用氯气杀菌、消毒。下列关于氯气的性质描述不正确的是 ( )

A. 无色 B. 有毒 C. 黄绿色 D. 有刺激性气味

4. 下列物质中，难溶于水的是 ( )

A. N_2 B. HCl C. CO_2 D. NH_3

5. 下列物质中，与氢气反应程度最剧烈的是 ( )

A. F_2 B. Cl_2 C. Br_2 D. I_2

6. 下列气体中，对人体没有毒害作用的是 ( )

A. N_2 B. Cl_2 C. NO_2 D. SO_2

7. 实验室常将浓硝酸保存在棕色试剂瓶中，这是因为浓硝酸具有 ( )

A. 强酸性 B. 腐蚀性 C. 强氧化性 D. 不稳定性

8. 常温下，下列溶液可用铁制或铝制容器盛装的是 ( )

A. 浓盐酸 B. 浓硝酸 C. 稀硫酸 D. 稀盐酸

9. 合金具有许多优良的性能。下列物质属于合金的是 ( )

A. 钠 B. 硫 C. 青铜 D. 氧化铜

10. 下列试剂中，能用于鉴别 NaCl、NH_4Cl 和 $FeCl_3$ 三种溶液的是 ( )

A. HNO_3 溶液 B. $BaCl_2$ 溶液 C. NaOH 溶液 D. $AgNO_3$ 溶液

11. 在①KOH、②$Al(OH)_3$、③H_2SO_4 三种物质中，与盐酸和氢氧化钠溶液均能反应的是 ( )

A. ①②③ B. ②和③ C. ①和③ D. 只有②

12. 下列有关物质用途的说法，不正确的是 ( )

A. 硅可用作绝缘材料

B. 氯气可用于制取漂白粉

C. 二氧化硅可用于制造光导纤维

D. 氢氧化铝可用于制造中和胃酸的药剂

13. 下列关于碳酸氢钠($NaHCO_3$)的叙述，不正确的是 ( )

A. 可溶于水 B. 受热易分解

C. 受热不分解 D. 能与盐酸反应

14. 下列关于 SO_2 性质的说法，不正确的是 ( )

A. 能与水反应生成硫酸 B. 能使品红溶液褪色

C. 能与 NaOH 溶液反应 D. 能使酸性 $KMnO_4$ 溶液褪色

15. 硅单质及其化合物在材料领域中一直扮演着主要角色。下列叙述中，不正确的是 ( )

A. 石英可用来制作工艺品

B. 硅单质可用来制造太阳能电池

C. 硅单质是制造玻璃的主要原料

D. 二氧化硅是制造光导纤维的材料

16. 除去 Na_2CO_3 固体中少量的 $NaHCO_3$ 的最佳方法是　（　　）

A. 加入适量盐酸　B. 加入 NaOH 溶液

C. 加热灼烧　D. 配成溶液后通入 CO_2

17. 下列各对物质中不能产生氢气的是　（　　）

A. Zn＋HCl　B. Al＋HNO_3（浓，常温）

C. Al＋NaOH 溶液　D. Mg＋H_2O（沸腾）

18. 少量的金属钠长期暴露在空气中，它的最终产物是　（　　）

A. NaOH　B. $Na_2CO_3 \cdot 10H_2O$

C. Na_2CO_3　D. $NaHCO_3$

19. 下列反应中，产物有氧化铁的是　（　　）

A. 加热 $Fe(OH)_3$

B. Fe 在纯 O_2 中燃烧

C. 灼热的 Fe 与水蒸气反应

D. 加热蒸发 $Fe_2(SO_4)_3$ 溶液至干

20. 下列关于钠的叙述，不正确的是　（　　）

A. 金属钠投入水中会发生剧烈反应，生成 NaOH 和 H_2

B. 钠是一种很强的还原剂，可以把钛、锆等金属从其卤化物中还原出来

C. 钠在空气中燃烧，燃烧产物是 Na_2O

D. 金属钠在自然界不能以游离态存在

21. 下列气体不能用浓 H_2SO_4 干燥的是　（　　）

A. Cl_2　B. NH_3　C. H_2　D. O_2

22. 下列物质暴露在空气中容易变质的是　（　　）

A. KCl　B. Na_2SO_4　C. CaO　D. K_2SO_4

23. 下列颜色变化与化学反应无关的是　（　　）

A. 无色 NO 气体遇空气变为红棕色

B. 紫色石蕊试液滴入盐酸中，溶液变红

C. 往酸性 $KMnO_4$ 溶液中通入乙烯，溶液褪色

D. 往红墨水中投入活性炭，红色褪去

24. 镁粉是制造焰火的原料之一，工业上镁粉是通过将镁粉蒸气冷却得到的。下列气体中，可用作冷却镁粉的保护气的是　（　　）

A. 空气　B. 二氧化碳　C. 氧气　D. 氦气

25. 下列有关实验方法正确的是　（　　）

A. 用铜片和浓硝酸反应制 NO

B. 加热 NH_4Cl 和 $Ca(OH)_2$ 固体混合物制取 NH_3

C. 用浓硫酸干燥 NH_3

D. 用排水法收集 NO_2

26. 以下物质不能由两种单质直接反应得到的是　（　　）

A. SO_2　　B. SO_3　　C. MgO　　D. Na_2O_2

27. 不能用排水集气法收集的气体是　　（　　）

A. O_2　　B. HCl　　C. H_2　　D. NO

28. 以下物质保存方法不正确的是　　（　　）

A. 少量金属钠保存在煤油中

B. 少量白磷保存在水中

C. 浓硝酸保存在棕色试剂瓶中

D. 氢氧化钠溶液保存在配有玻璃塞的细口瓶中

29. 下列化合物中，不能由单质直接化合而得到的是　　（　　）

A. KCl　　B. $FeCl_2$　　C. $FeCl_3$　　D. Na_2O

30. 下列气体中，可用固体 NaOH 干燥的是　　（　　）

A. CO_2　　B. Cl_2　　C. HCl　　D. NH_3

31. 常温下能发生反应的一组气体是　　（　　）

A. NH_3、HCl　　B. N_2、O_2　　C. H_2、CO　　D. CO_2、O_2

32. 下列反应中，观察不到颜色变化的是　　（　　）

A. 黄色的氯化铁溶液中加入足量铁粉

B. 往稀硫酸中通入氨气

C. 往品红溶液中通入足量二氧化硫气体

D. 一氧化氮气体暴露在空气中

三、简答题

1. 元素通常可以分为哪几类？金属和非金属在周期表中是如何划分的？

2. H_2O_2既可作氧化剂，又可作还原剂，试举例写出有关的化学方程式。

3. 写出下列反应的离子方程式。

(1)锌与氢氧化钠的反应；

(2)铜与稀硝酸的反应；

(3)高锰酸钾在酸性溶液中与亚硫酸钠反应；

(4)氢氧化钠加入氯水中。

4. 解释下列现象，写出有关化学方程式。

(1)配制 $SnCl_2$溶液时，常加入盐酸溶液；

(2)银器在含 H_2S 空气中变黑；

(3)铜器在潮湿的空气中会生成“铜绿”；

(4)浓 NaOH 瓶口，常有白色固体生成；

(5)碘难溶于水，却易溶于 KI 溶液中。

5. 浓 H_2SO_4、NaOH(s)、无水 $CaCl_2$、P_2O_5都是常用的干燥剂。若要干燥 NH_3，应选用上述哪种干燥剂？为什么？

6. 卤素单质的氧化性有何递变规律？与原子结构有什么关系？

7. 鉴别下列各组物质。

(1)纯碱、烧碱和小苏打；

(2)四种白色粉末 $CaCO_3$、$Ca(OH)_2$、$CaCl_2$ 和 $CaSO_4$。

8. 一种白色粉末由碳酸氢钠和碳酸钠混合而成，称取混合物 4.42 g，加热至恒重，将放出的气体通过过量的石灰水，得白色沉淀 2 g，加热后的残渣与某浓度盐酸 30 mL 恰好完全作用，求：

(1)原混合物中碳酸氢钠的质量；

(2)盐酸的物质的量浓度。

9. 某 H_2O_2 溶液 20.00 mL 酸化后与足量的 0.5 mol/L KI 溶液反应，用 0.5000 mol/L 的 $Na_2S_2O_3$ 溶液滴定生成的 I_2，用去 $Na_2S_2O_3$ 溶液 40.00 mL。求 H_2O_2 溶液的浓度。

(钟先锦)

第8章　有机化合物概述

学习目标

1. 掌握有机化合物和有机化学的概念。
2. 初步熟悉有机化合物的特性。
3. 了解有机化合物的结构特点和分类以及结构式书写方式。
4. 掌握同分异构现象和官能团的概念。

第1节　有机化合物特性

一、有机化合物和有机化学

化学研究的对象物质，根据其来源可分为无机物和有机化合物。人们曾经认为有机化合物只能来自有生命的动植物（这种看法被称为生命力论）。1828年，德国化学家维勒用典型的无机化合物氰酸铵人工合成了有机化合物尿素，从而推翻了以前有关有机化合物的概念，但有机化合物的名称仍然沿用。

现在人们经过研究发现：**有机化合物就是碳、氢化合物及其衍生物**，简称**有机物**。人们认识的有机物已达几千万种，比无机物（几十万种）要多得多。

研究有机物的化学称为有机化学，有机化学是一门既古老而又年轻的学科，它非常重要，我们的生活中无时无处不和它有关，人们的衣、食、住、行离不开有机物；环境的污染与治理、食品的生产与安全和有机化学有关；人体的组织构成、生理代谢过程和有机物密不可分；医学检验中的许多检测项目的方法、试剂离不开有机化学知识；药品合成、提取、分离、药物性能与副作用等更需要有机化学知识。这些告诉我们学习有机化学是必要且重要的。

二、有机化合物的特性

与典型的无机化合物相比，有机化合物的物理性质和化学性质有很大的差异。

（一）物理特性

绝大多数有机物的熔点、沸点较低，在常温常压下小分子有机物一般为气体或液体、大分子有机物为低熔点固体，熔点一般低于 400 ℃；难溶于水，易溶于有机溶剂；几乎都是电的不良导体。

(二)化学特性

有机物一般对热不稳定，受热易分解，绝大多数有机物可以燃烧且着火点较低，比如汽油、酒精、木材、乙醚等；大多数有机化学反应很慢，常需加热，使用催化剂或特殊的反应条件，反应时间长；有机反应常常不是单一的反应，而是多个反应同时进行，往往分阶段进行，产物也复杂，存在主、副之分。

(三)生物特性

许多有机化合物具有特殊的生理作用，参与生命活动过程中的代谢反应，如酶、激素、很多药物等。

第 2 节　有机化合物的结构特点

一、有机化合物中的共价键

(一)形成共价键

物质的性质取决于物质的结构。有机化合物的特性由其结构的特殊性决定。有机物中大多数是共价化合物，其分子中化学键几乎都是共价键。

各元素原子形成共价键的个数往往是固定的。如 H：1；O：2；C：4；N：3； X(F、Cl、Br、I)：1。

原子之间可形成单键，也可以形成双键，甚至形成三键。

(二)碳原子相互连接

有机化合物是碳的化合物。因此，碳原子在有机物中的连接特点决定了有机物的结构特点。

1. 碳总是四价

有机化合物中所有碳原子总是形成四个共价键。

2. 碳架

有机化合物中碳原子相互连接成(碳碳之间形成共价键)的骨架——碳架，是构成有机化合物的主体结构。所谓“碳架”，就是把有机物中的 H 原子去掉，剩下的主要是 C 和 C 原子间的连接(也有其他原子)——碳链，它是有机物的主体框架结构，故称碳架。学习中一定要准确认识各类有机化合物的碳架。

3. 碳链

在有机化合物中，碳原子可以相互间成键结合成碳链。碳链上的碳原子数有几个到几十个，甚至是成千上万个；形成的碳链可以是开链状的，也可以带支链，甚至是环状的。

在无机物中，几乎没有一种原子可多个相互成链的情况，所以无机物只有小分子。而有机化合物就存在大分子，这也是导致有机化合物比无机化合物种数多得多的主要原因之一。

4. 碳碳键类型

两个碳原子间形成键的类型有碳碳单键（C—C），碳碳双键（C ═ C）和碳碳三键（C ≡ C）。

二、结构式、结构简式

表示物质的化学式有多种，如分子式、电子式、结构式和结构简式等，无机物一般用分子式表示即可。

由于有机化合物结构的特殊性，因此，有机化合物只能用结构式表示。所谓**结构式，就是能表示物质分子中各原子间的连接顺序和连接方式的化学式**。

结构式中的一条短线“—”表示一个共价键。书写结构式就是把分子中各原子间形成的所有共价键都写出来。但这种表示方法有时太麻烦，故常进行简化处理——有机化合物的**结构简式**，也称**缩简式**。如：

名称	结构式	结构简式
乙醇	H—C(H)(H)—C(H)(H)—O—H	CH_3—CH_2—OH 或 CH_3CH_2OH
丙烷	H—C(H)(H)—C(H)(H)—C(H)(H)—H	CH_3—CH_2—CH_3 或 $CH_3CH_2CH_3$

三、同分异构现象和同分异构体

现在有两种有机化合物：

CH_3—CH_2—OH　　　　CH_3—O—CH_3

乙醇　　　　甲醚

显然，这是两种不同结构的有机化合物，但它们的分子式都是 C_2H_6O。像这种**化合物具有相同的分子式，但具有不同结构的现象称为同分异构现象。具有同分异构现象的化合物互称同分异构体**。

同分异构现象在有机化合物中十分普遍，这也是有机化合物数目非常庞大的一个原因。

第 3 节　有机化合物的分类和命名

一、有机化合物的分类

有机化合物数目巨大，为便于研究、学习，必须进行分类。

(一)按元素组成分

有机物 $\begin{cases} \text{烃(碳、氢化合物)} \\ \text{烃的衍生物} \end{cases}$

碳氢化合物就是只由碳和氢两种元素组成的化合物，简称烃。所谓烃的衍生物，就是指从某个对应的烃衍变而来的物质。

(二)按碳架分

所谓碳架，就是从有机物的结构式中去掉 H 原子后剩下的碳链(也可含别的原子，如 O、S、N 等)，是有机物的骨架。

按碳架分：

有机物 $\begin{cases} \text{开链化合物(脂肪族化合物)} \\ \text{闭链化合物} \begin{cases} \text{碳环化合物} \begin{cases} \text{脂环化合物} \\ \text{芳香化合物} \end{cases} \\ \text{杂环化合物} \end{cases} \end{cases}$

1. 开链化合物

开链化合物是指分子中碳链全部是开放链状的化合物，又称**链状化合物**，也称**脂肪(族)化合物**。例如：

$CH_3—CH_2—CH_2—CH_3$

丁烷

$CH_3—\underset{\underset{CH_3}{|}}{CH}—CH_3$

2-甲基丙烷

2. 环状化合物

环状化合物是指分子结构中碳架形成环状的化合物，也称**闭链化合物**，例如：

环丁烷　　苯

环状化合物又分为碳环化合物和杂环化合物两类。

(1)碳环化合物　所谓碳环，就是指构成环的原子全部是碳原子。**环状化合物中的所有环均为碳环的化合物称为碳环化合物**，又分为脂环(族)化合物和芳香(族)化合物。

脂环(族)化合物是指性质和脂肪族化合物相似的碳环化合物。例如：

芳香(族)化合物一般是指含有苯环结构的化合物。例如：

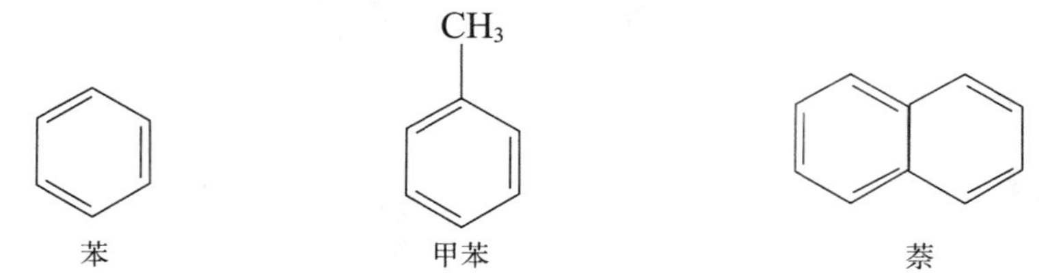

(2)杂环化合物　所谓**杂环,就是指构成环的原子主要是碳原子,但是除碳原子外,还有非碳原子参与构成的环**。杂环上非碳原子叫**杂原子**。常见的杂原子有 O、S、N 三种。例如：

(三)按官能团分

官能团是指能决定一类有机化合物的主要化学性质的原子或原子团。官能团相同的物质即为同一类物质。有机物有几千万种,但常见的官能团也就十几种。重要的官能团及有机化合物的类别见表 8-1。

表 8-1　有机物的主要类别、官能团和典型代表物

物质类别	官能团名称和结构	典型代表物的名称和结构式
烷烃	——	甲烷　CH_4
烯烃	双键　C=C	乙烯　$CH_2=CH_2$
炔烃	三键　C≡C	丙炔　CH≡CH
芳香烃	苯环	苯
卤代烃	卤原子　—X(X=F、Cl、Br、I)	氯仿　$CHCl_3$
醇	羟基　—OH	乙醇 CH_3CH_2OH
酚	(酚)羟基　—OH	苯酚 —OH
醚	醚键　—C—O—C—	乙醚　$CH_3CH_2OCH_2CH_3$
醛	醛基　—CHO	乙醛　CH_3CHO

续表

物质类别	官能团名称和结构	典型代表物的名称和结构式
酮	羰基　$>C=O$	丙酮　CH_3COCH_3
羧酸	羧基　$-COOH$	乙酸　CH_3OOH
酯	酯基　$-COOR$	乙酸乙酯　$CH_3COCH_2CH_3$
胺	氨基　$-NH_2$	甲胺　CH_3NH_2

二、有机物的命名

有机物的名字通常有四种：商品名、俗名、普通（习惯）命名和系统命名。

俗名只有少数常见有机物有且常用，它无命名规则，一般根据来源、特性等来命名。

普通命名法也称习惯命名法，只能对少数简单有机物进行命名。

有机物的系统命名正规且重要，最常用。有机化合物的名称大多为系统命名的名称。系统命名法在学习各类物质中会详细讲解。

练　习　题

1. 什么叫有机物？
2. 什么叫有机化学？
3. 学习有机化学有何重要性？
4. 有机物的六个性质特点是什么？
5. 有机物中碳原子的构成和连接特点是什么？
6. 什么叫同分异构现象、同分异构体？
7. 什么是结构式？怎样写出有机物的结构简式？
8. 有机物是如何命名的？
9. 简述有机物各分类。

（吴明星）

第9章 烃

学习目标

1. 掌握各类烃的定义、命名方法、同系物在结构和性质上的相似性。

2. 熟悉烃的分类、通式和结构以及重要的烃类化合物。

3. 了解各类烃的物理性质及其变化规律，了解重要烃在医学上的用途。

4. 熟悉烷烃的卤代、氧化反应，了解热裂反应。

5. 掌握烯烃的加成反应(加氢、卤素、卤化氢)与马氏规则、氧化反应，了解烯烃的聚合反应和共轭二烯烃特性。

6. 掌握炔烃的加成反应(加氢、卤素、卤化氢、水)和氧化反应，了解聚合反应和生成炔化物的反应。

7. 熟悉脂环烃的取代反应和加成反应(加氢、卤素、卤化氢)，了解脂环烃的结构与稳定性关系。

8. 掌握苯及其同系物的取代反应(卤代、硝化、磺化)、氧化反应和加成反应，熟悉定位取代规律，熟悉萘的结构，了解蒽和菲的结构。

9. 掌握卤代烃的取代反应、消除反应及扎依采夫规则。

组成有机化合物的元素除碳外，常有氢、氧、氮，还含有卤素、硫、磷等。其中**仅含碳和氢两种元素的有机物称为碳氢化合物**，也称为**烃**。如甲烷就是最简单的烃。不难看出，烃是最简单的有机物，其他的有机物都可认为是烃的衍生物。

从结构上烃可分为：

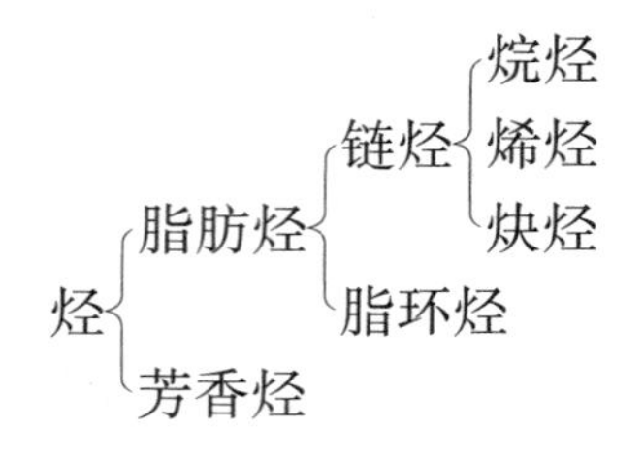

第 1 节 烷 烃

碳原子之间均以单键相连接，其余的键完全和氢原子相连的烃称为烷烃。烷烃中含氢量达到最高限度，因此属于**饱和烃**。

一、烷烃的同系列和同分异构

(一)烷烃的同系列

最简单的烷烃是甲烷，随着碳原子数增加，依次是乙烷、丙烷、丁烷、戊烷等，它们的结构简式如下：

名称	分子式	结构简式	与系列相关
甲烷	CH_4	CH_4	
乙烷	C_2H_6	CH_3CH_3	CH_2
丙烷	C_3H_8	$CH_3CH_2CH_3$	CH_2
丁烷	C_4H_{10}	$CH_3CH_2CH_2CH_3$	CH_2
戊烷	C_5H_{12}	$CH_3CH_2CH_2CH_2CH_3$	CH_2

从烷烃的结构式中可以看出，烷烃之间的组成相差一个或几个 CH_2，其分子的通式为 C_nH_{2n+2}。

这种**结构相似，在组成上相差一个或若干个 CH_2 原子团的一系列化合物称为同系列**。同系列中的各化合物之间互称为**同系物**。**同系物有相似的化学性质，物理性质也呈现一定的规律性变化**。因而在研究同系物时，只需针对一个或几个化合物进行研究就可触类旁通。

(二)烷烃的同分异构

在烷烃同系列中，甲烷、乙烷、丙烷的碳架只有一种结合方式，没有同分异构体，但从丁烷开始，会出现碳架不同，即在碳链上出现支链。如丁烷有两种异构体。

$CH_3CH_2CH_2CH_3$

正丁烷

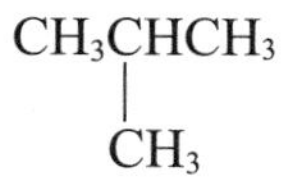

$CH_3CH(CH_3)CH_3$

异丁烷

而戊烷则有三种异构体。

$CH_3CH_2CH_2CH_2CH_3$

正戊烷

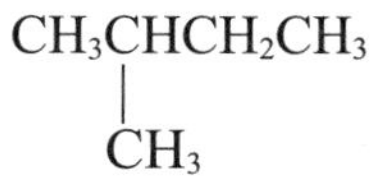

$CH_3CH(CH_3)CH_2CH_3$

异戊烷

$C(CH_3)_4$

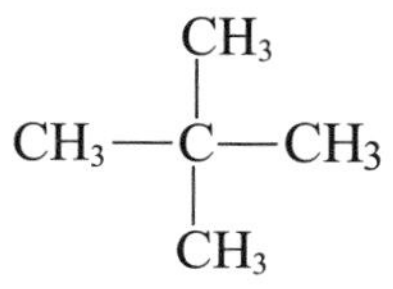

新戊烷

这种由于构造的不同产生的异构称为**构造异构**，是同分异构的一种类型。烷烃的构造异构是由于碳链的构造不同而形成的，故也称为**碳链异构**。随着碳原子数的增加，同分异构体的数目会迅速增加，见表 9-1。

表 9-1　几种烷烃的碳链异构体数目

碳原子数	4	5	6	7	8	9	10	20
碳链异构体数	2	3	5	9	18	38	75	366319

（三）分子结构中碳、氢原子类型

有机物中，碳原子在碳链中的位置并不相同，与其连接的其他碳原子数也不同。为加以识别，常把分子结构中碳原子分为四类，见下面的结构式。

$$
\begin{array}{ccccccccc}
 & & \overset{1^\circ}{CH_3} & & & & & & \\
 & & | & & & & & & \\
\overset{1^\circ}{CH_3} & — & \overset{4^\circ}{C} & — & \overset{2^\circ}{CH_2} & — & \overset{3^\circ}{CH} & — & \overset{1^\circ}{CH_3} \\
 & & | & & & & | & & \\
 & & \underset{1^\circ}{CH_3} & & & & \underset{1^\circ}{CH_3} & &
\end{array}
$$

伯碳原子：仅与一个碳原子直接相连的碳原子，也称一级碳原子，用 1°表示。

仲碳原子：与两个碳原子直接相连的碳原子，也称为二级碳原子，用 2°表示。

叔碳原子：与三个碳原子直接相连的碳原子，也称为三级碳原子，用 3°表示。

季碳原子：与四个碳原子直接相连的碳原子，也称为四级碳原子，用 4°表示。

与碳原子类型相对应，将连接在伯、仲、叔碳原子上的氢原子分别称为伯(1°)、仲(2°)、叔(3°)氢原子。碳原子和氢原子的类型不同，反应的性能也有差异。

二、烷烃的结构

甲烷是最简单的烷烃，分子中的碳原子与 4 个氢原子形成 4 个共价键，构成以碳原子为中心，4 个氢原子位于四个顶点的正四面体结构（如图 9-1 所示）。

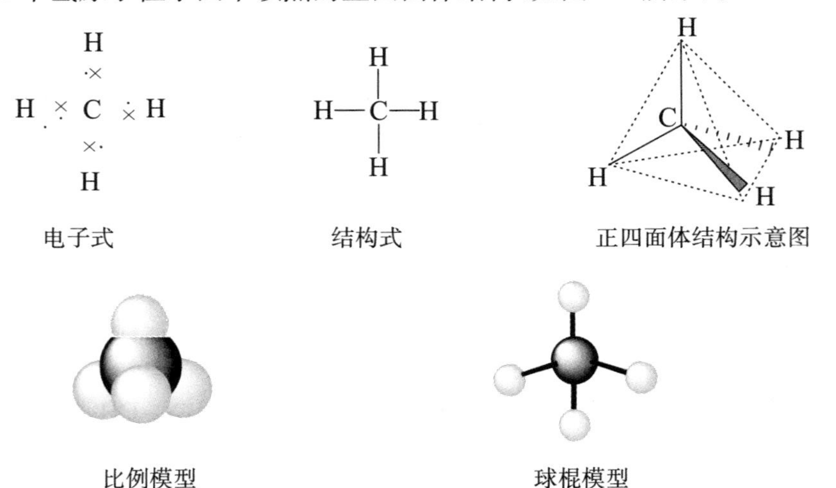

图 9-1　甲烷分子的电子式、结构式、正四面体结构示意图、球棒模型和比例模型

实验表明，甲烷分子中的 4 个 C—H 键是等同的，其键长为 0.107 nm，键角为 109°28′，键能为 414.4 kJ/mol。

乙烷和其他烷烃，除形成 C—H 键外，还形成 C—C 键，分子结构不是直线型的。

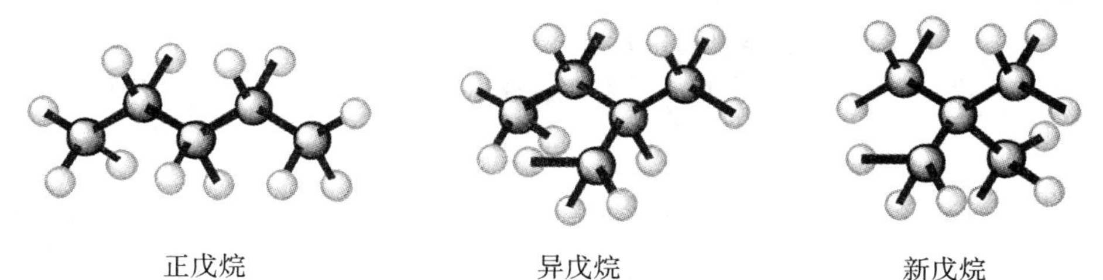

图 9-2 三种戊烷的球棒模型

三、烷烃的命名

有机化合物结构复杂，种类繁多，普遍存在同分异构现象。为了使每一种有机物对应一个名称，必须按照一定的原则和方法，对每一种有机物进行命名。烷烃的命名是有机物命名的基础，其他有机物的命名原则是在烷烃命名原则的基础上延伸出来的。

(一)习惯命名法

基本原则：根据分子中所含碳原子总数称为某烷。

碳原子数在十个以内的用甲、乙、丙、丁、戊、己、庚、辛、壬、癸来表示。例如，CH_4 称甲烷，C_3H_8 称丙烷，C_6H_{14} 称己烷。

碳原子数在十个以上的用数字来表示。如 $C_{11}H_{24}$ 称十一烷，$C_{16}H_{34}$ 称十六烷。

对于一些简单的异构体，用“正”“异”“新”来区别，如戊烷的三种异构体的命名。

(二)系统命名法

烷烃分子中碳原子数目越多，结构越复杂，同分异构体数目越多，使用习惯命名法就有很大的局限性，因此有机物广泛采用系统命名法。系统命名法的核心就是确定主链以及支链的位置、数目和命名。

1. 烷基

对于烷烃中含有的支链，可作为取代基，即认为是主链碳原子上的氢原子被烃基取代。**烃基是指烃分子中失去一个氢原子所剩余的原子团**。烷烃中失去一个氢原子剩余的原子称为**烷基**，以 R 表示。例如：

甲基	$CH_3—$
乙基	$CH_3CH_2—$
丙基	$CH_3CH_2CH_2—$
异丙基	$\underset{\displaystyle CH_3}{CH_3\overset{}{C}H}—$（$CH_3CH—$，CH 上连 CH_3）

2. 命名步骤

(1)选主链　把分子中最长的碳链作为主链,按其碳原子数目称某烷。

(2)编号　从主链上离支链最近的一端开始,用 1、2、3 等阿拉伯数字依次给主链上碳原子编号,来确定支链在主链中的位置。

(3)书写名称　按如下次序书写名称:"支链位置"+"—"+"支链名称"+"主链名称"。

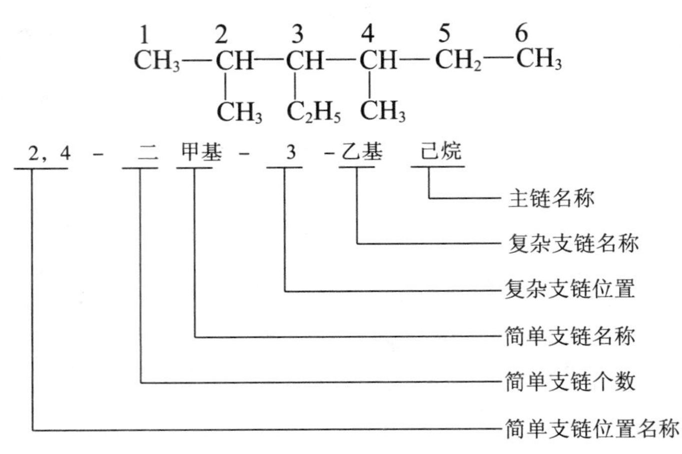

例如:

$$\overset{1}{C}H_3\overset{2}{C}H(CH_3)\overset{3}{C}H_2\overset{4}{C}H_3$$　2-甲基丁烷

命名时注意:

(1)当分子中有 2 条及以上的等长碳链时,则选择支链多的一条碳链为主链。

(2)若主链上有 2 个及以上的支链时,编号顺序应使支链位次尽可能低。当从两端编号支链的位次完全一样时,则应从支链较简单的一端编号。

(3)如果主链上有相同的支链时,可以将支链合并,用"二""三"等数字表示支链个数,表示支链位置的阿拉伯数字用","隔开。

(4)如果主链上有几个不同的支链时,把简单的写在前面,复杂的写在后面。

四、烷烃的物理性质

有机物的物理性质主要指熔点、沸点、相对密度、溶解度等。在一定的条件下,物理性质有固定的数值,因此也称物理常数。通过测定相关的物理常数可以鉴别和鉴定有机物。

烷烃的物理性质随着分子碳原子数的递增而呈规律性变化,熔点、沸点逐渐升高,相对密度逐渐增大(均小于 1),常温下的状态,从气态逐渐过渡到液态、固态,烷烃均不溶于水而易溶于氯仿、苯等有机溶剂(表 9-2)。

表 9-2　部分烷烃的一些物理常数

名称	分子式	熔点(℃)	沸点(℃)	相对密度 d_4^{20}
甲烷	CH_4	−182.6	−161.5	0.424
乙烷	C_2H_6	−172.0	−88.6	0.546
丙烷	C_3H_8	−187.1	−42.1	0.501
丁烷	C_4H_{10}	−135.0	−0.5	0.579
戊烷	C_5H_{12}	−129.7	36.1	0.626
己烷	C_6H_{14}	−95.0	63.7	0.659
庚烷	C_7H_{16}	−90.5	98.4	0.684
辛烷	C_8H_{18}	−56.8	125.7	0.703
壬烷	C_9H_{20}	−53.7	150.8	0.718
癸烷	$C_{10}H_{22}$	−30.0	174.1	0.730

五、烷烃的化学性质

烷烃是不活泼的化合物，在一般情况下(常温、常压)，与强酸、强碱、强氧化剂、强还原剂及活泼金属不起反应。但是，烷烃的稳定性也是相对的，在特定的条件下，如高温、高压、光照、催化剂等，也能发生一些反应。

(一)氧化反应

烷烃在空气或氧气中完全氧化，生成二氧化碳和水，并释放出大量热能。

$$CH_4+2O_2 \xrightarrow{\text{燃烧}} CO_2+2H_2O+890\ \text{kJ/mol}$$

天然气和石油中的各种烃，燃烧放出热量，因此是重要的能源资源。

(二)热裂反应

无氧存在时，烷烃在高温下发生碳碳键断裂，生成分子质量较小的烷烃等，此反应称为高温裂解。石油工业中，就是通过石油的裂解反应来提高轻质油的产量和质量。

(三)卤代反应

烃分子中氢原子被卤素取代的反应称为**卤代反应**。烷烃在光照条件下可发生卤代反应，卤素取代一个或多个氢原子生成卤代烃。如甲烷的氯代反应。

$$CH_4+Cl_2 \xrightarrow{\text{光照}} \underset{\text{一氯甲烷}}{CH_3Cl}+HCl$$

$$CH_3Cl+Cl_2 \xrightarrow{\text{光照}} \underset{\text{二氯甲烷}}{CH_2Cl_2}+HCl$$

$$CH_2Cl_2+Cl_2 \xrightarrow{\text{光照}} \underset{\text{三氯甲烷(氯仿)}}{CHCl_3}+HCl$$

$$CHCl_3 + Cl_2 \xrightarrow{\text{光照}} \underset{\text{四氯化碳}}{CCl_4} + HCl$$

烷烃的卤代反应得到的产物是各种卤代烃的混合物。

卤代反应中卤素活性顺序是：

$$F_2 > Cl_2 > Br_2 > I_2$$

氟最活泼，反应过于剧烈，难以控制。碘最不活泼，反应难以进行。

不同类型的氢原子发生卤代反应的活性顺序为：

$$3°H > 2°H > 1°H > CH_4\text{中的 H}$$

例如：

$$CH_3CH_2CH_3 + Cl_2 \xrightarrow{\text{光照}} \underset{\text{1-氯丙烷 45\%}}{CH_3CH_2CH_2Cl} + \underset{\text{2-氯丙烷 55\%}}{CH_3\underset{\displaystyle CH_3}{\underset{|}{C}}HCH_3}$$

六、重要的烷烃

(一)甲烷

甲烷大量存在于自然界中，是石油气、天然气、沼气的主要成分。甲烷是无色、无臭的气体，易溶于乙醇、乙醚等有机溶剂中，微溶于水。甲烷易燃烧，与空气的混合物(甲烷含量为5%～16%)遇明火会爆炸。甲烷是重要的化工原料和优良的气体燃料。

(二)石油醚

石油醚是低级烷烃的混合物。沸点范围在30～60 ℃的是戊烷和己烷的混合物，沸点范围在90～120 ℃的是庚烷和辛烷的混合物。石油醚主要用作有机溶剂。因其易燃且有毒性，使用及贮存时要特别注意安全。

(三)液体石蜡

液体石蜡的主要成分是含18～24个碳原子的液体烷烃的混合物，为透明液体。液体石蜡性质稳定，不溶于水和醇，溶于醚和氯仿。医药上常将液体石蜡用作肠道润滑的缓泻剂。

(四)石蜡

石蜡是高级烷烃的混合物，无臭、无味，不溶于水，化学性质稳定。医药上常将石蜡用作药物的载体(基质)来制作各类软膏药。

(五)凡士林

凡士林是液体石蜡和固体石蜡的混合物，呈软膏状半固体，不溶于水，溶于醚和石油醚。其性质稳定，不被皮肤吸收。医药上常用作软膏药的基质。

第2节 烯 烃

分子中含有碳碳双键的烃称为烯烃。根据分子中碳碳双键的数目，烯烃可分为单烯烃（只含1个碳碳双键）、二烯烃（含有2个碳碳双键）和多烯烃（含有多个碳碳双键）。通常烯烃是指单烯烃，其通式为 C_nH_{2n}（$n \geqslant 2$）。与饱和烃烷烃相比，烯烃则属于不饱和烃。**碳碳双键是烯烃的官能团**，烯烃的多数反应都发生在碳碳双键上。

一、烯烃的结构和同分异构

（一）烯烃的结构

烯烃结构的特殊性主要体现在碳碳双键上。下面以最简单的烯烃——乙烯为例，来说明烯烃的结构。

乙烯为平面型分子，即分子中的六个原子都在同一平面内，结构如下：

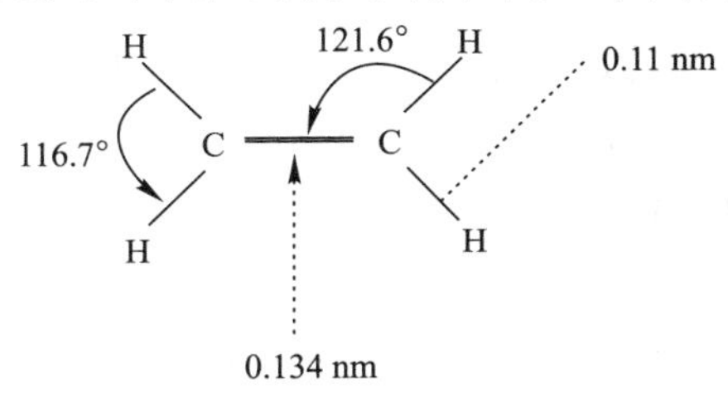

乙烯分子的球棍模型和比例模型如图9-3所示。

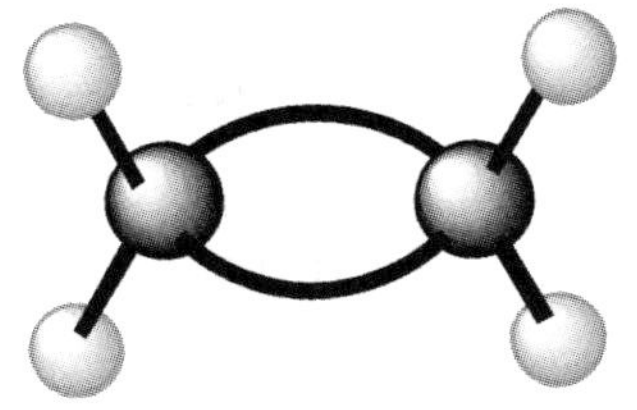

球棍模型　　比例模型

图9-3 乙烯分子的球棍模型和比例模型

比较C═C与C—C的键长、键能不难看出，双键并不是单键的简单加和。研究表明，乙烯分子中的碳碳双键是由一个σ键和一个π键构成的。π键不如σ键牢固，比较容易断裂，所以烯烃的化学性质较活泼。而碳碳单键就是一个σ键，故烷烃的性质较稳定。

（二）烯烃的同分异构

烯烃的同分异构现象比烷烃复杂，异构体数目也比相同碳原子数目的烷烃多。

1. 碳链异构

同烷烃相似，碳链异构是由碳链的骨架不同而引起的异构。如：

$CH_2{=}CHCH_2CH_3$ 1-丁烯

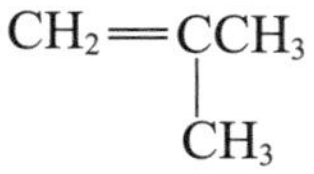

$CH_2{=}C(CH_3)CH_3$ 2-甲基丙烯

2. 位置异构

位置异构是由于双键在碳链上的位置不同引起的异构。如：

$CH_2{=}CHCH_2CH_3$ 1-丁烯

$CH_3CH{=}CHCH_3$ 2-丁烯

烯烃还存在一类顺反异构现象，将在立体异构中学习。

二、烯烃的命名

(一)命名步骤

烯烃的系统命名法在烷烃的命名原则基础上延伸，重点抓住烯烃的官能团碳碳双键。命名步骤为：

(1)选主链　将含有双键的最长碳链作为主链，称为“某烯”。

(2)编号　从距离双键最近的一端给主链上的碳原子依次编号定位。

(3)标出双键　在主链名称前用阿拉伯数字标明双键的位置(只需标明双键碳原子编号小的数字)，用“二”“三”等表示双键的个数。

(4)标出支链　同烷烃的命名。

例如：

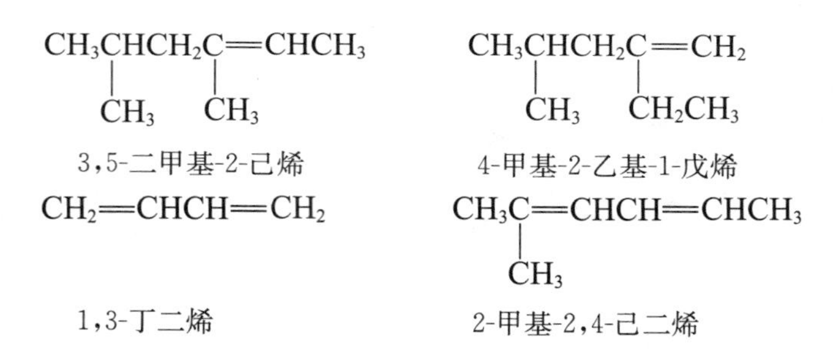

3,5-二甲基-2-己烯　4-甲基-2-乙基-1-戊烯

1,3-丁二烯　2-甲基-2,4-己二烯

(二)烯烃基

烯烃基是烯烃去掉一个氢原子后剩下的原子团。常见的烯烃基有：

$CH_2{=}CH{-}$	乙烯基
$CH_3C{=}CH{-}$	1-丙烯基(丙烯基)
$CH_2{=}CHCH_2{-}$	2-丙烯基(烯丙基)

三、烯烃的性质

烯烃的物理性质和相应的烷烃相似。熔点、沸点和相对密度随碳原子数目增加而升高。常温常压下，烯烃中含碳原子数 2～4 个为气体，5～18 个为液体，19 个以上为固体，相对密度均小于 1，都是无色物质，不溶于水，易溶于石油醚、乙醚、四氯化碳等有机溶剂。

与烷烃相比，烯烃具有较强的反应活性。这是因为烯烃分子中的碳碳双键易断裂而发生反应。

(一)加成反应

反应中，烯烃中碳碳双键上的 π 键断裂，两个碳原子分别与其他原子或原子团结合，双键成单键，烯烃变为饱和烃。这类反应称为**加成反应**。

$$\gt C{=}C\lt + X{-}Y \longrightarrow -\underset{X}{\overset{|}{\underset{|}{C}}}-\underset{Y}{\overset{|}{\underset{|}{C}}}-$$

1. 催化加氢

常温常压下，烯烃加氢很困难，但在催化剂(如铂、钯、镍等)存在下，反应可定量完成，生成相应的烷烃。

$$CH_2{=}CHCH_3 + H_2 \xrightarrow{\text{催化剂}} CH_3{-}CH_2CH_3$$

2. 加卤素

烯烃很容易与卤素发生加成反应。如将乙烯或丙烯气体通入溴的四氯化碳溶液，溴的红棕色很快褪去。此反应常用于烯烃的鉴别。

$$CH_2{=}CHCH_3 + Br_2 \xrightarrow{CCl_4} \underset{Br}{\underset{|}{CH_2}}{-}\underset{Br}{\underset{|}{C}}HCH_3$$

1,2-二溴丙烷

烯烃加卤素时，卤素的活性顺序是：氟＞氯＞溴＞碘。加氟反应过于剧烈，而加碘反应难发生。故加卤素实际上指加氯和加溴。

3. 加卤化氢

烯烃与卤化氢发生加成反应，生成相应一卤代烷。

$$CH_2{=}CH_2 + HX \longrightarrow CH_3CH_2X$$

卤化氢在反应中的活性顺序为：HI＞HBr＞HCl。HCl 与烯烃加成需要催化剂 $AlCl_3$。

当结构不对称的烯烃，如丙烯，与卤化氢发生加成反应时，可能得到两种不同的产物。

$$CH_3CH{=}CH_2 + HBr \longrightarrow CH_3\underset{Br}{\underset{|}{C}}HCH_3 + CH_3CH_2\underset{Br}{\underset{|}{C}}H_2$$

2-溴丙烷　　1-溴丙烷

实验证明，该反应中主要产物是 2-溴丙烷。俄国化学家马尔科夫尼科夫在总结大量实验事实的基础上，提出了一条经验规则：不对称烯烃与不对称试剂（如 HX、H_2SO_4）发生加成反应时，不对称试剂中带负电荷的基团总是加在含氢较少的双键碳原子上。这个规则称为马尔科夫尼科夫规则，简称为马氏规则。运用此规则可预测烯烃的加成的主要产物。

$$CH_3CH{=}C(CH_3)CH_3 + HI \longrightarrow CH_3CH_2C(CH_3)(I)CH_3$$

2-甲基-2-碘丁烷

但有过氧化物存在时，溴化氢与不对称烯烃的加成是反马氏规则的。例如：

$$CH_3CH{=}CH_2 + HBr \xrightarrow{\text{过氧化物}} CH_3CH_2CH_2Br$$

1-溴丙烷

此外，烯烃在一定的条件下，还可与硫酸、水发生加成反应，反应产物也遵守马氏规则。

（二）氧化反应

烯烃的碳碳双键很容易被氧化剂（如高锰酸钾、臭氧）氧化，氧化产物与烯烃的结构、氧化剂以及反应的条件有关。

若使用碱性（或中性）的高锰酸钾稀溶液，则烯烃的碳碳双键的 π 键断开，双键成单键，双键的碳原子上各引入一个羟基，生成邻二醇。

$$RCH{=}CHR' \xrightarrow[OH^-]{KMnO_4} RCH(OH)-CHR'(OH) + MnO_2\downarrow$$

反应过程中，高锰酸钾溶液的紫红色褪去，并且生成棕褐色的二氧化锰沉淀，所以此反应可用于烯烃的鉴别。

若用浓的酸性高锰酸钾溶液或加热，则烯烃的碳碳双键完全断裂。反应现象是高锰酸钾溶液褪色。不同结构的烯烃氧化产物如下：

$$RCH{=}CH_2 \xrightarrow[H^+]{KMnO_4} R-C(OH){=}O + CO_2$$

$$RCH{=}C(R')(R'') \xrightarrow[H^+]{KMnO_4} R-C({=}O)-OH + (R')(R'')C{=}O$$

（三）聚合反应

在一定的条件下，烯烃分子中的 π 键断开，一定数量分子发生分子间相互加成，形成具有重复单元的高分子化合物。这种高分子化合物称为**聚合物**，该反应称为**聚合反应**，合成聚合物的直接原料称为**单体**。

$$nCH_2{=}CH_2 \xrightarrow{TiCl_4\text{-}Al(C_2H_5)_3} \text{[}CH_2{-}CH_2\text{]}_n$$

聚乙烯

(四)共轭二烯烃的特性

1. 二烯烃的分类

根据分子中两个碳碳双键相对位置的不同,二烯烃可分为三类。

(1)聚集二烯烃(或称累积二烯烃)　两个双键与同一个碳原子相连。此类二烯烃稳定性较差,一般很少见。

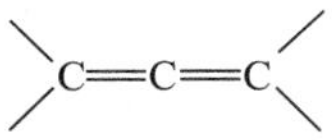

$$>C{=}C{=}C<$$

聚集二烯

$$CH_2{=}C{=}CH_2$$

丙二烯

(2)隔离二烯烃　两个双键被两个或两个以上单键隔开。双键相互影响小,其性质与单烯烃相似。

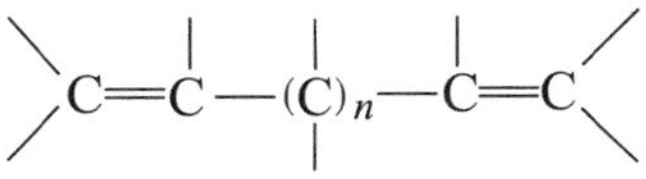

$$>C{=}\overset{|}{C}{-}(\underset{|}{\overset{|}{C}})_n{-}\overset{|}{C}{=}C<$$

隔离二烯($n \geqslant 1$)

$$CH_2{=}CHCH_2CH{=}CH_2$$

1,4-戊二烯

(3)共轭二烯烃　两个双键间隔一个单键。双键相互作用而具有特殊结构和性质。

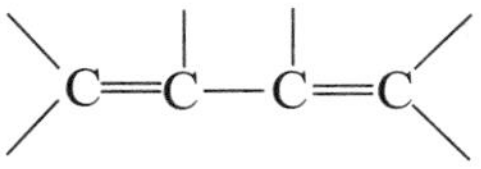

$$>C{=}\overset{|}{C}{-}\overset{|}{C}{=}C<$$

共轭二烯

$$CH_2{=}CHCH{=}CH_2$$

1,3-丁二烯

2. 共轭二烯的特性

共轭二烯烃中两个碳碳双键上的 π 键是相邻的,它们彼此相互作用,形成一个更大的共轭 π 键,构成一个特殊结构体系,称为**共轭体系**。因此共轭二烯烃具有某些特殊的性质。例如,1,3-丁二烯与溴加成反应,可得到 1,2-加成和 1,4-加成两种产物。

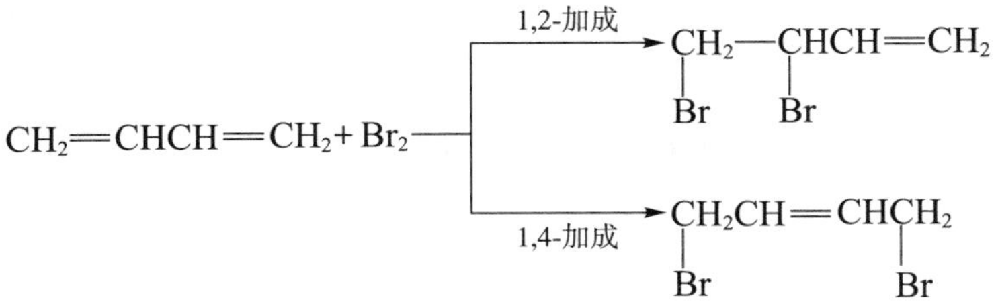

$$CH_2{=}CHCH{=}CH_2 + Br_2 \xrightarrow{1,2\text{-加成}} \underset{Br}{\underset{|}{CH_2}}{-}\underset{Br}{\underset{|}{C}}HCH{=}CH_2$$

$$CH_2{=}CHCH{=}CH_2 + Br_2 \xrightarrow{1,4\text{-加成}} \underset{Br}{\underset{|}{CH_2}}CH{=}CH\underset{Br}{\underset{|}{CH_2}}$$

四、重要的烯烃

(一)乙烯

乙烯为无色、略有甜味的气体,难溶于水,易溶于乙醇、乙醚等有机溶剂。乙烯是一种重要的基本化工原料,其产量可以用来衡量一个国家的石油化工发展水平。乙烯是一种植物生长调节剂，植物在生命周期的许多阶段，如发芽、成长、开花、果熟等，都会产生乙烯，因而可以用乙烯作为未成熟果实的催熟剂。乙烯在医学药上与氧气混合可作为麻醉剂，麻醉迅速，苏醒也快。

乙烯的最大用量在于生产聚乙烯塑料，聚乙烯是日常生活中应用最广的高分子材料之一，可用于制造食品袋、塑料桶、塑料瓶等，在医药上可用于制作人工关节、注射输液用品、药品袋等。

(二)丙烯

丙烯为无色气体，主要用于生产聚丙烯塑料。聚丙烯相对密度小，力学强度比聚乙烯强，耐热性好，用来制造薄膜、纤维、耐热和耐化学腐蚀的管道及装置、电缆和医疗器具等。

第3节　炔　烃

分子中**含有碳碳三键的烃称为炔烃**。炔烃通式为 C_nH_{2n-2}（$n \geqslant 2$），也属于不饱和烃。**碳碳三键是炔烃的官能团**。

一、炔烃的结构和同分异构

(一)炔烃的结构

炔烃结构的特殊性主要体现在碳碳三键上。下面以最简单的炔烃——乙炔为例，来说明炔烃的结构。

乙炔为线型分子，即四个原子都在同一直线上，结构如下。

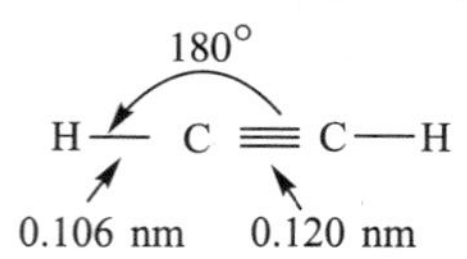

乙炔分子的球棍模型和比例模型如图 9-4 所示。

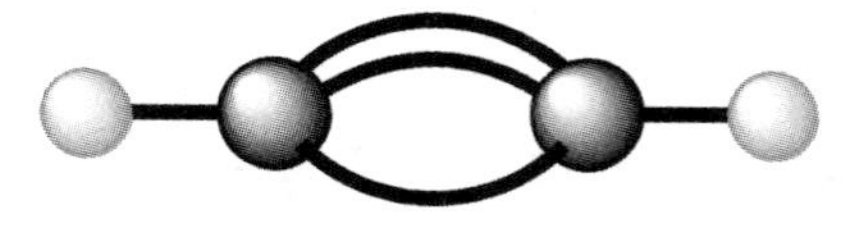

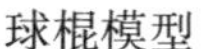

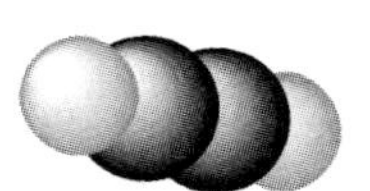

比例模型

图 9-4　乙炔分子的球棍模型和比例模型

研究表明，乙炔分子中的碳碳三键与乙烯分子中的碳碳双键有些类似，碳碳三键是由一个 σ 键和两个 π 键构成的。

(二)炔烃的同分异构

炔烃的同分异构与烯烃相似,也存在碳架异构和三键位置异构。例如:

$$CH{\equiv}C{-}CH_2CH_2CH_3$$

1-戊炔

$$CH{\equiv}C{-}\underset{\displaystyle CH_3}{\underset{|}{C}H}CH_3$$

3-甲基-1-丁炔

$$CH{\equiv}C{-}CH_2CH_3$$

1-丁炔

$$CH_3{-}C{\equiv}C{-}CH_3$$

2-丁炔

二、炔烃的命名

炔烃的命名同烯烃相似,只需将“烯”改为“炔”字即可。例如:

$$CH_3{-}C{\equiv}C{-}CH_2CH_3$$

2-戊炔

$$CH_3{-}C{\equiv}C{-}\underset{\displaystyle CH_3}{\underset{|}{C}H}CH_3$$

4-甲基-2-戊炔

若烃分子中同时存在碳碳双键和碳碳三键时,首先选择含有双键和三键的最长碳链为主链,称“某烯炔”,编号时看双键与三键距哪个端点最近,就从哪一端开始。若相同时,则从距双键近端开始编号。例如:

$$CH{\equiv}C{-}CH{=}CHCH_3$$

3-戊烯-1-炔

$$CH_2{\equiv}CH{-}C{\equiv}C{-}CH_3$$

1-戊烯-3-炔

$$CH{\equiv}C{-}CH_2CH{=}CH_2$$

1-戊烯-4-炔

$$CH{\equiv}C{-}CH_2\underset{\displaystyle CH_3}{\underset{|}{C}H}CH{=}CH_2$$

3-甲基-1-己烯-5-炔

三、炔烃的性质

炔烃的物理性质与烯烃相似。熔点、沸点和相对密度随碳原子数目增加而升高。常温常压下,乙炔、丙炔和丁炔为气体,戊炔以上的低级炔烃为液体,高级炔烃为固体。炔烃不溶于水,易溶于乙醚、苯、丙酮和四氯化碳等有机溶剂。

炔烃分子中的碳碳三键也含有 π 键,化学性质与烯烃相似,也可发生加成、氧化、聚合等反应。但双键与三键是有区别的,因此炔烃的性质与烯烃还是有所不同的。

(一)加成反应

1. 催化加氢

炔烃在催化剂铂、钯、镍等存在下,先加氢生成烯烃,再继续加氢生成烷烃。

$$R{-}C{\equiv}C{-}R' \xrightarrow[\text{催化剂}]{H_2} R{-}CH{=}CH{-}R' \xrightarrow[\text{催化剂}]{H_2} R{-}CH_2{-}CH_2{-}R'$$

但反应通常不能停留在生成烯烃阶段。若采用活性较低的林德拉(Lindar)催化剂

($Pd\text{-}BaSO_4$—喹林),则得到的主要产物是烯烃。

$$CH_3—C\equiv C—CH_3 \xrightarrow[Pd\text{-}BaSO_4\text{-喹林}]{H_2} CH_3—CH=CH—CH_3$$

2. 加卤素

炔烃也能与卤素(主要是氯和溴)发生加成反应,且加成也分两步进行。

$$CH\equiv CH \xrightarrow{Br_2/CCl_4} \underset{Br}{CH}=\underset{Br}{CH} \xrightarrow{Br_2/CCl_4} \underset{Br}{\overset{Br}{CH}}—\underset{Br}{\overset{Br}{CH}}$$

炔烃也能使溴的四氯化碳溶液褪色。炔烃的加成反应比烯烃慢,与氯加成时需用三氯化铁作催化剂。

3. 加卤化氢

炔烃与卤化氢的加成反应可分两步进行。

$$CH\equiv CH + HCl \xrightarrow{HgCl_2} CH_2=CH—Cl$$

加成产物也遵守马氏规则。

$$CH_3—C\equiv CH \xrightarrow[HgCl_2]{HCl} CH_3—\underset{Cl}{C}=CH_2 \xrightarrow[HgCl_2]{HCl} CH_3—\underset{Cl}{\overset{Cl}{C}}—CH_3$$

在过氧化物存在下,炔烃与溴化氢的加成也可生成反马氏规则的产物。

4. 加水

在硫酸汞的稀硫酸溶液中,炔烃加一分子水生成烯醇。烯醇是不稳定的中间体,立即发生**分子内重排**,生成醛或酮。

$$CH\equiv CH + H_2O \xrightarrow[10\%\ H_2SO_4]{5\%\ HgSO_4} \underset{\text{乙烯醇}}{[CH_2=CH—OH]} \longrightarrow \underset{\text{乙醛}}{CH_3—\overset{H}{C}=O}$$

(二)氧化反应

炔烃也可被高锰酸钾氧化,生成羧酸和二氧化碳。同时高锰酸钾溶液的紫红色褪去,但反应速度较烯烃慢。例如:

$$R—C\equiv C—H \xrightarrow[H_2O]{KMnO_4} R—\overset{OH}{C}=O + CO_2$$

$$R—C\equiv C—R' \xrightarrow[H_2O]{KMnO_4} R—\overset{OH}{C}=O + R'—\overset{OH}{C}=O$$

(三)聚合反应

在不同的催化剂作用下,炔烃一般发生二聚或三聚反应,而不是聚合成高分子化合物。例如：

$$CH\equiv CH \xrightarrow[NH_4Cl]{Cu_2Cl_2} CH\equiv C-CH=CH_2$$

$$CH\equiv CH \xrightarrow[\text{高温}]{\text{催化剂}}$$

(四)生成炔化物的反应

乙炔和具有$-C\equiv CH$结构的炔烃中，三键碳原子上的氢原子(称炔氢)较活泼，可发生如下反应。

$$CH\equiv CH + Ag(NH_3)_2NO_3 \longrightarrow \underset{\text{炔化银(白色)}}{AgC\equiv CAg\downarrow}$$

$$CH\equiv CH + Cu(NH_3)_2Cl \longrightarrow \underset{\text{炔化亚铜(红棕色)}}{CuC\equiv CCu\downarrow}$$

该反应灵敏且现象明显，常用于鉴别含炔氢的炔烃。

第 4 节　脂环烃

脂环烃是具有环状结构的烃，性质与链状脂肪烃相似。脂环烃及其衍生物广泛存在于自然界中，如有些中草药的有效成分。

一、脂环烃的分类和命名

(一)脂环烃的分类

1. 由环大小分

环的碳原子数为 3～4 个称小环，5～6 个称常见环，7～12 个称中环，12 个以上称大环。

2. 由环数目分

脂环烃分为单环脂环烃、双环脂环烃和多环脂环烃。其中双环和多环脂环烃中，根据环的连接方式，又分为螺环烃和桥环烃。

螺[3,5]辛烷　　　　二环[5,3,0]壬烷

3. 由不饱和键分

根据环中是否含有双键或三键，分为环烷烃、环烯烃和环炔烃。

环戊烷 　　环己烯

(二)单环脂环烃的命名

(1)单环环烷烃,根据成环碳原子数称为“环某烷”。

环丙烷　　环丁烷　　环戊烷　　环己烷

(2)有取代基的单环环烷烃,按位次最小原则给环上碳原子编号,在环烷烃名称前标明取代基。

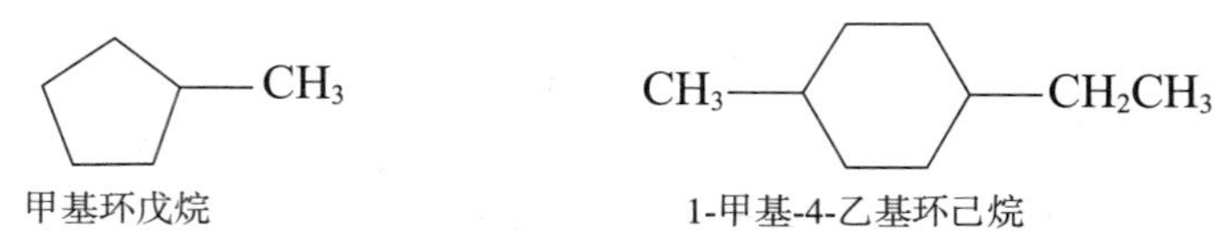

甲基环戊烷　　1-甲基-4-乙基环己烷

(3)环上有不饱和键,也按位次最小原则从不饱和键碳原子编号,由成环碳原子数称“环某烯(炔)”,并标明取代基。若有多个不饱和键时,则应标明位置。

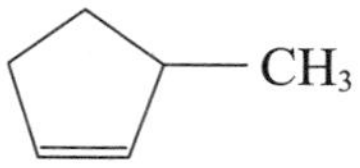

CH_3　　CH_3

3-甲基环戊稀 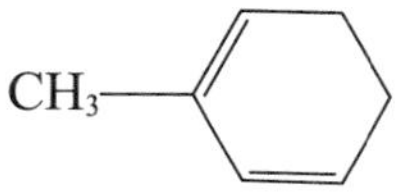　　2-甲基–1,3-环己二烯

二、环烷烃的性质

环烷烃的物理性质与烷烃相似,随碳原子数增加而呈规律性变化。环烷烃也不溶于水,而易溶于有机溶剂。但环烷烃的熔点、沸点、相对密度都比含相同碳原子数的烷烃高。

环烷烃的化学性质与烷烃的化学性质相似,如可发生取代反应,不能被高锰酸钾、臭氧氧化。但小环环烷烃却具有与烯烃相似的性质,可发生开环加成反应,生成链状化合物。

(一)取代反应

环烷烃在光照或加热的条件下可发生卤代反应。

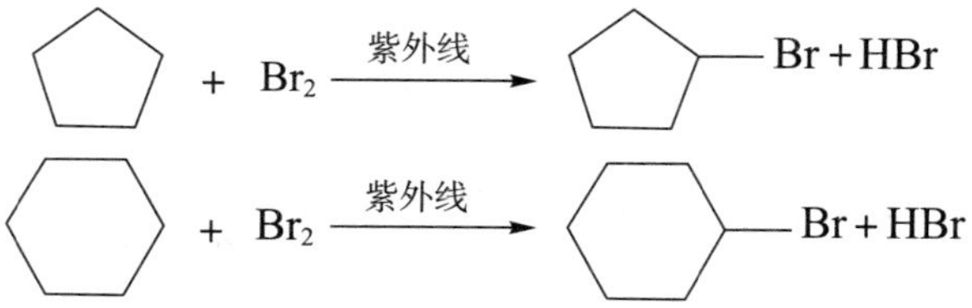

$+ Br_2 \xrightarrow{紫外线}$ —$Br + HBr$

$+ Br_2 \xrightarrow{紫外线}$ —$Br + HBr$

(二)加成反应

1. 催化加氢

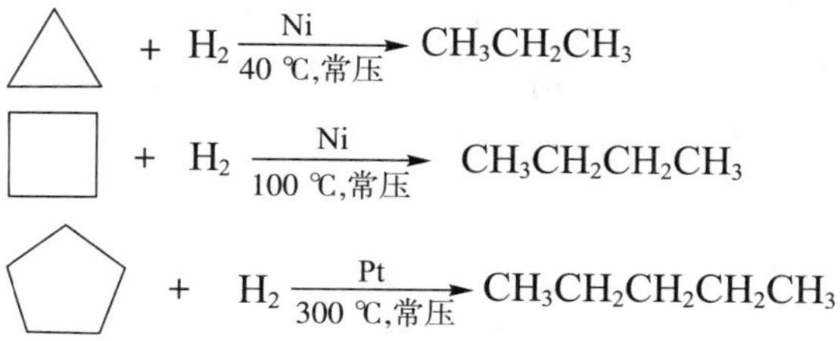

$$+ H_2 \xrightarrow[40\ ℃,常压]{Ni} CH_3CH_2CH_3$$

$$+ H_2 \xrightarrow[100\ ℃,常压]{Ni} CH_3CH_2CH_2CH_3$$

$$+ H_2 \xrightarrow[300\ ℃,常压]{Pt} CH_3CH_2CH_2CH_2CH_3$$

2. 加卤素

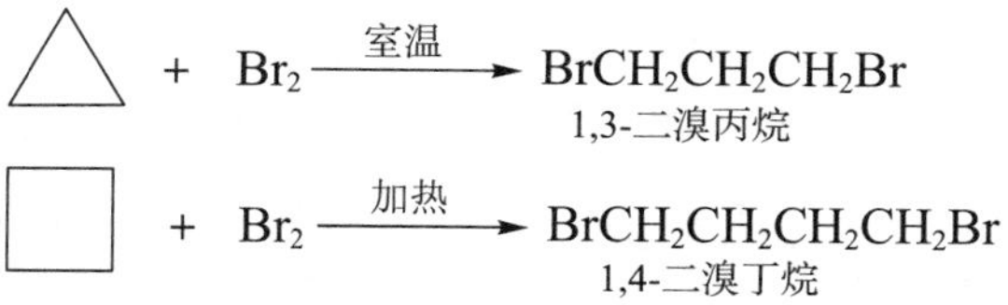

$$+ Br_2 \xrightarrow{室温} \underset{1,3\text{-二溴丙烷}}{BrCH_2CH_2CH_2Br}$$

$$+ Br_2 \xrightarrow{加热} \underset{1,4\text{-二溴丁烷}}{BrCH_2CH_2CH_2CH_2Br}$$

环戊烷、环已烷在室温下不反应,在高温下则发生取代反应。

3. 加卤化氢

环丙烷可与卤化氢发生开环加成反应。

$$+ HBr \longrightarrow \underset{1\text{-溴丙烷}}{CH_3CH_2CH_2Br}$$

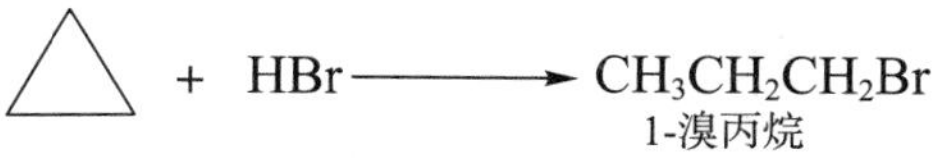

常温下,环丁烷、环戊烷等大环环烷烃不与卤化氢发生开环加成反应。

从开环加成反应可以看出,几种环的稳定性为:

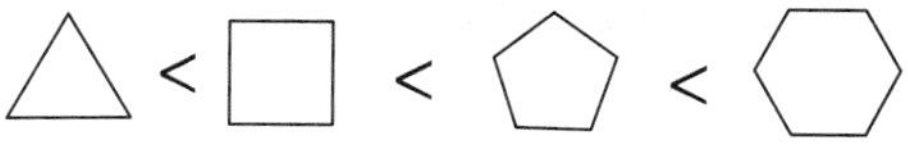

$$< \quad < \quad <$$

第5节 芳香烃

芳香烃是指芳香族碳氢化合物。芳香族化合物是一种习惯说法,在有机化学发展初期,人们把从一些天然植物中提取得到的有芳香气味的一类化合物通称为芳香化合物。经研究发现,这类芳香化合物基本上都含有苯环结构。但后来发现,许多无苯环结构的化合物也有芳香味,而有许多有苯环结构的化合物并无芳香味,有的甚至具有难闻的气味。因而"芳香族化合物"一词已失去原来的意义。现在说的**"芳香烃"是指一类具有特定环状结构和特殊化学性质的化合物**。

芳香烃根据分子中是否含有苯环,分为苯系芳烃和非苯系芳烃。本章主要学习苯系芳烃的知识。

一、苯环的结构

苯的化学式为 C_6H_6，分子中的碳氢比值大，表明苯是高度的不饱和烃，但它又不具有典型的不饱和烃应有的易发生加成反应的性质。苯的结构曾引起许多化学家的兴趣。1865 年，德国化学家凯库勒首先提出了苯的环状结构：6 个碳原子连接成一个平面正六边形，每个碳原子再与 1 个氢原子相连。

简写为

苯环上的 3 个碳碳双键上的 π 键，彼此相邻，相互作用形成 1 个闭合的大 π 键，这是一个闭合共轭体系，使苯环形成的一个稳定的整体，碳碳之间没有单键与双键之分，键长相同。故苯环的结构有时也用正六边形内加一个圆圈来表示，但多数还习惯用凯库勒式来表示。

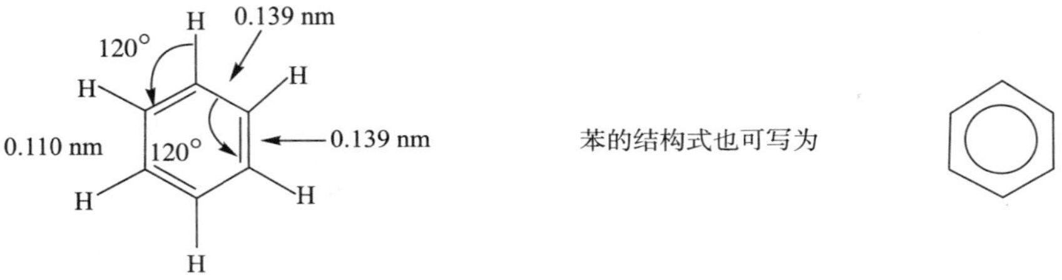

120° 0.139 nm 0.110 nm 120° 0.139 nm

苯的结构式也可写为

二、苯系芳烃的分类、同分异构和命名

(一)苯系芳烃的分类

1. 单环芳烃

分子中含有一个苯环，苯环上氢原子被烃基取代的衍生物称为单环芳烃，由烃基数分为一烃基苯、二烃基苯和三烃基苯等。烃基可以是饱和烃基，也可以是不饱和烃基。例如：

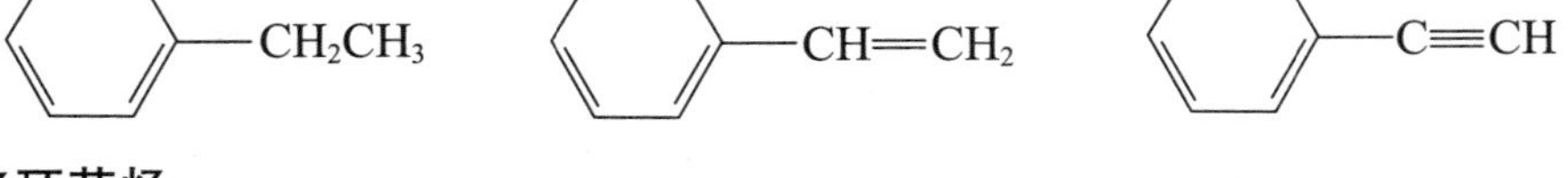

$-CH_2CH_3$ $-CH{=}CH_2$ $-C{\equiv}CH$

2. 多环芳烃

分子中含有两个或两个以上苯环的芳烃称为多环芳烃，根据苯环的连接方式分三类。

(1)联苯　苯环各以一个碳原子相连，无共用碳原子。

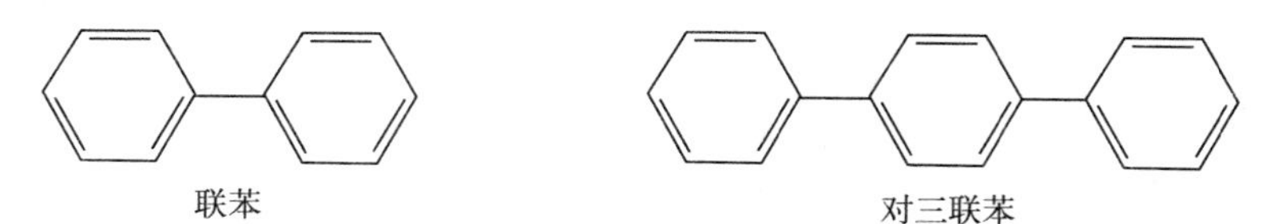

联苯　　对三联苯

(2)多苯代脂烃　脂肪烃中氢原子被两个及以上的苯环取代。

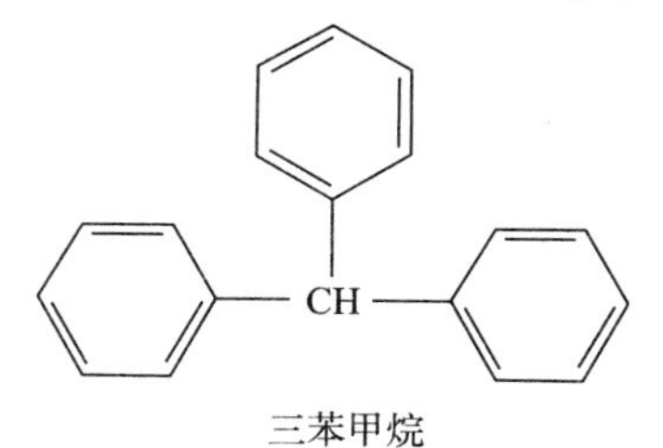

三苯甲烷

(3)稠环芳烃　两个及以上的苯环共用相邻的两个碳原子的芳烃。

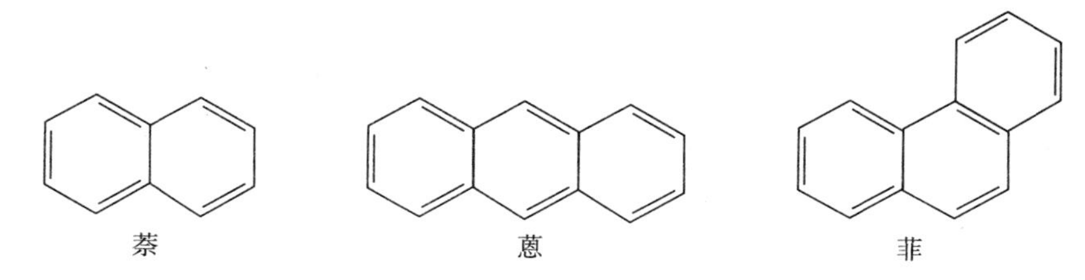

萘　　蒽　　菲

(二)苯同系物的同分异构和命名

1. 一烃基苯

以苯作母体,烃基为取代基,称“某烃基苯”,其中“基”字常省略。

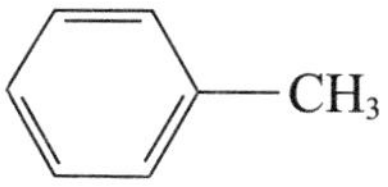

$C_6H_5-CH_3$　　$C_6H_5-CH_2CH_3$

甲苯 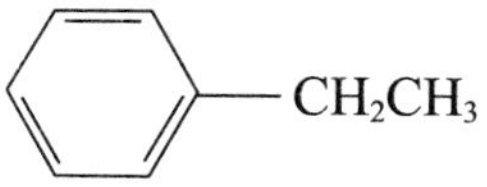　　乙苯

2. 二烃基苯

由于两个烃基的相对位置不同,故二烃基苯可产生三种异构体。

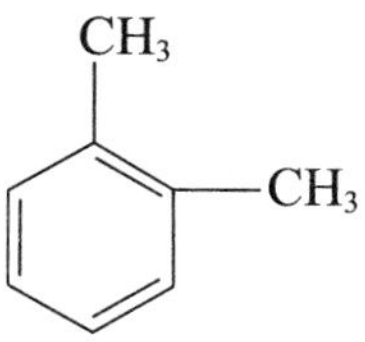

CH_3, CH_3　　CH_3, CH_3　　CH_3—, —CH_3

1,2-三甲苯
(邻-二甲苯)
(*o*-二甲苯)

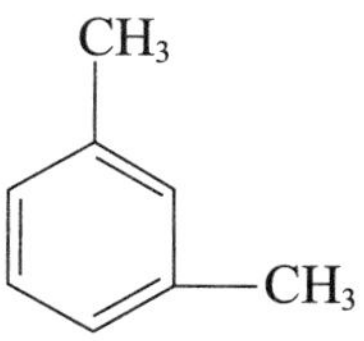

1,3-三甲苯
(间-二甲苯)
(*m*-二甲苯)

1,4-二甲苯
(对-二甲苯)
(*p*-二甲苯)

3. 三烃基苯

三烃基苯也有三种异构体。

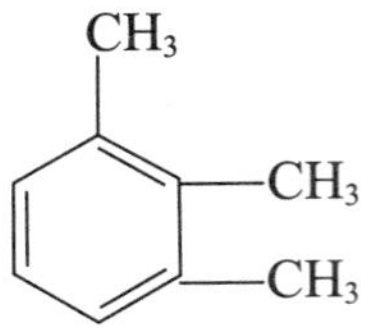

1,2,3-三甲苯
(连三甲苯)

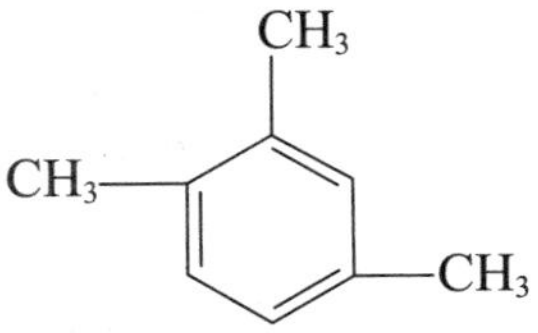

1,2,4-三甲苯
(偏三甲苯)

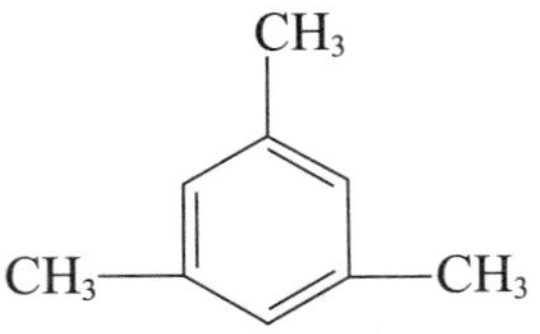

1,3,5-三甲苯
(均三甲苯)

苯环连有不同的烃基时，从最小烃基位置起，按次序最小原则进行编号。

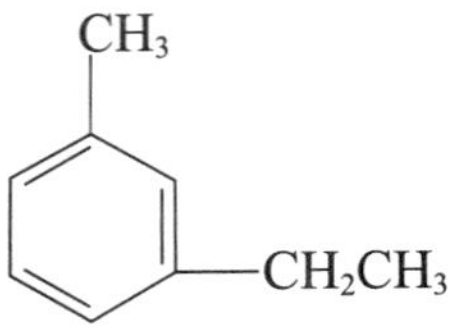

1-甲基-3-乙基苯

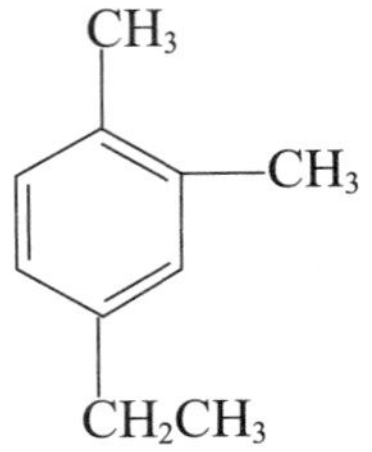

1,2-二甲基-4-乙基苯

4. 不饱和烃基苯

苯环连有不饱和烃基时，一般以不饱和烃为母体，苯作取代基。

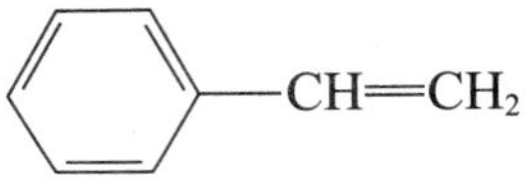

$—CH=CH_2$

苯乙烯

$—C \equiv CH$

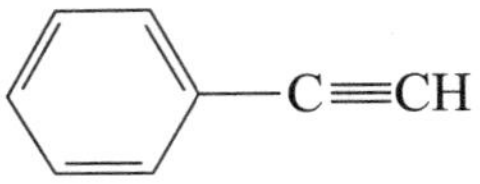

苯乙炔

5. 芳烃基

芳烃基去掉一个氢原子后剩下的基团称为芳基，用 Ar 表示，常见的有：

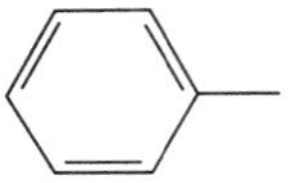

或 $C_6H_5—$　　苯基

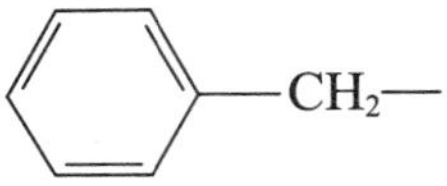

$—CH_2—$ 或 $C_6H_5CH_2—$　　苯甲基或苄基

三、苯及其同系物的物理性质

苯及其同系物一般为无色、有特殊气味的液体，不溶于水，易溶于乙醚、四氯化碳等有机溶剂。相对密度为 0.86～0.93，比水轻。液态芳烃本身就是良好的有机溶剂。苯及其同系物有毒，人长期吸入会在体内积累，引起肝脏损伤，破坏造血器官和神经系统，并能诱发贫血和白血病。四个或更多的苯环形成稠环芳烃，具有较强的致癌性，称为致癌芳香烃，主要存在于煤焦油、沥青、各种烟尘、熏烤食品、烧焦的食品中。苯及其同系物的物理常数见表 9-3。

表 9-3　苯及其同系物的物理常数

名称	熔点(℃)	沸点(℃)	相对密度 d_4^{20}
苯	5.5	80	0.879
甲苯	−95	110.6	0.867
邻-二甲苯	−25.2	144.4	0.880
间-二甲苯	−47.9	139.1	0.864
对-二甲苯	13.2	138.4	0.861
乙苯	−94.5	136.1	0.867
正丙苯	−99.6	159.3	0.862
异丙苯	−96	152.4	0.862
苯乙烯	−33	145.8	0.906

四、苯及其同系物的化学性质

苯的化学性质主要表现为芳香性。**芳香性是指从组成上看具有高度的不饱和性，却不易发生加成和氧化反应而较易发生取代反应**。

(一)取代反应

1. 卤代反应

在催化剂(铁粉或三卤化铁)作用下，苯及其同系物可与氯、溴等发生**卤代反应**，也可分别称之为氯代反应和溴代反应。

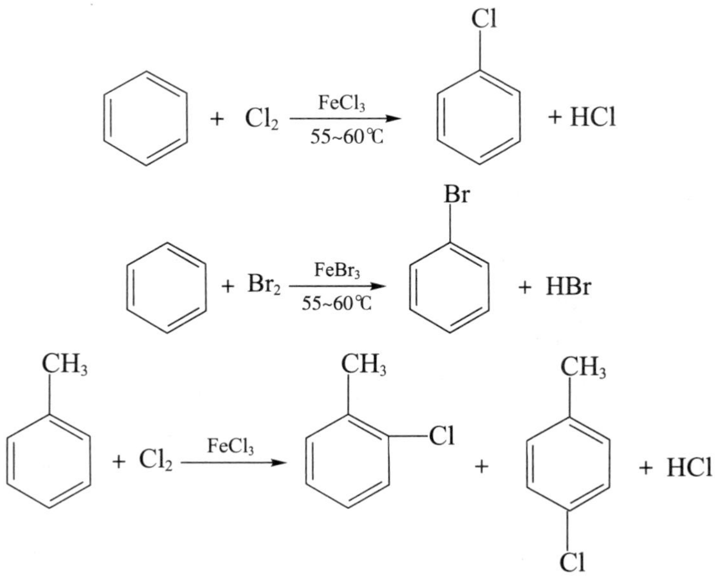

$$C_6H_6 + Cl_2 \xrightarrow[55\sim60℃]{FeCl_3} C_6H_5Cl + HCl$$

$$C_6H_6 + Br_2 \xrightarrow[55\sim60℃]{FeBr_3} C_6H_5Br + HBr$$

$$C_6H_5CH_3 + Cl_2 \xrightarrow{FeCl_3} o\text{-}ClC_6H_4CH_3 + p\text{-}ClC_6H_4CH_3 + HCl$$

邻氯甲苯　　对氯甲苯

2. 硝化反应

与浓硝酸和浓硫酸的混合物(混酸)共热，苯环上的氢原子被硝基(—NO_2)取代的反应称为**硝化反应**。

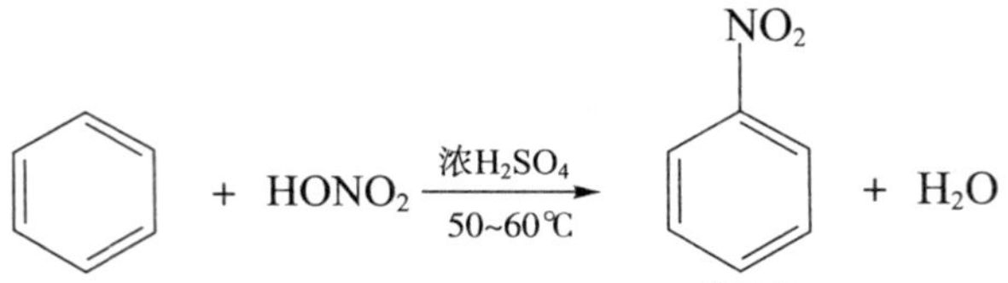

$$C_6H_6 + HONO_2 \xrightarrow[50\sim60℃]{浓H_2SO_4} C_6H_5NO_2 + H_2O$$

硝基苯

$$C_6H_5CH_3 + HONO_2 \xrightarrow[30℃]{浓H_2SO_4} o\text{-}CH_3C_6H_4NO_2 + p\text{-}CH_3C_6H_4NO_2 + H_2O$$

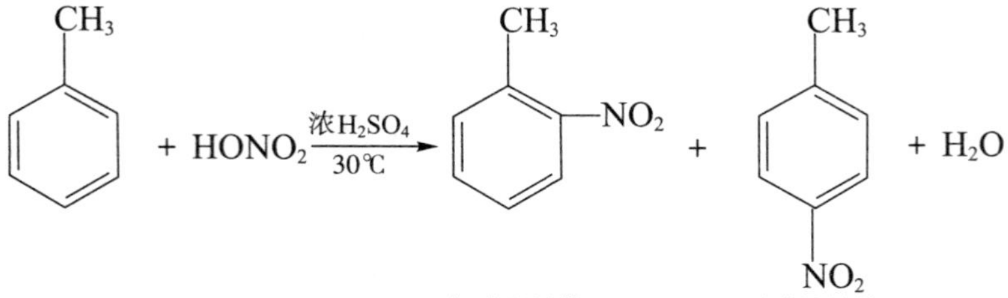

邻硝基甲苯　　对硝基甲苯

3. 磺化反应

与浓硫酸共热，苯环上的氢原子被磺酸基（$-SO_3H$）取代的反应称为**磺化反应**。

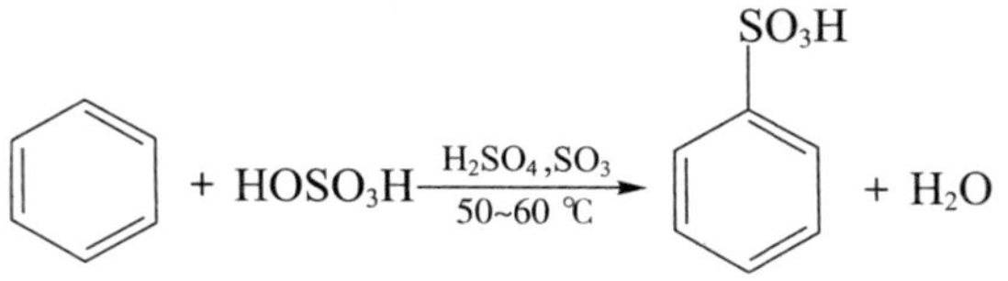

$$C_6H_6 + HOSO_3H \xrightarrow[50\sim60\ ℃]{H_2SO_4,SO_3} C_6H_5SO_3H + H_2O$$

苯磺酸

$$C_6H_5CH_3 + HOSO_3H \xrightarrow[常温]{浓H_2SO_4} o\text{-}CH_3C_6H_4SO_3H + p\text{-}CH_3C_6H_4SO_3H + H_2O$$

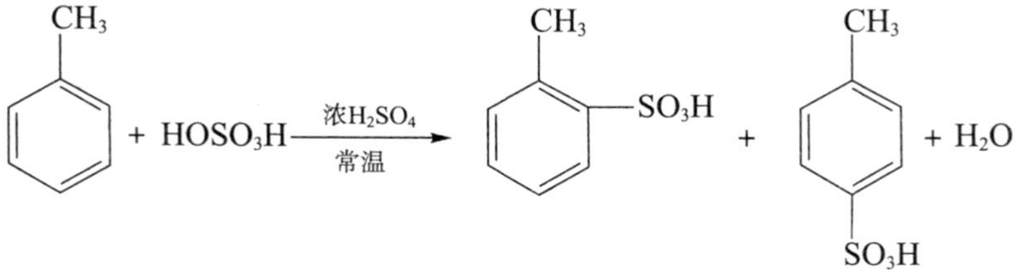

邻甲基苯磺酸　　对甲基苯磺酸

4. 定位取代规律

从甲苯等苯的同系物发生取代反应中可以看出，苯环上原有的取代基影响着第二个取代基进入苯环的位置和发生反应的难易程度，这种现象称为**定位效应**，也称**定位规律**。苯环上原有的基团称为**定位基**。根据定位效应的不同，定位基有两种类型。

（1）邻对位定位基　大部分可使苯环活化，即使取代反应比苯更容易进行，新基团主要进入它的邻位和对位。这类基团按致活作用强弱顺序有：

$$-NR_2>-NHR>-NH_2>-OH>-OR>-OCOR>$$
$$-NHCOR>-R>-Ar>-X$$

（2）间位定位基　能使苯环钝化，即使取代反应比苯难以进行，新基团主要进入它的间位。这类基团有：

$-N^+R_3$；$-NO_2$；$-CN$；$-SO_3H$；$-CHO$；$-COR$；$-COOH$；$-COOR$

例如：

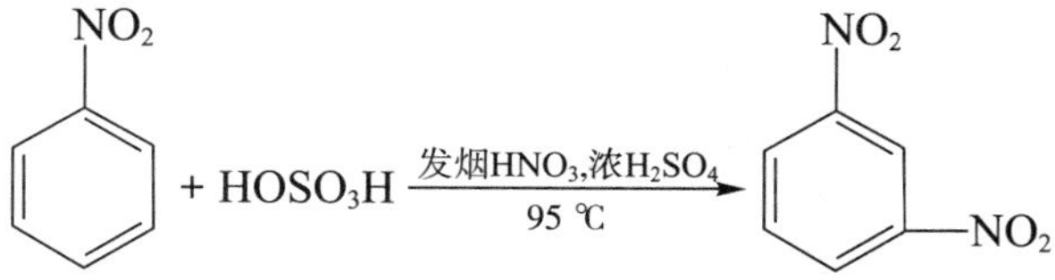

$$C_6H_5NO_2 + HOSO_3H \xrightarrow[95\ ℃]{发烟HNO_3,浓H_2SO_4} m\text{-}C_6H_4(NO_2)_2$$

间二硝基苯

$$C_6H_5SO_3H \xrightarrow[高温]{H_2SO_4,SO_3} m\text{-}C_6H_4(SO_3H)_2$$

间苯二磺酸

(二)加成反应

苯环较稳定，一般不易发生加成反应，特殊条件下可发生加氢和加氯反应。

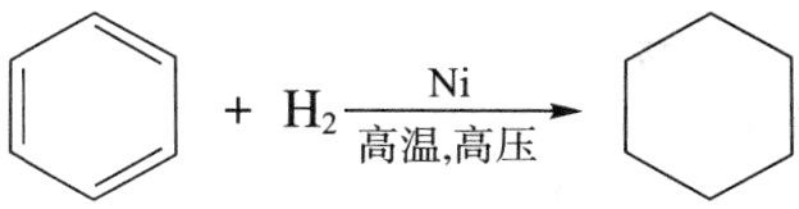

$$C_6H_6 + H_2 \xrightarrow[高温,高压]{Ni} C_6H_{12}$$

(三)氧化反应

苯环不易被氧化剂(如高锰酸钾)氧化，只在较强烈的条件下才被空气中的氧氧化。

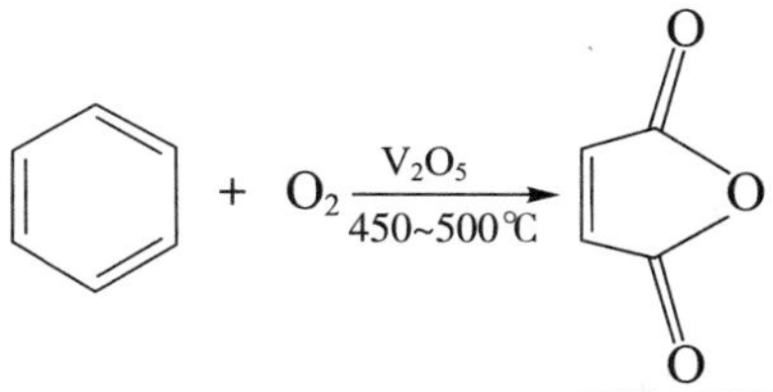

$$C_6H_6 + O_2 \xrightarrow[450\sim500℃]{V_2O_5} C_4H_2O_3$$

丁烯二酸酐

但当苯环上连有含 α-H 的侧链时，可被强氧化剂(如酸性的高锰酸钾或重铬酸钾等)氧化，且无论侧链长短如何，均氧化成羧基，即产物均为苯甲酸。苯环侧链上无 α-H 则不被氧化。

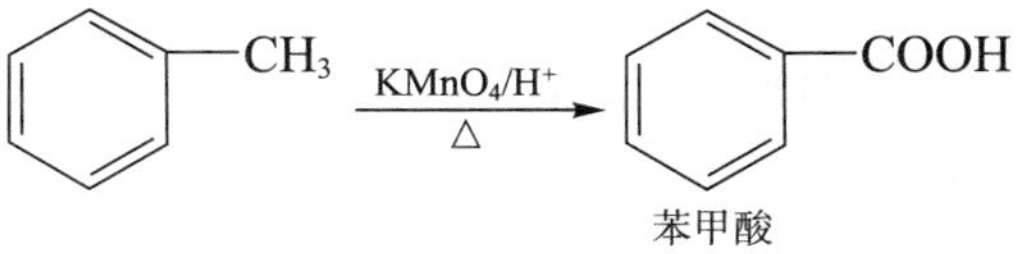

$$C_6H_5CH_3 \xrightarrow[\triangle]{KMnO_4/H^+} C_6H_5COOH$$

苯甲酸

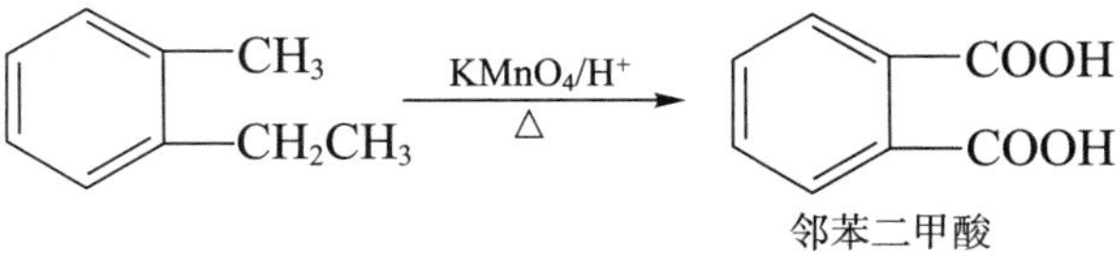

$$o\text{-}CH_3C_6H_4CH_2CH_3 \xrightarrow[\triangle]{KMnO_4/H^+} o\text{-}C_6H_4(COOH)_2$$

邻苯二甲酸

$$m\text{-}(CH_3)_3CC_6H_4CH_3 \xrightarrow[\triangle]{KMnO_4/H^+} m\text{-}(CH_3)_3CC_6H_4COOH$$

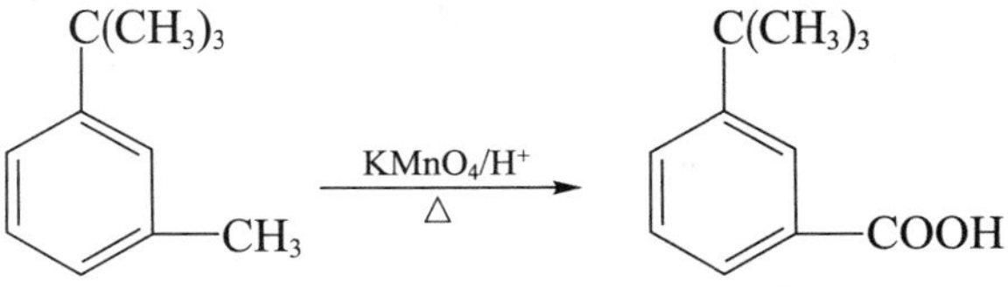

第6节 卤代烃

烃分子中一个或几个氢原子被卤素取代后生成的化合物称为卤代烃，简称卤烃。卤代烃的通式为 R—X，X 代表卤素（F、Cl、Br、I）。

一、卤代烃的分类和命名

（一）分类

1. 根据烃基类型分

卤代烃可分为卤代脂肪烃（包括饱和卤代烃与不饱和卤代烃）和卤代芳香烃。

CH_3CH_2Cl	$CH_2=CHCl$	—Cl
氯乙烷	氯乙烯	氯苯
（饱和卤代烃）	（不饱和卤代烃）	（卤代芳香烃）

2. 根据卤素种类分

卤代烃可分为氟代烃、氯代烃、溴代烃和碘代烃。

CH_3F	CH_3Cl	CH_3Br	CH_3I
一氟甲烷	一氯甲烷	一溴甲烷	一碘甲烷
（氟代烃）	（氯代烃）	（溴代烃）	（碘代烃）

3. 根据卤原子数目分

卤代烃可分为一卤代烃、二卤代烃和多卤代烃。

CH_3Cl	CH_2Cl_2	$CHCl_3$	CCl_4
一氯甲烷	二氯甲烷	三氯甲烷	四氯化碳
（一卤代烃）	（二卤代烃）	（多卤代烃）	（多卤代烃）

4. 根据碳原子类型分

卤代烃可分为伯卤代烃、仲卤代烃和叔卤代烃。

$CH_3CH_2CH_2Br$	$(CH_3)_2CHBr$	$(CH_3)_3CBr$
1-溴丙烷	2-溴丙烷	2-甲基-2-溴丙烷
（伯卤代烃）	（仲卤代烃）	（叔卤代烃）

（二）命名

对于简单的卤烃，习惯上根据卤素和烃基的名称，称为“卤某烃”或“某烃基卤”。

CH_3CH_2Br	$CH_2=CHCl$	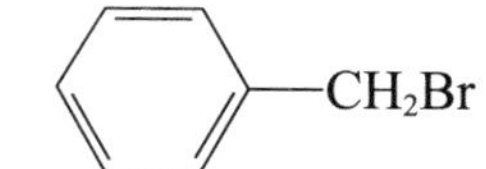
溴乙烷	氯乙烯	苄基溴
（乙基溴）	（乙烯基溴）	

而复杂的卤烃，把卤原子当作取代基，以相应的烃作母体，按烃的系统命名原则来命名。

$$\underset{\text{Cl}}{\overset{}{\text{CH}_3\text{CH}}}\text{CH}_2\underset{\text{CH}_3}{\text{CH}}\text{CH}_2\text{CH}_3$$

4-甲基-2-氯己烷

$$\text{CH}_3\underset{\text{CH}_3}{\text{CH}}\text{CH}_2\underset{\text{Cl}}{\text{CH}}\text{CH}_3$$

2-甲基-4-氯戊烷

$$\text{CH}_3\text{CH}_2\underset{\text{Br}}{\text{CH}}\underset{\text{Cl}}{\text{CH}}\text{CH}_2\text{CH}_3$$

3-氯-4-溴己烷

$$\text{CH}_2\text{=CHCH}_2\text{Cl}$$

3-氯丙烯

$$\text{CH}_3\underset{\text{Br}}{\text{CH}}\text{CH=CHCH}_3$$

4-溴-2-戊烯

(苯环，邻位取代 —CH_3、—Br)

2-溴甲苯
（邻溴甲苯）

二、卤代烃的性质

在常温常压下，氯甲烷、氯乙烷等低级卤代烃为气体，其余为液体，15个碳以上的高级卤烃为固体。卤代烃的沸点一般随相对分子质量增加而升高。大多数卤代烃的相对密度都大于1，比水重。但一卤代烃的同系列中，相对密度随着碳原子数的增加反而降低。所有的卤烃都不溶于水，而易溶于醇、醚等有机溶液。

卤代烃的官能团是卤原子，因卤素都是较强的非金属元素，碳卤键容易断裂，故卤代烃的化学性质较活泼，可与一些试剂发生反应。

(一)取代反应

卤代烷烃能与许多试剂作用，卤原子被其他原子或基团取代。

$$\text{RX}+\begin{cases}\text{NaOH}\longrightarrow\text{ROH(醇类)}+\text{NaX}\\\text{NaOR}'\longrightarrow\text{R—O—R}'\text{(醚类)}+\text{NaX}\\\text{NaCN}\longrightarrow\text{R—CN(腈类)}+\text{NaX}\\\text{NH}_3\longrightarrow\text{R—CN(胺类)}+\text{HX}\\\text{AgNO}_3\longrightarrow\text{R—ONO}_2\text{(硝酸酯)}+\text{AgX}\downarrow\end{cases}$$

其中，卤代烷与氢氧化钠的水溶液作用生成醇的反应也称为卤代烷的**水解反应**。卤代烷与硝酸银的醇溶液反应有沉淀现象，用来鉴别卤代烃。不同类型的卤代烷活性为：

碘代烷＞溴代烷＞氯代烷

叔卤代烷＞仲卤代烷＞伯卤代烷

(二)消除反应

卤代烃与强碱的醇溶液共热，分子中脱去一分子卤化氢生成烯烃。

$$\text{CH}_3\text{—}\underset{\text{H}}{\text{CH}}\text{—}\underset{\text{Br}}{\text{CH}_2}+\text{NaOH}\xrightarrow[\triangle]{\text{醇溶液}}\text{CH}_3\text{—CH=CH}_2$$

这种分子内脱去一个小分子，生成含有不饱和键化合物的反应称为**消除反应**。

不对称卤代烃在发生消除反应时，可得到两种不同的产物。

$$CH_3—\underset{\underset{H}{|}}{CH}—\underset{\underset{Br}{|}}{CH_2}—CH_3 \xrightarrow[\triangle]{NaOH醇溶液} \underset{2-丁烯(81\%)}{CH_3—CH═CH—CH_3} + \underset{1-丁烯(19\%)}{CH_3—CH_2—CH═CH_2}$$

实验表明，卤代烷发生消除反应时，主要脱去含氢较少的碳原子上的氢原子，生成双键上连有烃基较多的烯烃，这一规则称为扎依采夫规则。

发生消除反应的活性顺序为：

叔卤代烷＞仲卤代烷＞伯卤代烷

练 习 题

一、名词解释

1. 烃
2. 同系物
3. 烃基
4. 定位规律
5. 芳香性
6. 脂环烃

二、填空题

1. 烷烃的通式是________，甲烷是最简单的烷烃，结构式为________，其分子呈________结构；烯烃的通式是________，官能团是________，乙烯是最简单的烯烃，结构式为____________，其分子呈________结构；炔烃的通式是________，官能团是________，乙炔是最简单的炔烃，结构式为________，其分子呈________结构。

2. 同系物具有________的化学性质，物理性质也呈现________变化。

3. 分子内脱去________，生成含有________化合物的反应称为消除反应。卤代烷烃发生消除反应时，主要脱去________的碳原子上的氢原子，生成双键上连有________的烯烃，这一规则称为________规则。

4. 环的稳定性与环的大小有关，在环丙烷、环丁烷、环戊烷和环己烷中，它们环的稳定性的强弱顺序是：________＜________＜________＜________。

5. 甲苯与浓硫酸发生磺化反应时，得到的主要产物是________和________。

三、选择题

1. 下列化合物中沸点最高的是　（　　）

A. 乙烷　　B. 丙烷　　C. 正丁烷　　D. 正戊烷

2. 下列化合物中能与硝酸银的氨溶液作用，生成白色沉淀的是　（　　）

A. 2-戊炔　　B. 1-戊炔　　C. 1-戊烯　　D. 2-戊烯

3. 下列脂环烃中，最稳定的是　（　　）

A. 环丙烷　　B. 环丁烷　　C. 环戊烷　　D. 环己烷

4. 可用酸性高锰酸钾溶液进行鉴别的一组化合物是　（　　）

A. 环丙烷和环丁烷　　B. 环丁烷和正丁烷

C. 丙烷和丙烯　　D. 环己烷和甲烷

5. 关于苯的结构，下列叙述错误的是　（　　）

A. 苯环中有三个双键和三个单键

B. 苯环上有闭合的共轭体系

C. 苯具有平面六边形结构

D. 苯环的特殊结构决定其具有芳香性

6. 在苯环取代反应中，属于邻对位定位基的是　（　　）

A. $-CH_3$　　B. $-NO_2$　　C. $-SO_3H$　　D. $-COOH$

7. 用酸性高锰酸钾氧化可得到 —COOH的是　（　　）

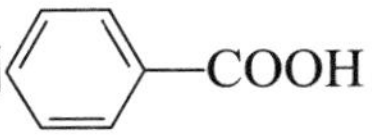

A. 　　B. 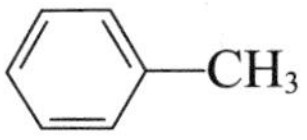 —CH_3

C. 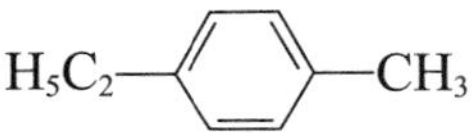 H_5C_2— —CH_3　　D. 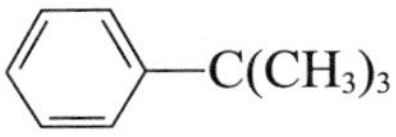 —$C(CH_3)_3$

8. 分子中同时含有伯、仲、叔、季四种类型碳原子的烷烃是　（　　）

A. 2,2,3-三甲基丁烷　　B. 2,2,4-三甲基戊烷

C. 2,2-二甲基丁烷　　D. 2-甲基戊烷

9. 开链烃也称为　（　　）

A. 脂肪烃　　B. 脂环烃　　C. 饱和脂肪烃　　D. 不饱和脂肪烃

10. 下列的烷烃名称中，不正确的是　（　　）

A. 3,3-二甲基丁烷　　B. 3,3-二甲基丁烷

C. 3-甲基戊烷　　D. 2,2,3,3-四甲基丁烷

11. 室温下能使溴水褪色但不能使高锰酸钾溶液褪色的是　（　　）

A. 环戊烯　　B. 环戊烷　　C. 正戊烷　　D. 环丙烷

12. 单环烷烃的通式是　（　　）

A. C_nH_{2n+2}　　B. C_nH_{2n}　　C. C_nH_{2n-2}　　D. $C_{2n}H_n$

13. 下列属于叔卤代烃的是　（　　）

A. 3-甲基-1-氯丁烷　　B. 2-甲基-3-氯丁烷

C. 2-甲基-2-氯丁烷　　D. 2-甲基-1-氯丁烷

14. 卤代烃与氨反应的产物是　（　　）

A. 醇　　B. 醚　　C. 胺　　D. 腈

15. 鉴别 $CH_3CH=CHCH_2Br$ 和$(CH_3)_3CBr$ 的最佳试剂是　（　　）

A. 溴水　　B. 氢氧化钠溶液

C. 硝酸银溶液　　D. 硝酸银的醇溶液

16. 下列化合物不能使溴水褪色的是　（　　）

A. 1-丁炔　　B. 2-丁炔　　C. 丁烷　　D. 1-丁烯

17. 下列化合物不能使高锰酸钾溶液褪色的是 (　　)

A. 4-甲基-2-戊烯　　B. 4-甲基-2-戊炔

C. 2-甲基戊烷　　D. 环己烯

18. 在苯环取代反应中，属于间位定位基的是 (　　)

A. $-NO_2$　　B. $-Cl$　　C. $-OH$　　D. $-NH_3$

19. 可用于鉴别苯与甲苯的试剂是 (　　)

A. 溴水　　B. 酸性高锰酸钾溶液

C. 氢氧化钠的醇溶液　　D. 硝酸银的氨溶液

20. 下列化合物中没有芳香性的是 (　　)

A. 　　B. 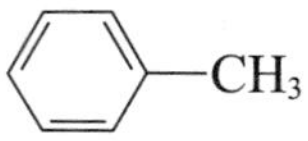 $-CH_3$　　C. 　　D. 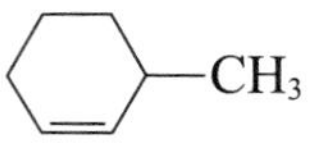 $-CH_3$

四、简答题

1. 用系统命名法给下列化合物命名。

(1) 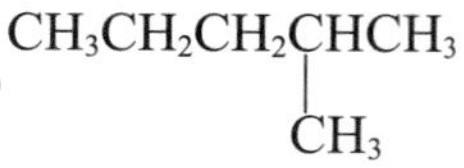 $CH_3CH_2CH_2CHCH_3$（CH 上连 CH_3）

(2) 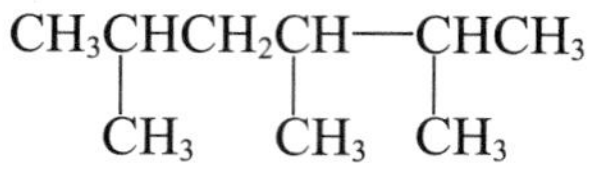 $CH_3CHCH_2CH—CHCH_3$（三个 CH 上各连 CH_3）

(3) $CH_3CH_2CH—C—CH_3$（CH 上连 CH_3；C 上连两个 CH_3）

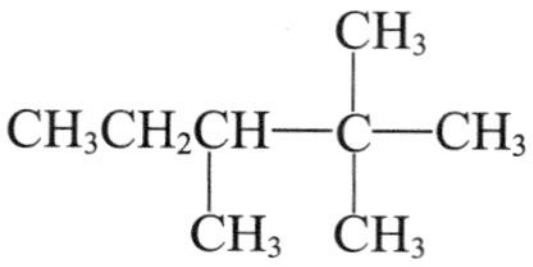

(4) 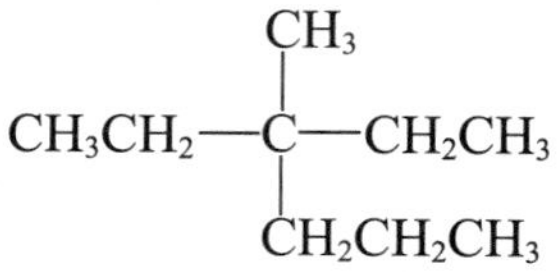 $CH_3CH_2—C—CH_2CH_3$（C 上连 CH_3 和 $CH_2CH_2CH_3$）

(5) 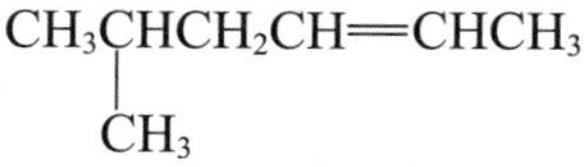 $CH_3CHCH_2CH═CHCH_3$（CH 上连 CH_3）

(6) 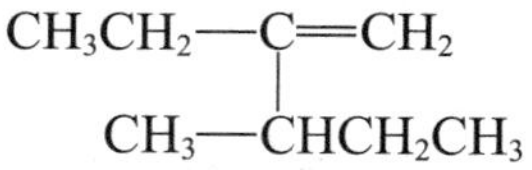 $CH_3CH_2—C═CH_2$（C 上连 $CH_3—CHCH_2CH_3$）

(7) 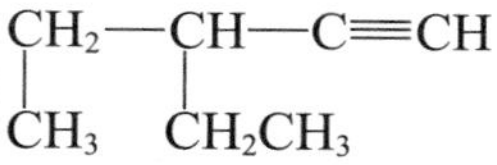 $CH_2—CH—C≡CH$（CH_2 上连 CH_3；CH 上连 CH_2CH_3）

(8) 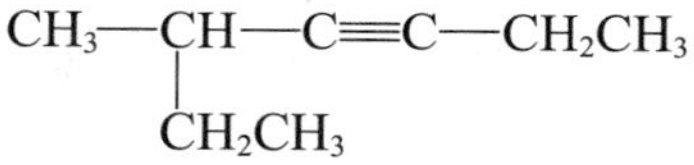 $CH_3—CH—C≡C—CH_2CH_3$（CH 上连 CH_2CH_3）

(9) 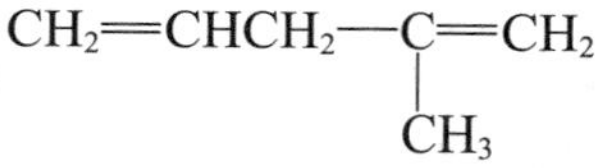 $CH_2═CHCH_2—C═CH_2$（C 上连 CH_3）

(10) 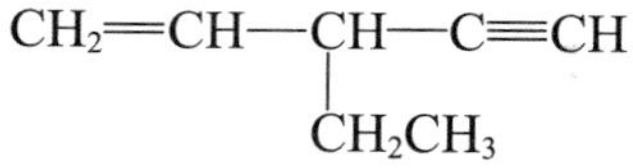 $CH_2═CH—CH—C≡CH$（CH 上连 CH_2CH_3）

(11) 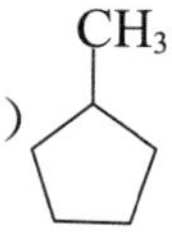 CH_3

(12) 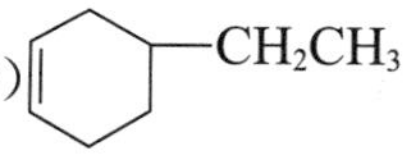 $—CH_2CH_3$

(13) 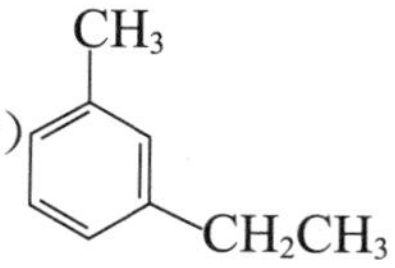 CH_3　CH_2CH_3

(14) 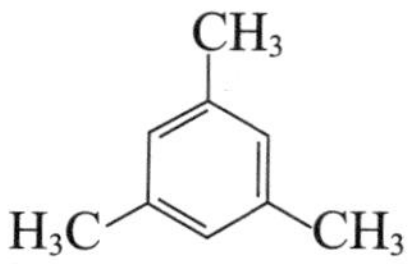 CH_3　H_3C　CH_3

(15) 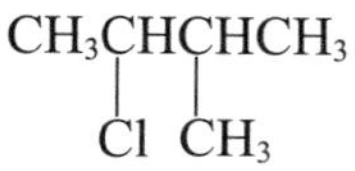 $CH_3CHCHCH_3$（Cl　CH_3）

(16) 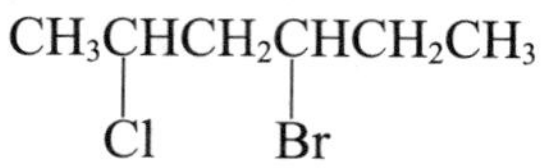 $CH_3CHCH_2CHCH_2CH_3$（Cl　Br）

(17) 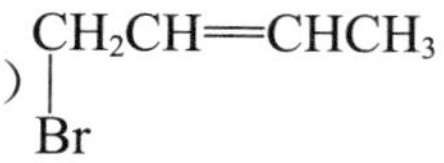 $CH_2CH═CHCH_3$（Br）

(18) 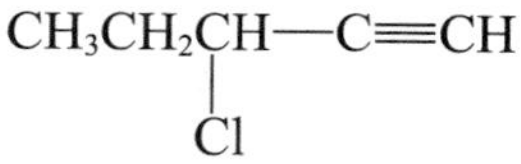 $CH_3CH_2CH—C≡CH$（Cl）

(19) 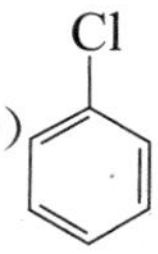 Cl

(20) 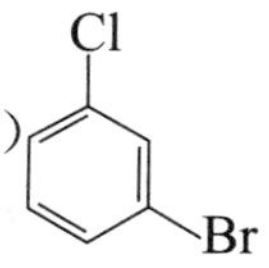 Cl　Br

2. 根据名称写出结构简式。

(1)2-甲基-3-乙基己烷　　(2)2,2,3,4-四甲基壬烷
(3)3-甲基-2-乙基-1-丁烯　　(4)2-甲基-3-己炔
(5)2,4-庚二烯　　(6)3-戊烯-1-炔
(7)甲基环戊烷　　(8)2-甲基环己烯
(9)1-甲基-4-乙基苯　　(10)苯乙烯
(11)2-甲基-2-氯丁烷　　(12)2-氯-3-溴-2-戊烯
(13)氯苯　　(14)溴苄

3. 完成下列反应方程式。

(1)$CH_3CH_3 + O_2 \xrightarrow{燃烧}$

(2)$CH_4 + Cl_2 \xrightarrow{光照} ? \xrightarrow[Cl_2]{光照} ? \xrightarrow[Cl_2]{光照} ? \xrightarrow[Cl_2]{光照} ?$

(3)$CH_2=CHCH_2CH_3 + HBr \longrightarrow$

(4)$CH_3CH_2C(CH_3)=CHCH_3 \xrightarrow[H^+]{KMnO_4}$

(5)$CH\equiv C\,CH(CH_3)CH_3 \xrightarrow[H^+]{KMnO_4}$

(6)$CH_3C\equiv CH + HCl \xrightarrow{HgCl_2} ? \xrightarrow[HCl]{HgCl_2} ?$

(7)$CH_2=CHCH_3 + HBr \xrightarrow{过氧化物}$

(8)$CH_3CH_2C\equiv CH + H_2O \xrightarrow[H_2SO_4]{HgSO_4}$

(9)□ $+ Br_2 \xrightarrow[\triangle]{CCl_4}$

(10)$CH_3CH_2C\equiv CH \xrightarrow{AgNO_3\ 氨溶液}$

(11)甲苯（$C_6H_5CH_3$）$+ Cl_2 \xrightarrow{光照}$

(12)甲苯（$C_6H_5CH_3$）$+ Cl_2 \xrightarrow{FeCl_3}$

(13)甲苯（$C_6H_5CH_3$）$+ HNO_3 \xrightarrow{H_2SO_4}$

(14) 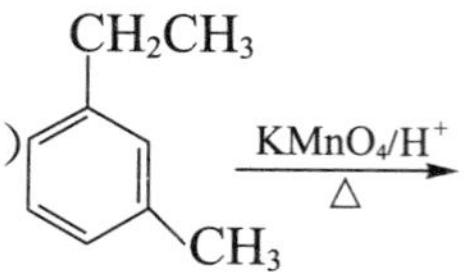 1-乙基-3-甲基苯（苯环上 CH_2CH_3 与 CH_3 处于间位）$\xrightarrow[\triangle]{KMnO_4/H^+}$

(15) $\underset{\displaystyle Br}{CH_3\overset{}{C}HCH_2CH_3}\xrightarrow[\triangle]{NaOH水溶液}$

(16) $\underset{\displaystyle Br}{CH_3\overset{}{C}HCH_2CH_3}\xrightarrow[\triangle]{NaOH醇溶液}$

(17) $CH_3CH_2I + AgNO_3 \xrightarrow{醇溶液}$

4. 用化学方法鉴别下列各组化合物。

(1)乙烷、乙烯、乙炔

(2)1-丁炔、2-丁炔

(3)甲苯、甲基环己烷、3-甲基环己烯

(4)1-氯丙烷、1-氯丙烯、3-氯丙烯

5. 推断题。

(1)A 和 B 两个化合物互为同分异构体，都能使溴的四氯化碳溶液褪色。A 能与硝酸银的氨溶液反应生成白色沉淀，用酸性高锰酸钾氧化生成丙酸(CH_3CH_2COOH)和二氧化碳；B 不与硝酸银的氨溶液反应，而用酸性高锰酸钾氧化只生成一种羧酸。试写出 A 和 B 的结构式。

(2)分子式为 C_9H_{12} 的芳烃 A，经酸性高锰酸钾氧化后得二元羧酸。将 A 进行硝化，只得到两种一硝基产物。推测 A 的结构式，并写出有关反应式。

(3)有烯烃 A 和 B 的化学式是 C_6H_{12}，用酸性高锰酸钾氧化后，A 只生成酮一种产物，B 得到两个产物，一个是羧酸，另一个是酮。试写出 A 和 B 的结构式。

(朱道林)

第10章　有机含氧化合物

学习目标

1. 掌握含氧有机物的结构、官能团和命名方法。
2. 熟悉含氧有机物的分类以及重要的化合物结构和名称(俗名)。
3. 了解含氧有机物的物理性质及其规律，了解重要化合物在医学上的应用。
4. 掌握醇的氧化、脱水和酯化反应，熟悉醇与金属、卤化氢反应，了解邻二醇的特性反应。
5. 掌握酚的酸性、氧化反应，熟悉芳环的卤代、硝化、磺化反应和酚的显色反应。
6. 熟悉醚的主要化学性质(与强酸、氢碘酸生成过氧化物)。
7. 掌握醛和酮的加成反应和醛的氧化反应，熟悉 α-H 的反应，了解醌的加成反应。
8. 掌握羧酸的酸性、生成羧酸衍生物和脱羧反应，熟悉 α-H 的卤代和还原反应。
9. 掌握羟基酸的酸性、脱水和氧化反应，了解丙酮酸和 β-丁酮酸的重要性质。
10. 熟悉酰卤、酸酐的水解、醇解、氨解反应。
11. 熟悉萜类和甾体化合物的结构特点，了解其重要化合物的名称、结构和生物学意义。

自然界中很多有机化合物，若从组成上看，除含碳、氢元素外，还含有氧元素；而从结构看，可以看作烃分子中的氢原子被含有氧原子的原子团取代后衍生而成的，它们又被称为烃的含氧衍生物。烃的含氧衍生物的种类很多，可分为醇、酚、醚、醛、酮、羧酸和酯等。

第1节　醇、酚、醚

醇、酚、醚都是烃的含氧衍生物，也可看成水的烃基衍生物。

R—H	R—OH	Ar—OH	R—OR′	H—OH
烃	醇	酚	醚	水

一、醇

醇可以看作烃分子中一个(或几个)氢原子被羟基取代后所生成的化合物。醇的通式为 R—OH，**官能团是—OH，称醇羟基**。

要注意醇、酚结构上的区别。羟基与脂肪烃基或芳香烃侧链碳原子相连的化合物称为醇，但羟基直接与芳环上碳原子相连的化合物则称为酚。

(一)醇的分类

1. 由烃基类型分

醇可分为饱和醇、不饱和醇、芳香醇和脂环醇。

$CH_3CH_2—OH$　　$CH_2═CHCH_2—OH$　　$C_6H_5—CH_2—OH$　　$C_6H_{11}—OH$

乙醇　　烯丙醇　　苯甲醇（苄醇）　　环己醇

2. 由羟基数目分

醇可分为一元醇、二元醇、三元醇等，二元醇以上可统称为多元醇。

$CH_3CH_2—OH$　　$HOCH_2—CH_2OH$　　$HOCH_2—CH(OH)—CH_2OH$

乙醇　　乙二醇　　丙三醇(甘油)

3. 由羟基相连的碳原子种类分

醇可分为伯醇、仲醇和叔醇。

$CH_3CH_2CH_2CH_2—OH$　　$CH_3CH_2CH(CH_3)—OH$　　$(CH_3)_3C—OH$

正丁醇　　仲丁醇　　叔丁醇

(二)醇的命名

简单的一元醇可用普通命名法，即根据与羟基相连的烃基名称来命名，称为“某醇”。

结构比较复杂的醇，采用系统命名法：即选择含有羟基的最长碳链作为主链，把支链看作取代基，从离羟基最近的一端开始编号，按照主链所含的碳原子数目称为“某醇”，羟基在 1 位的醇，可省去羟基的位次。

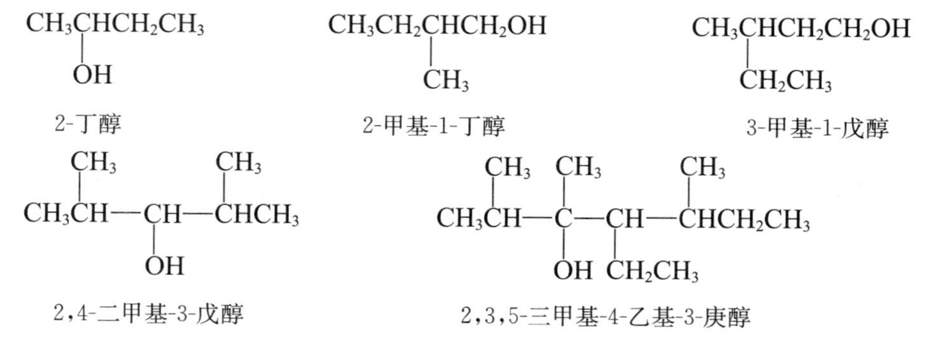

多元醇的命名方法，要选取含有尽可能多的带羟基的碳链作为主链，羟基的数目写在醇字的前面。用二、三、四等数字表明。

$$\underset{}{CH_3}-\underset{\underset{OH}{|}}{CH}-\underset{\underset{OH}{|}}{CH_2}$$

1,2-丙二醇

$$\underset{\underset{OH}{|}}{CH_2}-CH_2-\underset{\underset{OH}{|}}{CH_2}$$

1,3-丙二醇

$$\underset{\underset{OH}{|}}{CH_2}-\underset{\underset{OH}{|}}{CH}-\underset{\underset{OH}{|}}{CH_2}$$

丙三醇

(三)醇的物理性质

从前面烃和卤代烃的结构和性质来看，一种有机化合物的性质取决于它的结构。

1. 状态

C1～C4 是低级一元醇，是无色流动液体，比水轻。C5～C11 为油状液体，C12 以上高级一元醇是无色的蜡状固体。甲醇、乙醇、丙醇都带有酒味，从丁醇开始到十一醇有不愉快的气味，二元醇和多元醇都具有甜味，故乙二醇也称为甘醇。甲醇有毒，饮用 10 mL 就能使眼睛失明，再多量可中毒致死亡。

2. 沸点

醇的沸点比含相同碳原子数的烷烃、卤代烷高。如 CH_3CH_2OH 的沸点为 78.5 ℃，CH_3CH_2Cl 的沸点为 12 ℃。这是因为液态时水分子和醇分子一样，在它们的分子间有缔合现象存在。由于氢键缔合的结果，使它具有较高的沸点。

直链饱和一元醇的沸点也随碳原子数目的增加而有规律地升高；碳原子数相同时，支链多，沸点低。

3. 溶解度

低级的醇能溶于水，分子量增加，溶解度就降低。含有 3 个以下碳原子的一元醇，可以和水混溶。正丁醇在水中的溶解度就很低，只有 8%，正戊醇就更小了，只有 2%。高级醇和烷烃一样，几乎不溶于水。低级醇之所以能溶于水，主要是因为它的分子中有和水分子相似的部分——羟基。醇和水分子之间能形成氢键，所以能促使醇分子易溶于水。

$$H-\underset{\underset{R}{|}}{O}\cdots H-\underset{\underset{H}{|}}{O}\cdots H-\underset{\underset{R}{|}}{O}\cdots H-\underset{\underset{H}{|}}{O}\cdots$$

但当醇的碳链增长时，羟基在整个分子中的影响减弱，在水中的溶解度也就降低，以至于不溶于水。相反，当醇中的羟基增多时，分子中和水相似的部分增加，同时能和水分子形成氢键的部位也增加了，因此二元醇的水溶性要比一元醇大。甘油有较强的吸湿性，故纯甘油不能直接用来滋润皮肤，一定要掺一些水，不然它要从皮肤中吸取水分，使人感到刺痛。

(四)醇的化学性质

1. 与活泼金属作用

醇中羟基上的氢较活泼，能被金属所取代，生成氢气和醇金属盐。

$$\mathrm{CH_3CH_2OH + 2Na \longrightarrow 2CH_3CH_2ONa + H_2\uparrow}$$

乙醇钠

此反应比钠与水的反应要缓和得多。生成的醇钠遇水强烈水解。

$$\mathrm{CH_3CH_2ONa + H_2O \longrightarrow CH_3CH_2OH + NaOH}$$

上述反应说明乙醇钠的碱性比氢氧化钠还强。

醇也可与金属钾、镁、铝发生类似反应，生成相应的醇金属化合物。

2. 氧化和脱氢反应

在有机化学反应中，通常把有机化合物分子中加入氧原子或失去氢原子的反应称为**氧化反应**；反之，有机化合物分子中加入氢原子或失去氧原子的反应称为**还原反应**。醇的氧化反应与羟基相连的碳原子上是否有氢原子有关。伯醇、仲醇可以被氧化，其产物是醛、酸，仲醇是酮。叔醇因为连羟基的叔碳原子上没有氢原子，所以不容易氧化。

(1)氧化　氧化醇时可用的氧化剂很多，通常有 $KMnO_4$、浓 HNO_3、$K_2Cr_2O_7$ 等，前两者的氧化能力最强。

$$\mathrm{CH_3CH_2OH \xrightarrow{K_2Cr_2O_7/H_2SO_4} \underset{乙醛}{CH_3CHO} \xrightarrow[继续反应]{[O]} \underset{乙酸}{CH_3COOH}}$$

$$\text{环己醇(环己基—OH)} \xrightarrow{\mathrm{K_2Cr_2O_7,/H_2SO_4}} \underset{环己酮}{\text{环己基=O}}$$

叔醇很难被氧化。在剧烈的条件下虽发生氧化，但是它的碳架发生了裂解，产物是低级的酮和酸的混合物。

使用 $K_2Cr_2O_7$ 作氧化剂时，反应前后由 Cr(Ⅵ)(橙红色)变成 Cr(Ⅲ)(绿色)，发生了颜色变化，可用于区别叔醇。检查司机是否酒后驾车的呼吸分析仪种类很多，其中也有应用酒中所含乙醇被氧化后溶液颜色变化的原理设计的。

乙醇在人体内主要是经肝脏代谢，在脱氢酶的作用下，乙醇被氧化成乙醛，乙醛很快在乙醛脱氢酶的作用下氧化成乙酸，而乙酸可被机体吸收利用。但乙醇在体内的代谢速率是有限度的。过量饮酒超过机体的承受限度时，会引起酒精中毒，严重时甚至会因心肝被麻痹或呼吸中枢丧失功能而窒息死亡。

(2)脱氢　伯、仲醇的蒸气在高温下通过催化剂 Pt、Pd、Cu、Ag 等，可发生脱氢反应，生成醛或酮。

$$\mathrm{CH_3\underset{\underset{OH}{|}}{C}H_2OH \xrightarrow[325\ ^\circ C]{Cu} CH_3CHO + H_2}$$

$$\mathrm{CH_3\underset{\underset{OH}{|}}{C}HCH_3 \xrightarrow[325\ ^\circ C]{Cu} CH_3\underset{\underset{O}{\|}}{C}CH_3 + H_2}$$

醇的催化脱氢大多用于工业生产上。现在工厂中由甲醇制甲醛、乙醇制乙醛都是采用这个方法。

叔醇分子中没有 α-H，不发生脱氢反应。

3. 酯化反应

醇和含氧酸作用，脱去水生成酯的反应称为**酯化反应**。其中含氧酸可以是无机酸，也可以是有机酸。常见的无机含氧酸有 HNO_3、H_2SO_4、H_3PO_4 等。

$$\underset{\text{硫酸}}{CH_3OH+HOSO_2OH} \xrightleftharpoons{-H_2O} \underset{\text{硫酸氢甲酯(酸性酯)}}{CH_3OSO_2OH} \xrightleftharpoons[\text{减压蒸馏}]{-H_2O} \underset{\text{硫酸二甲酯(中性酯)}}{CH_3OSO_2OCH_3}$$

酯化反应有很重要的应用。如合成洗涤剂十二烷基磺酸钠、硝酸甘油的生产。

$$C_{12}H_{25}OH+H_2SO_4(\text{浓}) \xrightarrow{40\sim55\ ℃} C_{12}H_{25}OSO_3H \xrightarrow{NaOH} C_{12}H_{25}OSO_3Na$$

$$\begin{matrix} CH_2-OH \\ | \\ CH-OH \\ | \\ CH_2-OH \end{matrix} + 3HO-NO_2 \xrightarrow{H_2SO_2} \underset{\text{硝酸甘油}}{\begin{matrix} CH_2-O-NO_2 \\ | \\ CH-O-NO_2 \\ | \\ CH_2-O-NO_2 \end{matrix}} + 3H_2O$$

硝酸甘油临床上用于治疗心绞痛。

4. 脱水反应(消除反应)

醇的脱水反应有两种方式：分子内脱水生成烯烃；分子间脱水生成醚，究竟以哪种脱水方式为主，取决于醇的结构和反应条件。常用的脱水剂有硫酸、氧化铝等。

(1)分子内脱水　不同类型的醇发生分子内脱水的难易程度相差较大，反应活性次序是：叔醇>仲醇>伯醇。脱水产物遵循扎依采夫规则。

$$CH_3CH_2-OH \xrightarrow[170℃]{\text{浓}H_2SO_4} CH_2=CH_2+H_2O$$

$$\underset{\displaystyle\ \ |\atop\displaystyle OH}{CH_3CHCH_2CH_3} \xrightarrow[\triangle]{\text{浓}H_2SO_4} CH_3CH=CHCH_3+H_2O$$

(2)分子间脱水　在相对较低的温度下，醇可发生分子间脱水生成醚。其反应活性次序是：伯醇>仲醇>叔醇。对叔醇来说，只能分子内脱水生成烯。

$$CH_3CH_2-OH \xrightarrow[140\ ℃]{\text{浓 }H_2SO_4} \underset{\text{乙醚}}{CH_3CH_2-O-CH_2CH_3}+H_2O$$

5. 与氢卤酸反应

醇与氢卤酸反应生成相应的卤代烃。

$$R-OH+HX \longrightarrow R-X+H_2O$$

X=Cl、Br、I

反应速率取决于醇的结构和氢卤酸的性质。

HX 的活泼次序：HI>HBr>HCl。

ROH 的活泼次序：烯丙型醇>叔醇>仲醇>伯醇。

用浓 HCl 与无水 $ZnCl_2$ 配成的溶液称为卢卡斯试剂，可用于鉴别六个碳以下的伯、仲、叔醇。

$$(CH_3)_3C—OH + HCl \xrightarrow[20\ ℃]{ZnCl_2} (CH_3)_3C—Cl + H_2O$$

立即混浊并分层

$$CH_3CH_2\underset{\displaystyle OH}{\underset{|}{C}}HCH_3 + HCl \xrightarrow[20\ ℃]{ZnCl_2} CH_3CH_2\underset{\displaystyle Cl}{\underset{|}{C}}HCH_3 + H_2O$$

放置片刻后混浊并分层

$$CH_3CH_2CH_2CH_2—OH + HCl \xrightarrow[\triangle]{ZnCl_2} CH_3CH_2CH_2CH_2—Cl + H_2O$$

室温下不反应，加热后混浊

6. 邻二醇与氢氧化铜反应

邻二醇与新沉淀的氢氧化铜反应，生成鲜艳蓝色的溶液。此反应迅速、现象明显，常用于鉴别具有邻二醇结构的多元醇类。

（五）重要的醇

1. 甲醇

甲醇又称木醇，为无色透明的液体，沸点为 64.5 ℃。甲醇能与水及许多有机溶剂混溶。甲醇有剧毒，人体服用少量(10 mL)可致失明，多于 30 mL 可致死。工业上，甲醇可以用于合成甲醛及其他化合物，也可用作抗冻剂、溶剂及甲基化试剂等。

2. 乙醇

乙醇俗称酒精，是无色透明的液体，沸点为 78.5 ℃。乙醇在工业上常用薯类等高含淀粉或糖类的物质经发酵而制备。乙醇可外用于防腐消毒，其中以 75%乙醇溶液消毒最好，也可作为广泛应用的溶剂、中草药有效成分的提取剂等。

3. 丙三醇

丙三醇俗称甘油，为无色透明黏稠液体，沸点为 290 ℃，与水以任意比例混溶。甘油具有很强的吸湿性，由于对皮肤有刺激性，因此应用水稀释后再作为皮肤润滑剂。甘油在药物制剂上可作为溶剂和润滑剂。三硝酸甘油酯俗称硝酸甘油，常用于制作炸药，因具有扩展冠状动脉的作用，故可用来治疗心绞痛。

4. 苯甲醇

苯甲醇又称苄醇，无色液体，有芳香味，沸点为 205 ℃，微溶于水，可与乙醇、乙醚混溶。苯甲醇具有微弱的局部麻醉作用和防腐效能，常用于配制注射剂，如向青霉素钾盐注射液和中草药注射剂中加入少量苯甲醇，可减轻注射药物时的疼痛感。

二、酚

芳香烃分子中芳环上的氢原子被羟基取代后生成的化合物，称为酚。酚的通式是 Ar—OH，**官能团为—OH(酚羟基)**。羟基直接与苯环相连。

（一）酚的分类和命名

根据分子中所含酚羟基的数目多少，酚可分为一元酚、二元酚和多元酚；根据酚羟基所连接的芳环不同，可分为苯酚、萘酚和蒽酚。

酚的命名，一般是在“酚”字前面加上芳环的名称作母体，再加上其他取代基的名称和位次。

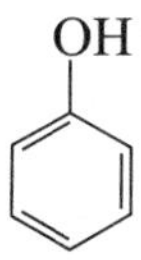

苯酚 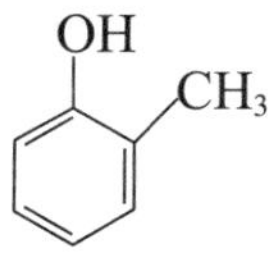　　邻甲苯酚 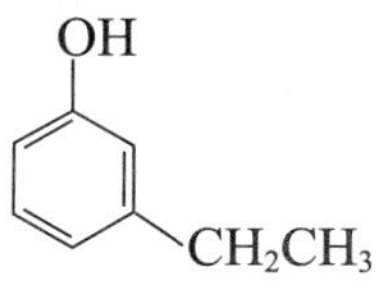　　间乙苯酚 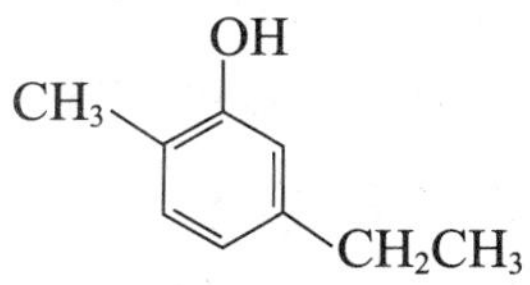　　2-甲基-4-乙基苯酚

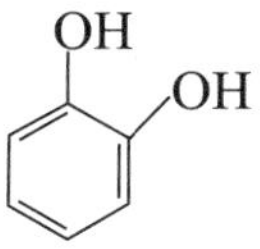

邻苯二酚 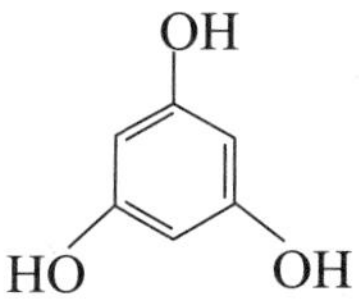　　1,3,5-苯三酚　　α-萘酚

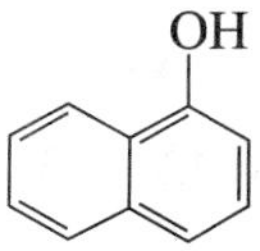

(二)酚的物理性质

纯净的酚具有特殊的气味，酚一般多为固体。少数烷基酚为液体。由于分子间形成氢键，所以沸点都很高，微溶于水。纯的酚是无色的，由于易氧化，往往带有红色至褐色。酚的毒性很大，杀菌和防腐作用是酚类化合物的重要特性之一，消毒用的“来苏儿”即甲酚(甲基苯酚三种异构物的混合物)与肥皂溶液的混合液。

(三)酚的化学性质

1. 弱酸性

酚类具有弱酸性，可与氢氧化钠反应生成钠盐——酚钠。故酚可溶于氢氧化钠溶液中。

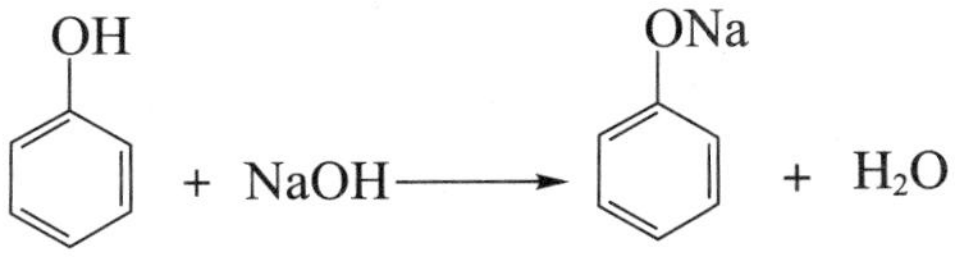

$$C_6H_5OH + NaOH \longrightarrow C_6H_5ONa + H_2O$$

大多数酚的 $pK_a=10$。酸性比碳酸($pK_{a_1}=6.38$)弱，将 CO_2 通入酚钠盐的水溶液中，可以使酚重新游离出来。此反应可用于酚的分离提纯。

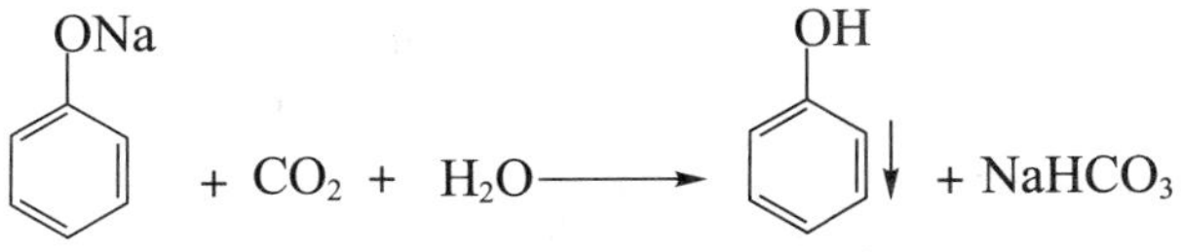

$$\underset{\text{溶于水}}{C_6H_5ONa} + CO_2 + H_2O \longrightarrow \underset{\text{不溶于水}}{C_6H_5OH}\downarrow + NaHCO_3$$

2. 与 $FeCl_3$ 的颜色反应

大多数酚都能与溶液发生显色反应，结构不同的酚所显的颜色不同。

苯酚、间苯二酚、1,3,5-苯三酚　　紫色

邻甲苯酚、间甲苯酚、对甲苯酚　　蓝色

对苯二酚	暗绿色
1,2,3-苯三酚	红色

凡具有烯醇式结构（$-\underset{|}{C}=\underset{|}{C}-OH$）的脂肪族化合物，也有这个反应。此颜色反应常用于此类物质的鉴别。

3. 芳环的取代反应

酚羟基属于邻对位定位基，可使芳环活化，比苯更容易发生卤代、硝化、磺化等取代反应。

(1)卤代　酚的卤代反应非常容易发生，产物为三卤代酚。如室温下，苯酚与溴水反应立即生成白色沉淀。

$$C_6H_5OH + 3Br_2 \longrightarrow 2,4,6\text{-}Br_3C_6H_2OH\downarrow + 3HBr$$

这个反应迅速且很灵敏，极稀的苯酚溶液（10 μg/g）也能与溴水反应生成沉淀。故此反应常可用于苯酚的定性鉴别和定量测定。

(2)硝化　苯酚在室温下与稀硝酸反应生成一硝基产物，与浓硝酸反应生成三硝基产物。

$$C_6H_5OH + HNO_3(稀) \longrightarrow o\text{-}O_2NC_6H_4OH + p\text{-}O_2NC_6H_4OH$$

$$C_6H_5OH \xrightarrow{浓HNO_3} 2,4,6\text{-}(O_2N)_3C_6H_2OH$$

2,4,6-三硝基苯酚俗名苦味酸，是一种烈性炸药。

(3)磺化　酚也容易发生磺化反应，室温下得到邻位产物，升高温度得到对位产物。

$$C_6H_5OH \xrightarrow[25\ ℃]{浓H_2SO_4} o\text{-}HO_3SC_6H_4OH\ (邻羟基苯磺酸)$$

$$C_6H_5OH \xrightarrow[100\ ℃]{浓H_2SO_4} p\text{-}HO_3SC_6H_4OH\ (对羟基苯磺酸)$$

4. 氧化反应

酚很容易氧化。如纯净的苯酚为无色结晶，在空气中可被缓慢氧化而带微红色。

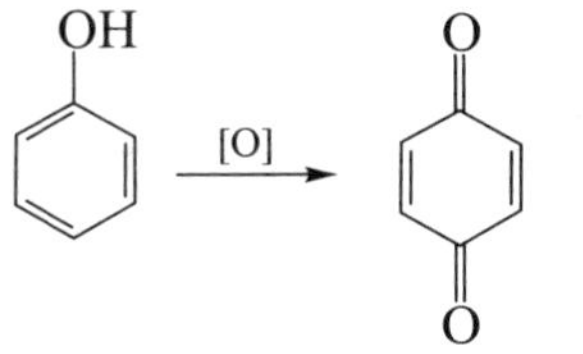

苯酚 $\xrightarrow{[O]}$ 对苯醌(棕黄色)

(四)重要的酚

1. 苯酚

苯酚俗称石炭酸。苯酚是无色固体，有特殊的刺激性气味，室温下微溶于水，65 ℃以上时可与水混溶，易溶于乙醇、乙醚、苯等有机溶剂中。

苯酚有毒，具有一定的杀菌能力，可用作医用消毒剂。因其对皮肤有腐蚀性，故只用3%～5%苯酚水溶液消毒手术器械。

2. 甲苯酚

甲苯酚因来自煤焦油中，故又称煤酚，它是三种异构体的混合物。甲苯酚难溶于水，可溶于肥皂溶液中。其肥皂溶液称为来苏尔，临床上用作外用消毒剂，稀溶液常用于消毒皮肤、器械等，杀菌作用比苯酚强。

3. 苯二酚

苯二酚有三种异构体，均为无色晶体，能溶于乙醇、乙醚中。间苯二酚俗称树脂酚，是重要的化工原料，医学上用作消毒剂；邻苯二酚俗称儿茶酚，肾上腺素一类药物中有邻苯二酚结构。

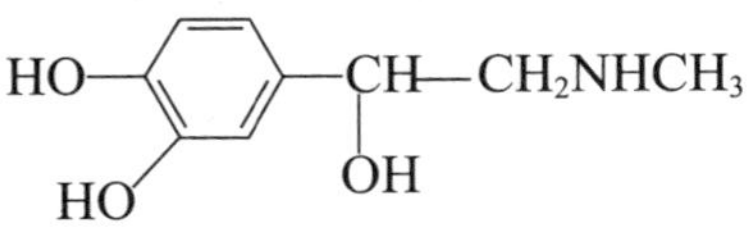

3,4-$(HO)_2C_6H_3$—CH(OH)—CH_2NHCH_3

肾上腺素(抗过敏性休克)

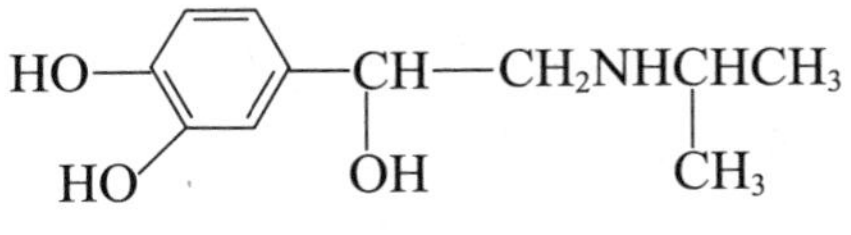

3,4-$(HO)_2C_6H_3$—CH(OH)—$CH_2NHCH(CH_3)CH_3$

异丙肾上腺素(又名喘息定，有平喘作用)

三、醚

醚可认为是醇或酚羟基上的氢原子被烃基取代的衍生物。通式为：

$$(Ar)R—O—R'(Ar')$$

醚的官能团是—O—，称醚键。

(一)醚的分类和命名

1. 单醚

醚分子中的两个烃基相同时称为单醚，命名时根据烃基名称为“二某醚”。烃基为烷基时，醚名称中的“二”可省去。

$CH_3—O—CH_3$ 甲醚　　$CH_3CH_2—O—CH_2CH_3$ 乙醚　　$C_6H_5—O—C_6H_5$ 二苯醚

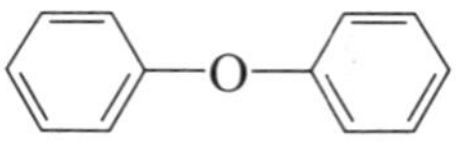

2. 混醚

醚分子中的两个烃基不同时为混醚，命名时根据烃基名称为“某某醚”。较小的烃基和芳烃基放在前面。

$CH_3—O—CH_2CH_3$ 甲乙醚　　$C_6H_5—O—CH_3$ 苯甲醚

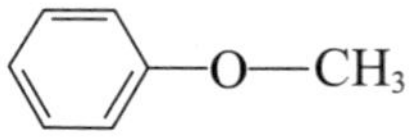

3. 环醚

环醚是指具有环状的醚，命名时可称为“环氧某烷”，也可按杂环来命名。

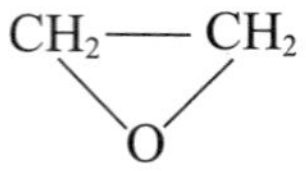

环氧乙烷 　　环氧丁烷(四氢呋喃)

结构比较复杂的醚可以当作烃的烃氧基衍生物来命名。将较大的烃基当作母体，剩下的烷氧基—OR 看作取代基。

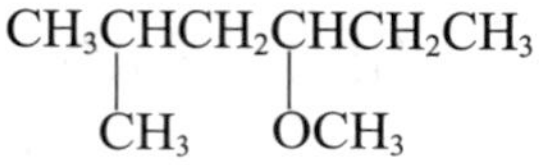

$CH_3CH(CH_3)CH_2CH(OCH_3)CH_2CH_3$ 2-甲基-4-甲氧基己烷　　$HO—C_6H_4—OCH_2CH_3$ 对乙氧基苯酚

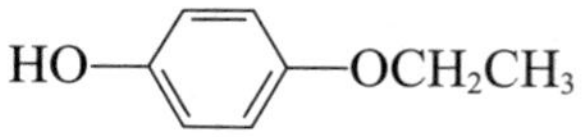

(二)醚的物理性质

醚的沸点比相应分子量的醇低得多。如正丁醇的沸点为 117.3 ℃，乙醚的沸点为 34.5 ℃。其原因是醚分子中氧原子的两边均为烃基，没有活泼氢原子，醚分子之间不能产生氢键。醚与相同碳原子的醇在水中的溶解度相近，因为醚分子中氧原子仍能与水分子中的氢原子生成氢键。

醚多为无色液体，易挥发，有特殊气味，比水轻，多数易燃，使用时必须注意安全。醚也是一种良好的有机溶剂。

(三)醚的化学性质

1. 鉡盐的生成

醚能与强酸反应生成的鉡盐能溶解于冷的强酸中。此反应可用于区别烷烃和醚。

$$CH_3CH_2—O—CH_2CH_3 + H_2SO_4 \longrightarrow [CH_3CH_2—\overset{\displaystyle H}{O}—CH_2CH_3]^+HSO_4^-$$

鉡盐在浓酸中稳定，在水中水解，醚即重新析出。

2. 醚链的断裂

醚和氢卤酸共热，醚链断裂，生成卤代烷和醇。若有过量氢卤酸存在，则生成的醇又可以进一步反应形成卤代烷。

使醚键断裂最有效的试剂是浓氢碘酸。混合醚发生醚键断裂时，一般是较小的烃基变成碘代烷。例如：

$$CH_3CH_2—O—CH_3 + HI \xrightarrow{\triangle} CH_3CH_2OH + CH_3I$$

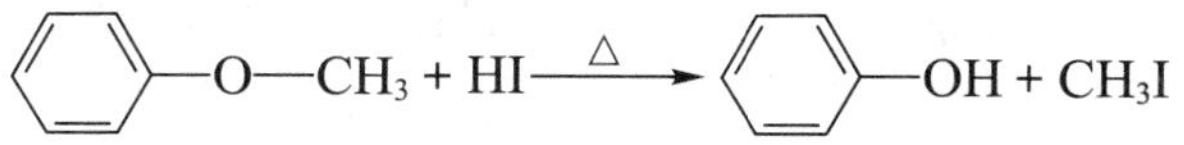

$$C_6H_5—O—CH_3 + HI \xrightarrow{\triangle} C_6H_5—OH + CH_3I$$

3. 过氧化物的生成

醚长期与空气接触，会慢慢地被氧化生成不易挥发的过氧化物。过氧化物不稳定，遇热容易分解，且易爆炸。故在蒸馏醚时注意不要蒸干，以免发生爆炸事故。

醚中过氧化物常用碘化钾淀粉溶液或硫酸亚铁的硫氰酸钾溶液检查。如有过氧化物存在时，前者呈蓝紫色，后者呈红色。加还原剂如亚硫酸钠或硫酸亚铁，振荡，可除去过氧化物。

(四)重要的醚

1. 乙醚

乙醚是醚类物质中最重要的一种，也是良好的有机溶剂。它是无色的液体，微溶于水，比水轻，挥发性很大，极易着火。使用乙醚时禁止使用明火，以防燃烧爆炸。

乙醚化学性质较稳定，常用作有机反应的溶剂，也可用来提取中草药的有效成分。乙醚具有麻醉作用，临床上用于吸入性全身麻醉，其对心肝、肝脏及肾脏的刺激性远较氯仿小，缺点是对黏膜有刺激性。

2. 环氧乙烷

环氧乙烷是最简单的环醚，又称氧化乙烯，常温下是一种无色有毒的气体。它与一般的醚不同，化学性质非常活泼，是重要的化工原料，也大量用作杀虫剂和消毒剂。

第 2 节　醛、酮、醌

醛、酮、醌都是含有羰基（$>C=O$）的化合物，因此也称为羰基化合物。

一、醛和酮

羰基的碳分别与烃基及氢相连的化合物称为醛（甲醛除外，羰基连接两个氢），其中**—CHO 称为醛基，是醛的官能团；羰基与两个烃基相连的化合物称为酮**，酮分子中的羰基又称为**酮基，是酮的官能团**。由于这两类化合物均含有羰基，它们在性质上有很多相似之处，故在一起进行叙述。

(一)分类和命名

1. 分类

(1)根据烃基结构,醛(酮)可分为脂肪族醛(酮)、脂环族醛(酮)和芳香族醛(酮)。

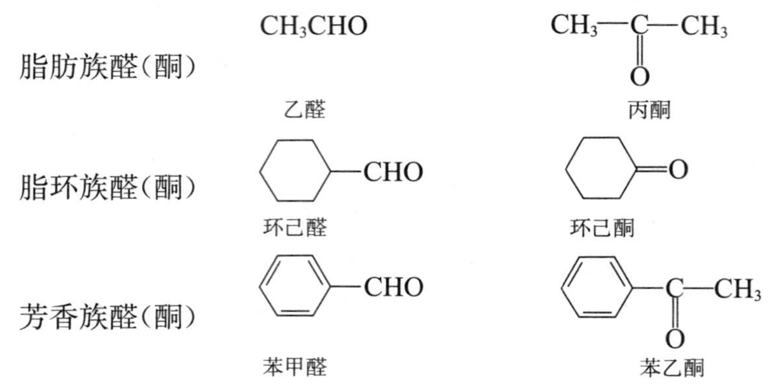

(2)根据脂肪烃基中是否含有不饱和键,醛(酮)可分为饱和醛(酮)和不饱和醛(酮)。

饱和醛(酮)　CH_3CH_2CHO（丙醛）　$CH_3-CO-CH_2CH_2CH_3$（2-戊酮）

不饱和醛(酮)　$CH_2{=}CHCHO$（2-丙烯醛）　$CH_3-CO-CH{=}CHCH_3$（3-戊烯-2-酮）

2. 命名

(1)普通命名法　简单的脂肪醛根据碳原子数称为“某醛”,如甲醛、乙醛、丙醛的命名。简单的脂肪酮则根据酮基上的两个烃基名称称为“某(基)某(基)酮”。含有芳香烃基时,芳香烃基写在前面。

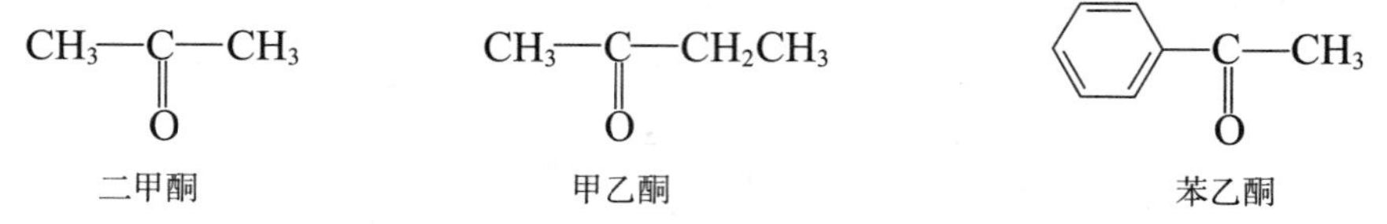

(2)系统命名法　醛、酮的系统命名法与醇相似。应选择含有羰基的最长碳链为主链,从靠近羰基的一端开始给主链上碳原子编号,并将取代基、不饱和键、酮基的位置、数目、名称写在母体名称之前。

$CH_3CH(CH_3)CH_2CH(CH_3)CHO$（2,4-二甲基戊醛）　$CH_3-CO-CH(CH_3)CH_2CH_3$（3-甲基-2-戊酮）　$CH_3CH(CH_3)CH{=}CHCHO$（4-甲基-2-戊烯醛）

给主链碳原子编号时,除用阿拉伯数字外,还可用希腊字母 α、β、γ、……来编号,但注意从 α-C 开始编号。

$$\underset{4}{\overset{\gamma}{CH_3}}\underset{3}{\overset{\beta}{\underset{|}{\underset{CH_3}{C}}H}}\underset{2}{\overset{\alpha}{CH_2}}\underset{1}{CHO}$$

3-甲基丁醛
或β-甲基丁醛

$$\underset{1}{\overset{\beta}{CH_3}}\underset{2}{\overset{\alpha}{\underset{\underset{CH_3}{|}}{CH}}}-\underset{3}{\underset{\underset{O}{\|}}{C}}-\underset{4}{\overset{\alpha'}{\underset{\underset{CH_3}{|}}{CH}}}\underset{5}{\overset{\beta'}{CH_3}}$$

2,4-二甲基-3-戊酮
或α, α′ -二甲基-3-戊酮

(二)物理性质

常温下,除甲醛为气体外,12 个碳原子以下的脂肪醛、酮都是液体,高级的脂肪醛、酮和芳香醛、酮都是固体。

低级醛有强烈的刺激性臭味,中级醛具有果香气味;低级酮具有令人愉快的气味,中级酮具有类似薄荷的香味。

由于羰基具有极性,分子间的作用力较大,因此醛、酮的沸点高于相对分子质量接近的烷烃和醚,但由于醛、酮分子间不能形成氢键,所以醛、酮的沸点比相应的一元醇低。

低级醛、酮易溶于水,如甲醛、乙醛、丙酮等,但随烃基数目增大,溶解度降低,而易溶于苯、乙醚等有机溶剂。

(三)化学性质

醛、酮分子中都含有羰基,羰基相当活泼,大多数反应都发生在此官能团上,故两类物质具有很多相似的化学性质。但醛、酮结构上也存在差异,因而也有各自的特性。

1. 加成反应

羰基中的 C═O 双键也是不饱和键,可与很多试剂发生加成反应。其反应的通式可表示如下。

$$>C=O + A-B \longrightarrow -\underset{\underset{B}{|}}{\overset{|}{C}}-O-A$$

由于碳氧双键有别于碳碳双键,因而羰基加成反应的试剂也有区别,主要有 H_2、$NaHSO_3$、ROH、HCN、氨的衍生物等。

(1)催化加氢(还原反应)　用金属 Pt、Pd、Ni 催化加氢还原,醛被还原成伯醇,酮被还原成仲醇,如果分子中含有 C═C,其也被还原。

$$CH_3CHO + H_2 \xrightarrow{Pt或Ni} CH_3CH_2OH$$

$$CH_3\underset{\underset{O}{\|}}{C}CH_3 + H_2 \xrightarrow{Pt或Ni} CH_3\underset{\underset{OH}{|}}{CH}CH_3$$

$$CH_3CH=CHCHO + H_2 \xrightarrow{Pt或Ni} CH_3CH_2CH_2CH_2OH$$

若采用金属氢化物作还原剂,如氢化铝锂($LiAlH_4$)、硼氢化钠($NaBH_4$)等,则发生选择性还原,即羰基发生加氢,而碳碳双键不发生加氢。

$$CH_2{=}CHCHO + H_2 \xrightarrow[\text{无水乙醚}]{LiAlH_4} CH_2{=}CHCH_2OH$$

(2)加亚硫酸氢钠反应　醛、脂肪族甲基酮、C8 以下的低级环酮能与饱和 $NaHSO_3$ 溶液发生加成反应，生成 α-羟基磺酸钠。

$$\begin{matrix}R\\(CH_3)H\end{matrix}{>}C{=}O + H{-}SO_3Na \xrightleftharpoons{OH^-} (CH_3)H{-}\underset{SO_3Na}{\overset{R}{\underset{|}{\overset{|}{C}}}}{-}O{-}H\downarrow$$

α-羟基磺酸钠为无色结晶，易溶于水，但不溶于饱和的亚硫酸氢钠溶液而析出结晶。且它遇稀酸或稀碱都可以分解为原来的醛或酮，因而此反应可用于鉴别、分离、提纯醛、脂肪族甲基酮和 C8 以下的低级环酮。

(3)加醇反应　醛只有在干燥的 HCl 或无水强酸催化下，能与一分子的醇发生加成反应，生成半缩醛。半缩醛不稳定，可与另一分子的醇进一步发生脱水反应，生成缩醛。

$$\begin{matrix}R\\H\end{matrix}{>}C{=}O + H{-}OR' \xrightleftharpoons{\text{干燥HCl}} \underset{\text{半缩醛}}{H{-}\underset{OR'}{\overset{R}{\underset{|}{\overset{|}{C}}}}{-}OH} \xrightleftharpoons[H{-}OR']{\text{干燥HCl}} \underset{\text{缩醛}}{H{-}\underset{OR'}{\overset{R}{\underset{|}{\overset{|}{C}}}}{-}OR'}$$

半缩醛结构中的羟基称为半缩醛羟基，性质不稳定。而后面学习的糖分子结构中的半缩醛羟基则称为苷羟基，其性质较稳定。缩醛对氧化剂和碱都很稳定，但在稀酸溶液中会水解成原来的醛基，因而此反应用于在有机合成中保护较活泼的醛基。

(4)与氢氰酸加成反应　醛、脂肪族甲基酮、C8 以下的低级环酮可与 HCN 加成，生成 α-羟基腈，又称为氰醇。

$$\begin{matrix}R\\(CH_3)H\end{matrix}{>}C{=}O + H{-}CN \xrightleftharpoons{CH^-} \underset{\alpha\text{-羟基腈(氰醇)}}{(CH_3)H{-}\underset{CN}{\overset{R}{\underset{|}{\overset{|}{C}}}}{-}OH}$$

此反应是有机合成中增长碳链的方法之一。

(5)与氨的衍生物加成反应　氨分子中氢原子被其他原子或原子团取代后生成的化合物称为氨的衍生物。醛、酮与氨的衍生物发生加成反应的通式可表示为：

$$>C{=}O + H{-}\underset{H}{\underset{|}{N}}{-}Y \xrightleftharpoons{\text{加成}} \left[{-}\overset{|}{\underset{OH}{\underset{|}{C}}}{-}\underset{H}{\underset{|}{N}}{-}Y\right]_{\text{不稳定}} \xrightleftharpoons{-H_2O} >C{=}N{-}Y$$

上式可直接写成：

$$>C{=}O + \begin{matrix}H\\H\end{matrix}{>}N{-}Y \rightleftharpoons >C{=}N{-}Y$$

—Y:　—OH　—NH_2　—NH—C_6H_5　—NH—$C_6H_3(NO_2)_2$

对应氨的衍生物:　羟胺　肼　苯肼　2,4-二硝基苯肼

丙酮与氨的衍生物反应如下：

$$(CH_3)_2C{=}O + H_2N{-}OH \longrightarrow (CH_3)_2C{=}N{-}OH$$

羟胺　丙酮肟

$$(CH_3)_2C{=}O + H_2N{-}NH_2 \longrightarrow (CH_3)_2C{=}N{-}NH_2$$

肼　丙酮腙

$$(CH_3)_2C{=}O + H_2N{-}NH{-}C_6H_5 \longrightarrow (CH_3)_2C{=}N{-}NH{-}C_6H_5$$

苯肼　丙酮苯腙

$$(CH_3)_2C{=}O + H_2N{-}C_6H_3(NO_2)_2 \longrightarrow (CH_3)_2C{=}N{-}C_6H_3(NO_2)_2$$

2,4-二硝基苯肼　2,4-二硝基苯腙

醛、酮与氨的衍生物加成，产物一般都是具有固定熔点的晶体，尤其是 2，4-二硝基苯腙类产物，为黄色或橙红色晶体，反应明显，便于观察，常被用于鉴别醛和酮。另外，醛、酮与氨衍生物的加成产物在稀酸作用下水解成原来的醛、酮，故此反应可用于醛、酮的分离和提纯。

2. α-H 的反应

α-H 的化学性质较活泼，容易被其他原子或原子团取代。

(1)羟醛缩合反应　在稀碱溶液中，一个醛的 α-H 加到另一个醛的羰基氧原子上，其余部分则加到羰基碳原子上，生成 β-羟基醛(分子中同时含有羟基和醛基，称为醇醛)，这个反应称为**醇醛缩合反应**，也称为**羟醛缩合反应**。

$$CH_3{-}CH{=}O + H{-}CH_2CHO \xrightarrow{\text{稀}NaOH} CH_3{-}CH(OH){-}CH_2CHO$$

3-羟基丁醛

生成的 β-羟基醛不稳定，很容易脱水生成 α，β-不饱和醛。

$$CH_3{-}CH(OH){-}CH_2CHO \xrightarrow{-H_2O} CH_3{-}CH{=}CHCHO$$

2-丁烯醛(巴豆醛)

不含有 α-H 的醛之间不能反应羟醛缩合反应，但有 α-H 的醛可与另一个不含 α-H

的醛发生反应。

$$C_6H_5-CHO + CH_3CHO \xrightarrow[-H_2O]{稀NaOH,\triangle} C_6H_5-CH=CHCHO$$

肉桂醛

羟醛缩合反应可使碳链增长，这在药物合成上较为重要。

(2)卤代反应　含有 α-H 的醛、酮容易被卤素取代，生成卤代醛、酮。反应难以控制在一元取代产物阶段。

$$CH_3CHO \xrightarrow{Cl_2} CH_2ClCHO \xrightarrow{Cl_2} CHCl_2CHO \xrightarrow{Cl_2} CCl_3CHO$$

氯乙醛　二氯乙醛　三氯乙醛

(3)卤仿反应　乙醛或甲基酮与卤素的氢氧化钠溶液(次卤酸钠的碱性溶液)作用时，α-C 上的三个氢原子很容易被卤素取代，生成 α-三卤衍生物。此产物在碱性溶液中不稳定，发生碳碳键断裂，立即分解为三卤甲烷(卤仿)和羧酸盐，因此这个反应称为**卤仿反应**。

$$(H)R-\overset{O}{\overset{\|}{C}}-CH_3 \xrightarrow[或NaXO]{X_2+NaOH} (H)R-\overset{O}{\overset{\|}{C}}-CX_3 \xrightarrow{NaOH} (H)R-\overset{O}{\overset{\|}{C}}-ONa + CHX_3$$

此反应可以直接写成最终产物。实际常用的试剂是碘的碱溶液，生成黄色不溶于水的固体碘仿，故称**碘仿反应**。

$$CH_3-\overset{O}{\overset{\|}{C}}-CH_3 \xrightarrow[或NaOI]{I_2\ +NaOH} CH_3-\overset{O}{\overset{\|}{C}}-ONa + CHI_3\downarrow$$

乙酸钠　碘仿(黄色)

乙醇也能发生卤仿反应：

$$CH_3CH_2OH \xrightarrow{NaOI} CH_3CHO \xrightarrow{NaOI} HCOONa + CHI_3\downarrow$$

碘仿反应现象明显，生成的碘仿为不溶水的黄色固体，有特殊的气味，极易识别，因而此反应常用于鉴别乙醛、甲基酮及能被次碘酸氧化成具有$CH_3-\overset{O}{\overset{\|}{C}}-$结构的乙醇和仲醇等物质。

3. 醛的氧化反应

醛极易被氧化，强氧化剂、弱氧化剂甚至空气，都能将醛基氧化，生成相应的羧酸。芳香醛比脂肪醛更容易被氧化。而酮比较稳定，需要强氧化剂和较高的条件才能发生氧化，并伴随着碳链的断裂。

(1)与弱氧化剂反应　常用的弱氧化剂有托伦试剂和斐林试剂。

托伦试剂为硝酸银的氨溶液，起氧化作用的是银氨配离子。它将醛氧化成羧酸的同时，自身被还原成黑色金属银沉淀。若反应的容器内壁很洁净，析出的银将镀在容器的内壁上，形成一层光亮的银镜。因此该反应常称为**银镜反应**。反应式可表示为：

$$(Ar)R-CHO+2[Ag(NH_3)_2]^+ +2OH^- \xrightarrow{\triangle} (AR)R-COONH_4+2Ag\downarrow+3NH_3+H_2O$$

斐林试剂包括两部分：一部分为硫酸铜溶液，另一部分为酒石酸钠和氢氧化钠溶液。使用时将两部分溶液等体积混合，生成蓝色溶液。斐林试剂可将脂肪醛氧化成脂肪酸，同时二价铜离子被还原成砖红色的氧化亚铜沉淀。甲醛的还原性更强，与斐林试剂反应生成铜镜，此反应可区别甲醛与其他醛。但斐林试剂不能氧化芳香醛，因此可利用斐林试剂鉴别脂肪醛与芳香醛。

$$R—CHO + 2Cu^{2+} + 5NaOH \xrightarrow{\triangle} R—COONa + Cu_2O\downarrow + 4Na^+ + 3H_2O$$

(2)与希夫试剂反应　将二氧化硫气体通入粉红色的品红水溶液中，生成的无色溶液就是希夫试剂。它与醛作用的产物呈紫红色，反应很灵敏，所以常用来鉴别醛。酮无此反应。甲醛与希夫试剂反应所显的紫红色加浓硫酸后不褪色，而其他醛则会褪色，故此反应可用于单独鉴别甲醛。

(四)重要的醛酮

1. 甲醛

甲醛又称蚁醛，是一种无色的具有强烈刺激性的气体，极易溶于水，可与水或乙醇以任意比例混合。甲醛能凝固蛋白质，使蛋白质变性，故广泛用作消毒剂和防腐剂。35%～40%的甲醛水溶液称为福尔马林，医学上用作消毒剂和生物标本防腐剂。甲醛有毒，对皮肤、黏膜有刺激作用，过量吸入会引起中毒。甲醛是合成药物、染料和塑料的重要原料。

甲醛等低级醛很易发生聚合反应，随条件不同得到各种聚合产物。室温下能聚合成三聚体。福尔马林经久存后所生成的白色沉淀就是多聚甲醛。

$$3HCHO \xrightarrow{H_2SO_4} O\begin{matrix} CH_2—O \\ CH_2—O \end{matrix}CH_2$$

三聚甲醛

2. 乙醛

乙醛是极易挥发的无色液体，沸点为 21 ℃，有刺激性气味，易溶于水、乙醇、乙醚、氯仿等溶剂。乙醛很容易发生聚合反应，在乙醛中加入几滴硫酸，加热即生成三聚乙醛。乙醛是典型的醛类物质，是有机合成的重要原料。

3. 苯甲醛

苯甲醛是最简单的芳香醛，为无色液体，沸点为 179 ℃，有强烈的苦杏仁香味，微溶于水，易溶于乙醇、醚等溶剂。苯甲醛极易被氧化，可被空气氧化成苯甲酸。中药苦杏仁中的有效成分苦杏仁甙水解可生成苯甲醛，故苯甲醛又称为苦杏仁油。苯甲醛是合成药物、染料、香料的重要原料。

4. 丙酮

丙酮是最简单又最重要的酮，为无色液体，沸点为 56 ℃，具有令人愉快的气味，溶于水，也几乎能与所有的有机溶剂混溶。丙酮易燃，与空气作用可形成易爆炸的混合物，使用时应注意安全。丙酮是常见的有机溶剂，也是重要的有机合成原料。糖尿病人体内常有丙酮产生，从尿中排出，可用碘仿反应进行检查。

二、醌

醌是含有环己二烯二酮的一类化合物的总称。醌式结构有邻位和对位两种。

(一)常见醌及其命名

O
O

对苯醌
(1,4-苯醌)

O
O

邻苯醌
(1,2-苯醌)

O
O

(1,4-萘醌)

O
O

(1,2-萘醌)

O
O

1,2-蒽醌

O
O

1,4-蒽醌

O
O

9,10-蒽醌

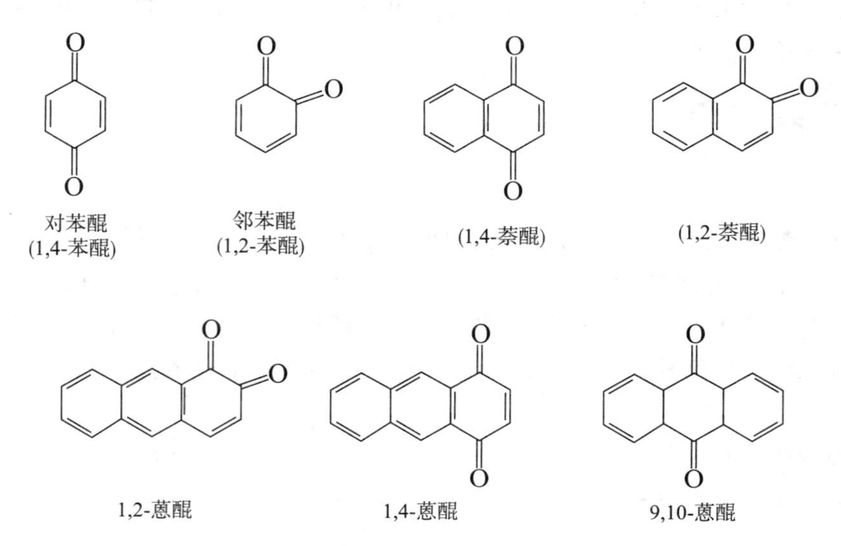

(二)醌的性质

醌类化合物大多有颜色，对位醌多呈黄色，邻位醌多呈红色或橙色，所以它们是许多染料和指示剂的母体。不少醌类化合物的衍生物具有重要的生理功能。

从醌的结构看，分子中存在碳碳双键、羰基及共轭体系，故性质上表现为烯烃加成、羰基加成及共轭双键加成。

1. 羰基加成

醌的羰基加成表现为与醛、酮相似的加成。如醌和羟胺的加成。

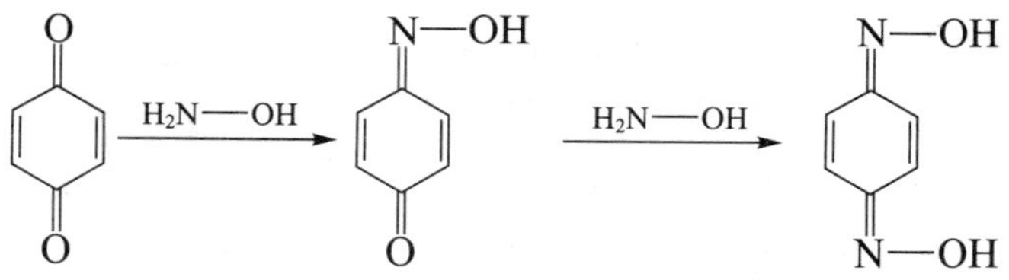

O
O
H₂N—OH
N—OH
O
H₂N—OH
N—OH
N—OH

对苯醌肟　　对苯醌二肟

2. 碳碳双键加成

醌的碳碳双键加成与烯烃的加氢、卤素、卤化氢等相似。

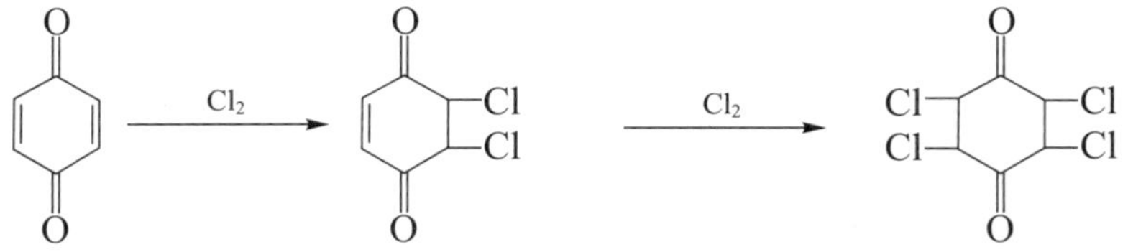

Cl_2 → Cl_2 →

3. 1,4-加成

1,4-加成是最重要的加成反应之一,醌可与氢卤酸、氢氰酸、胺等发生 1,4-加成。

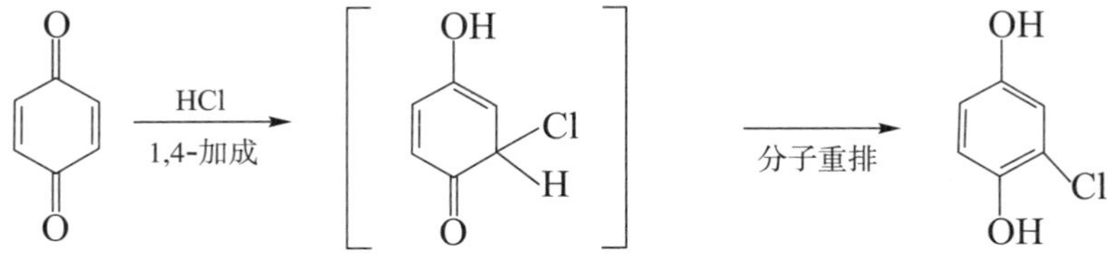

HCl 1,4-加成 → 分子重排 →

4. 1,6-加成

对苯醌在亚硫酸的水溶液中很容易被还原为氢醌(对苯二酚)。这个反应相当于 1,6-加氢,即在 1 位和 6 位的两个氧原子各加一个氢。与此相反的反应称1,6-脱氢,即对苯二酚氧化为对苯醌。

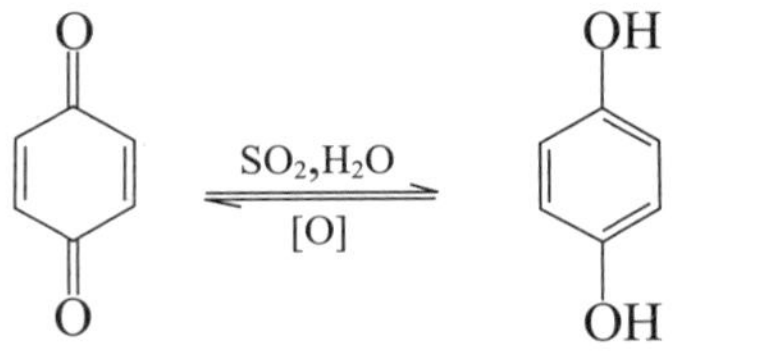

SO_2,H_2O ⇌ [O]

氢醌(对苯二酚)

第 3 节　羧酸、取代羧酸、羧酸衍生物

一、羧　酸

烃分子中的氢原子被羧基取代后的衍生物称为羧酸。通式为:

$$\mathrm{(Ar)R—\overset{\overset{\displaystyle O}{\|}}{C}—OH}$$

羧基($—\overset{\overset{O}{\|}}{C}—OH$)**是羧酸的官能团**,可简写为—COOH。

(一)羧酸的分类和命名

1. 分类

羧酸由烃基和羧基两部分组成。根据烃基的不同(类型),羧酸可分为脂肪酸和芳香酸,而脂肪酸又可分为饱和羧酸与不饱和羧酸;根据羧基数目的不同,羧酸可分为一元羧酸、二元羧酸、三元羧酸等，其中二元及以上羧酸可统称为多元酸。

2. 命名

羧酸的系统命名方法与醛相似，官能团由—CHO 改成—COOH，名称则将“醛”字改为“酸”字即可。与醛不同的是，不少羧酸根据其来源还有俗名。

（1）饱和一元脂肪酸的命名　选择含有羧基的最长的碳链作为主链，根据主链上碳原子数目称为“某酸”。编号从羧基开始。

结构式	系统名	俗名
$HCOOH$	甲酸	蚁酸
CH_3COOH	乙酸	醋酸
CH_3CH_2COOH	丙酸	
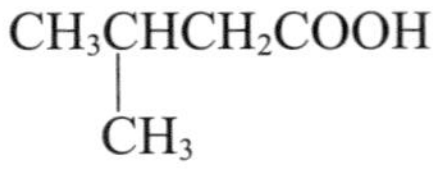 $CH_3\underset{\displaystyle CH_3}{\underset{\vert}{C}}HCH_2COOH$	3-甲基丁酸 或 β-甲基丁酸	
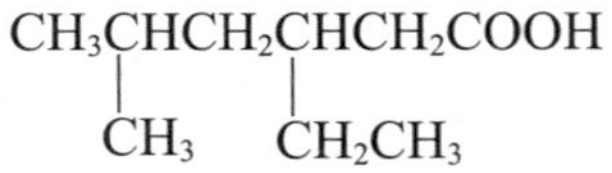 $CH_3\underset{\displaystyle CH_3}{\underset{\vert}{C}}HCH_2\underset{\displaystyle CH_2CH_3}{\underset{\vert}{C}}HCH_2COOH$	5-甲基-3-乙基己酸 或 δ-甲基-β-乙基己酸	
$CH_3(CH_2)_{14}COOH$	十六酸	软脂酸
$CH_3(CH_2)_{16}COOH$	十八酸	硬脂酸

（2）不饱和脂肪酸的命名

结构式	系统名	俗名
$CH_2=CHOOH$	2-丙烯酸	败脂酸
$CH_3CH=CHCOOH$	2-丁烯酸	巴豆酸
$CH_3(CH_2)_7—CH=CH—(CH_2)_7COOH$	9-十八碳烯酸	油酸

（3）饱和二元脂肪酸的命名

结构式	系统名	俗名
 $\begin{array}{l}COOH\\ \vert\\ COOH\end{array}$	乙二酸	草酸
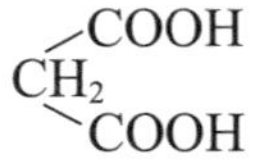 $CH_2\begin{array}{l}\diagup COOH\\ \diagdown COOH\end{array}$	丙二酸	苹果缩酸
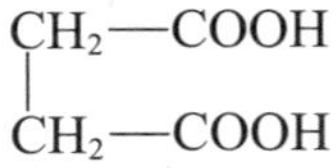 $\begin{array}{l}CH_2—COOH\\ \vert\\ CH_2—COOH\end{array}$	丁二酸	琥珀酸
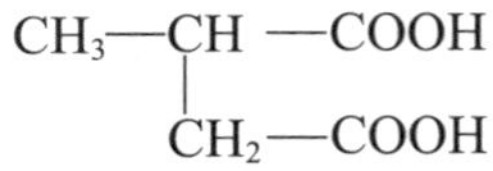 $CH_3—\underset{\displaystyle CH_2—COOH}{\underset{\vert}{CH}}—COOH$	2-甲基丁二酸	
$HOOC—(CH_2)_{12}—COOH$	十四碳二酸	

（4）芳香酸和脂环酸的命名

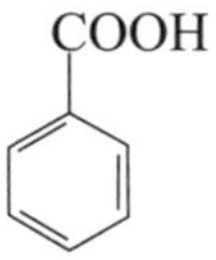

苯甲酸 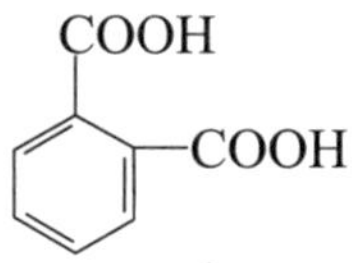　　邻苯二甲酸 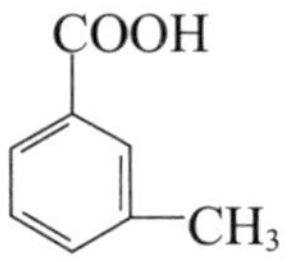　　间甲基苯甲酸 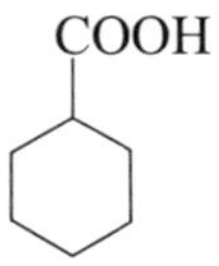　　环己基甲酸

(二)物理性质

含 C1～C3 的低级脂肪羧酸为有刺激性酸味的液体；含 C4～C9 的羧酸为有酸腐臭味的油状液体；含 C9 以上的羧酸为蜡状固体，无气味。二元脂肪酸和芳香酸是结晶状固体。

羧酸的熔沸点比相应的醇高，这是由于羧酸分子通过氢键形成二聚体。

羧基也是亲水基团，与醇相似，C4 以下的羧酸与水混溶。但随碳原子数目增加，羧酸的水溶性迅速降低。高级一元酸不溶于水，但能溶于乙醇、乙醚、苯等有机溶剂。

(三)羧酸的化学性质

羧酸的官能团是羧基，它是由羟基和羰基组成的。由于两基团间存在相互的影响，因而羧酸所表现的性质，并不是醇酚与醛酮性质的简单相加。

1. 酸性

羧酸都具有酸性，在水溶液中存在着如下电离平衡：

$$RCOOH \rightleftharpoons RCOO^- + H^+$$

羧酸一般是弱酸。饱和一元羧酸的 pK_a 一般为 3～5。羧酸虽然为弱酸，但却具有酸的一般性质，如能使紫色石蕊试纸变红，能发生如下反应：

$$RCOOH + Na \longrightarrow RCOONa + H_2\uparrow$$

$$RCOOH + NaOH \longrightarrow RCOONa + H_2O$$

$$RCOOH + Na_2CO_3 \longrightarrow RCOONa + CO_2\uparrow + H_2O$$

$$RCOOH + NaHCO_3 \longrightarrow RCOONa + CO_2\uparrow + H_2O$$

$$RCOONa + HCl \longrightarrow RCOOH + NaCl$$

此类反应不仅可用于鉴别、分离酚与羧酸类物质，也可用于羧酸的分离提纯或从动植物中提取含羧基的有效成分。

羧酸的结构不同，酸性强弱也不同。一般存在如下规律。

(1)脂肪酸的酸性随着烃基中碳原子数目的增加而减弱。

$$HCOOH > CH_3COOH > CH_3CH_2COOH > (CH_3)_3CCOOH$$

(2)低级二元酸的酸性比一元酸的酸性强。但二元酸的酸性随着两个羧基之间碳原子数的增加而逐渐减弱。

$$HOOC{-}COOH > HCOOH$$

$$HOOC{-}COOH > HOOC{-}CH_2{-}COOH > HOOC{-}CH_2CH_2{-}COOH$$

(3)芳香酸的酸性比脂肪酸的酸性弱。

$$HCOOH > C_6H_5{-}COOH$$

(4)与其他有关化合物的酸性比较，强弱顺序如下：

$$H_2SO_4, HCl > RCOOH > H_2CO_3 > ArOH > H_2O > ROH$$

2. 羧基中羟基的取代反应

羧酸分子中羧基上的羟基可被其他原子或原子团取代，反应的产物称为羧酸衍生物。常见的羧酸衍生物有酰卤、酸酐、酯和酰胺。

(1)生成酰卤 **羧基上的羟基被卤素取代的产物称为酰卤**。其中最重要的是酰氯，可由羧酸与三氯化磷、五氯化磷或氯化亚砜反应生成。

$$RCOOH + PCl_3 \longrightarrow R-\overset{\overset{\large O}{\|}}{C}-Cl + H_3PO_3$$

$$RCOOH + PCl_5 \longrightarrow R-\overset{\overset{\large O}{\|}}{C}-Cl + POCl_3 + HCl\uparrow$$

$$RCOOH + SOCl_2 \longrightarrow R-\overset{\overset{\large O}{\|}}{C}-Cl + SO_2\uparrow + HCl\uparrow$$

(2)生成酸酐 羧酸在脱水剂(如 P_2O_5)或加热情况下，**两个羧基间脱水生成酸酐**。

$$R-\overset{\overset{\large O}{\|}}{C}-\boxed{OH + H}O-\overset{\overset{\large O}{\|}}{C}-R' \longrightarrow R-\overset{\overset{\large O}{\|}}{C}-O-\overset{\overset{\large O}{\|}}{C}-R' + H_2O$$

(3)生成酯 羧酸和醇在强酸(常用浓 H_2SO_4)催化下发生酯化反应，生成酯。酯化反应是可逆的，其逆反应称为酯的水解反应。

$$R-\overset{\overset{\large O}{\|}}{C}-\boxed{OH + H}O-R' \xrightleftharpoons{浓H_2SO_4} R-\overset{\overset{\large O}{\|}}{C}-O-R' + H_2O$$

(4)生成酰胺 羧酸与氨反应生成羧酸铵盐，加热发生分子内脱水，生成酰胺。

$$R-\overset{\overset{\large O}{\|}}{C}-OH + NH_3 \longrightarrow RCOONH_4 \xrightarrow{\triangle} R-\overset{\overset{\large O}{\|}}{C}-NH_2 + H_2O$$

羧酸衍生物酰卤、酸酐、酯、酰胺中都含有酰基($R-\overset{\overset{O}{\|}}{C}-$)，它是羧酸分子去除羟基后剩余的部分。

3. 脱羧反应

羧酸在一定条件下失去羧基中 CO_2 的反应称为脱羧反应。如实验室制取甲烷就是对无水醋酸钠和碱石灰(NaOH+CaO)混合物加强热。

$$CH_3COONa + NaOH \xrightarrow[强热]{CaO} CH_4\uparrow + Na_2CO_3$$

低级二元羧酸比较容易发生脱羧反应，生成一元羧酸，如乙二酸和丙二酸。

$$HOOC-COOH \xrightarrow{\triangle} HCOOH + CO_2$$

$$HOOCCH_2COOH \xrightarrow{\triangle} CH_3COOH + CO_2$$

人体内的脱羧反应需在脱羧酶的催化下进行。生物化学反应中会遇到很多这样的脱羧反应。

4. α-H 的卤代反应

羧酸分子的 α-H 也具有一定的活性(比醛、酮的活性弱)，也能发生卤代反应生成卤代酸。但羧酸的 α-H 卤代反应需要在少量红磷或硫的催化下才能进行。

$$CH_3COOH \xrightarrow[P]{Cl_2} ClCH_2COOH \xrightarrow[P]{Cl_2} Cl_2CHCOOH \xrightarrow[P]{Cl_2} Cl_3CCOOH$$

氯乙酸　　　　二氯乙酸　　　　三氯乙酸

5. 还原反应

羧基中的羰基受羟基影响而失去了典型羰基的性质，因此羧酸很难被还原，如不发生催化加氢，只能用强还原剂 $LiAlH_4$ 才能将其还原为相应的伯醇。

$$RCOOH \xrightarrow[\text{无水乙醚}]{LiAlH_4} RCH_2OH$$

$LiAlH_4$ 还原时具有高度的选择性，对羧酸分子中的碳碳双键、三键没有影响。

$$CH_2 = CHCH_2COOH \xrightarrow[\text{无水乙醚}]{LiAlH_4} CH_2 = CHCH_2CH_2OH$$

(四)重要的羧酸

1. 甲酸

甲酸俗称蚁酸，是具有强烈刺激性臭味的液体，能与水混溶。甲酸的腐蚀性极强，蚂蚁和昆虫叮咬皮肤引起红肿，就是甲酸的刺激造成的。

甲酸具有特殊的结构，既有羧基，又有醛基，因而它既具有羧酸的一般通性，又有它特殊的性质——还原性。

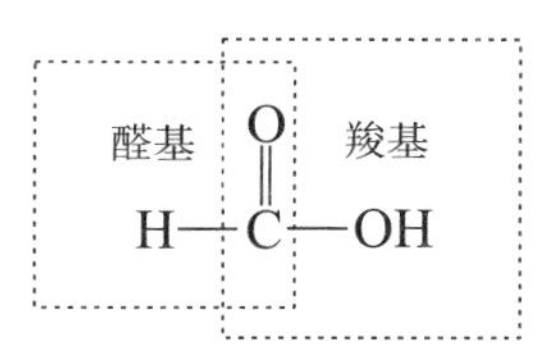

甲酸易被氧化，不仅能被强氧化剂如高锰酸钾、重铬酸钾等氧化，还可与弱氧化剂如托伦试剂发生反应。

甲酸在脱水剂存在下，脱水生成 CO，实验室利用此性质制备一氧化碳气体。

$$HCOONa + H_2SO_4 \xrightarrow{\triangle} NaHSO_4 + CO\uparrow + H_2O$$

甲酸可作为有机溶液，在有机合成上作为还原剂和缩合剂。

2. 乙酸

乙酸是普通食醋的成分，含量为 6%～10%，故俗称醋酸。历史上我国最早掌握用粮食酿造酒醋的方法，乙酸是人类使用最早的酸。

乙酸是具有刺激性酸味的无色液体，易溶于水，熔点为 16.6 ℃，当室温低于此温度时，乙酸立即凝成冰状结晶，故纯乙酸又称为冰醋酸。

乙酸是脂肪酸的典型代表，具有脂肪酸的特性。乙酸不仅是重要的化学试剂和良好的溶剂，而且是重要的化工原料。

3. 乙二酸

乙二酸是最简单的二元酸，常以盐的形成存在于植物中，特别是中药大黄中含量最多，故称草酸。

草酸为无色晶体（$H_2C_2O_4 \cdot 2H_2O$）。因草酸分子中两个羧基直接相连，故它具有与其他二元脂肪酸不同的性质。如草酸容易被氧化。

$$HOOC—COOH \xrightarrow{[O]} 2CO_2 + H_2O$$

由于草酸具有较强的还原性，因此，在化学分析检测中，常用纯净的草酸来标定高锰酸钾溶液。

$$5H_2C_2O_4 + 2KMnO_4 + 3H_2SO_4 \longrightarrow K_2SO_4 + 2MnSO_4 + 10CO_2\uparrow + 8H_2O$$

草酸能将高价铁还原成低价铁，形成配合物而溶于水，因而可用草酸来清除铁锈或蓝墨水污渍。

4. 苯甲酸

苯甲酸最早由安息香制得，故俗称安息香酸。苯甲酸是白色有光泽的鳞片状或针状结晶体，易升华，难溶于冷水，易溶于热水、乙醇、乙醚、氯仿等溶剂。

苯甲酸是重要的有机合成原料，可用于合成染料、香料、药物等。苯甲酸及其钠盐都有杀菌防腐的功效，且毒性很小，常用于食品和药物制剂的防腐剂。

5. 高级一元脂肪酸

高级脂肪酸主要来源于动植物的油脂中，无臭味，不溶于水，能溶于有机溶剂。高级脂肪酸有饱和与不饱和之分。

重要的高级一元脂肪酸有软脂酸（十六酸）、硬脂酸（十八酸）、油酸（9-十八碳烯酸）、亚油酸（9，12-十八碳二烯酸）、亚麻酸（9，12，15-十八碳三烯酸）、花生四烯酸（5,8,11,14-二十碳四烯酸）等。其中后四种在人体内不能合成，必须从食物中摄取，故称为必需脂肪酸。

二、取代羧酸

羧酸分子中烃基上的氢原子被其他原子或原子团取代而形成的化合物，称为取代羧酸。取代羧酸具有多种官能团，又称为具有复合官能团的羧酸。

根据官能团不同，取代羧酸可分为卤代酸、羟基酸、羰基酸和氨基酸等。氨基酸的知识将在蛋白质的内容中学习。

（一）羟基酸

羟基酸是一类分子中既含有羟基（—OH），又含有羧基（—COOH）的化合物。根据羟基所连的烃基的不同，羟基酸可分为醇酸和酚酸。羟基酸在自然界中广泛分布，它们都是有机体生命活动的产物。

1. 羟基酸的命名

羟基酸的命名一般以羧酸的母体羟基作取代基，从羧基开始编号。因许多羟基酸是天然产物，因而还有俗名。

结构式	系统名	俗名
$CH_3CH(OH)COOH$	α-羟基丙酸 或 2-羟基丙酸	乳酸
$HO-CH(COOH)-CH_2COOH$	α-羟基丁二酸 或 2-羟基丁二酸	苹果酸
$HOOC-CH(OH)-CH(OH)-COOH$	α,β-二羟基丁二酸 或 2,3-羟基丁二酸	酒石酸
$HO-C(COOH)(CH_2COOH)_2$	β-羟基-β-羧基戊二酸 或 3-羟基-3-羧基戊二酸	柠檬酸
$o-HO-C_6H_4-COOH$	邻羟基苯甲酸	水杨酸

2. 羟基酸的性质

醇酸多为结晶的固体或黏稠的液体，易溶于水，溶解度比相应的醇和羧酸都大，难溶于有机溶剂，挥发性低。酚酸大都是晶体。醇酸除了具有醇和羧酸的一般性质外，还由于羟基和羧基的相互影响，而具有一些特殊的性质。

(1)酸性　醇酸的酸性随羟基与羧基的距离的增加而减弱，酚酸的酸性随羟基与羧基位置的不同也存在差异。

$$CH_3CH(OH)COOH > CH_2(OH)CH_2COOH > CH_3CH_2COOH$$

$$\text{邻羟基苯甲酸} > \text{间羟基苯甲酸} > \text{苯甲酸} > \text{对羟基苯甲酸}$$

(2)氧化反应　醇酸比醇更容易氧化，弱氧化剂如托伦试剂、稀硝酸等可将醇酸氧化成酮酸。

$$CH_3CH(OH)CH_2COOH \xrightarrow{[O]} CH_3COCH_2COOH$$

生物体内的代谢过程中会产生羟基酸，它们在酶的作用下发生脱氢氧化。如苹果酸是糖代谢的中间产物，在酶的催化下可脱氢氧化生成草酰乙酸。

$$HOOCCH(OH)CH_2COOH \xrightarrow[\text{酶}]{-2H} HOOCCOCH_2COOH$$

(3)脱水反应　醇酸受热时很容易发生脱水反应，其产物随羟基与羧基的相对位置不同而异。

α-羟基酸受热发生分子间交叉脱水形成六元环的交酯。

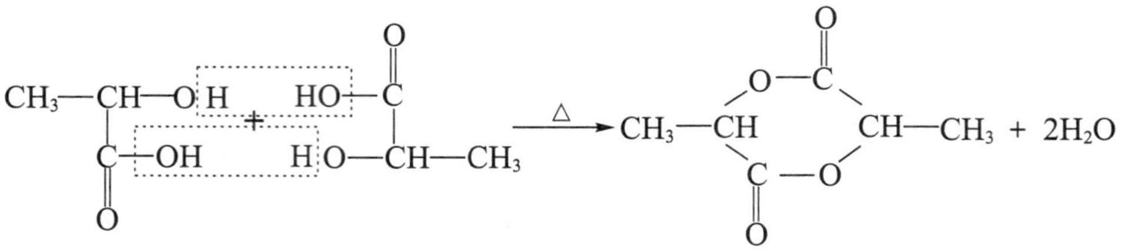

$$2\,CH_3CH(OH)COOH \xrightarrow{\triangle} \text{(CH}_3\text{CH–O–CO)}_2\text{（六元环交酯）} + 2H_2O$$

β-羟基酸受热发生分子内脱水形成α,β-不饱和羧酸。

$$CH_3CH(OH)CH_2COOH \xrightarrow{\triangle} CH_3CH{=}CHCOOH + H_2O$$

γ-和δ-羟基酸受热发生分子内脱水形成稳定的五元或六元内酯。

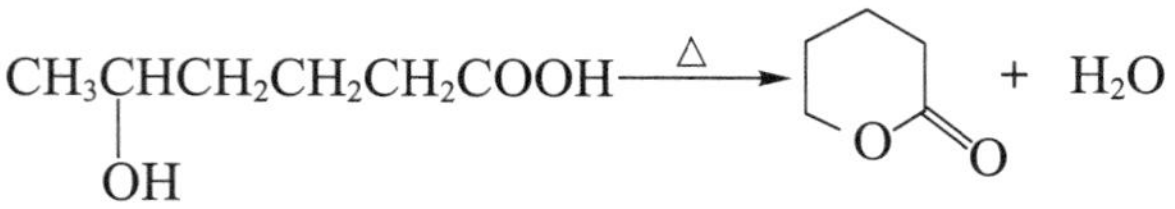

$$CH_3CH(OH)CH_2CH_2CH_2COOH \xrightarrow{\triangle} \text{（六元环内酯）} + H_2O$$

(4)羟基处于羧基邻位和对位的酚酸，受热易引起脱羧反应。

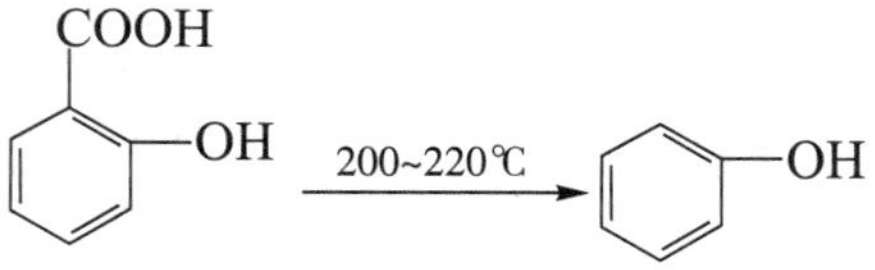

$$\text{邻羟基苯甲酸（COOH, OH）} \xrightarrow{200\sim220℃} C_6H_5OH$$

3. 重要的羟基酸

(1)乳酸　乳酸的化学名称为α-羟基丙酸，因最早是从变酸的牛奶中发现的，故称乳酸。乳酸为无色黏稠液体，吸湿性强，能与水、乙醇、乙醚混溶，但不溶于氯仿和油脂。

乳酸是糖代谢的产物，存在于酸牛乳中，也存在于动物的肌肉中，特别是经过剧烈运动后，含量更多。

乳酸具有消毒防腐作用。临床上用乳酸治疗阴道滴虫病，用乳酸钙治疗佝偻病等缺钙症，乳酸钠用作酸中毒的解毒剂，乳酸蒸气也用于室内消毒。在食品饮料工业中也大量使用乳酸。

(2)酒石酸　酒石酸的学名为2,3-二羟丁二酸，其盐广泛存在于植物的果实中，尤以葡萄中含量最多。在酿造葡萄酒的过程中，随着酒精浓度的增大，其中的酸式酒石酸钾会沉淀析出，形成大块结晶，称之为酒石，酒石酸的名称由此而来。

酒石酸为透明晶体，易溶于水，有酸味，无毒。酒石酸盐类的用途甚广。酒石酸钾钠用来配制斐林试剂，临床上用作泻药；酒石酸锑钾(俗名吐酒石)可作催吐剂，也用于治疗血吸虫病；酒石酸还在食品中用作酸味剂。

(3)柠檬酸　柠檬酸又称枸橼酸，学名为3-羟基-3-羧基戊二酸，广泛存在于柑橘、山楂、乌梅等果实中，柠檬中含量高达6%，因而称柠檬酸。柠檬酸为无色晶体，易溶于水、乙醇，有强的酸味。临床上，其盐有很广泛的用途，其钠盐用作抗凝血剂，其钾盐用作祛痰剂，铁铵盐用于补血，镁盐是温和的泻药。柠檬酸具有清凉解渴作用，食品饮料工业中用作调味剂和清凉剂。

(4)水杨酸　水杨酸的学名为邻羟基苯甲酸,在柳树皮和水杨树皮叶中含量最高,故又称为柳酸,为白色晶体,微溶于水,能溶于乙醇、乙醚。

水杨酸是一种很重要的外用防腐剂和杀菌剂,同时还具有退热、镇痛、抗风湿症的功效。因对胃肠有较大的刺激,不可内服。其酒精溶液可治疗某些真菌感染引起的皮肤病。其钠盐可内服,用于退热镇痛,治疗活动性风湿性关节炎。

水杨酸的一些衍生物具有很重要的药用功效。如乙酰水杨酸,俗称阿司匹林,具有解热、镇痛、抗血栓及抗风湿的作用,刺激性较水杨酸小,是内服退热镇痛药。阿司匹林与非那西丁及咖啡因制成复方阿司匹林片(APC 片)。又如对氨基水杨酸(PAS)及其钠盐,都是治疗结核病的有效药。

(二)羰基酸

羰基酸是一类分子中既含有羰基又含有羧基的化合物。

羰基酸中的酮酸比较重要,其中 α-酮酸和 β-酮酸是人体内糖、脂肪和蛋白质等的代谢产物,具有重要的生理意义,同时在有机合成上也有广泛的用途。

1. 丙酮酸

丙酮酸是最简单的酮酸,最初由酒石酸制得,故俗称焦性酒石酸,为无色液体,易溶于水、乙醇和乙醚。丙酮酸的酸性比丙酸强,容易发生脱羧和脱羰基,也可被弱氧化剂如托伦试剂氧化。

丙酮酸具有重要的生物化学意义,是生命体内糖、蛋白质、脂肪代谢的中间产物。丙酮酸和乳酸可通过氧化还原反应来相互转化。

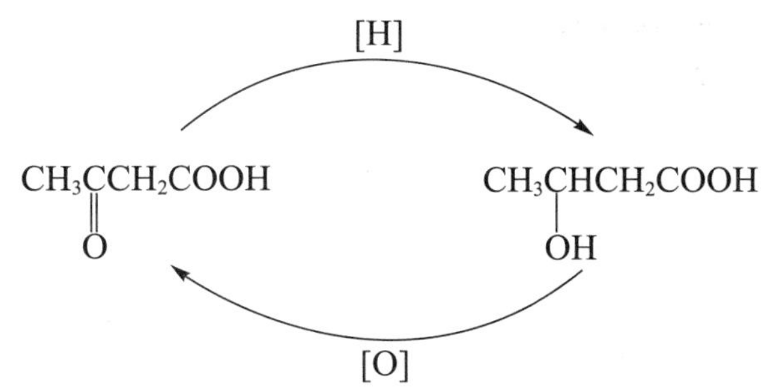

2. β-丁酮酸

β-丁酮酸也称为乙酰乙酸,是无色黏稠液体,可与水、乙醇混溶。β-丁酮酸的酸性比丁酸强,是生物体内脂肪代谢的中间产物。由于分子中羰基与羧基的相互影响,故 β-丁酮酸很不稳定,在加热条件下发生分解。分解的方式有两种。

酮式分解:加热时脱羧生成酮。

$$CH_3\underset{\underset{O}{\|}}{C}CH_2COOH \xrightarrow{\triangle} CH_3\underset{\underset{O}{\|}}{C}CH_3 + CO_2\uparrow$$

酸式分解：与浓碱共热，α-C 与 β-C 之间的键发生断裂，生成两分子的羧酸盐。

$$CH_3\underset{\underset{O}{\|}}{C}CH_2COOH \xrightarrow[\triangle]{40\%\ NaOH} CH_3COONa + CH_3COONa + H_2O$$

医学上把β-丁酮酸、丙酮、β-羟基丁酸三者总称为**酮体**。它们是脂肪在人体内不能完全被氧化为二氧化碳和水时的中间产物。糖尿病患者的代谢发生障碍，使血液和尿液中的酮体量增加，引起酸中毒，严重时会引起昏迷或死亡。对糖尿病进行临床检验时，除检查血液、尿液中葡萄糖的含量外，还需检查酮体的含量。

三、羧酸衍生物

羧酸衍生物是指羧酸分子中羧基上的羟基被其他原子或原子团取代后衍生的产物。主要包括：

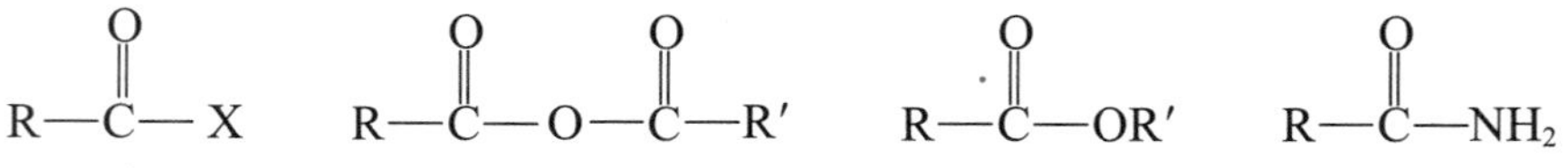

$$\underset{\text{酰卤}}{R-\overset{\overset{O}{\|}}{C}-X} \quad \underset{\text{酸酐}}{R-\overset{\overset{O}{\|}}{C}-O-\overset{\overset{O}{\|}}{C}-R'} \quad \underset{\text{酯}}{R-\overset{\overset{O}{\|}}{C}-OR'} \quad \underset{\text{酰胺}}{R-\overset{\overset{O}{\|}}{C}-NH_2}$$

它们的分子中都含有酰基（$R-\overset{\overset{O}{\|}}{C}-$，简写为 RCO—），故又称为酰基化合物。酯与酰胺将在后面相关章节中学习。

（一）酰卤

1. 命名

酰卤的名称由酰基名称和卤素名称演变而来，即“酰基名＋卤素名”，称为“某酰某”。而酰基的命名是将相应的羧酸的名称“某酸”改为“某酰基”。

$$\underset{\text{乙酸}}{CH_3-\overset{\overset{O}{\|}}{C}-OH} \cdots\cdots\rightarrow \underset{\text{乙酰基}}{CH_3-\overset{\overset{O}{\|}}{C}-}$$

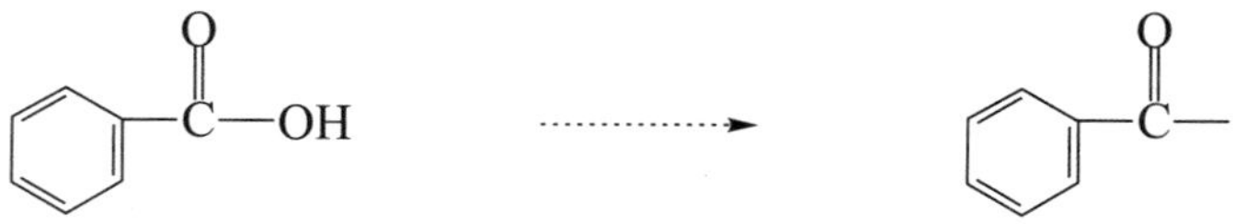

$$\underset{\text{苯甲酸}}{C_6H_5-\overset{\overset{O}{\|}}{C}-OH} \cdots\cdots\rightarrow \underset{\text{苯甲酰基}}{C_6H_5-\overset{\overset{O}{\|}}{C}-}$$

酰卤的命名如：

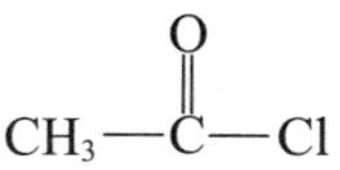

$$\underset{\text{乙酰氯}}{CH_3-\overset{\overset{O}{\|}}{C}-Cl} \quad \underset{\text{苯甲酰溴}}{C_6H_5-\overset{\overset{O}{\|}}{C}-Br}$$

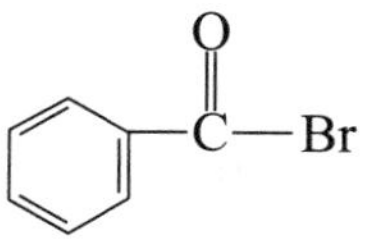

2. 性质

常见的酰卤一般为无色液体，密度比水大，有刺激性臭味，能刺激鼻、眼的黏膜组织，能侵蚀皮肤引起水泡。其典型物是乙酰氯，用于合成药物、纤维和香料等。其主要性质就是“三解”反应(水解、醇解、氨解反应)，反应通式为如下：

$$R-\overset{\overset{\displaystyle O}{\|}}{C}-X + H-Y \longrightarrow R-\overset{\overset{\displaystyle O}{\|}}{C}-Y + H-X$$

其中—Y：—OH; —OR′; —NH₂。

乙酰氯发生水解、醇解、氨解的反应如下：

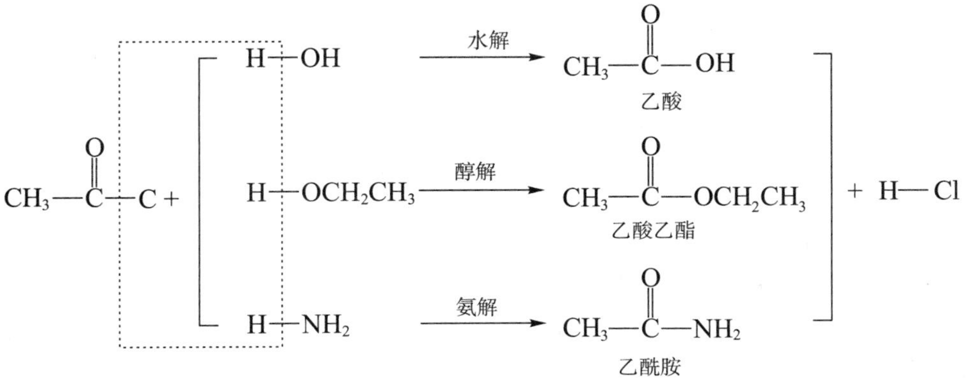

$$CH_3-\overset{\overset{\displaystyle O}{\|}}{C}-C + \left[\begin{array}{l} H-OH \xrightarrow{\text{水解}} CH_3-\overset{\overset{\displaystyle O}{\|}}{C}-OH \ (\text{乙酸}) \\ H-OCH_2CH_3 \xrightarrow{\text{醇解}} CH_3-\overset{\overset{\displaystyle O}{\|}}{C}-OCH_2CH_3 \ (\text{乙酸乙酯}) \\ H-NH_2 \xrightarrow{\text{氨解}} CH_3-\overset{\overset{\displaystyle O}{\|}}{C}-NH_2 \ (\text{乙酰胺}) \end{array}\right] + H-Cl$$

从以上反应可以看出，酰氯的酰基被引入水、醇、氨分子中，取代了它们中的一个氢原子，分别生成了羧酸、酯、酰胺。这种将酰基引入有机化合物分子中的反应称为酰基化反应，简称为酰化反应。酰氯也相应地称为酰化剂。乙酰氯是常用的酰化试剂。酰化反应在有机合成上非常重要。

(二)酸酐

1. 命名

酸酐的命名是以羧酸的名称加“酐”字，但可略去“酸”字，称为“某酐”，两羧酸不相同时称为“某某酐”。

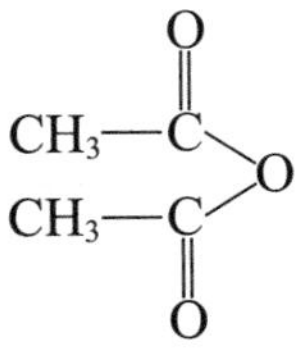

$$\begin{array}{c} CH_3-\overset{\overset{\displaystyle O}{\|}}{C} \\ \rangle O \\ CH_3-\underset{\underset{\displaystyle O}{\|}}{C} \end{array}$$

乙酸酐(醋酸酐)

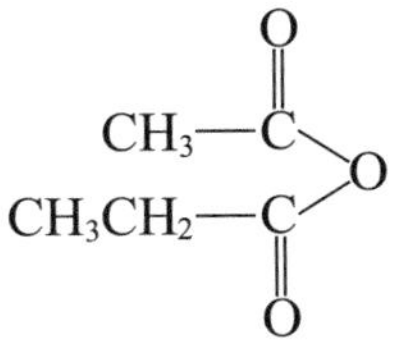

$$\begin{array}{c} CH_3-\overset{\overset{\displaystyle O}{\|}}{C} \\ \rangle O \\ CH_3CH_2-\underset{\underset{\displaystyle O}{\|}}{C} \end{array}$$

乙丙酐

$$\begin{array}{c} C_6H_4\left\langle \begin{array}{c} \overset{\overset{\displaystyle O}{\|}}{C} \\ \underset{\underset{\displaystyle O}{\|}}{C} \end{array} \right\rangle O \end{array}$$

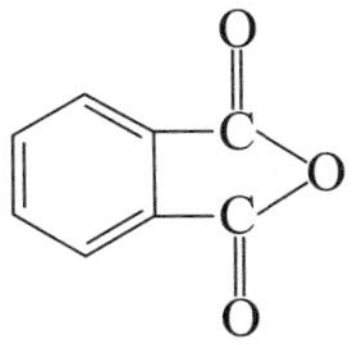

邻苯二甲酸酐

2. 性质

低级酸酐是无色、具有刺激性臭味的液体，高级酸酐为无色无臭的固体。同酰氯相似，酸酐也是酰化剂，主要发生水解、醇解和氨解反应，但反应比酰氯缓和，主要产物与酰氯相同，但副产物不是 HCl，而是羧酸。乙酸酐是最重要的酸酐，其发生水解、醇解和氨解的反应如下：

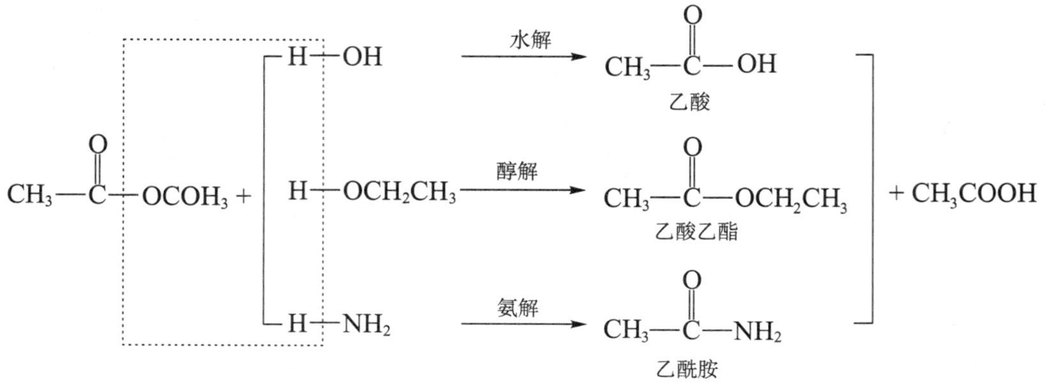

$$CH_3-\overset{\overset{O}{\|}}{C}-OCOCH_3+\left[\begin{array}{l}H-OH\xrightarrow{\text{水解}}CH_3-\overset{\overset{O}{\|}}{C}-OH\ \text{(乙酸)}\\ H-OCH_2CH_3\xrightarrow{\text{醇解}}CH_3-\overset{\overset{O}{\|}}{C}-OCH_2CH_3\ \text{(乙酸乙酯)}\\ H-NH_2\xrightarrow{\text{氨解}}CH_3-\overset{\overset{O}{\|}}{C}-NH_2\ \text{(乙酰胺)}\end{array}\right]+CH_3COOH$$

第4节　萜类和甾体化合物

萜类和甾体化合物是相当重要的两类天然产物。两者在结构上虽有较大的差异，但都是在生物体内由醋酸为原料合成的。萜类和甾体化合物与医学的关系十分密切，许多具有药用价值，是中草药的有效成分，可直接用于治疗疾病；有的是合成药物的原料；有些甾体化合物具有重要的生理作用。

一、萜类化合物

萜类化合物在自然界中广泛存在，是中草药中比较重要的有效成分，也是重要的天然香料（如挥发油，又称为香精油）的主要成分。香精油中含有许多分子式为 $C_{10}H_{16}$ 并且具有双键的碳氢化合物，称为萜烯。现在所说的**萜类化合物是指异戊二烯的聚合物及其饱和程度不等的产物，以及它们的含氧衍生物，简称为萜类**。

（一）结构

萜类的结构特点是其碳架由若干个异戊二烯单元按头尾顺序相连聚合而成，这称为萜类结构的异戊二烯规则。

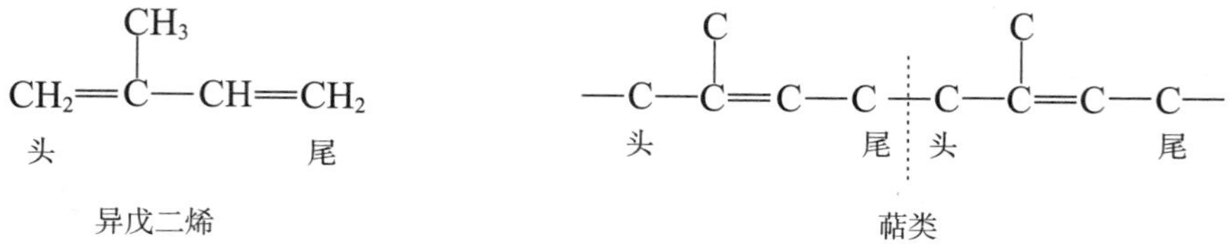

$$\underset{\text{头}}{CH_2}=\overset{\overset{CH_3}{|}}{C}-CH=\underset{\text{尾}}{CH_2}$$

异戊二烯

$$-\underset{\text{头}}{C}-\overset{\overset{C}{|}}{C}=C-\underset{\text{尾}}{C}\ \vdots\ \underset{\text{头}}{C}-\overset{\overset{C}{|}}{C}=C-\underset{\text{尾}}{C}-$$

萜类

（二）分类和命名

萜类化合物根据分子中所含的异戊二烯单元数来分类，见表10-1。

表 10-1　萜类的分类

类别	异戊二烯单元数	碳原子数	类别	异戊二烯单元数	碳原子数
单萜	2	10	三萜	6	30
倍半萜	3	15	四萜	8	40
二萜	4	20	多萜	>8	>40

萜类一般根据来源和类别(所含官能团)用俗名命名,如柠檬烯、薄荷醇、胡萝卜素等。

(三)重要的萜类化合物

1. 柠檬醛

柠檬醛广泛存在于各种挥发油中,为无色或淡黄色液体,具有强烈的柠檬香味,可作香料,也是合成维生素 A 的原料。天然柠檬醛是顺反异构体的混合物。

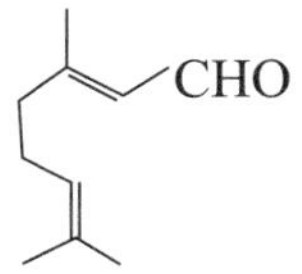

CHO　　CHO

香叶醛
α-柠檬醛(E型)

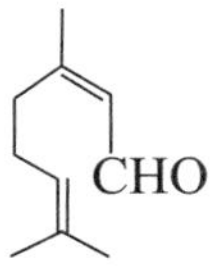

橙花醛
β-柠檬醛(Z型)

2. 香叶醇和橙花醇

香叶醇和橙花醇是玫瑰油、马丁香油等的主要成分,为无色至黄色油状液体,有温和、香甜的玫瑰花气味,广泛用作日常香料和食用香精。

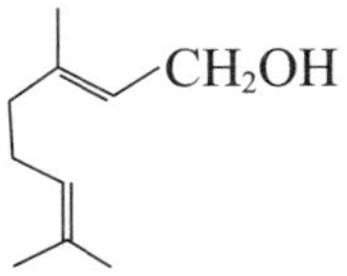

CH_2OH　　CH_2OH

香叶醛(E型)

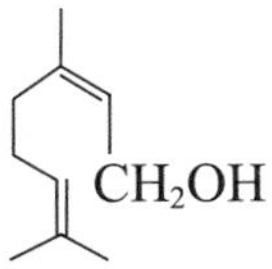

橙花醇(Z型)

3. 苧烯和薄荷醇

苧烯又称柠檬烯,是具有柠檬香气味的无色液体,用作生产香料、溶剂及合成橡胶的原料。

薄荷醇又称薄荷脑,是薄荷油的主要成分,有芳香清凉的香味,医药上用作清凉剂、祛风剂及防腐剂,是清凉油、人丹的主要成分之一。

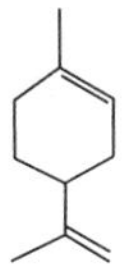

OH

苧烯

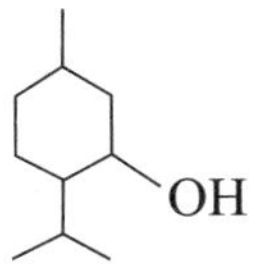

薄荷醇

4. 蒎烯和樟脑

蒎烯是松节油的主要成分,又称为松节烯,可作漆、蜡的溶剂。因其具有局部止痛作用，故医疗上常作外用搽剂。

樟脑又名 2-莰酮，为无色或白色闪光晶体，易升华，具有穿透性的特殊香味和清凉感。其气味有驱虫作用，可用作衣物的防蛀剂，医药上用作强心剂和祛痰剂。

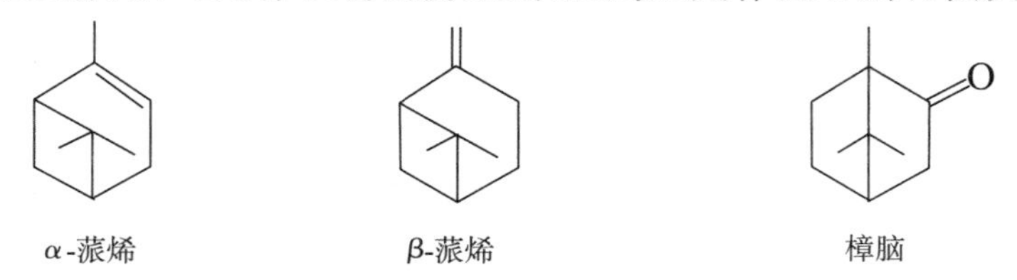

α-蒎烯　　β-蒎烯　　樟脑

5. 金合欢醇

金合欢醇又名为法尼醇，存在于玫瑰、茉莉及橙花中，是一种珍贵的香料。

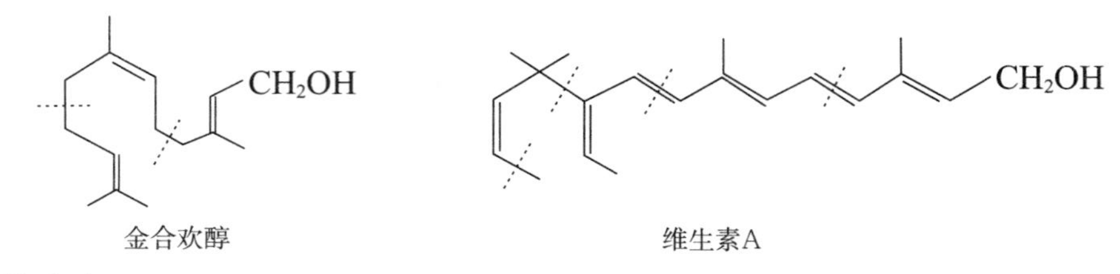

金合欢醇　　维生素A

6. 维生素 A

维生素 A 又名视黄素，主要存在于奶油、蛋黄及鱼肝油中，为黄色晶体，不溶于水，易溶于有机溶剂中；易被空气氧化，遇红外线或高温也易失去活性。

维生素 A 为脂溶性维生素，是哺乳动物类正常发育必需的营养物质之一，能维持黏膜及上皮组织的正常功能。缺乏维生素 A 则引起眼干燥症，其初期症状就是夜盲。

7. 胡萝卜素

胡萝卜素因最早从胡萝卜中提取而得名，为红色晶体，遇浓硫酸呈深蓝色，可用作食用色素。胡萝卜素有 α-胡萝卜素、β-胡萝卜素、γ-胡萝卜素三种异构体，其中 β-胡萝卜素含量最高、生理活性最强，在体内可转化为维生素 A，能治疗夜盲症。

β-胡萝卜素

二、甾体化合物

甾体化合物是广泛存在于生物体组织中的一类重要的天然有机化合物，并对生命活动起到重要的调节作用。如人体内肾上腺皮质激素、雌性激素、雄性激素等。

（一）甾体化合物的基本结构

甾体化合物中都含有一个环戊烷并氢化菲的碳骨架，且在 C_{10}、C_{13} 上有甲基和 C_{17} 上有烃基或取代烃基共 3 个侧链。“甾”字很形象地表达了这种结构特征，“田”字代表 A、B、C、D 四个环，“巛”代表 3 个侧链。

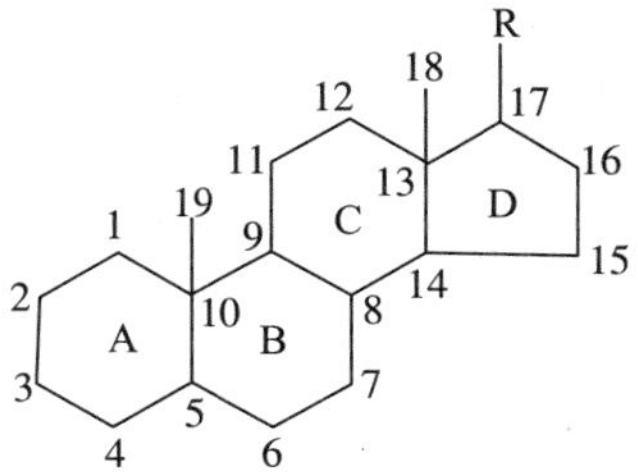

甾体化合物的基本骨架

甾体化合物通常根据来源或生理作用用俗名来命名，如胆固醇、胆酸等。

(二)重要的甾体化合物

1. 甾醇类

甾醇类广泛存在于动植物组织中，又称为固醇。

(1)胆甾醇　胆甾醇最初从胆石中发现，又称为胆固醇，分布很广，存在于脂肪和人体血液、胆中，蛋黄中含量也较多。胆固醇是人体中不可缺少的物质，其含量过高或过低都不利于健康。

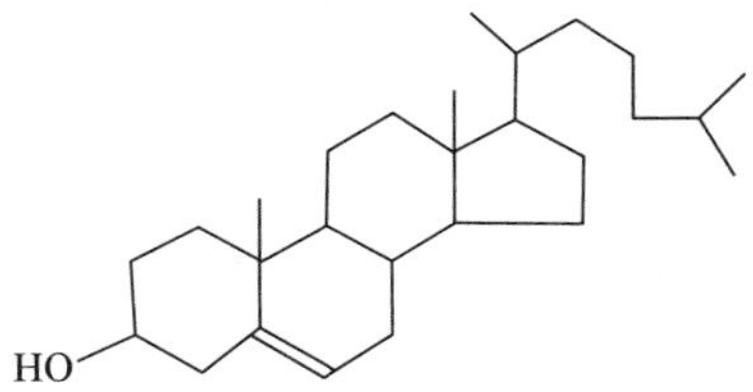

胆甾醇

(2)7-脱氢胆甾醇和维生素 D_3

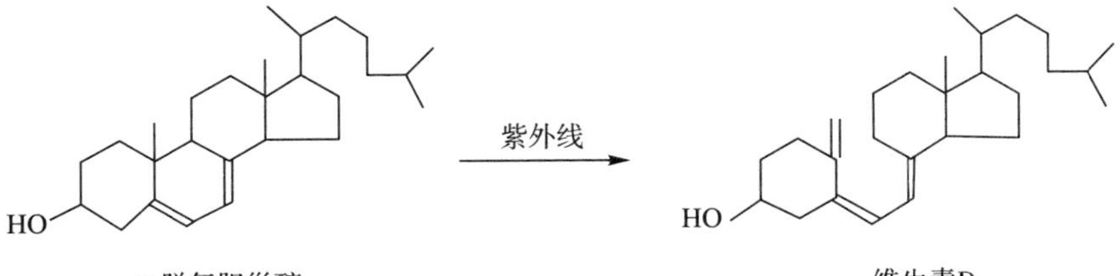

紫外线

7-脱氢胆甾醇　　维生素 D_3

(3)麦角甾醇和维生素 D_2

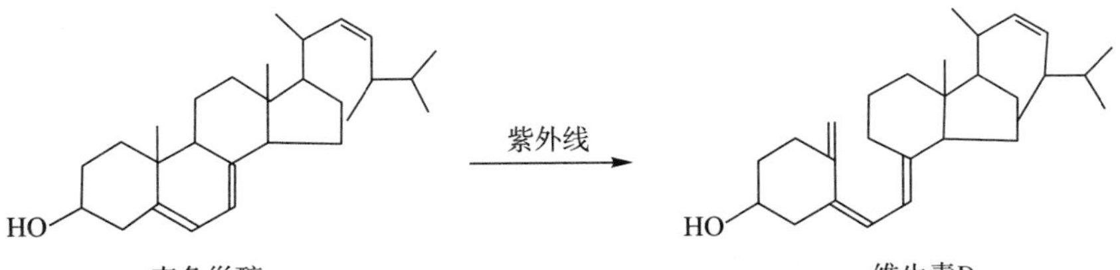

紫外线

麦角甾醇　　维生素 D_2

维生素 D 都是脂溶性的，均为无色结晶。维生素 D 可促进机体对钙、磷的吸收，维持血液中钙、磷的正常浓度，促进骨骼正常发育。维生素 D 缺乏时，儿童会患佝偻病，成人则得软骨病。获取维生素 D 最简单的方法是日光浴，也可以通过食用富含维生素 D 的食物如牛奶、蛋黄和鱼肝油等获得。

2. 胆甾酸类

动物胆汁中除含胆甾醇外，还有一些类似胆甾醇的酸，统称为胆甾酸，其中最重要的是胆酸，其次是脱氧胆酸。

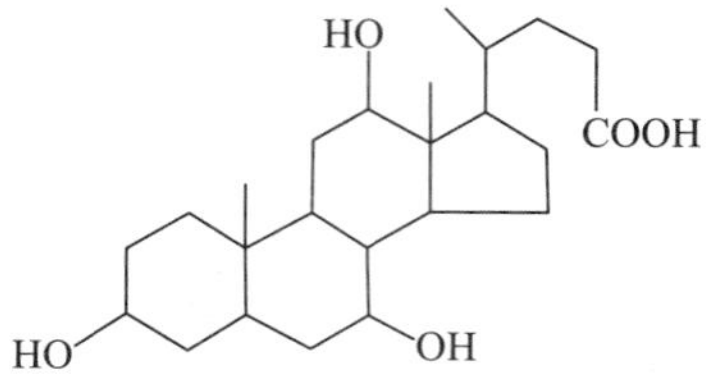

胆酸

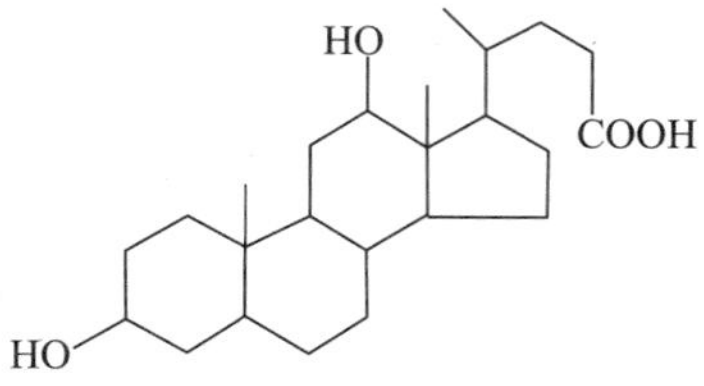

脱氧胆酸

3. 甾体激素类

激素是人和动物体内各种分泌腺分泌出的一类具有生理活性的物质，对机体的生长、代谢、发育和生殖等发挥着重要的调节作用，其含量甚微，但生理功能很强。根据分子组成不同，甾体激素类分为含氮激素类和甾体激素类。甾体激素类按其来源又分为性激素和肾上腺皮质激素。

（1）肾上腺皮质激素　肾上腺皮质激素是维持生命活动的一类重要物质，缺少时会导致人体极度虚弱，出现贫血、恶心、低血压、低血糖、皮肤呈青铜色等。肾上腺皮质激素按生理功能可分为两类，即糖代谢皮质激素和盐代谢皮质激素。

糖代谢皮质激素主要调节体内糖的代谢，还有良好的抗炎症、抗过敏、抗休克等药理作用，如可的松和氢化可的松等，临床上多用于控制严重中毒感染、皮肤病及风湿性关节炎等。

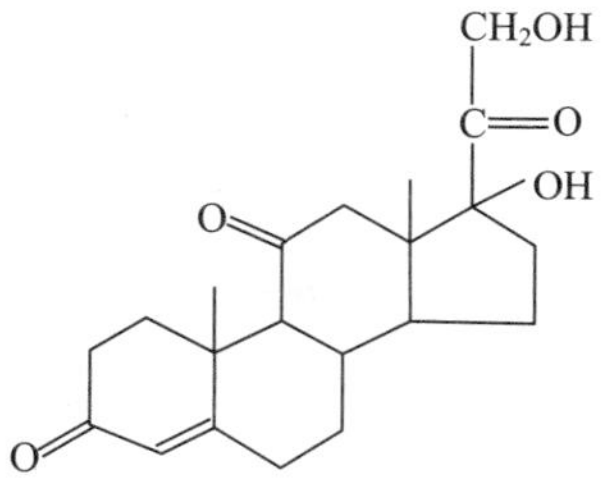

可的松

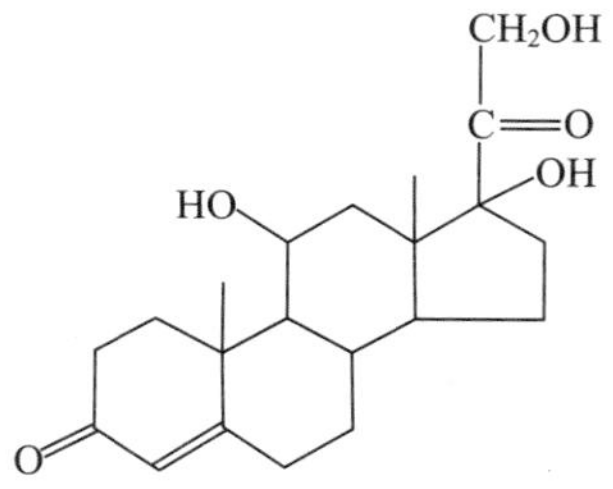

氢化可的松

盐代谢皮质激素主要通过“储钠排钾”作用调节体内 Na^{+}、K^{+} 平衡，如醛固酮、脱氧皮质酮等。

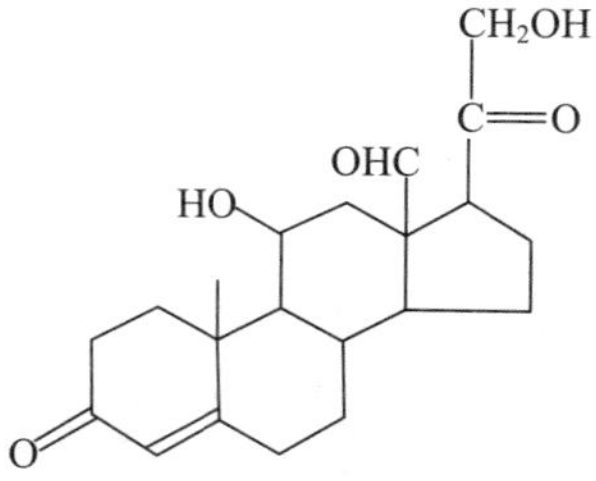

醛固酮

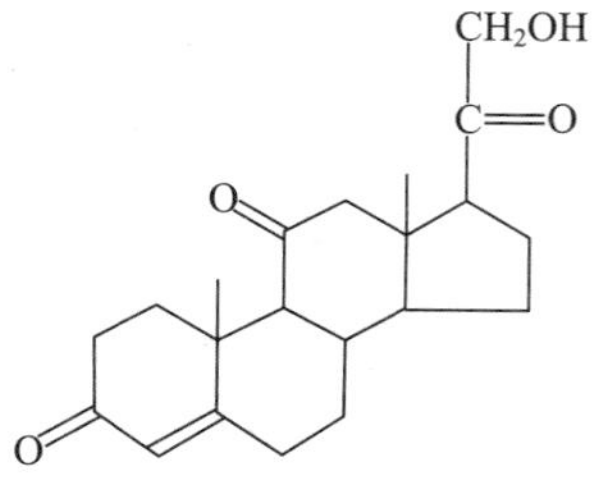

脱氧皮质酮

（2）性激素　性激素是体内性腺的分泌物，具有促进动物发育和维持第二性征（如声音、体形等)的生理功能。性激素包括雄性激素和雌性激素,前者主要有睾丸酮,后者有黄体酮(又称孕甾酮)。

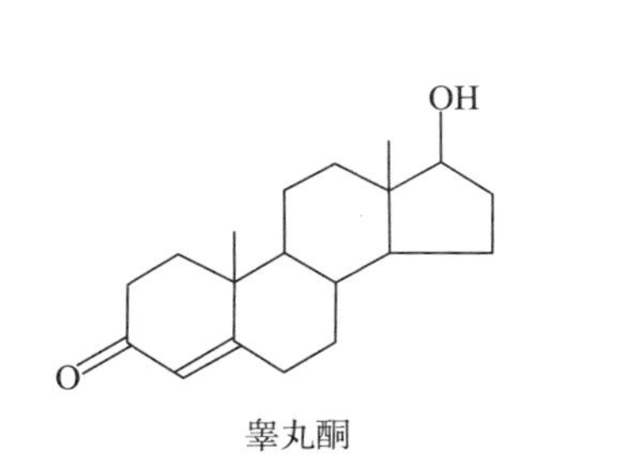

睾丸酮

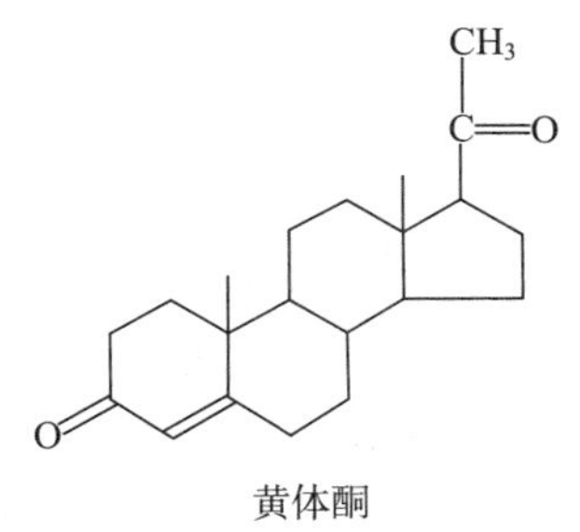

黄体酮

练　习　题

一、名词解释

1. 醇
2. 碘仿反应
3. 缩合反应
4. 羧酸
5. 酯化反应
6. 脱酸反应
7. 酮体

二、填空题

1. 根据羟基所连碳原子类型,醇可分为________、________和________。

2. 醇分子间脱水生成________,分子内脱水生成________。

3. 羟基直接连在芳环上的化合物称为________,其通式是________。

4. 醛、酮和醌分子中都含有共同的基团________,统称为__________。醛的通式是________,酮的通式是________。

5. 乙酸是弱酸,能使紫色石蕊试液变________。

6. 乙酸与乙醇发生酯化反应脱水时,________失掉的是羟基,而________失掉的是羟基上的氢原子。

7. 从结构上可看,酯是由____________基和__________基连接而成的化合物。例如 $CH_3-\overset{\overset{\displaystyle O}{\|}}{C}-O-CH_2CH_3$ 可以看作________基和________基连接而成。

8. 草酸的结构式为________,________(有或没有)还原性。

三、选择题

1. 下列哪种化合物的沸点高　(　　)

A. 乙醚　　B. 正丁醇　　C. 仲丁醇　　D. 叔丁醇

2. 乙醇和二甲醚是什么异构体 ( )
A. 碳架异构 B. 位置异构 C. 官能团异构 D. 互变异构

3. 下列化合物中能发生碘仿反应的是 ( )
A. 3-戊酮 B. 乙醇 C. 苯甲醛 D. 正丙醇

4. 下列化合物的酸性大小排列中，正确的是 ( )
A. 对甲苯酚＞对硝基苯酚＞苯酚 B. 对甲苯酚＞苯酚＞对硝基苯酚
C. 对硝基苯酚＞对甲苯酚＞苯酚 D. 对硝基苯酚＞苯酚＞对甲苯酚

5. 下列化合物哪些能与 $FeCl_3$ 溶液发生颜色反应 ( )
A. 甲苯 B. 苯酚 C. 2，4-戊二酮 D. 苯乙烯

6. 下列羰基化合物与 HCN 发生加成反应速度最快的是 ( )
A. 苯乙酮 B. 苯甲醛 C. 2-氯乙醛 D. 乙醛

7. 下列可以说明乙酸是弱酸的是 ( )
A. CH_3COOH 能与 Na_2CO_3 溶液反应，生成 CO_2 气体
B. CH_3COOH 与水能以任意比例互溶
C. CH_3COOH 的水溶液能使紫色石蕊试纸褪色
D. 0.1 mol/L 的 CH_3COOH 溶液的 pH 约为 3

8. 一元羧酸酯的结构通式是 ( )
A. RCOR′ B. ROR′ C. RCOOR′ D. R-COOH

9. 下列物质能跟乙醇发生酯化反应的是 ( )
A. 乙醚 B. 乙酸 C. 丙酮 D. 苯

10. 下列化合物中羰基活性最强的是 ( )
A. $ClCH_2CH_2CHO$ B. CH_3CH_2CHO
C. $CH_3CHClCHO$ D. $CH_3CHBrCHO$

11. 羧酸的衍生物能发生水解、醇解、氨解等反应，请问酯交换属于 ( )
A. 酯的水解 B. 酯的醇解 C. 酯的氨解 D. 酯缩合反应

12. 羧酸的衍生物中，酰氯反应活性最大，在有机合成中常用作酯化试剂。羧酸和下列哪种试剂反应不能制得酰氯 ( )
A. PCl_3 B. PCl_5 C. $SOCl_2$ D. P_2O_5

13. 草酸加热生成二氧化碳和甲酸的反应属于 ( )
A. 酯化反应 B. 脱羧反应 C. 取代反应 D. 加成反应

14. 下列各组中不是同分异构体的是 ( )
A. 丙醛和丙酮 B. 乙醇和甲醚
C. 丙酸和丙酮酸 D. 甲酸乙酯和乙酸甲酯

15. 下列试剂不能用来鉴别甲酸、乙酸的是 ( )
A. 高锰酸钾溶液 B. 溴水
C. 托伦试剂 D. 斐林试剂

四、简答题

1. 用系统法命名下列化合物。

(1) 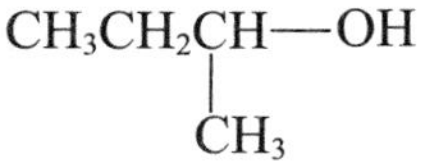 $CH_3CH_2CH(CH_3)—OH$

(2) $CH_2(Cl)CH_2CH(CH_3)CH_2CH(CH_2CH_3)CH_2—OH$

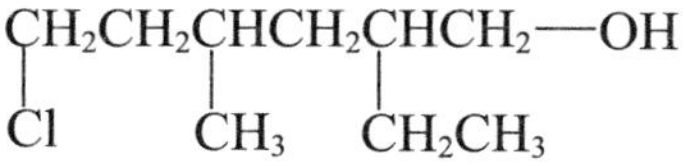

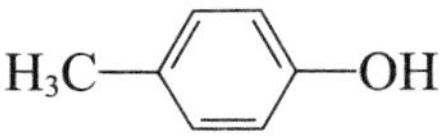

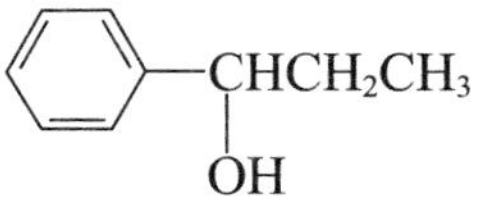

(3) $H_3C—C_6H_4—OH$（对位）

(4) $C_6H_5—CH(OH)CH_2CH_3$

(5) $C_6H_5—OCH_2CH_3$

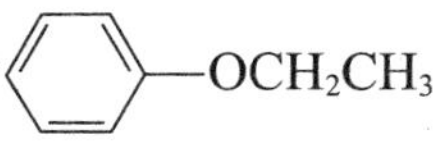

(6) $Cl_3C—CHO$

(7) $CH_3CH_2CH=CHCH_2OH$

(8) $CH_3CH=CHCHO$

(9) 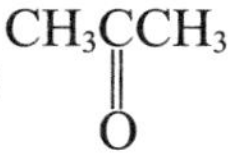 $CH_3C(=O)CH_3$

(10) $C_6H_5—C(=O)CH_3$

(11) $CH_3CH(CH_3)COOH$

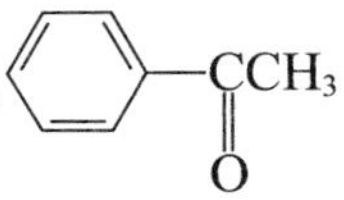

(12) $CH_3—C_6H_4—COOH$（对位）

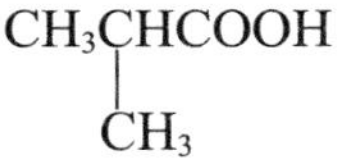

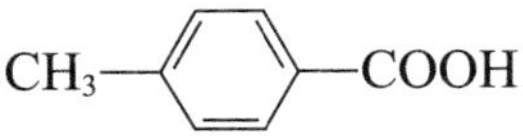

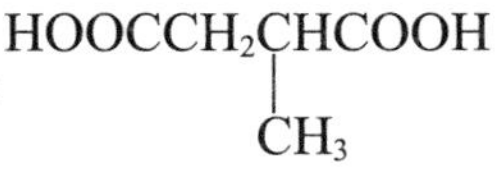

(13) $HOOCCH_2CH(CH_3)COOH$

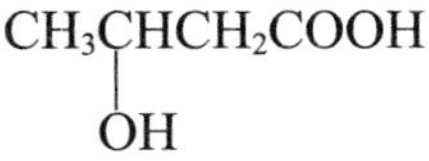

(14) $CH_3C(=O)CH_2COOH$

(15) $CH_3CH(OH)CH_2COOH$

(16) $CH_3—C(=O)—O—C(=O)—CH_3$

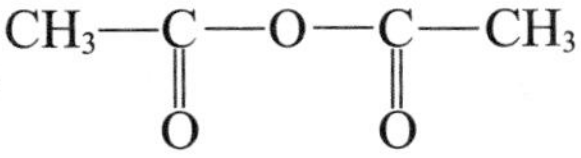

2. 写出下列化合物的结构式。

(1)酒精

(2)甘油

(3)石炭酸

(4)异丙醚

(5)丙醛

(6)苯甲醛

(7)3-戊酮

(8)羰基

(9)乙酰基

(10)乳酸

(11)丙酮酸

(12)水杨酸

3. 写出下列各反应的主要产物。

(1) $CH_3\underset{\underset{OH}{|}}{C}HCH_3 + Na \longrightarrow$

(2) $CH_3CH_2CH_2OH \xrightarrow[140\ ℃]{H_2SO_4}$

(3) $(CH_3)_3C—OH + HCl \xrightarrow[20\ ℃]{ZnCl_2}$

(4) $(CH_3CH_2)_2O + H_2SO_4 \longrightarrow$

(5) $CH_2=CHCHO + H_2 \xrightarrow[\text{无水乙醚}]{LiAlH_4}$

(6) $CH_3\underset{\underset{O}{\|}}{C}—H + H—CH_2CHO \xrightarrow{\text{稀}NaOH}$

(7) $CH_3—\underset{\underset{O}{\|}}{C}—CH_3 \xrightarrow{I_2 + NaOH}$

(8) $CH_3COONa + NaOH \xrightarrow[\text{强热}]{CaO}$

4. 用简单化学方法鉴别下列各组化合物。

(1)乙醇和乙醚

(2)丙醛、丙酮、丙醇和异丙醇

(3)甲酸、乙酸、乙醛

(4)乙醇和苯酚

5. 化合物 A 的分子式为 C_2H_6O,它能与金属钠反应放出氢气,A 与浓硫酸共热到 170 ℃生成气体 B,将 B 通入溴水中生成 1,2-二溴乙烷,而使溴水褪色。A 与浓硫酸共热到 140 ℃生成液态化合物 C,写出 A、B、C 三种化合物分子式和有关化学方程式。

6. 某化合物分子式为 $C_5H_{12}O$(A),氧化后得 $C_5H_{10}O$(B),B 能和苯肼反应,也能发生碘仿反应,A 和浓硫酸共热得 C_5H_{10}(C),C 经氧化后得丙酮和乙酸,推测 A 的结构,并用反应式表明推断过程。

7. 有三个化合物 A、B、C,分子式同为 $C_4H_6O_4$。A 和 B 都能溶于 NaOH 水溶液,和 Na_2CO_3 作用时放出 CO_2。A 加热时失水成酐;B 加热时失羧生成丙酸;C 则不溶于冷的

NaOH 溶液，也不和 Na_2CO_3 作用，但和 NaOH 水溶液共热时，则生成两个化合物 D 和 F，D 具有酸性，F 为中性。在 D 和 F 中加酸和 $KMnO_4$ 再共热时，则都被氧化放出 CO_2。试问 A、B、C 各为何化合物，并写出各步反应式。

（林　胜）

第 11 章　立体异构

学习目标

1. 熟悉乙烷、正丁烷、环己烷的典型构象。

2. 掌握顺反异构体的概念和顺式、反式构型的判断，熟悉 Z、E 构型，了解顺反异构体的性质。

3. 掌握分子的手性、旋光性、手性碳原子、对映异构体等概念。

4. 熟悉 D/L 和 R/S 法标记旋光异构体的构型，了解含两个手性碳原子化合物的旋光异构体。

5. 熟悉旋光异构体的性质。

分子的同分异构现象可分为构造异构和立体异构两大类。构造异构是指分子中原子的排列次序不同而产生的同分异构现象，如碳链异构、位置异构、官能团异构和互变异构。**立体异构是指分子中原子的连接次序相同，但在空间的相互位置不同而产生的同分异构现象**，包括构型异构和构象异构。构型异构是指分子的空间结构不同而产生的同分异构现象，如顺反异构和光学异构；构象异构是指具有相同的构型，但由于分子内单键的旋转而产生的同分异构现象。

第 1 节　构象异构

构象异构是由于单键的旋转产生的，即单键的旋转会使分子中的原子在空间上的相对位置发生改变，而产生的每一种排列方式就是一种构象。由于单键的旋转有时可以任意角度进行，因而很多有机化合物有无数种构象异构体，且这些构象异构体可自由地相互转化。构象异构体是不能分离的。

下面来了解一些代表物的典型构象。

一、乙烷的构象

随着乙烷分子 C—C 单键的旋转，两个碳原子上的氢原子在空间的相对位置会不断地改变，乙烷分子就会产生无数种构象。其中最典型的两种构象是重叠式和交叉式。

构象异构体可用透视式和投影式（又称为纽曼投影式）表示，如图 11-1 所示。其中交叉式构象相对较稳定，称为**优势构象**。

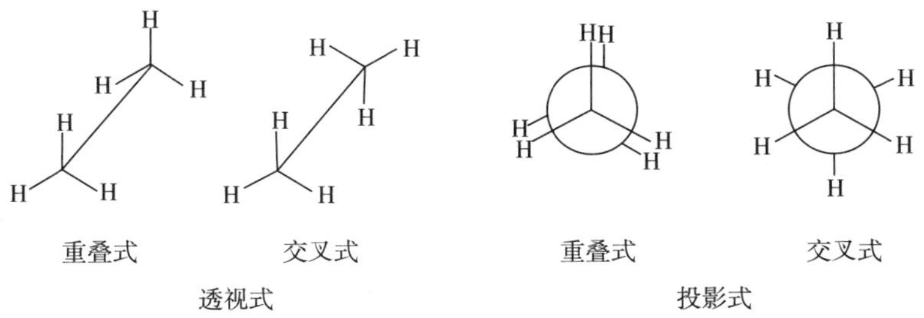

重叠式　交叉式　重叠式　交叉式

透视式　投影式

图 11-1　乙烷的两种典型构象

二、正丁烷的构象

正丁烷($CH_3CH_2—CH_2CH_3$)分子中有三个 C—C 键,每一个 C—C 的旋转都可产生无数个构象。以 $C^2—C^3$ 单键为代表,有四种典型构象,如图 11-2 所示。其中对位交叉式较稳定,而全重叠式是最不稳定的构象。

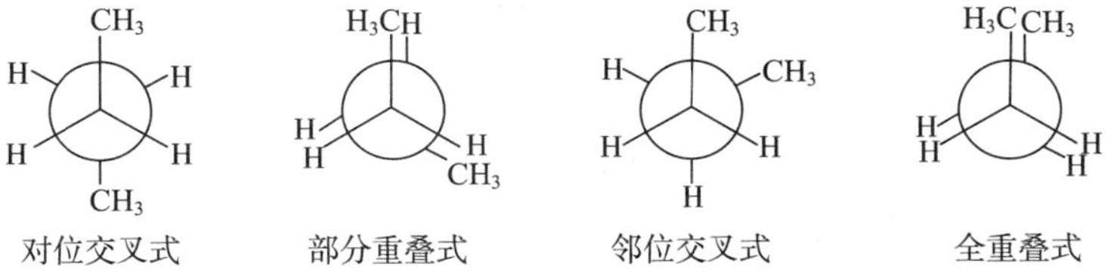

对位交叉式　部分重叠式　邻位交叉式　全重叠式

图 11-2　正丁烷的四种典型构象

三、环己烷的构象

碳原子是四面体结构,碳原子以单键相连接,键角为 109.5°。如果键角保持 109.5°或接近 109.5°,环己烷分子中的六个碳原子就不可能在同一个平面内形成平面的环,而是在不同的平面内形成折叠的环。这种折叠式的环有两种形式——椅式和船式,相应于环己烷的**椅式构象**和**船式构象**。

椅型构象是环己烷能量最低、最稳定的优势构象,也几乎是所有环己烷衍生物能量最低、最稳定的构象。如图 11-3 所示。

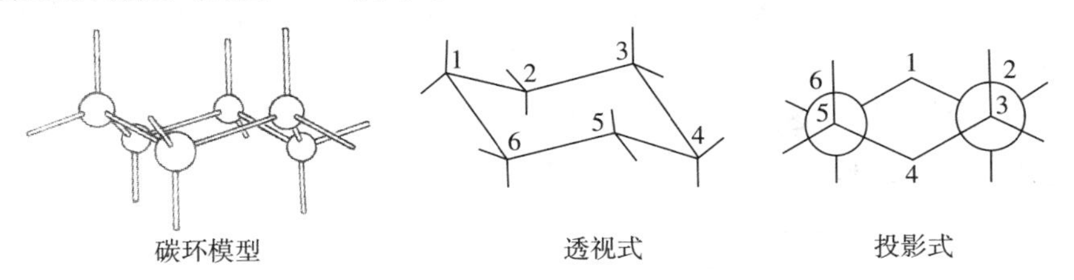

碳环模型　透视式　投影式

图 11-3　环己烷分子的椅型构象

船式构象比椅式构象的能量高(大约为 29.7 kJ/mol)。环己烷的船式构象不是优势构象异构体。如图 11-4 所示。

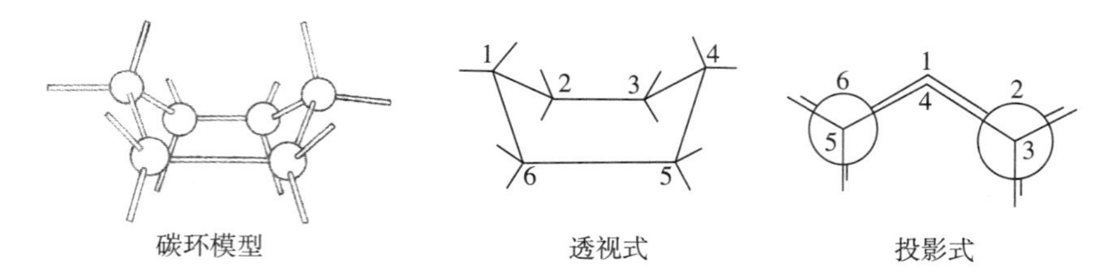

图 11-4 环己烷分子的船式构象

如果把船型构象模型的右端向下翻，则得到椅型构象的模型。这一翻动只涉及绕着环己烷分子中的 C—C 单键的转动，所以“船式”和“椅式”是在室温下可以相互转变的构象。

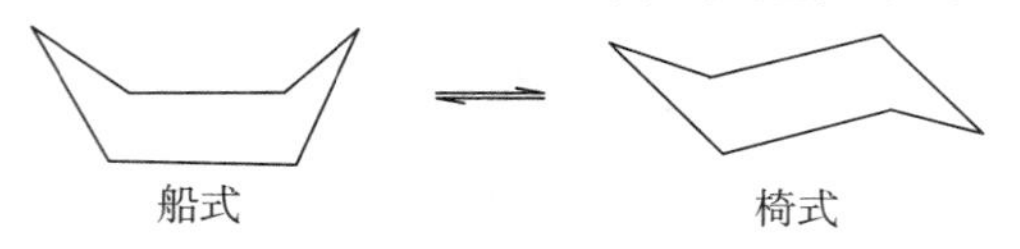

第 2 节 顺反异构

一、顺反异构现象

在烯烃分子中，因烯烃具有碳碳双键（C═C），双键不能绕键轴自由转动，这样与双键直接相连的原子或原子团在空间的位置是固定的。例如，2-丁烯就有两种空间结构，产生两种异构体。

	顺-2-丁烯	反-2-丁烯
熔点	－139.3 ℃	－105.4 ℃
沸点	4 ℃	1 ℃
相对密度	0.621	0.604

这两种构型的区别在于原子或原子团在空间的排布位置不同。像这种**由于碳碳双键（或碳环）不能旋转而导致分子中原子或原子团在空间的排列方式不同所产生的异构现象，称为顺反异构现象**，这样的异构体互称为**顺反异构体**。

除烯烃外，脂环也能产生顺反异构现象。

顺-1,4-环己烷二羧酸　　反-1,4-环己烷二羧酸

可见，产生顺反异构的条件是：①分子中存在不能自由旋转的结构，如碳碳双键和脂环等；②两个碳原子中的任何一个碳原子上，必须连有两个不同的原子或原子团，如碳碳双键结构。

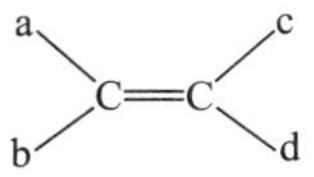

$$\begin{matrix} a & & c \\ & C=C & \\ b & & d \end{matrix}$$　　或写成：abC ═ Ccd

其中四个原子或原子团必须是 a≠b、c≠d。

二、顺反异构体的命名

(一)顺反命名法

对于 abC═Cab 和 abC═Cac 这两类化合物，可用顺反命名法命名。相同的两个原子或基团在 C═C 双键的同侧，叫作**顺式**；在 C═C 双键的两侧，叫作**反式**。

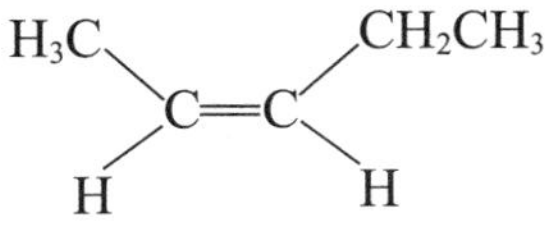

$$\begin{matrix} H_3C & & CH_2CH_3 \\ & C=C & \\ H & & H \end{matrix} \qquad \begin{matrix} H_3C & & H \\ & C=C & \\ H & & CH_2CH_3 \end{matrix}$$

顺-2-戊烯 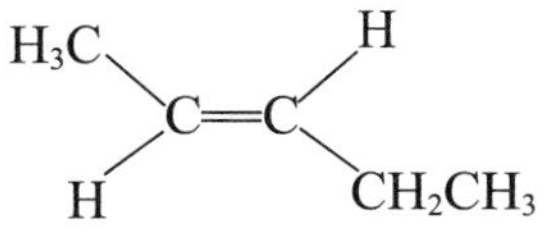　　　　反-2-戊烯

顺反命名法显然不适合用于、甚至不能用于 abC═Ccd 这类化合物的顺反异构体。由此可见，顺反命名法不是一种普遍适用的方法。

(二)Z、E 命名法

先用“次序规则”来确定每个碳原子上所连的两个原子或原子团的大小优先次序。

1. 次序规则

次序规则以原子序数作为比较标准，即原子序数大的优先于原子序数小的，同时遵循逐级比较的原则。

(1)将与碳原子直接相连的两个原子按原子序数大小排列，原子序数大的为优先基团，同位素则按原子量大小次序排列。

$$—I>—Br>—Cl>—SH>—OH>—NH_2>—CH_3>—D>—H$$

(2)若两个基团的第一级原子的序数相同，则比较与此原子相连的第二级原子，直到比较出大小。

$$—OCH_3>—OH$$

(3)若同级的两个原子相同，并且连有多个原子时，只要其中有一个原子的原子序数大于对方任何一个原子，则该基团优先。

$$—CH_2OH>—C(CH_3)_3>—CH(CH_3)_2>—CH_2CH_2CH_3>—CH_2CH_3>—CH_3$$

(4)若基团中含有不饱和键时，可将双键或三键看作以单键与 2 个或 3 个相同原子相连。如基团 C═C、C═O、C≡C、C≡N 可分别看作：

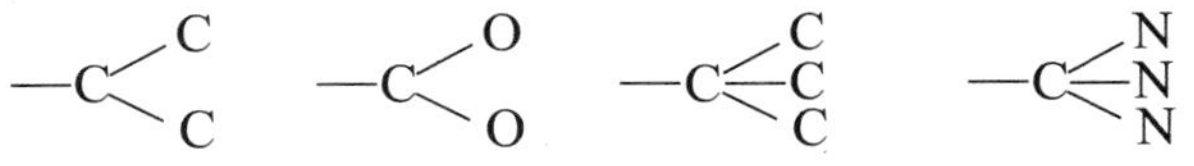

$$—C\begin{matrix} C \\ C \end{matrix} \qquad —C\begin{matrix} O \\ O \end{matrix} \qquad —C\begin{matrix} C \\ C \\ C \end{matrix} \qquad —C\begin{matrix} N \\ N \\ N \end{matrix}$$

2. Z、E 命名法

用 Z、E 法命名时，两个优先基团位于同一侧时，为**“Z”构型**，位于异侧时为**“E”构型**。

Cl, H, C=C, CH_3, Br

(E)-1-氯-2-溴丙烯

Cl, H, C=C, Br, CH_3

(Z)-1-氯-2-溴丙烯

必须注意，Z、E 命名法和顺反命名法所依据的规则不同，它们之间没有必然的联系。

三、顺反异构体性质的差异

顺反异构体的空间结构不同，物理性质有一定的差异，并表现出某些规律性。如顺式的熔点较反式的低，在水中溶解度较反式的大等。

顺反异构体都具有相同的官能团，因此它们的化学性质基本相同，只有某些与空间结构有关的化学性质存在差别。如顺一丁烯二酸较易脱水成丁烯二酸酐，而反式在较高的温度下转变为顺式后才发生脱水成酐。

顺反异构体的生理活性不一样。如合成的雌性激素替代品己烯雌酚，反式的生理活性明显较强，而顺式则不明显。

第 3 节　对映异构

对映异构又称为光学异构，或称为旋光异构。它与物质的一种特殊物理性质——旋光性有关。

一、偏振光与旋光性

(一)普通光与偏振光

光波是一种横波，也就是它的振动方向与传播方向垂直。当一束普通光传播时，在与其传播方向垂直的平面内，各个方向振动的光都存在(如图 11-5 所示)。当其通过尼科尔棱镜后，发现光的强度明显减弱。这是由于尼科尔棱镜只能让它与镜晶轴平行振动的光通过，而其他振动方向的光不能通过。通过尼科尔棱镜后的**光只在一个方向上振动，即单向振动的光**。这种光称为**平面偏振光**，简称**偏振光**。

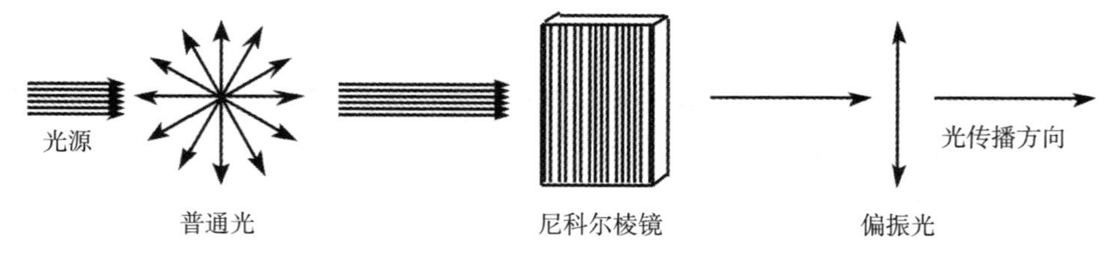

图 11-5　普通光和偏振光

(二)旋光性和旋光度

当偏振光通过某些物质的溶液(或液体)时,如乳酸、葡萄糖溶液等,会发现偏振光的振动方向向左或向右旋转了一定的角度,如图 11-6 所示。这种**能使偏振光的振动方向发生旋转的性质称为旋光性**。具有旋光性的物质称为**旋光性物质**,或**光学活性物质**。偏振光的振动方向向右旋转(顺时针方向),称为右旋物质,用“+”或“d”表示,反之则称为左旋物质,用“-”或“l”表示。

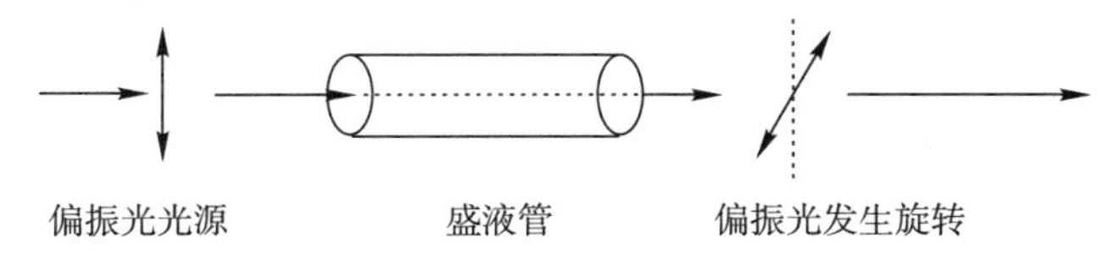

图 11-6　物质的旋光性示意图

旋光性物质使偏振光的振动方向旋转的角度称为**旋光度**。旋光度与溶液的浓度(或纯液体的密度)、盛液管的长度、溶剂的性质、温度和光的波长有关。为消除这些因素的影响,引入了**比旋光度**:在一定温度下用特定波长的光,通过 10 cm 长盛满浓度为 1 g/mL旋光性物质的盛液管时,所测得的旋光度。温度通常为 20 ℃或 25 ℃,光源采用钠光,波长为 586.9 mm 或 589.0 mm,用 D 表示。所以,比旋光度通常可表示为 $[\alpha]_D^{20}$ 或 $[\alpha]_D^{25}$。

二、分子结构与旋光性的关系

为什么有的物质具有旋光性,而另一些物质却没有旋光性呢?这与物质的分子是否具有手性有关。

(一)手性的概念

如果把左手放在一面镜子前,可以观察到镜子里的镜像与右手完全一样。所以,左手和右手具有互为实物与镜像的关系,两者不能重合,如图 11-7 所示。因此,把**这种物体与其镜像不能重合的性质称为手性**。

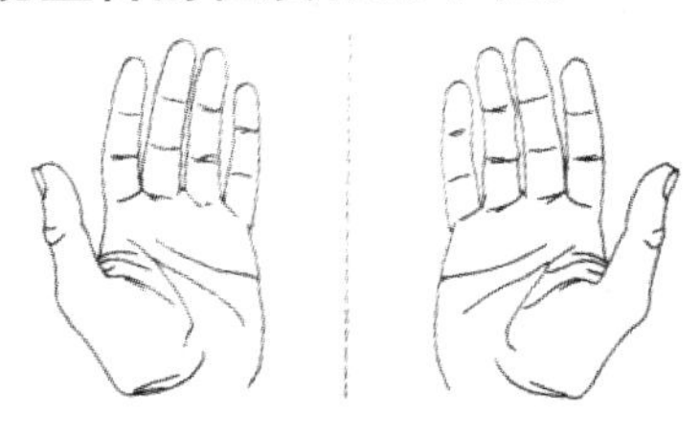

左右手互为镜像

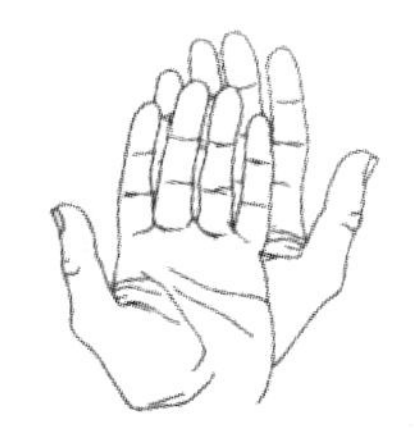

左右手不能重合

图 11-7　手性关系示意图

(二)分子的手性和旋光性

测定不同来源乳酸和异丙醇的旋光性发现:乳酸是旋光性物质,其中从肌肉中获得的右旋乳酸,比旋光度 $[\alpha]_D^{20}=+3.82°$,用保加利亚产气芽孢杆菌发酵蔗糖产生的左旋乳酸,比旋光度 $[\alpha]_D^{20}=-3.82°$;而异丙醇则是非旋光性物质。

两物质的结构如下:

$$\begin{array}{c} H \\ | \\ CH_3—\overset{*}{C}—COOH \\ | \\ OH \end{array} \qquad\qquad \begin{array}{c} H \\ | \\ CH_3—C—CH_3 \\ | \\ OH \end{array}$$

乳酸　　　　　　异丙醇

乳酸分子的 C_2 原子连有四个不同的原子或基团(—H、—CH_3、—OH、—COOH),这样的碳原子称为手性碳原子,以“ * ”标示。而异丙醇分子中却没有手性碳原子。从分子的空间结构分析可以看出,乳酸分子中的基团在空间中的排列方式有两种(如图 11-8 所示),而异丙醇分子中的基团在空间中的排列方式只有一种。

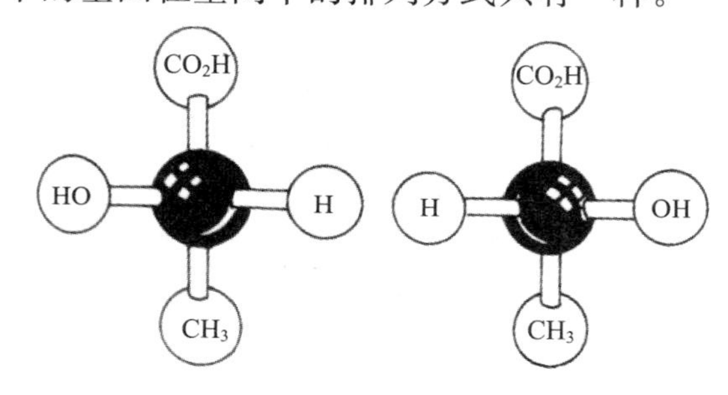

图 11-8　乳酸分子两种构型的立体模型

这两种乳酸分子是实物和镜像关系,也如同人的左右手,不能重合,即乳酸分子具有手性,是手性分子。凡不能与其镜像重合的分子,称为手性分子。**手性分子都具有旋光性,具有旋光性的分子都是手性分子**。

判断分子是否具有手性,最好是看分子有无对称面或对称中心等对称因素。异丙醇分子中存在对称因素,为非手性分子,无旋光性;**乳酸分子中不存在对称因素,是手性分子**,具有旋光性。

(三)对映体和外消旋体

像乳酸这样,**构造相同,构型不同,互为实物和镜像关系而不能重合的立体异构体**,叫作**对映异构体**,简称**对映体**。这种现象称为**对映异构现象**。

对映体的旋光能力相同,但是旋光方向相反。用一般的乳酸菌发酵得到乳酸(酸牛奶)或者用化学合成得到的乳酸都没有旋光性,但可以把它拆分成等量的(+)-乳酸和(−)-乳酸。这种**由等量的对映体组成的物质,不表现出旋光性,称为外消旋体**。

三、构型表示法

(一)费歇尔投影式

分子的构型是三维立体的，而纸面是二维的。在二维的纸面上表示出三维的分子构型，通常用模型、透视式或费歇尔（Fischer）投影式表示。这里主要介绍费歇尔投影式表示法。如图 11-9 所示。

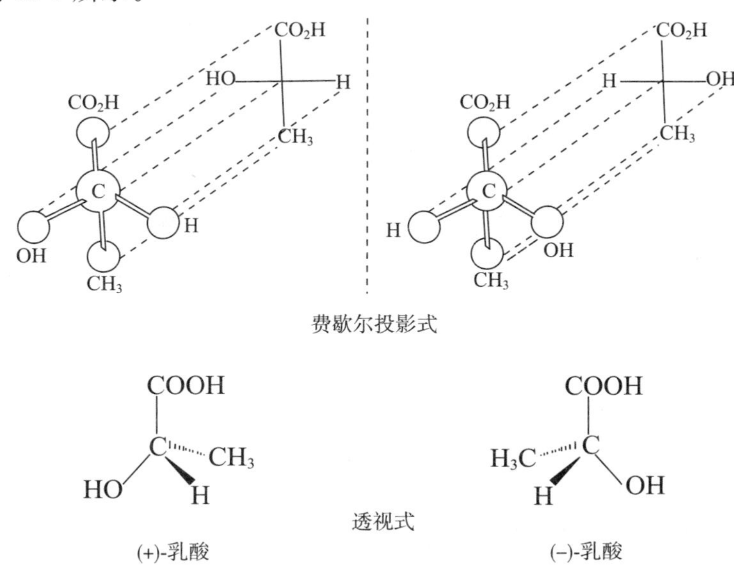

图 11-9　乳酸对映体的费歇尔投影式和透视式

费歇尔投影式书写规则：将手性碳投影到平面上，向前伸的键横向放置，向后伸的键竖直放置。复杂化合物主链竖直放置，编号最小的碳放在最上面。

使用费歇尔投影式时，要注意不能将手性碳上的任意两个原子团互换，不能离开纸面翻转，不能在纸面上旋转 90°的奇数倍。

(二)对映体构型的标记

对映异构体的构型，一般采用相对构型标记法（D/L 法）和绝对构型标记法（R/S 法）。

1. D/L 法

在无法通过实验测定分子中基团的空间排布情况之前，人们以甘油醛的两种构型为标准，来确定其他物质对映体的构型。这种方法确定的为相对构型。

甘油醛的两种构型如下：指定右旋甘油醛的构型为 D 型，其费歇尔投影式中手性碳原子上的羟基在右边；而对映体左旋甘油醛的构型为 L 型，其费歇尔投影式中手性碳原子上的羟基在左边。

```
      CHO                  CHO
H ────┼──── OH     HO ────┼──── H
      CH2OH                CH2OH

D-(+)-甘油醛          L-(-)-甘油醛
```

在人为规定甘油醛的构型基础上，其他旋光性物质对映体的 D/L 构型，可根据各种直接或间接方式与甘油醛联系起来而进行确定。如甘油酸的两种构型。

```
      COOH                 COOH
H ────┼──── OH     HO ────┼──── H
      CH2OH                CH2OH

D-(-)-甘油酸          L-(+)-甘油酸
```

1951 年，人们利用 X 射线结构分析，实际测出了酒石酸钠的绝对构型，并由此推出甘油醛的实际构型。人为规定甘油醛的构型正好与其实际构型相符。因此，D/L 构型实际上也是绝对构型。

2. R/S 法

R/S 构型标记法规则：

（1）先将手性碳上相连的四个基团 a、b、c、d 按次序规则由大到小排列，假设它们的优先顺序为：a>b>c>d。

（2）将最小基团 d 放在最远端，其他三个基团连成一个圆圈面向观察者（类似于汽车方向盘，故此规则也俗称为方向盘规则）。

（3）观察其余三个基团优先次序排列方向。若 a→b→c 按顺时针排列，则构型用 R 表示；若基团 a→b→c 按逆时针排列，则构型用 S 表示。

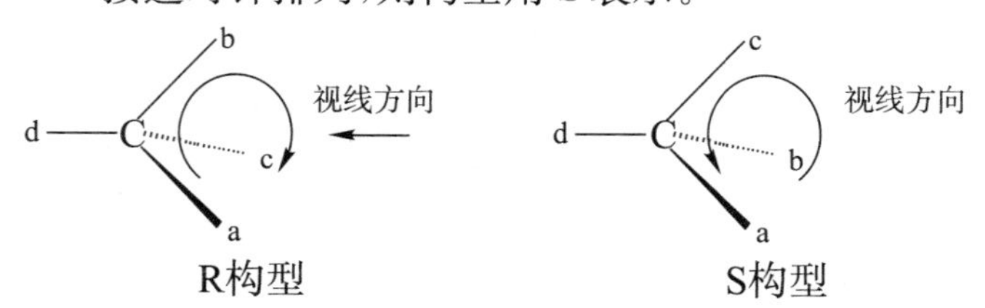

图 11-10　判断 R/S 构型的方法

甘油醛的两种构型的 R/S 标记为：

```
      CHO                  CHO
H ────┼──── OH     HO ────┼──── H
      CH2OH                CH2OH

R-(-)-甘油醛          S-(+)-甘油醛
```

应该注意的是，D/L 构型、R/S 构型和旋光方向三者之间无对应关系。

对于一个给定的费歇尔投影式，可以按下述方法标记其构型。如果按次序规则最小的原子或基团 d 位于投影式的竖线上，其余三个基团 a→b→c 按顺时针排列，则构型为 R；若基团 a→b→c 按逆时针排列，则构型为 S。如果 d 在横线上，基团 a→b→c 按顺时针排列，则构型为 S；若基团 a→b→c 按逆时针排列，则构型为 R。如图 11-11 所示。

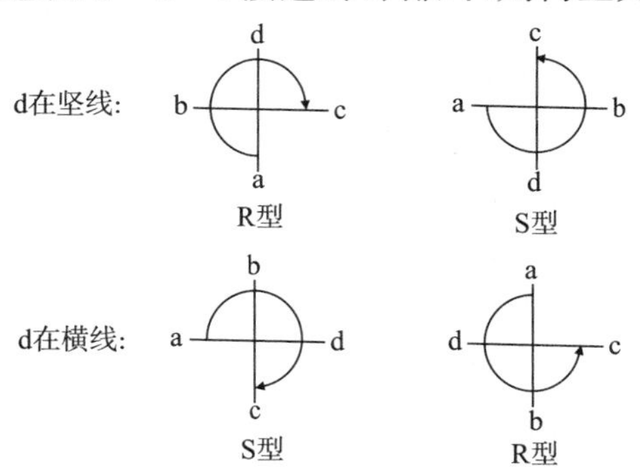

图 11-11　费歇尔投影式构型的判断方法

四、含有两个手性碳原子化合物的对映异构

(一)含两个不相同的手性碳原子

例如 2,3,4-三羟基丁醛，其分子中含有两个手性碳原子。

$$HOH_2C—\overset{*}{C}H(OH)—\overset{*}{C}H(OH)—CHO$$

根据每个手性碳原子所连接的四个基团看，两个手性碳原子不相同。2,3,4-三羟基丁醛共有四种构型，如下所示。

Ⅰ	Ⅱ	Ⅲ	Ⅳ
CHO	CHO	CHO	CHO
H—OH	HO—H	H—OH	HO—H
H—OH	HO—H	HO—H	H—OH
CH_2OH	CH_2OH	CH_2OH	CH_2OH
(2R,3R)	(2S,3S)	(2R,3S)	(2S,3R)
D-(-)-赤鲜糖	L-(+)-赤鲜糖	L-(+)-苏阿糖	D-(-)-苏阿糖

其中，Ⅰ和Ⅱ，Ⅲ和Ⅳ各是一对对映体。但Ⅰ与Ⅲ或Ⅳ，Ⅱ与Ⅲ或Ⅳ互不成实物镜像关系，称为**非对映异体**，简称为**非对映体**。

根据经验规律，含有 n 个不相同的手性碳原子化合物，其光学异构体的数目为 2^n 个，组成 2^{n-1} 对对映体。

(二)含两个相同的手性碳原子

例如 2,3-二羟基丁二酸(酒石酸)，其分子中含有两个手性碳原子。

根据每个手性碳原子所连接的四个基团看，两个手性碳原子相同。酒石酸共有三种构型，如下所示。

$$HOOC—\overset{*}{C}H(OH)—\overset{*}{C}H(OH)—COOH$$

I	II	III	IV
COOH; H—C—OH; HO—C—H; COOH	COOH; HO—C—H; H—C—OH; COOH	COOH; H—C—OH; H—C—OH; COOH ≡	COOH; HO—C—H; HO—C—H; COOH
(2R,3R)	(2S,3S)	(R,S)	
L-(+)-酒石酸	D-(-)-酒石酸	内消旋酒石酸	

其中，Ⅰ和Ⅱ均有旋光性，为一对对映体。而Ⅲ和Ⅳ是同一种物质，没有旋光性，称为**内消旋体**。内消旋体与Ⅰ或Ⅱ为非对映体。从中可以看出，判断分子有无旋光性的绝对依据是分子是否有手性，而不是分子有无手性碳原子。

内消旋体和外消旋体是两个不同的概念。虽然两者都不显旋光性，但前者是纯净物，后者是等量对映体的混合物。外消旋体可以分离出纯净的左旋体和右旋体，而内消旋体不能分离。

五、旋光异构体的性质

构造式相同的所有光学异构体的化学性质几乎完全相同。对映体除旋光方向相反外，熔沸点及溶解度等物理性质均相同；非对映体之间物理性质相差较大；外消旋体有特定的物理性质。例如酒石酸的各光学异构体的物理常数见表 11-1。

表 11-1 酒石酸几种光学异构体的有关常数

光学异构体	熔点(℃)	$[\alpha]_D^{25}$ 水	溶解度(g/100 g 水)	密度(20 ℃，g/cm³)	pKa_1
右旋体	170	+12°	139	1.760	2.96
左旋体	170	−12°	139	1.760	2.96
内消旋体	140	0°	125	1.667	3.11
外消旋体	204	0°	20.6	1.680	2.96

对映异构体的生理活性一般有较大的差异。如只有 L 型 α-氨基酸对人体有营养价值；左旋氯霉素的抗菌药效最强，而右旋氯霉素几乎无效；左旋抗坏血酸有抗坏血病作用，而右旋体则没有；左旋体肾上腺素的收缩血管的作用比对映体强 14 倍等。

练　习　题

一、名词解释

1. 立体异构
2. 顺反异构
3. 对映异构

二、填空题

1. 构象异构体可用________和________表示，其中交叉式构象相对较稳定，称为________。

2. 环己烷分子中的六个碳原子就不可能在同一个平面内形成平面形的环，而是在不同的平面内形成折叠的环。这种折叠式的环有________和________两种形式。

3. 能使偏振光的振动方向发生旋转的性质称为________。具有这种性质的物质称为________。

4. 在费歇尔投影式中，原子团的空间位置是横________、竖________ 。

三、简答题

1. 用透视式和纽曼投影式给出下列分子的典型构象。

(1)丙烷

(2)1,2-二氯乙烷

2. 下列化合物有无顺反异构体？若有则写出其顺反异构体，并指出哪个是顺式，哪个是反式。

(1)异丁烯

(2)1-戊烯

(3)2-戊烯

(4)3-己烯

(5)1-氯-1-溴乙烯

3. 命名下列化合物。

(1) $(H_3C)_2C{=}C(CH_2CH_3)_2$ （左侧：H_3C、H_3C；右侧：CH_2CH_3、CH_2CH_3）

(2) 左侧：H（上）、H_3C（下）；右侧：CH_2CH_3（上）、$CH(CH_3)_2$（下）；C=C

(3) 左侧：F（上）、Cl（下）；右侧：CH_3（上）、CH_2CH_3（下）；C=C

4. 下列分子中有无手性碳原子？若有，用“＊”标出。

(1) $CH_3CH_2CH_2CH_3$

(2) $CH_3CH_2CHClCH_3$

(3)$CH_3CHClCH_2CH_2Cl$

(4)$CH_3CHClCHClCH_3$

5. 用 R/S 标记下列手性分子的构型。

(1)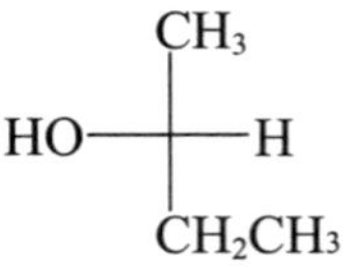

(2)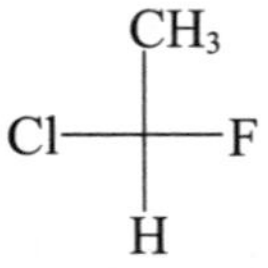

（林　胜）

第12章　有机含氮化合物

学习目标

1. 掌握胺的结构、分类、命名和主要化学性质；熟悉胺的鉴别方法，了解重要的胺类化合物。

2. 掌握酰胺的结构、命名和主要化学性质，熟悉脲的结构和性质。

3. 掌握重氮盐和偶氮化合物的结构，熟悉重氮盐的性质，了解偶氮化合物的应用。

4. 熟悉杂环化合物的分类和典型的五元、六元杂环化合物的结构及名称，了解命名方法和杂环化合物的性质。

5. 熟悉生物碱的概念及主要特性，了解常见的重要生物碱。

含氮有机化合物是指分子中含有氮元素的有机化合物。此类化合物种类很多，如硝基化合物、胺、酰胺、重氮化合物、偶氮化合物、含氮杂环、生物碱等。

第1节　胺

氨分子中的一个或几个氢原子被烃基取代的化合物称为胺，胺是氨的衍生物。

一、胺的分类和命名

(一)分类

1. 由烃基数目分类

根据与氮原子直接相连的烃基数目，胺可分伯胺、仲胺、叔胺和季铵盐(碱)。

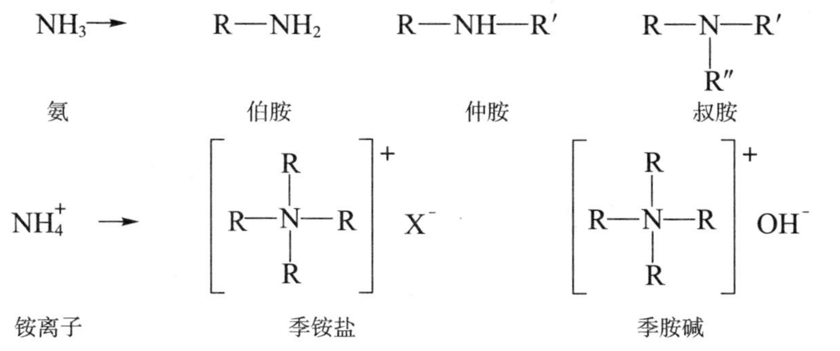

其中，$-NH_2$称为氨基，$=NH$称为亚氨基，$\equiv N$称为次氨基。

应注意，这里的伯、仲、叔的含义和以前醇、卤代烃等中的伯、仲、叔的含义是不同的，它是由氨中所取代的氢原子的个数决定的。

2. 由烃基类型分类

根据所取代烃基类型的不同，胺可以分为脂肪胺和芳香胺两类。取代烃基中至少有一个是芳基的胺称为芳香胺，其余的胺称为脂肪胺。

$CH_3CH_2NH_2$ 脂肪胺

$C_6H_5-NH-CH_3$ 芳香胺

3. 由氨基数目分类

根据分子中氨基的个数，又可把胺分为一元胺、二元胺和多元胺。

CH_3NH_2 一元胺

$H_2NCH_2CH_2NH_2$ 二元胺

(二)命名

1. 简单胺的命名

对于结构比较简单的胺，命名时以胺为母体，烃基看作取代基。

简单烃基组成的一元胺，由烃基名称称为“某胺”。

CH_3NH_2 甲胺

$CH_3CH_2NH_2$ 乙胺

$C_6H_5-NH_2$ 苯胺

$CH_3-C_6H_4-NH_2$ 对-甲基苯胺

对于简单的多烃基胺，按烃基大小称“某某(某)胺”，相同的烃基合并标出数目。

$(CH_3)_2NH$ 二甲胺

$(CH_3)_3N$ 三甲胺

$CH_3CH_2NCH_3$ 甲乙胺

$CH_3N(CH_2CH_3)CH_2CH_2CH_3$ 甲乙丙胺

$C_6H_5-NH-C_6H_5$ 二苯胺

对于芳香胺的N原子上有脂肪烃基时，则以芳香胺为母体，在脂肪烃基名称前加“N”，以表示该烃基的位置。

$C_6H_5-NH-CH_3$ N-甲基苯胺

$C_6H_5-N(CH_3)-CH_3$ N,N-二甲基苯胺

$C_6H_5-N(CH_3)-CH_2CH_3$ N-甲基-N-乙基苯胺

对于较简单的二元胺，根据烃基称“某二胺”，类似二元醇的命名。

$H_2NCH_2CH_2NH_2$ 乙二胺

$H_2NCH_2CH_2CH_2CH_2NH_2$ 1,4-丁二胺

$H_2N-C_6H_4-NH_2$ 对苯二胺

2. 复杂胺的命名

对于结构复杂的胺常采用系统命名法。命名时，以烃作为母体，以氨基或烷氨基作为取代基。

$$\underset{\displaystyle CH_3}{\underset{|}{CH_3CH}}CH_2\underset{\displaystyle NH_2}{\underset{|}{CH}}CH_3 \qquad CH_3CH_2\underset{\displaystyle NH-CH_3}{\underset{|}{CH}}CH_3$$

2-甲基-4-氨基戊烷　　N-甲基-2-氨基丁烷

3. 季铵盐和季铵碱的命名

例如：

$(CH_3)_4N^+OH^-$	$(CH_3)_3NH^+Cl^-$	$(CH_3CH_2NH_3)_2^+SO_4^{2-}$
氢氧化四甲铵	氯化三甲胺 三甲胺盐酸盐	硫酸乙胺 乙胺硫酸盐

二、胺的性质

(一)物理性质

低级脂肪胺是气体或易挥发的液体。三甲胺有鱼腥味，某些二元胺有恶臭，例如1,4-丁二胺(腐肉胺)、1,5-戊二胺(尸胺)。高级脂肪胺是固体，无臭。芳香胺是高沸点的液体或低熔点的固体，有特殊气味。芳香胺有毒，吸入蒸汽或皮肤接触都可能引起中毒。有些芳香胺，如联苯胺、β-萘胺等，还有强烈的致癌作用。

与氨相似，伯胺、仲胺可以通过分子间氢键而缔合。氢键的存在，使伯胺、仲胺的沸点比相对分子质量相近的醚的沸点高。叔胺分子间不能形成氢键，因此沸点比相对分子质量相近的伯胺、仲胺低。伯胺、仲胺、叔胺都能与水形成氢键，因此，低级胺都可溶于水。

(二)化学性质

1. 碱性

同NH_3相似，胺的N原子上有孤电子对，能接受质子(H^+)，所以胺都具有碱性。在水溶液中，存在下列电离。

$$NH_3+H_2O \rightleftharpoons NH_4^+ +OH^-$$

$$R-NH_2+H_2O \rightleftharpoons R-NH_3^+ +OH^-$$

胺是一种弱碱，能与大多数酸反应生成相应的盐。

$$CH_3NH_2+HCl \longrightarrow CH_3NH_3^+Cl^-$$

胺的无机强酸盐都易溶于水，遇强碱时，又生成原来的胺。此性质可用于胺类物质的分离、提纯及鉴别。

$$C_6H_5-NH_3^+Cl^- \underset{HCl}{\overset{NaOH}{\rightleftharpoons}} C_6H_5-NH_2$$

溶于水　　不溶于水

不同类型胺的碱性强弱不同，一般规律是：

(1)不同胺类碱性　脂肪胺＞氨＞芳香胺。

(2)脂肪胺的碱性　仲胺＞伯胺＞叔胺＞氨。

$$(CH_3)_2NH > CH_3NH_2 > (CH_3)_3N > NH_3$$

	$(CH_3)_2NH$	CH_3NH_2	$(CH_3)_3N$	NH_3
pK_b	3.27	3.28	4.21	4.76

(3)芳香胺的碱性　氨＞伯胺＞仲胺＞叔胺。

$$NH_3 > C_6H_5NH_2 > (C_6H_5)_2NH > (C_6H_5)_3N$$

	NH_3	$C_6H_5NH_2$	$(C_6H_5)_2NH$	$(C_6H_5)_3N$
pK_b	4.76	9.40	13.8	近中性

2. 酰化反应

伯胺、仲胺可与酰化试剂作用，氨基上的氢原子会被酰基取代，生成酰胺。常用的酰化剂有酰卤和酸酐。

$$C_6H_5-NH_2 + CH_3-\underset{\underset{O}{\|}}{C}-Cl \longrightarrow C_6H_5-NH-\underset{\underset{O}{\|}}{C}-NH_3$$

苯胺　　乙酰氯　　乙酰苯胺

叔胺没有 N-氢原子，不发生酰化反应。

反应产物酰胺在酸性或碱性的条件下，可以水解成酸和原来的胺。故此反应可用于伯胺或仲胺的分离和鉴别，在药物合成中用来保护氨基。

使用磺酰化试剂(如苯磺酰氯)，则生成相应的磺酰胺。叔胺也无反应，而伯胺生成的磺酰胺可溶于碱，故此反应可用来区别伯胺、仲胺、叔胺。

$$RNH_2 + C_6H_5-SO_2Cl \longrightarrow C_6H_5-SO_2NHR\downarrow$$ 溶于氢氧化钠溶液

$$R_2NH + C_6H_5-SO_2Cl \longrightarrow C_6H_5-SO_2NR_2\downarrow$$ 不溶于氢氧化钠溶液

$$R_3N + C_6H_5-SO_2Cl \longrightarrow$$ 不反应

人工合成的磺胺类抗菌药物的母体就是对氨基苯磺酰胺，如磺胺嘧啶等，有抑制各类细菌生长繁殖的作用，对脑膜炎、肺炎链球菌等作用较强。

3. 与亚硝酸的反应

不同类型的胺与亚硝酸反应的产物不同。由于亚硝酸不稳定，故用亚硝酸钠和盐酸代替。

(1)脂肪族胺的反应　现象和产物不同，可用于区别脂肪族伯胺、仲胺、叔胺。

$$RNH_2 \text{(伯胺)} \xrightarrow{NaNO_2 + HCl} ROH + N_2\uparrow$$ 醇　放氮反应

$$R_2NH \text{(仲胺)} \xrightarrow{NaNO_2 + HCl} R_2N-NO$$ N-亚硝胺　黄色油状物

$$R_3N \text{(叔胺)} \xrightarrow{NaNO_2 + HCl} [R_3N]^+ NO^-$$ 亚硝酸盐

(2)芳香族胺的反应　伯胺在低温下反应生成重氮盐，称为重氮化反应。重氮盐在有机合成上具有广泛的用途。

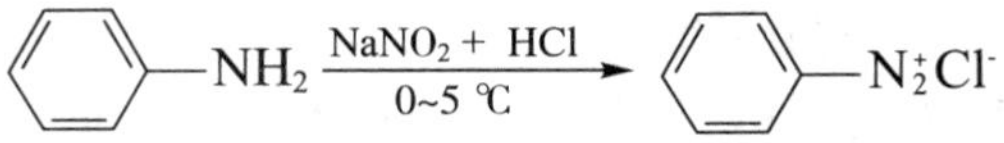

$$C_6H_5-NH_2 \xrightarrow[0\sim5\ ℃]{NaNO_2 + HCl} C_6H_5-N_2^+Cl^-$$

氯化重氮苯

仲胺与亚硝酸反应也生成黄色油状的 N-亚硝基胺。N-亚硝基胺毒性很大，有较强的致癌作用。

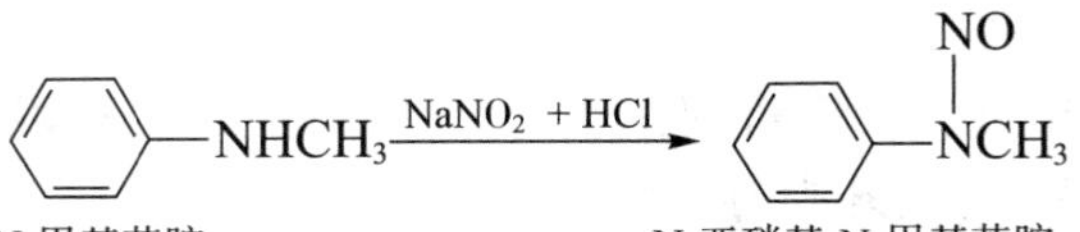

$$C_6H_5-NHCH_3 \xrightarrow{NaNO_2 + HCl} C_6H_5-N(NO)CH_3$$

N-甲基苯胺　　N-亚硝基-N-甲基苯胺

叔胺只与亚硝酸发生苯环上的取代反应，亚硝基主要进入氨基的对位，对位被占时则进入邻位。

4. 胺的氧化

胺易被氧化，芳胺更易被氧化。例如，苯胺在放置时就会被空气氧化而使颜色变深。

5. 芳胺中芳环的取代反应

氨基是一个使苯环活化的邻、对位定位基，与酚相似，比苯更容易发生苯环取代反应。如在室温下，苯胺与溴水反应立即生成白色沉淀。

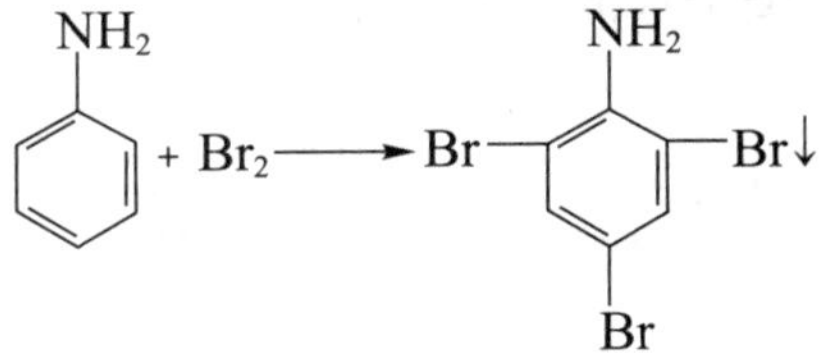

$$C_6H_5NH_2 + Br_2 \longrightarrow 2,4,6\text{-}Br_3C_6H_2NH_2\downarrow$$

三、重要的胺

(一)甲胺

甲胺是最简单的脂肪胺，为无色气体，有氨味，有毒。甲胺溶于水、乙醇和乙醚，可燃，其蒸汽能与空气形成爆炸性混合物，爆炸极限为 4.95%～20.75%(体积分数)。甲胺可用于制造农药、医药等。

(二)二甲胺

二甲胺是无色可燃气体，有毒，具有令人不愉快的氨味，溶于水、乙醇和乙醚。爆炸极限为 2.80%～14.40%(体积分数)。二甲胺用于制造染料中间体、农药、橡胶硫化促进剂等。

(三)苯胺

苯胺是无色油状液体,露置在空气中会逐渐变为深棕色,久之则变成为棕黑色。苯胺有特殊气味,微溶于水,能溶于醇及醚。苯胺有毒,能被皮肤吸收引起中毒。空气中允许浓度为 5 mg/m^3,爆炸极限为 1.3%～11%(体积分数)。苯胺是有机化工原料。

(四)胆碱

胆碱是季铵碱类化合物,分子式为$[HOCH_2CH_2N(CH_3)_3]^+OH^-$,学名为氢氧化三甲基-β-羟基乙胺。胆碱为白色结晶,吸湿性强,易溶于水,具有碱性,最初是从胆汁中发现的。临床上用其治疗肝炎、肝中毒等疾病。

(五)苯扎溴铵

苯扎溴铵是季铵盐类化合物,其结构式是:

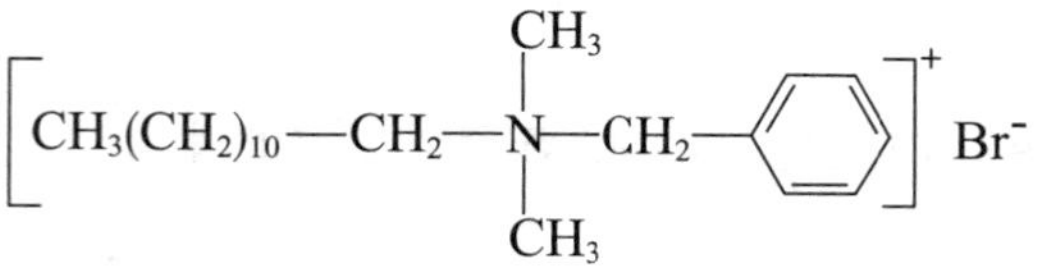

$$\left[CH_3(CH_2)_{10}—CH_2—\overset{\overset{CH_3}{|}}{\underset{\underset{CH_3}{|}}{N}}—CH_2—C_6H_5\right]^+ Br^-$$

苯扎溴铵的学名为溴化二甲基十二烷基苄基铵,为黄色胶体,芳香而味苦,易溶于水,是一种重要的阳离子表面活性剂。因其具有较强的穿透细胞能力,也用作杀菌消毒剂,医药上用 0.1%的溶液来消毒皮肤和外科手术器械。

第 2 节 酰 胺

一、酰 胺

酰胺和酰卤、酸酐、酯一样,均属于羧酸衍生物,在结构上可以看作由酰基和氨基(—NH_2)或烃氨基(—NHR 或—NR_2)结合而成。

酰胺的通式为:

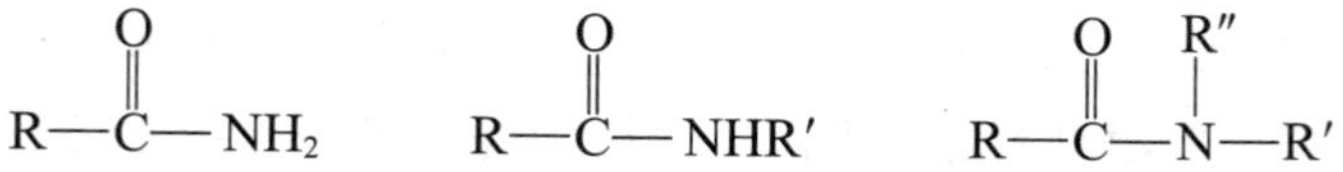

$$R—\overset{\overset{O}{\|}}{C}—NH_2 \qquad R—\overset{\overset{O}{\|}}{C}—NHR' \qquad R—\overset{\overset{O}{\|}}{C}—\overset{\overset{R''}{|}}{N}—R'$$

(一)命名

酰胺的命名与酰卤的命名相似,根据分子中所含有酰基的名称命名,称为“某酰胺”或“某酰某胺”。若氨基 N 原子上有烃基取代时,可用“N”表示该烃基的位置。

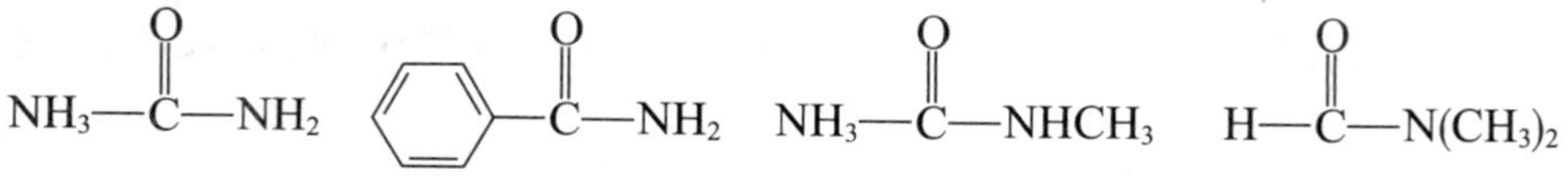

$$NH_3—\overset{\overset{O}{\|}}{C}—NH_2 \qquad C_6H_5—\overset{\overset{O}{\|}}{C}—NH_2 \qquad NH_3—\overset{\overset{O}{\|}}{C}—NHCH_3 \qquad H—\overset{\overset{O}{\|}}{C}—N(CH_3)_2$$

乙酰胺　　苯甲酰胺　　N-甲基乙酰胺　　N,N-二甲基甲酰胺当酰基为苯磺酰基时，则称苯磺酰胺。如对氨基苯磺酰胺俗称磺胺。

$$H_2N-C_6H_4-SO_2NH_2$$ 对氨基苯磺酰胺

(二)性质

酰胺能形成分子间氢键，故熔点比相应的羧酸高，除甲酰胺为液体外，所有酰胺均为固体。

1. 水解

酰胺的水解反应较困难，需要在酸或碱催化下经长时间加热回流才能完成。

$$C_6H_5-CH_2-\overset{O}{\overset{\|}{C}}-NH_2 \xrightarrow[\text{回流}]{H^+} C_6H_5-CH_2COOH$$

2. 酸碱性

酰胺与胺不同，不呈碱性，一般为中性物质。酰亚胺可认为氨分子中两个氢原子同时被酰基取代，而呈弱酸性，能与强碱反应生成盐。

3. 脱水反应

伯酰胺与强脱水剂共热，发生分子内脱水生成腈。脱水剂常用五氧化二磷(P_2O_5)和亚硫酰氯(SO_2Cl)。

$$RCONH_2 \xrightarrow[\triangle]{P_2O_5} RCN + H_2O$$

4. 与亚硝酸反应

酰胺与亚硝酸反应，氨基被羟基取代，生成羧酸并放出氮气。

$$R-\overset{O}{\overset{\|}{C}}-NH_2 + HONO \longrightarrow R-\overset{O}{\overset{\|}{C}}-OH + N_2\uparrow + H_2O$$

二、尿　素

尿素可以看作碳酸分子中的两个烃基分别被氨基取代后的产物，是碳酸的酰胺，又称碳酰胺，简称脲。

$$HO-\overset{O}{\overset{\|}{C}}-OH \qquad -\overset{O}{\overset{\|}{C}}- \qquad H_2N-\overset{O}{\overset{\|}{C}}-NH_2$$

碳酸　　碳酰基　　碳酰胺(脲)

尿素是人和哺乳动物体内蛋白质代谢的最终产物，存在于尿液中，故名尿素，现已能人工合成。尿素为白色结晶，无臭、味咸，熔点为 133 ℃，易溶于水和乙醇，几乎不溶于乙醚和氯仿。尿素除大量用作氮肥外，还是合成药物和塑料的原料，临床上尿素注射液对降低颅内压和眼内压有显著疗效。

(一)具有酰胺的性质

1. 水解

脲可在酸、碱或尿素酶的催化下发生水解反应。

$$H_2N-\overset{\overset{\displaystyle O}{\|}}{C}-NH_2 + H_2O \begin{cases} \xrightarrow{HCl} CO_2\uparrow + NH_4Cl \\ \xrightarrow{NaOH} Na_2CO_3 + NH_3\uparrow \\ \xrightarrow{\text{尿素酶}} CO_2\uparrow + NH_3\uparrow \end{cases}$$

2. 弱碱性

脲分子中有两个氨基，具有弱碱性，能与硝酸或草酸反应生成白色不溶性盐。此性质用于分离提纯脲。

$$H_2N-\overset{\overset{\displaystyle O}{\|}}{C}-NH_2 + HNO_3 \longrightarrow H_2N-\overset{\overset{\displaystyle O}{\|}}{C}-NH_2\cdot HNO_3\downarrow$$

3. 与亚硝酸反应

脲与亚硝酸反应定量放出氮气，可根据氮气体积测定脲含量。

$$H_2N-\overset{\overset{\displaystyle O}{\|}}{C}-NH_2 + HONO \longrightarrow CO_2\uparrow + N_2\uparrow + H_2O$$

(二)脲的特殊性质

将脲缓慢加热至超过其熔点时，两个脲分子间脱去一分子氨，生成缩二脲。

$$H_2N-\overset{\overset{\displaystyle O}{\|}}{C}-NH_2 + H-\overset{\overset{\displaystyle H}{|}}{N}-\overset{\overset{\displaystyle O}{\|}}{C}-NH_2 \xrightarrow{150\sim160\ ℃} H_2N-\overset{\overset{\displaystyle O}{\|}}{C}-\overset{\overset{\displaystyle H}{|}}{N}-\overset{\overset{\displaystyle O}{\|}}{C}-NH_2 + NH_3\uparrow$$

缩二脲为无色结晶，熔点为 190 ℃，难溶于水，易溶于碱。在缩二脲的碱性溶液中加入少量硫酸铜溶液，即呈现紫红色，这个颜色反应称为**缩二脲反应**。凡是分子中有两个或两个以上酰胺键（$-\overset{\overset{\displaystyle O}{\|}}{C}-\overset{\overset{\displaystyle H}{|}}{N}-$，又称为肽键）结构的化合物（如蛋白质和多肽等），都能发生缩二脲反应。

第 3 节　重氮化合物和偶氮化合物

分子中含有－N＝N－基，它的两边直接与烃基相连，这类化合物称为偶氮化合物。如果－N＝N－基中只有一边直接与烃基相连，另一边不直接与烃基相连，这类化合物称为重氮化合物。

一、重氮化合物

重氮化合物是离子型化合物，分子中含有重氮正离子（$-N^+\equiv N$，也称为重氮基），故也称为重氮盐。

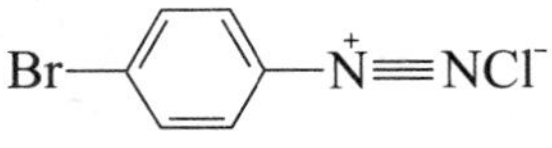

氯化对溴重氮苯
对溴重氮苯盐

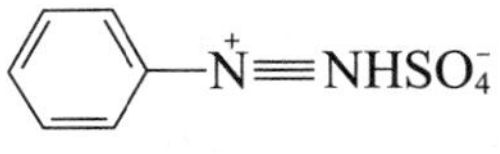

硫酸重氮苯
重氮苯硫酸盐

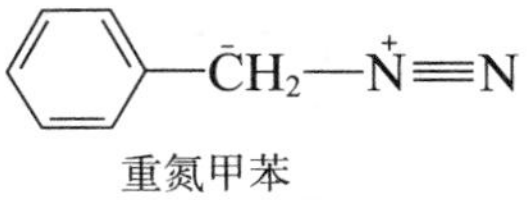

重氮甲苯

芳香族重氮盐在有机合成中有广泛用途。干燥的重氮盐受热或震动易发生爆炸，因此合成时以溶液形式进行低温反应，且现用现制。如苯胺盐酸盐就是在低温下用苯胺与亚硝酸反应来制备的。

重氮盐很活泼，反应主要有放氮反应（取代反应）和保留氮反应（偶合反应、还原反应）两大类。

（一）取代反应

重氮盐中的重氮基可被多种基团取代，并放出氮气。

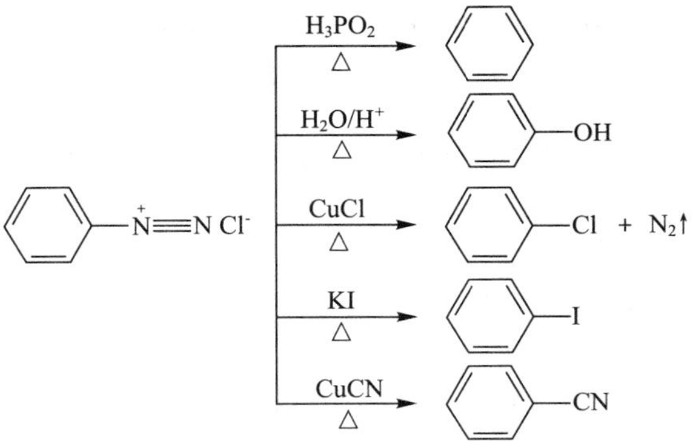

H_3PO_2 △；H_2O/H^+ △；CuCl △；KI △；CuCN △；$+ N_2\uparrow$

（二）偶合反应

芳香族重氮盐在低温下可与酚或芳胺（一般为叔胺）作用，生成有色的偶氮化合物的反应，称为**偶合反应**，或称**偶联反应**。偶联一般发生在酚或胺的对位，当对位被占时，才发生在邻位。

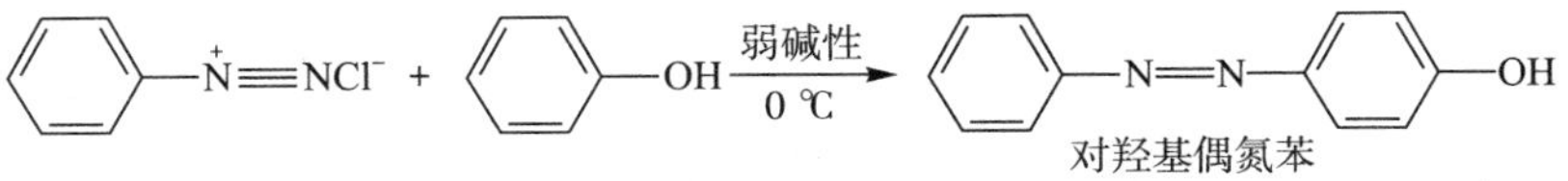

弱碱性　0 ℃

对羟基偶氮苯

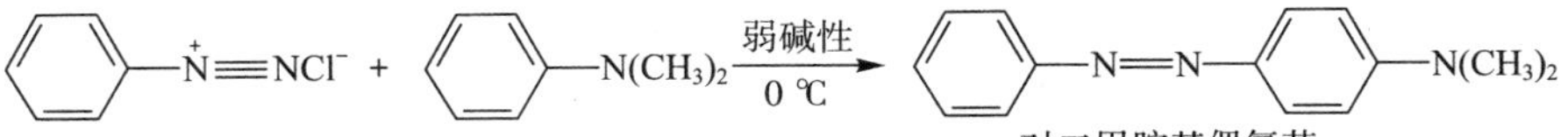

弱碱性　0 ℃

对二甲胺基偶氮苯

弱碱性　0 ℃

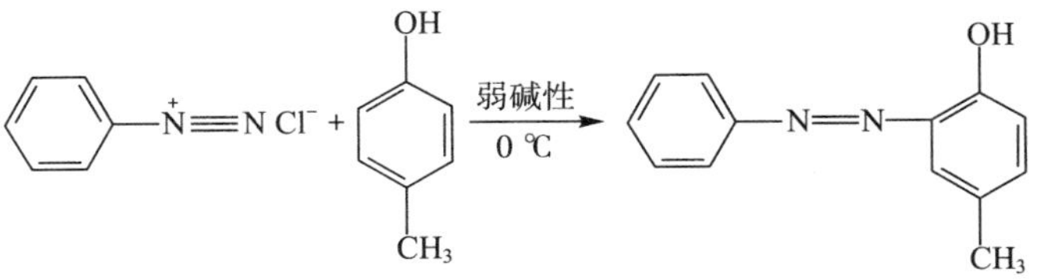

二、偶氮化合物

偶氮化合物中的烃基几乎都是芳烃基，故偶氮化合物的通式可写成：Ar－N＝N－

Ar′,其官能团是—N═N—,称偶氮基。

偶氮化合物大都有颜色,许多用作染料,称为偶氮染料。如刚果红用于纺织品染色,甲基橙用作酸碱指示剂,橙黄 C 用于组织胚胎切片的染色剂等。纺织行业所使用的大约 70%染料为偶氮染料。近些年来,有关芳香胺偶氮染料的致癌性问题已备受关注。

第 4 节 杂环化合物

在环状化合物中,构成环的原子除了碳原子外,有时还有其他的原子,如氧、硫、氮、磷等。这些非碳原子叫作杂原子。由碳原子和杂原子构成的环叫作杂环。具有杂环的化合物叫作杂环化合物。这是一个广义上的杂环化合物的概念,包括环醚、内酯、环酸酐等环状化合物。这些环状化合物在性质上与相应的开链化合物相似,如易发生开环反应,没有芳香性等,故放在相应的化合物中。这里所说的杂环化合物,其定义是:**具有一定的芳香性、环也比较稳定的一类杂环称为杂环化合物**。

一、杂环化合物的分类和命名

(一)分类

按杂环的大小通常分为五元杂环、六元杂环两大类,其他环较为少见。按分子所含环的数目分为单杂环和稠杂环。此外,还可按杂原子的种类和数目来分类。

表 12-1 杂环化合物母环结构、分类和命名

分类	母体碳环	杂原子数	杂环化合物结构和名称
五元杂环	环戊二烯	1个	呋喃 furan;噻吩 thiophene;吡咯 pyrrole
		2个	吡唑 pyrazol;咪唑 imidazole;恶唑 ozazole;噻唑 thiazole
六元杂环	1,4-环己二烯	1个	γ-吡喃 γ-pyran;α-吡喃 α-pyran

续表

分类	母体碳环	杂原子数	杂环化合物结构和名称
六元杂环	 苯	1 个	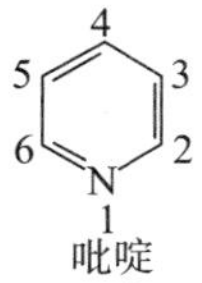 吡啶 pydine
		2 个	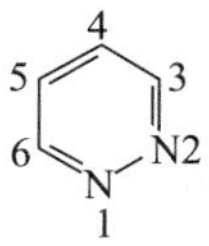 哒嗪 pyridazine；嘧啶 pyimidine；吡嗪 pyrazine 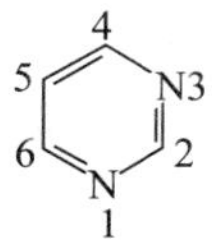 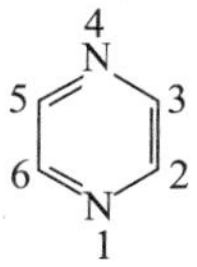
		3 个	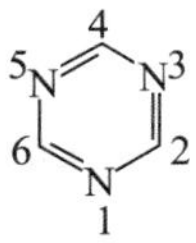 1,3,5-三嗪(均三嗪) 1,3,5-triazine
稠杂环	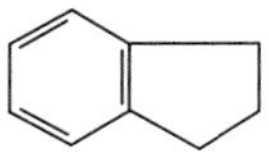 茚	1 个	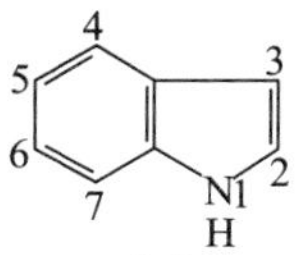 吲哚 indole；苯并呋喃 benzofuran；苯并噻吩 benzothiophene 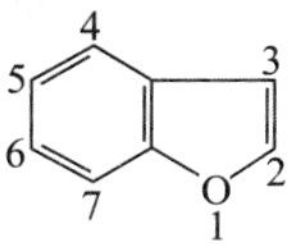 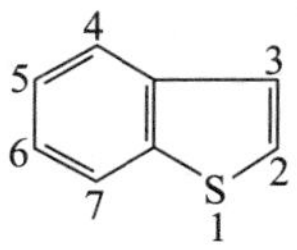
		多个	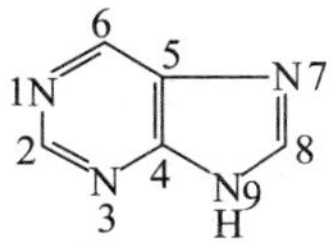 嘌呤 purine
	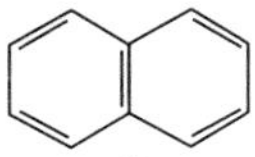 萘	1 个	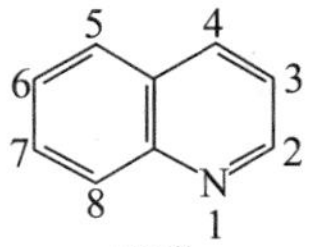 喹啉 quinoline；异喹啉 isoquinoline 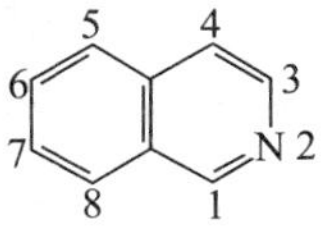
		多个	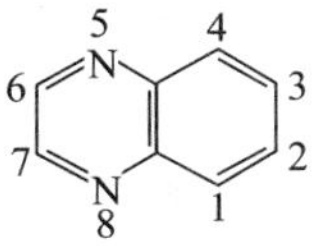 喋啶 pteriding

续表

分类	母体碳环	杂原子数	杂环化合物结构和名称
稠杂环	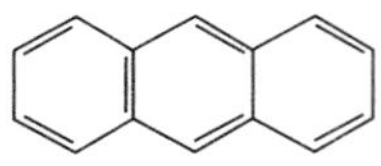 蒽	1个	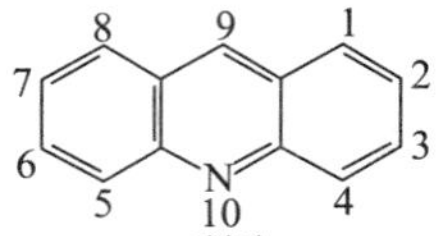 吖啶 acridine
		多个	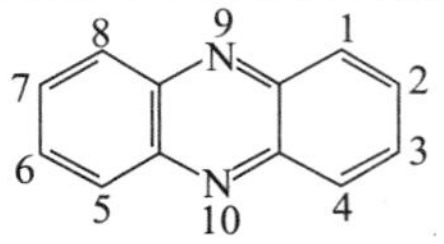 吩嗪 phenazine 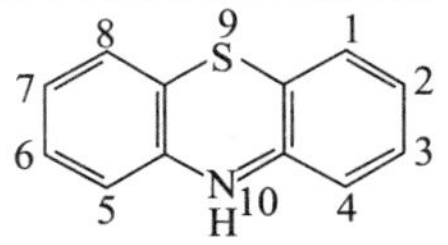　吩噻嗪 phenothiazine

(二)命名

杂环化合物的名称包括杂环的母环和环上取代基两部分。

1. 母环的命名

杂环母环的命名多采用译音法，即化合物的名称用英文的译音，用带“口”字旁的同音汉字表示杂环母环的名称。常见杂环化合物的母环及名称见表 12-1。

2. 母环的编号

常见杂环母环的编号见表 12-1。

3. 取代杂环的命名

(1)简单取代基　以杂环为母体，依次标出取代基的位置、数目及名称。

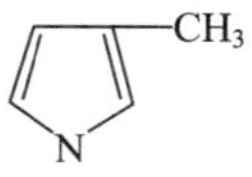

3-甲基吡咯 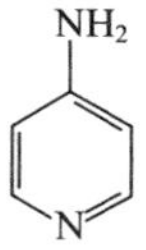　4-氨基吡啶 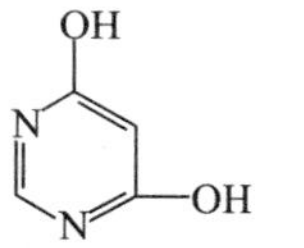　4,6二羟基嘧啶

(2)有主要官能团或复杂的取代基　以侧链作母体，将杂环作为取代基。

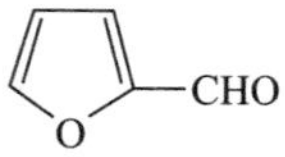

2-呋喃甲醛 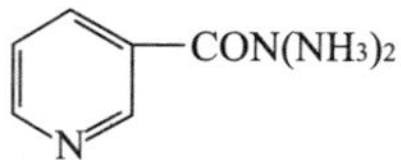　N,N-二甲基-3-吡啶甲酰胺 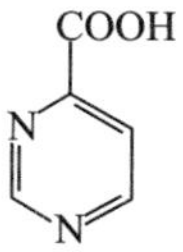　4-嘧啶甲酸

二、杂环化合物的性质

从杂环化合物的母环结构不难看出，大多数的杂环都形成了闭合共轭体系，与苯的共轭体系相似，具有芳香性。由于环上存在杂原子，其电负性比碳原子大，使得杂环上共轭体系不如苯环稳定，芳香性与苯比较也存在差异。下面主要学习五元、六元单杂环的性质。

大部分杂环化合物不溶于水，易溶于有机溶剂。常见的相对分子质量不是太大的杂环，绝大多数为液体，个别为固体。它们具有特殊气味。几种常见的杂环化合物的物理性质见表 12-2。

表 12-2　几种常见的杂环化合物的物理性质

名称	熔点/℃	沸点/℃	溶解性能
呋喃	−86	31.4	不溶于水，易溶于乙醇、乙醚
噻吩	−38	84	不溶于水，溶于乙醇、乙醚、苯
吡咯	−18.5	131	不溶于水，易溶于乙醇、乙醚
吲哚	52	253	溶于热水，易溶于乙醇、乙醚
吡啶	−41.5	115.6	溶于水，易溶于乙醇、乙醚
喹啉	−15	238	不溶于水，易溶于乙醇、乙醚

(一)五元杂环化合物的化学性质

1. 酸碱性

由于环上杂原子受到杂环闭合共轭体系的作用，故杂环的酸碱性发生变化。吡咯不显碱性，其 N 原子上的 H 原子比较活泼，显示出弱酸性，与干燥的氢氧化钾共热形成盐。

$$\text{吡咯(N)} + KOH \xrightarrow{\triangle} \text{吡咯(-N K}^+\text{)} + H_2O$$

呋喃也失去了醚的弱碱性，不与无机酸反应。噻吩也无碱性。

2. 取代反应

五元杂环化合物能发生取代反应，如卤代、硝化和磺化反应，且比苯容易。取代反应的活性顺序为：

吡咯＞呋喃＞噻吩＞苯

取代反应主要发生在 α-位。由于杂环稳定性比苯差，因此反应条件与苯不同，需要在较温和的条件下反应，以避免氧化、开环或聚合等副反应。

(1)卤代

$$\text{吡咯} \xrightarrow[0\ ℃]{Br_2/\text{乙醚}} \text{四溴吡咯}$$

四溴吡咯

$$\text{呋喃} \xrightarrow[0\ ℃]{Br_2/\text{二氧六环}} \alpha\text{-溴呋喃}$$

α-溴呋喃

$$\text{噻吩} \xrightarrow[\text{室温}]{Br_2/\text{乙酸}} \alpha\text{-溴噻吩}$$

α-溴噻吩

(2)硝化　在强酸条件下，吡咯、呋喃、噻吩易被硝酸氧化，故采用较缓和的硝酸乙酰酯作硝化剂在低温下对 α 位进行硝化。

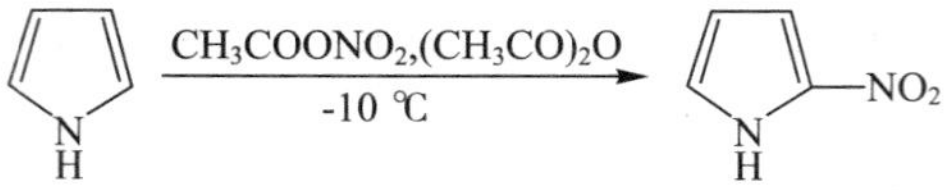

$CH_3COONO_2,(CH_3CO)_2O$ -10 ℃ —NO$_2$ N H

α-硝基吡咯

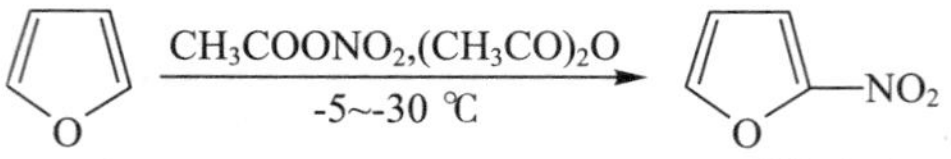

$CH_3COONO_2,(CH_3CO)_2O$ -5~-30 ℃ —NO$_2$ O

α-硝基呋喃

$CH_3COONO_2,(CH_3CO)_2O$ -10 ℃ —NO$_2$ S

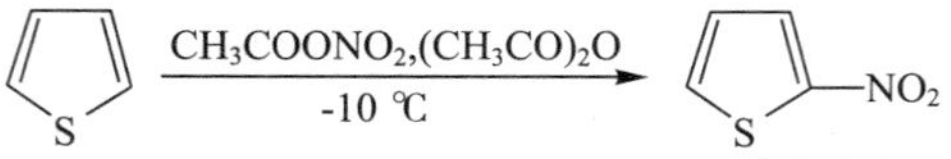

α-硝基噻咯

(3)磺化　对于吡咯和呋喃,也不能直接将浓硫酸用于磺化反应。

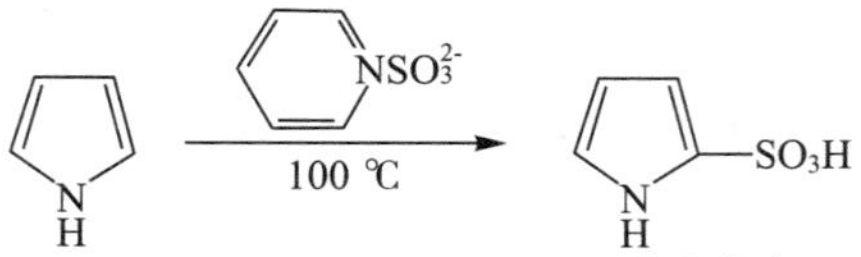

NSO_3^{2-} 100 ℃ —SO_3H N H

α-吡咯磺酸

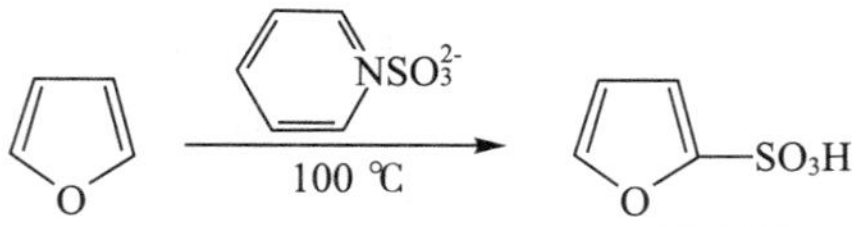

NSO_3^{2-} 100 ℃ —SO_3H O

α-呋喃磺酸

浓H_2SO_4 100 ℃ —SO_3H S

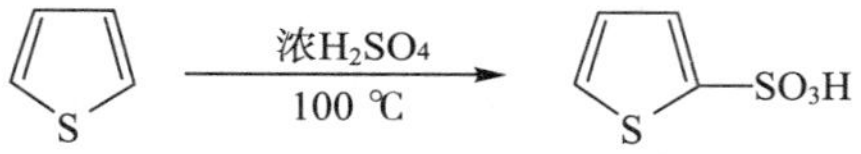

α-噻吩磺酸

3. 催化加氢

呋喃、吡咯、噻吩和苯一样可进行催化加氢反应,生成饱和杂环化合物,失去芳香性。

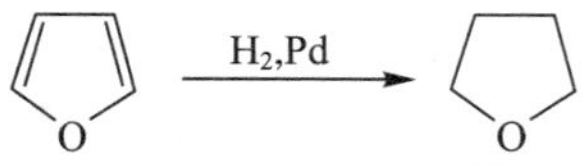

H_2,Pd O

四氢呋喃

4. 颜色反应

(1)松木片反应　将吡咯或呋喃蒸汽通过蘸有盐酸的松木片,吡咯能使之变红,而呋喃使之变绿。

(2)噻吩显色　在浓硫酸存在下,噻吩与靛红反应呈蓝色。

(二)六元杂环化合物的化学性质

以吡啶为例,了解六元杂环的化学性质。

1. 碱性

吡啶具有弱碱性,比苯胺强,但比氨弱,可与酸反应生成盐。

N + HCl ⟶ N · HCl

吡啶盐酸盐

2. 取代反应

吡啶的芳香性比苯弱，需要在较强的条件下才能发生卤代、硝化和磺化反应，且一般发生在 β-位。

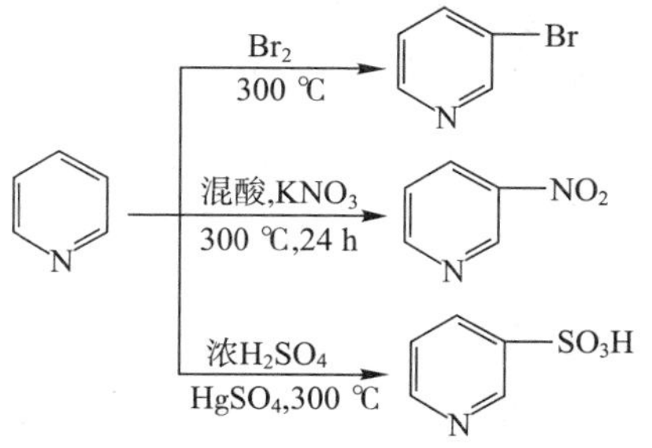

Br_2，300 ℃；混酸，KNO_3，300 ℃，24 h；浓H_2SO_4，$HgSO_4$，300 ℃

Br　NO_2　SO_3H　N

3. 催化加氢

吡啶比苯容易催化加氢，产物为六氢吡啶，具有仲胺特性。

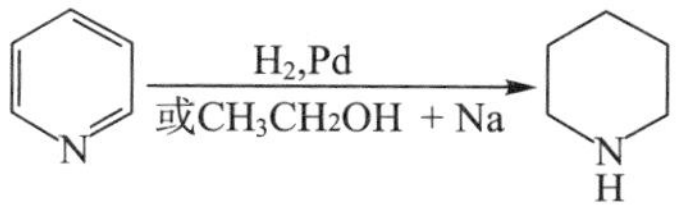

H_2，Pd 或CH_3CH_2OH + Na

N　N H

第 5 节 生物碱

许多中草药能够治病，是与其中的有效成分“生物碱”有关的。**生物碱是一类存在于生物体内、具有明显生理活性的含氮碱性有机化合物。**生物碱主要是从植物中得到的，所以又叫植物碱。

生物碱在植物中的分布很广，一种植物常含有多种生物碱，如罂粟中就含有 20 多种生物碱。

生物碱的结构比较复杂，多数具有复杂的环状结构，一般含有一个或多个手性碳原子，具有旋光性。从植物中提取的生物碱大多为左旋体，人工合成得到的主要是外消旋体。左旋体常比右旋体具有更强的生理活性。

生物碱没有系统命名方法，大都根据其来源命名，如麻黄碱、烟碱等。有时也采用音译法，如烟碱又称为尼古丁。

一、生物碱的一般性质

(一)性状

绝大多数生物碱是结晶性固体，只有少数是液体，如烟碱和毒芹碱、槟榔碱等为液体。它们与酸形成的盐也是晶体。

生物碱和它的盐一般都有苦味，有些则极苦而辛辣，使唇和舌有烧灼感。

生物碱一般不溶于或微溶于水而溶于有机溶剂。生物碱的盐多数溶于水而不溶于有机溶剂。

(二)碱性

生物碱一般都具有弱碱性，可以和酸结合生成盐。生物碱的盐一般易溶于水和乙醇，难溶于其他有机溶剂。生物碱的盐遇到强碱又可重新转变为游离的生物碱。利用这个性质可以提取生物碱。

(三)沉淀反应

生物碱或生物碱盐的水溶液能与一些试剂生成难溶性的盐或配盐而沉淀。能与生物碱发生沉淀反应的试剂称为生物碱沉淀剂。有些生物碱沉淀剂与生物碱生成有色沉淀，常用的有：苦味酸，与生物碱生成黄色沉淀；碘化汞钾，与生物碱生成白色沉淀；碘化铋钾，与生物碱生成红棕色沉淀等。

利用沉淀反应可对生物碱进行鉴定或分离精制。

(四)显色反应

生物碱能与一些试剂反应生成各种颜色的化合物，可用来鉴别生物碱。能与生物碱显色的试剂称为生物碱显色剂。如钒酸铵－浓硫酸溶液，遇阿托品呈红色，遇吗啡呈蓝紫色，遇可卡因呈蓝色；钼酸钠－浓硫酸溶液，遇吗啡呈紫红色至棕色，遇乌头碱呈黄棕色等。

二、常见的生物碱

(一)麻黄碱(麻黄素)

麻黄碱属于仲胺类化合物，存在于中药麻黄中。它为无色晶体，味苦，易溶于水及氯仿中。麻黄碱能兴奋交感神经，增高血压，扩张支气管，是一种常用的平喘止咳药物。

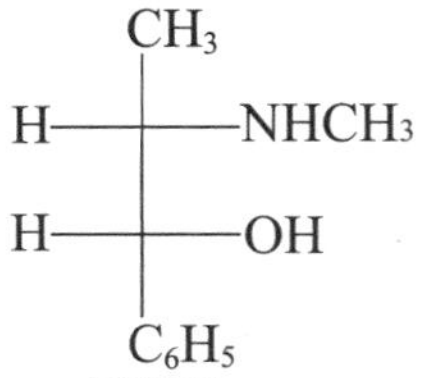

CH_3 / H—C—$NHCH_3$ / H—C—OH / C_6H_5

麻黄碱 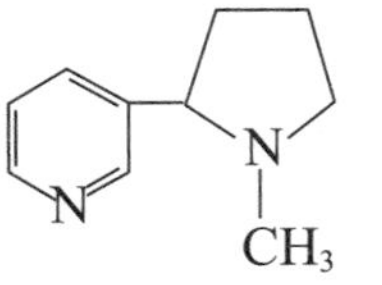　　烟碱 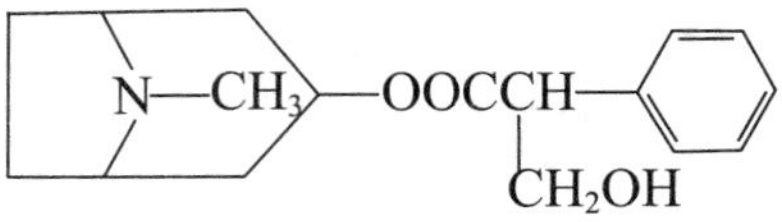　　莨菪碱

(二)烟碱(尼古丁)

烟碱是烟草中含量较多的一种生物碱，在烟草中占 2%～8%。烟碱为无色或微黄色油状液体，能溶于水，在空气中颜色逐渐变深。烟碱有剧毒；少量有兴奋中枢神经、增高血压的作用，大量能抑制中枢神经系统，使心脏停搏以致死亡。农业上烟碱可用作杀虫剂。

(三)莨菪碱和阿托品

莨菪碱存在于颠茄、莨菪、曼陀罗等植物中，为白色结晶粉末，味苦，难溶于水，易溶于乙醇。

莨菪碱为左旋体，其外消旋体就是阿托品。阿托品对平滑肌有解痉作用，常用于治疗胃肠平滑肌痉挛、有机磷农药中毒等。临床常用的为硫酸阿托品。

(四)吗啡、可待因、海洛因

将未成熟的罂粟的乳汁晾干后既得鸦片。吗啡是鸦片中含量最多的一种生物碱，可待因和海洛因也存在于鸦片中。

吗啡为白色结晶，微溶于水，味苦。吗啡对中枢神经有抑制作用，有强而快的镇痛作用，是人类最早使用的一种镇痛剂，但易成瘾，不宜长期连续使用。

可待因为白色晶体，是吗啡的甲基衍生物，难溶于水。可待因的镇痛作用较吗啡弱，镇咳效果较好，成瘾较吗啡小，但仍不宜滥用。

海洛因是一种极易成瘾且严重危害人类身心健康的“杀手”，属于毒品，一旦吸食，不仅毒害身体，还会摧残精神，破坏家庭，扰乱社会。

(五)咖啡碱(咖啡因)

咖啡碱存在于茶叶或咖啡中，为白色结晶，味苦，难溶于水和乙醇。咖啡碱有兴奋中枢神经和兴奋呼吸作用，还有利尿作用。

(六)肾上腺素

肾上腺素是存在于人或动物肾上腺中的生物碱，是人体内的一种激素。肾上腺素为白色结晶性粉末，味苦，难溶于水。性质不稳定，在空气中易氧化变质。本品有兴奋心脏、收缩血管、升高血压和松弛平滑肌等作用。

练　习　题

一、名词解释

1. 胺
2. 缩二脲反应
3. 杂环化合物
4. 生物碱

二、填空题

1. 胺根据被取代氢原子的个数可分为________、________和________。
2. 分子中含有—N=N—基，它的两边直接与烃基相连，这类化合物叫作________。

如果－N＝N－基中只有一边直接与烃基相连，另一边不直接与烃基相连，这类化合物叫________。

3. 常见的杂原子有________、________和________。

三、选择题

1. 同碳原子数目的胺中，伯、仲、叔胺的沸点次序为 （　　）

A. 伯＞仲＞叔　　B. 叔＞仲＞伯　　C. 伯＞叔＞仲　　D. 仲＞伯＞叔

2. 与 HNO_2 反应能放出氮气的是 （　　）

A. 伯胺　　B. 仲胺　　C. 叔胺　　D. 都可以

3. 下列化合物按碱性减弱的顺序排列为 （　　）

(1)苄胺；(2)萘胺；(3)苯乙酰胺；(4)氢氧化四乙胺

A. (4)＞(1)＞(2)＞(3)　　B. (4)＞(3)＞(1)＞(2)

C. (4)＞(1)＞(3)＞(2)　　D. (1)＞(3)＞(2)＞(4)

4. 不能发生缩二脲反应的是 （　　）

A. 脲　　B. 多肽　　C. 蛋白质　　D. 淀粉

5. 下列杂环化合物中，哪个不具有芳香性 （　　）

A（呋喃，O）　　B（噻吩，S）　　C（吡喃，O）　　D（吡咯，N—H）

6. 下列化合物中碱性最弱的是 （　　）

A. 氨　　B. 吡啶　　C. 吡咯　　D. 二甲胺

7. 下列化合物不属于生物碱的是 （　　）

A. 麻黄碱　　B. 吗啡　　C. 肾上腺素　　D. 吡啶

四、简答题

1. 命名下列化合物。

(1) $(CH_3)_2CHNH_2$

(2) $C_6H_5-NHC_2H_5$（苯环—NHC_2H_5）

(3) $CH_3CH_2-CH(NH_2)-CH_2CH_3$（中心C上连H和$NH_2$）

(4) 环己基—NH_2

(5) 呋喃环（O）2-位连 COOH

(6) 吡咯环（N—H）3-位连 CH_3

2. 写出下列化合物的构造式。

(1)对甲基苄胺

(2)1,6-己二胺

(3)三丁基胺

(4)对氨基苯甲酸乙酯

(5)呋喃

(6)吡咯

(7)吡啶

(8)喹啉

3. 比较下列各组化合物的碱性，按碱性增强的次序排列。

乙胺、氨、苯胺、二苯胺、N－甲基苯胺

4. 用化学方法分离苯酚、苯胺和对氯苯甲酸的混合物。

5. 常见的生物碱有哪些一般的用途？

（林　胜）

第13章　油脂、糖、蛋白质

学习目标

1. 熟悉酯的结构、命名，掌握酯的化学性质（水解、醇解和氨解反应），了解酯的物理性质和重要的酯。

2. 掌握油脂的组成、结构和皂化反应，熟悉加成反应，了解油脂的物理性质。

3. 掌握葡萄糖的结构，熟悉果糖、蔗糖、麦芽糖、乳糖的组成、结构单元和结构特点，了解淀粉、纤维素、糖原的组成单元和结构特点。

4. 掌握糖的还原性，熟悉成脎、成苷、显色反应和差向异构化，了解二糖和多糖的水解反应。

5. 掌握氨基酸的化学性质和蛋白质的性质。

6. 熟悉氨基酸的分类和命名，蛋白质的组成和分类，核苷和核苷酸的结构。

7. 了解氨基酸的物理性质，蛋白质的结构，核酸的组成与结构。

8. 了解酶的概念和催化作用的特点。

油脂、糖、蛋白质是广泛存在于生物体中的重要的天然有机物，它们是维持生命活动不可缺少的物质，是生命现象和生理活动的主要物质基础，也就是常说的人类三大营养物质。

第1节　酯和油脂

酯是酸和醇作用生成的产物。根据酸的类型不同，酯可分为有无机酸酯和有机酸酯（羧酸酯）。通常所说的酯是指羧酸酯。**羧酸酯是羧酸分子中羧基上的羟基被醇的烷氧基取代后生成的化合物**。常见的酯是一元醇与羧酸形成的酯。其通式为：

$$R-\overset{\overset{\displaystyle O}{\|}}{C}-OR'$$

而脂肪通常是指甘油（三元醇）与高级脂肪酸形成的甘油三酯。

一、酯

（一）酯的命名

酯是由形成酸的羧酸和醇加以命名的，羧酸名在前，醇名在后，但将“醇”字改为“酯”

字，称为“某酸某酯”。

$$CH_3-\overset{\overset{\large O}{\|}}{C}-OCH_2CH_3$$

乙酸乙酯

$$CH_3-\overset{\overset{\large O}{\|}}{C}-O-C_6H_5$$

乙酸苯酯

$$C_6H_4\left(\overset{\overset{\large O}{\|}}{C}-OCH_3\right)_2$$

邻苯二甲酸二甲酯

(二)酯的物理性质

酯是中性的无色液体，其沸点比对应的羧酸和醇低，密度比水小，难溶于水而易溶于乙醇和乙醚等有机溶剂，其本身也是良好的有机溶剂。高级的酯为蜡状固体。

低级酯具有挥发性，有愉快的芳香气味，许多水果和花草的香味就是由酯引起的，如乙酸戊酯有梨香味，丁酸戊酯有香蕉香味，丁酸甲酯有菠萝香味。因此，酯大量作为水果香精及香料用。

(三)酯的化学性质

酯的化学性质和酰卤、酸酐相似，能发生水解、醇解、氨解反应，产物是醇。酯也是一种酰化剂，但酰化能力比酸酐弱。如乙酸乙酯的水解、醇解、氨解反应为：

$$CH_3-\overset{\overset{\large O}{\|}}{C}-OCH_2CH_3+\begin{cases}H-OH \xrightarrow{\text{水解}} CH_3-\overset{\overset{\large O}{\|}}{C}-OH\ (\text{乙酸})\\ H-OCH_3 \xrightarrow{\text{醇解}} CH_3-\overset{\overset{\large O}{\|}}{C}-OCH_3\ (\text{乙酸甲酯})\\ H-NH_2 \xrightarrow{\text{氨解}} CH_3-\overset{\overset{\large O}{\|}}{C}-NH_2\ (\text{乙酰胺})\end{cases}+CH_3CH_2OH$$

酯的水解反应是可逆的，其逆反应是酯化反应。酯在碱性条件下的水解反应则是不可逆的，可进行到底。因此，配制酯类结构的药物时，应注意控制 pH，以免水解后破坏药效。

酯的醇解反应生成了新的酯和新的醇，故又称为酯交换反应，该反应是一个可逆反应，需使用盐酸或醇钠作催化剂。

(四)重要的酯

1. 乙酸乙酯

乙酸乙酯是可燃性的无色液体，有水果香味，微溶于水，易溶于乙醇、乙醚、氯仿等有机溶剂。其本身既是一种良好的有机溶剂，也是合成药物、染料、香料的重要原料。

2. 乙酰乙酸乙酯

乙酰乙酸乙酯又称为β-丁酮酸乙酯，为无色透明的液体，有水果香味，微溶于水，易溶于乙醇和乙醚。

乙酰乙酸乙酯具有特殊的结构，分子中含有羰基和酯基两种官能团，因此，它具有甲基酮的性质和酯的性质。此外，乙酰乙酸乙酯的物性主要是互变异构。其反应式为：

$$\underset{\text{酮式(92.5\%)}}{CH_3-\overset{\overset{\large O}{\|}}{C}-CH_2-\overset{\overset{\large O}{\|}}{C}-OCH_2CH_3} \rightleftharpoons \underset{\text{烯醇式(7.5\%)}}{CH_3-\overset{\overset{\large OH}{|}}{C}=CH-\overset{\overset{\large O}{\|}}{C}=OCH_2CH_3}$$

乙酰乙酸乙酯能与2,4-二硝基苯肼反应生成橙色的2,4-二硝基苯腙沉淀，表明有酮式结构；而乙酰乙酸乙酯能使溴的四氯化碳溶液褪色，又能与$FeCl_3$溶液反应呈紫色，说明含有烯醇式结构。乙酰乙酸乙酯通常是由酮式和烯醇式两种异构体共同组成的混合物，它们之间不断地相互转变，建立一种动态平衡。

两种或两种以上异构体相互转变，并以动态平衡同时共存的现象称为互变异构现象。具有这样互变异构关系的异构体称为互变异构体。在有机化合物中，互变异构现象普遍存在。

乙酰乙酸乙酯在有机合成上的应用非常广泛，是合成酮和羧酸的重要原料。

二、油　脂

油脂是油和脂肪的总称。习惯上把常温下呈液态的称为油，如芝麻油、花生油、豆油等，常温下呈固态的称为**脂肪**，如猪油、牛油、羊油等。油主要存在于植物的果实、种子和胚胎中，而根、茎、叶部位含量较少。脂肪存在于高等动物的各种组织中，如皮下及内脏的表面脂肪较多，而肌肉组织中较少。

油脂是人类的主要营养物质之一，其主要功能是贮藏能量，在机体内完全氧化时，1 g油脂放出的热量(38.9 kJ)比1 g糖(17.6 kJ)和1 g蛋白质(16.7 kJ)放出的热量总和还要多。此外，油脂还可以提供人体必需脂肪酸，作为脂溶性物质的吸收和运输的载体，动物组织内的脂肪还可以保护机体免受外界机械损伤等。

表13-1　某些植物组织中油脂含量

植物名称	组织	油脂含量(%)	植物名称	组织	油脂含量(%)
棉子	种子	14～25	橄榄	果实	50
大豆	种子	12～25	油茶	果实	30～35
花生	种子	40～61	蓖麻	种子	60
油菜	种子	33～47	向日葵	种子	50
芝麻	种子	50～61	椰子	果实	65～70

(一)油脂的组成和结构

油脂是甘油和高级脂肪酸形成的酯,又称为甘油三酯或三酰甘油。其结构通式如下:

$$
\begin{array}{l}
\overset{\displaystyle O}{\|} \\
CH_2—O—C—R \\
|\overset{\displaystyle O}{\|} \\
CH—O—C—R' \\
|\overset{\displaystyle O}{\|} \\
CH_2—O—C—R''
\end{array}
$$

式中 R、R′、R″代表高级脂肪酸的烃基,可以相同,也可以不同;可以是饱和脂肪烃基,也可以是不饱和脂肪烃基。R、R′、R″相同的称为单甘油酯,不同的称为混甘油酯。天然油脂大多数是混甘油酯。组成油脂的高级脂肪酸种类很多,其中绝大多数是含有偶数碳原子的直链高级脂肪酸。在饱和脂肪酸中,最普遍的是软脂酸和硬脂酸,不饱和脂肪酸中最普遍的是油酸。由于动物脂肪中含有较多的高级饱和脂肪酸甘油酯,因此动物脂肪在常温下为固态;由于植物油中不饱和高级脂肪酸甘油酯含量较高,因此植物油常温下为液态。

多数脂肪酸在人体内都能合成,而亚油酸、亚麻酸和花生四烯酸等在人体内不能合成,但它们又是维持正常生命活动不可缺少的,必须从食物中获取,这些脂肪酸称为必需脂肪酸。

表 13-2　油脂中常见的饱和与不饱和脂肪酸

俗名	系统命名	结构式	熔点℃	分布
月桂酸	十二碳酸	$CH_3(CH_2)_{10}COOH$	44	鲸蜡、椰子油
软脂酸	十六碳酸	$CH_3(CH_2)_{14}COOH$	63	动植物油脂
硬脂酸	十八碳酸	$CH_3(CH_2)_{16}COOH$	71.2	动植物油脂
花生酸	二十碳酸	$CH_3(CH_2)_{18}COOH$	77	花生油
油酸	9-十八碳烯酸	$C_8H_{17}CH=CH(CH_2)COOH$	16.3	动植物油脂
亚油酸	9,12-十八碳二烯酸	$C_5H_{11}(CH=CHCH_2)_2(CH_2)_6COOH$	−5	植物油
亚麻酸	9,12,15-十八碳三烯酸	$C_2H_5(CH=CHCH_2)_3(CH_2)_6COOH$	−11.3	亚麻仁油
花生四烯酸	5,8,11,14-二十碳四烯酸	$C_5H_{11}(CH=CHCH_2)_4(CH_2)_2COOH$	−49.5	卵磷脂

(二)油脂的物理性质

油脂比水轻,一般密度为 0.86～0.95,难溶于水,易溶于汽油、氯仿、四氯化碳等有机溶剂。纯净的油脂是无色、无臭、无味的。一般油脂有颜色和气味,是因为溶有维生素和色素。由于天然油脂是混合物,因此没有固定的熔点和沸点,但有一定的熔点范围,如花生油为 28～32 ℃,牛油为 42～49 ℃,猪油为 36～46 ℃。

(三)油脂的化学性质

油脂属于酯类,它具有酯的一般性质,同时含有不饱和的碳碳双键,因而油脂也具有烯烃的典型性质,如加成反应、氧化反应等。

1. 水解反应

在酸、碱或酶等催化下,油脂可发生水解,一分子油脂完全水解的产物是一分子甘油和三分子高级脂肪酸。

$$\begin{matrix} CH_2-O-\overset{\overset{\large O}{\|}}{C}-R \\ | \\ CH-O-\overset{\overset{\large O}{\|}}{C}-R' \\ | \\ CH_2-O-\overset{\overset{\large O}{\|}}{C}-R'' \\ \text{油脂} \end{matrix} + 3NaOH \longrightarrow \begin{matrix} CH_2-OH \\ | \\ CH-OH \\ | \\ CH_2-OH \\ \text{甘油} \end{matrix} + \underbrace{RCOONa + R'COONa + R''COONa}_{\text{高级脂肪酸钠}}$$

油脂与碱溶液(如 NaOH)共热,可水解生成甘油和高级脂肪酸盐。由于高级脂肪酸盐通常称为肥皂,故油脂在碱性条件下的水解反应又称为**皂化反应**。由高级脂肪酸钠盐组成的肥皂,称为钠肥皂,又称硬肥皂,就是生活中常用的普通肥皂。由高级脂肪酸钾盐组成的肥皂,称为钾肥皂,又称软肥皂,由于软肥皂对人体皮肤、黏膜刺激性小,故医药上常用作灌肠剂或乳化剂。

由于油脂的成分不同,组成它们的脂肪酸的相对分子质量不同,因此油脂皂化时所需要的碱的量也不同。**使 1 g 油脂完全皂化所需要的氢氧化钾的毫克数称为皂化值**。油脂的皂化值可反映油脂的平均相对分子质量,皂化值越大,油脂的平均相对分子质量越小。

2. 加成反应

含有不饱和脂肪酸成分的油脂,其分子中含有碳碳双键,具有与烯烃相似的加成性质,在一定条件下可发生加成反应。

(1)加氢 不饱和程度较高、熔点较低的液态油,通过催化加氢,可提高饱和程度,由液态油转变为固态脂肪的过程,称为油脂的**氢化或硬化**。这种加氢后的油脂称为氢化油或硬化油,硬化油饱和程度高,不易氧化变质,且为固态,便于储存和运输。

(2)加碘 通常可用油脂吸收碘的量来测定油脂的不饱和程度。**每 100 g 油脂所能吸收碘的克数称为碘值**。碘值越大,油脂的不饱和程度越高。碘值是衡量食用油脂品质的一个重要指标。医学研究证实,长期食用碘值低的油脂,易引起动脉血管硬化。因此,老年人应多食用碘值较高的油脂,如豆油等。

(3)油脂的酸败 油脂在空气中放置过久,会逐渐变质,产生难闻的气味,这种变化称为**油脂的酸败**。酸败的主要原因是油脂受光、热、水、空气中氧和微生物的作用,发生水解、氧化等反应,生成有挥发性、有臭味的低级醛酮和脂肪酸的混合物。

油脂酸败的结果是油脂中游离脂肪酸含量增多。**中和 1 g 油脂中游离脂肪酸所需**

氢氧化钾的毫克数称为酸值。酸值越大，说明油脂酸败程度越高，酸败的油脂不能食用。为防止油脂的酸败，必须将油脂保存在低温、避光的密闭容器中。

(4)油脂的干化　某些油脂在空气中放置，能生成一层干燥而有韧性的薄膜，这种现象称为油脂的干化，具有这种干性作用的油叫干性油，没有干性作用的油叫非干性油，介于两者之间的叫半干性油。这三类油可用碘值来区分：

干性油：碘值在 130 以上，如桐油。

半干性油：碘值在 130 和 100 之间，如棉籽油。

非干性油：碘值在 100 以下，如花生油。

表 13-3　一些常见油脂的性能及其高级脂肪酸的含量

名称	碘值	皂化值	软脂酸(%)	硬脂酸(%)	油酸(%)	亚油酸(%)	其他(%)
大豆油	124～136	185～194	6～10	2～4	21～29	50～59	
花生油	93～98	181～195	6～9	4～6	50～70	13～26	
棉籽油	103～115	191～196	19～24	1～2	23～33	40～48	
蓖麻油	81～90	176～187	0～2	—	0～9	3～7	蓖麻油酸 80～92
桐油	160～180	190～197	—	2～6	4～16	0～1	桐油酸 74～91
亚麻油	170～204	189～196	4～7	2～5	9～38	3～43	亚麻油酸 25～28
猪油	46～66	193～200	28～30	12～18	41～48	6～7	

第 2 节　糖　类

糖类是广泛存在于自然界的一类重要有机化合物，是动植物体的重要组成成分，如葡萄糖、核糖、麦芽糖、淀粉、糖原和纤维素等。糖类是生物体维持生命活动所需能量的主要来源，对人类的生命活动有着重要的意义。

糖类化合物由碳、氢、氧三种元素组成。多数糖类化合物分子中氢与氧的比例恰好等于水中氢、氧原子数之比，可用分子式 $C_n(H_2O)_m$ 表示，所以糖类最早被称为碳水化合物。如葡糖糖($C_6H_{12}O_6$)、核糖($C_5H_{10}O_5$)等。后来发现，有些糖类化合物分子中氢、氧原子数之比不是 2∶1，如鼠李糖($C_6H_{12}O_5$)、脱氧核糖($C_5H_{10}O_4$)，而有的物质如醋酸($C_2H_4O_2$)、乳酸($C_3H_6O_3$)等分子中氢、氧原子数之比也满足 2∶1，却不属于糖类。因而，把糖类称为碳水化合物是不确切的。

从化学结构上看，**糖类是多羟基醛或多羟基酮及它们的脱水缩合产物**。根据能否水解以及水解的情况不同，糖类可以分为单糖、低聚糖和多糖。其中，不能水解的糖称为单糖；能水解生成 2～10 个分子单糖的糖称为低聚糖；能水解生成 10 个以上单糖分子的糖称为多糖。

一、单　糖

单糖是不能水解的最简单的糖，从结构上看，**单糖是多羟基醛或多羟基酮**，通常称多羟基醛为**醛糖**,多羟基酮为**酮糖**。又可以根据单糖分子里碳原子的多少,把单糖分为丙糖、丁糖、戊糖和己糖。在单糖中,最重要的是葡萄糖、果糖、核糖与脱氧核糖等。

(一)单糖的结构

单糖的种类虽多,但其结构和性质有很多相似之处。其中葡萄糖是最重要的单糖,它以结合态或游离态广泛存在于自然界。下面以葡萄糖为例来阐述单糖的结构。

1. 葡萄糖的结构

(1)开链式结构　葡萄糖是己醛糖,分子式为 $C_6H_{12}O_6$,其结构式如下:

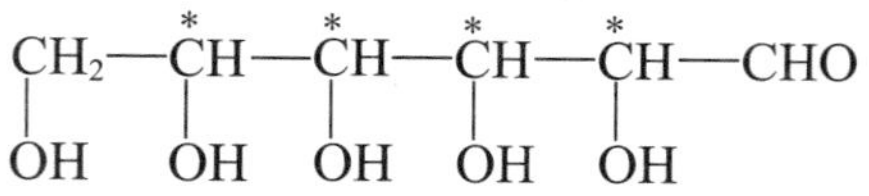

$$\underset{\mathrm{OH}}{\mathrm{CH_2}}-\underset{\mathrm{OH}}{\overset{*}{\mathrm{CH}}}-\underset{\mathrm{OH}}{\overset{*}{\mathrm{CH}}}-\underset{\mathrm{OH}}{\overset{*}{\mathrm{CH}}}-\underset{\mathrm{OH}}{\overset{*}{\mathrm{CH}}}-\mathrm{CHO}$$

己醛糖分子中有四个手性碳原子,具有 $2^4=16$ 个旋光异构体,即 8 对对映异构体。按 D、L 构型标示,有 8 个 D 型、8 个 L 型。可见上述结构式还不能真实表达葡萄糖的结构。

己醛糖的 16 个光学异构体中,自然界中存在的只有 D-(+)-葡萄糖、D-(+)-半乳糖、D-(+)-甘露糖、D-(+)-塔罗糖,其余都是人工合成的。

光学异构体的构型可以用费歇尔(Fischer)投影式来表示。D-(+)-葡萄糖的构型可表示如下:

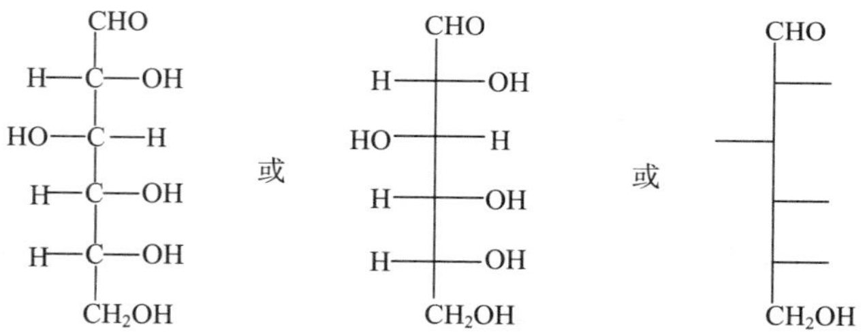

CHO		CHO		CHO
H—C—OH		H—┼—OH		├—
HO—C—H	或	HO—┼—H	或	—┤
H—C—OH		H—┼—OH		├—
H—C—OH		H—┼—OH		├—
CH_2OH		CH_2OH		CH_2OH

除了 C3 上的羟基排在竖直碳链左边外,其余的羟基都排在右边。葡萄糖以开链式结构存在的极少,它主要以氧环式结构存在。

(2)氧环式结构　由于葡萄糖分子中既含有羟基又含有醛基,故两者可以发生加成反应(醛的加醇反应)。一般是醛基与 C5 上的羟基发生加成反应,生成环状的半缩醛结构。糖分子中的半缩醛羟基又称为苷羟基。由于 C1 上的苷羟基与氢原子在空间上有两种排列方式,因此氧环式就有两种构型。通常把苷羟基排在右边的称为 α-型,排在左边的称为 β-型。这两种异构体在溶液中可以通过开链式结构互相转变,成为一个平衡体系。α-型葡萄糖和 β-型葡萄糖的环状结构及其相互转化可表示如下:

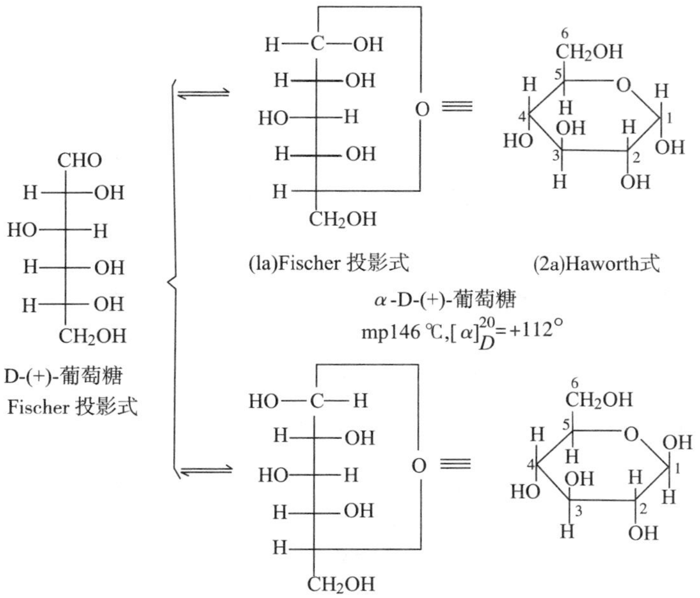

D-(+)-葡萄糖
Fischer 投影式

(la)Fischer 投影式　　(2a)Haworth式

α-D-(+)-葡萄糖
mp146 ℃, $[\alpha]_D^{20}=+112^\circ$

(lb)Fischer 投影式　　(2b)Haworth式

β-D-(+)-葡萄糖
mp150 ℃, $[\alpha]_D^{20}=+119^\circ$

费歇尔(Fischer)投影式不能表示出葡萄糖的真实结构，这是因为在环状结构中，碳原子不可能是直线排列，同时 C1 和 C5 之间是通过氧桥连接的键，也不可能那么长。为了更真实地表示出葡萄糖的环状结构，常用哈沃斯(Haworth)式表示。

在哈沃斯式中，葡萄糖分子环上的碳原子和氧原子构成一个六边形平面，C1 在右边，C2 和 C3 在前面，C4 在左边，C5 和氧原子在后面，成环的碳原子可以省略不写，但氧原子要写出来。然后，把环状结构中向左的氢原子和羟基(C5 上羟甲基)写在环的上面，向右的氢原子和羟基(C5 是氢原子)写在环的下方。在哈沃斯式中，C1 上的苷羟基在环平面下方的是 α-型，在环平面上方的是 β-型，葡萄糖的哈沃斯式如上图所示。

葡萄糖的两种环状结构与链状结构相互转变，并达到一个动态平衡体系，能很好地解释葡萄糖溶液存在的变旋现象。D-葡萄糖在不同的条件下可得到两种物理性质不同的晶体。一种是在常温下从乙醇溶液中析出的晶体，熔点为 146 ℃，比旋光度为＋112°；另一种是在 98 ℃以上从吡啶中析出的晶体，熔点为 150 ℃，比旋光度为＋18.7°。将两种晶体分别溶于水后，它们的比旋光度都会逐渐发生变化(增大或减小)，最终恒定为＋52.7°。这种**比旋光度自行发生改变的现象称为变旋现象**。D-葡萄糖的两种晶体就是两种环状结构，它们的比旋光度和熔点不同，而在水溶液中通过链状结构互相转变，产生旋光度改变的现象，而达到平衡状态后，旋光度则恒定不变。

2. 果糖的分子结构

果糖是己酮糖，分子式为 $C_6H_{12}O_6$，和葡萄糖相同，但结构式不同，二者互为同分异构体。

$$\underset{OH}{\underset{|}{CH_2}}-\underset{OH}{\underset{|}{\overset{*}{C}H}}-\underset{OH}{\underset{|}{\overset{*}{C}H}}-\underset{OH}{\underset{|}{\overset{*}{C}H}}-\underset{O}{\underset{\|}{C}}-\underset{OH}{\underset{|}{CH_2}}$$

己酮糖分子中C2是酮基，其余的5个碳原子上各连有1个羟基，分子中有3个手性碳原子，因此，存在 $2^3=8$ 个旋光异构体。果糖是其中之一，为D-(－)-果糖。

与葡萄糖相似，果糖也主要以环状结构存在。由于果糖的C5和C6上的羟基都可以与C2的羰基形成半缩羟基，因此果糖有两种环状结构，一种是具有六元氧杂环的吡喃果糖，另一种是具有五元氧杂环的呋喃果糖，并且它们都有各自的α和β两种异构体。

α-D-吡喃果糖 ⇌ 开链式 ⇌ α-D-呋喃果糖

β-D-吡喃果糖 ⇌ 开链式 ⇌ β-D-呋喃果糖

实验证明，当果糖以游离状态存在时，以吡喃型的形式存在为主(约80%)；当果糖以结合态(如在蔗糖中)存在时，则以呋喃型的形式存在为主。在水溶液中，同样存在开链结构与五元环呋喃果糖、六元环吡喃果糖互变平衡体系，有变旋现象。

(二)单糖的物理性质

单糖都是无色结晶体，具有吸湿性，易溶于水，难溶于乙醇，不溶于乙醚。单糖都具有旋光性，溶于水会出现变旋现象。单糖有甜味，不同的单糖甜度也不相同。常以蔗糖的甜度为100作为标准，来比较和判断各种糖的甜度值。

表13-4　常见糖及有关的相对甜度

常见糖类	相对甜度	常见糖类	相对甜度
蔗糖	100	果糖	170
乳糖	20	葡萄糖	67
麦芽糖	40		

(三)单糖的化学性质

单糖为多官能团化合物，除表现出醇和醛、酮的一般性质以外，又具有一些单糖特有的性质。以葡萄糖为例，单糖的主要化学性质如下。

1. 还原性

单糖都具有还原性，除硝酸、溴水等强氧化剂外，还容易被托伦试剂、班氏试剂、斐林试剂等弱氧化剂氧化。凡能被这些弱氧化剂氧化的糖，称为还原糖，否则称为非还原糖。所有的单糖都是还原糖。

班氏试剂是由硫酸铜、碳酸钠和柠檬酸钠配制成的蓝色溶液，主要成分是氢氧化铜，与单糖一起加热时，其反应的原理、结果与斐林试剂相同。在临床上，常用这一反应来检验尿中的葡萄糖。

$$C_5H_{11}O_5CHO + 2Cu(OH)_2 \xrightarrow{\text{加热}} \text{复杂产物} + Cu_2O\downarrow + 2H_2O$$

葡萄糖在肝内通过酶的作用能被氧化成葡萄糖醛酸，葡萄糖醛酸是很好的解毒剂，在肝中与有毒物质如醇、酚等结合，变成无毒的化合物由尿排出体外，从而起到解毒与保护肝脏的作用。葡萄糖醛酸曾用的药名为“肝泰乐”，现称为“葡醛内酯”，是临床上常用的保肝药。

2. 成苷反应

单糖环式结构中苷羟基比醇羟基活泼，容易和醇或酚中的羟基脱水生成缩醛化合物。糖分子生成的这种缩醛化合物称为**糖苷或糖甙**。例如，葡萄糖在干燥氯化氢的催化下，能和甲醇反应脱去一分子水，生成葡萄糖甲苷。

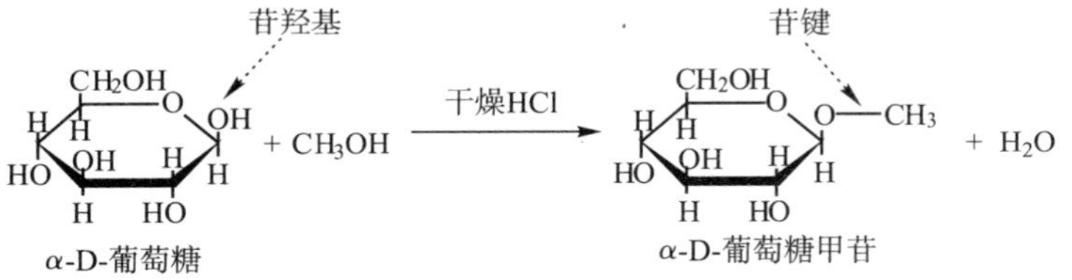

苷羟基　　苷键

α-D-葡萄糖 + CH_3OH $\xrightarrow{\text{干燥HCl}}$ α-D-葡萄糖甲苷 + H_2O

糖苷由糖和非糖两部分组成，糖的部分称为**糖苷基**，非糖部分称为苷元或配糖基。糖苷基与配糖基相结合的键称为糖苷键，简称**苷键**。大多数天然糖苷中的配糖基都是醇类或酚类，它们与糖苷基之间通过氧原子相连的键称为氧苷键。例如葡萄糖甲苷中，葡萄糖是糖苷基，甲基是配糖基。糖苷在酸、酶等催化下也可以发生水解，产物因条件而异。

糖苷广泛存在于植物体中，大多数具有较强的生理功能，是许多中草药的有效成分之一。如水杨苷具有止痛作用，毛地黄毒苷有强心作用，苦杏仁苷具有止咳作用等。

3. 成酯反应

葡萄糖分子中含有羟基，能与酸作用生成酯。如人体内的葡萄糖在酶的作用下可以和磷酸作用，生成葡萄糖-1-磷酸酯和葡萄糖-6-磷酸酯。其化学反应式如下：

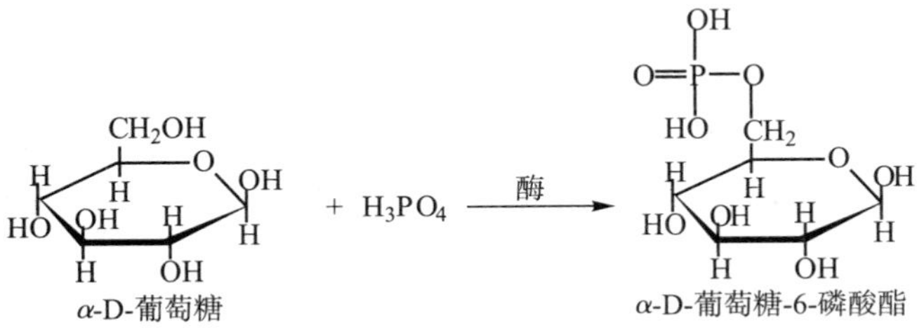

α-D-葡萄糖 + H_3PO_4 $\xrightarrow{\text{酶}}$ α-D-葡萄糖-6-磷酸酯

糖在代谢中首先要经过磷酸化，才能进行一系列代谢反应。因此，糖的成酯反应是糖代谢的重要中间步骤。核酸分子中存在糖(核糖)与磷酸形成酯的结构。

4. 差向异构化

在冷的稀碱溶液中,D-葡萄糖、D-甘露糖、D-果糖中的任何一种单糖可通过烯二醇中间体相互转化,达到一种平衡状态,变成三种糖的混合物。

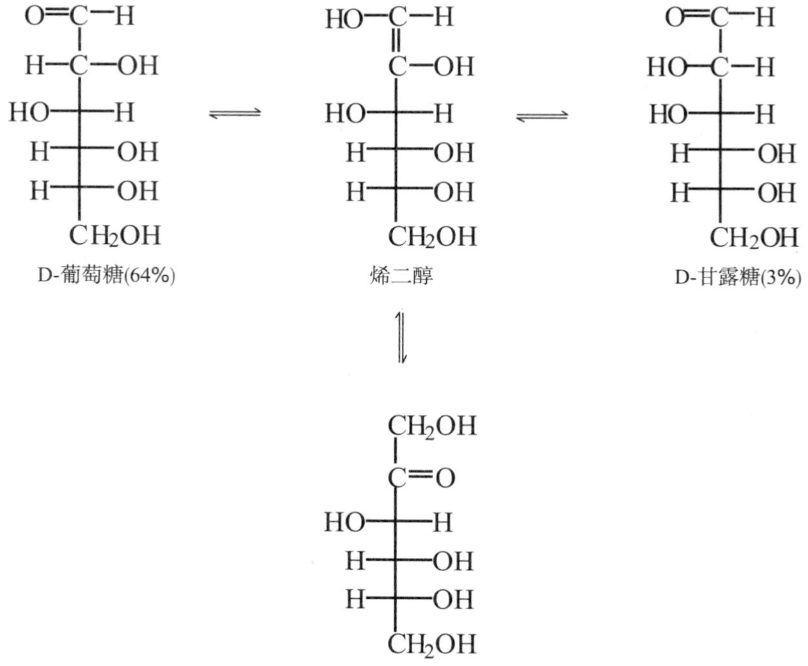

D-葡萄糖(64%) ⇌ 烯二醇 ⇌ D-甘露糖(3%)

⇌

D-果糖(31%)

以上的三个能相互转变的单糖都含有多个手性碳原子,但除了C2位构型不同外,其余都相同。这种**在含有多个手性碳原子的旋光异构体之间,凡是只有一个手性碳原子的构型不同,其他手性碳原子的构型相同的异构体互称为差向异构体**。差向异构体相互转变的过程称为**差向异构化**。

5. 颜色反应

(1)莫立许反应　在糖的水溶液中加入α-萘酚的乙醇溶液,然后沿试管壁慢慢地加入浓硫酸,不要振荡,在浓硫酸和糖溶液的交界面将出现紫色环,这个反应称为莫立许反应。所有的糖,包括单糖、低聚糖和多糖,都能发生此反应,而且反应非常灵敏,常用于糖类物质的鉴别。

(2)塞利凡诺夫反应　塞利凡诺夫试剂是间一苯二酚的浓盐酸溶液。在酮糖(包括游离的酮糖或双糖分子中的酮糖,如果糖或蔗糖)的溶液中加入塞利凡诺夫试剂,加热,可很快出现鲜红色,此反应称为塞利凡诺夫反应。在同样条件下,醛糖看不出有什么变化,用此可鉴别酮糖和醛糖。

(四)重要的单糖

1. 葡萄糖

葡萄糖在自然界中分布极广,其中葡萄中的含量较高,因此称为葡萄糖。人和动物的血液中也含有葡萄糖,血液中的葡萄糖称为血糖,正常人血糖浓度为 3.9～6.1 mol/L。

葡萄糖为白色晶体,易溶于水,难溶于乙醇,有甜味。葡萄糖是一种重要的营养物质,是人体所需能量的重要来源,在体内氧化 1 g 葡萄糖可释放出 15.6 kJ 的能量。因为它不需消化就可以吸收,所以是婴儿和体弱病人的一种良好滋补品。

葡萄糖注射液在临床上用于治疗水肿,并有强心利尿作用。它和氯化钠配成的葡萄糖氯化钠注射液,在人体失水、失血时用作补充液。在工业上,葡萄糖是合成维生素 C 和制造葡萄糖酸钙等药物的原料。

2. 果糖

果糖存在于水果和蜂蜜中,是蜂蜜的主要成分。它是所有糖中最甜的糖。纯净的果糖是无色晶体,易溶于水,可溶于乙醇和乙醚。它不易结晶,通常是黏稠的液体。

3. 核糖和脱氧核糖

核糖和脱氧核糖是重要的戊醛糖,是核糖核酸和脱氧核糖核酸的重要成分之一,也是某些酶和维生素的组成成分。

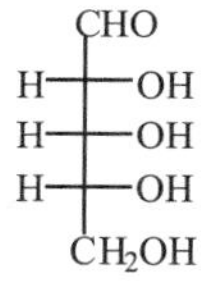

D-核糖 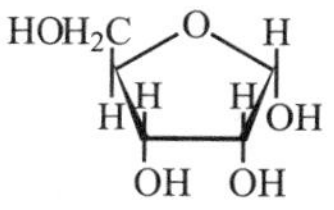　α-D-核糖 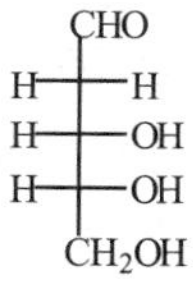　D-2-脱氧核糖 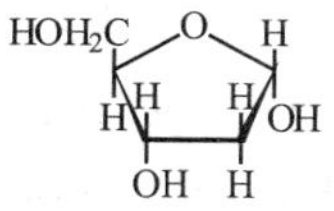　α-D-2-脱氧核糖

4. 半乳糖

半乳糖多以多聚体或苷的形式存在于琼脂及黄豆、豌豆等植物种子中。因哺乳动物乳汁中的乳糖水解后可得到半乳糖而得名。半乳糖为白色晶体,有甜味,溶于水,水溶液亦有变旋现象。

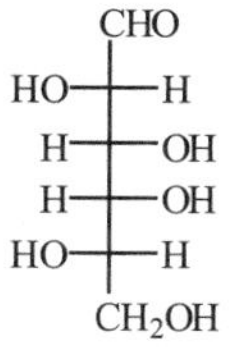

D-(+)-半乳糖 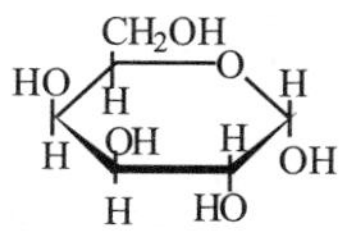　α-D-(+)-半乳糖

二、双　糖

双糖是低聚糖中最重要的一种。**双糖水解时能产生两分子的单糖**。自然界存在的双糖可分为还原性双糖和非还原性双糖,如麦芽糖、乳糖和蔗糖等,它们的分子式都是 $C_{12}H_{22}O_{11}$,互为同分异构体。

(一)还原性双糖

分子中保留苷羟基的双糖都是**还原性糖**,它们能被托伦试剂、斐林试剂和班氏试剂氧化,能发生成脎反应和成苷反应,水溶液亦有变旋现象等。常见的还原性双糖有麦芽糖和乳糖。

1. 麦芽糖

麦芽糖由淀粉水解得到,在大麦发芽时,由麦芽中的淀粉酶将淀粉水解为麦芽糖,由此而得名。麦芽糖是白色的晶体,熔点为 102 ℃,易溶于水,有甜味,但不如蔗糖甜。

$$淀粉+nH_2O \xrightarrow{淀粉酶} n\,麦芽糖$$

从分子结构看,麦芽糖分子是由两分子 α-D-葡萄糖脱去一分子水的缩合产物,通过 α-1,4-苷键连接而成。其结构式如下:

α-1,4-苷键　　α-或 β-苷羟基

α-D-葡萄糖部分　　α-或 β-D-葡萄糖部分

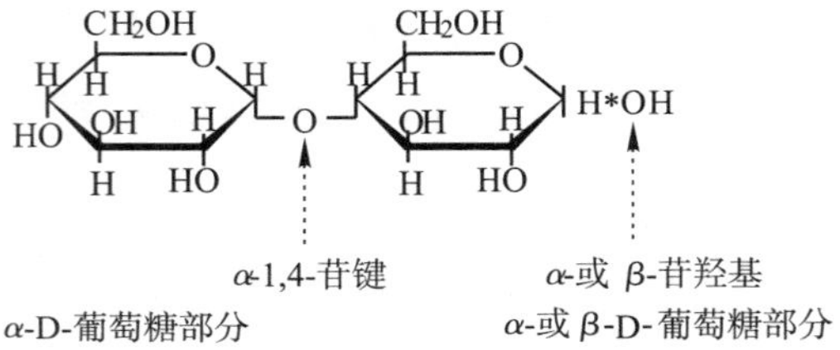

麦芽糖分子结构

由于麦芽糖分子中仍有一个半缩醛羟基,因此它具有还原性,亦有变旋现象。麦芽糖在稀酸或麦芽糖酶的作用下,可被水解为 D-葡萄糖。

麦芽糖是饴糖的主要成分,饴糖是麦芽糖和糊精的混合物。麦芽糖是制作糖果食品的原料。

2. 乳糖

乳糖存在于哺乳动物的乳汁中,牛乳中含 40～50 g/L,人乳中含 60～70 g/L。乳糖在人体内能被小肠中乳糖酶水解生成葡萄糖和半乳糖,是婴儿发育必需的营养物质。乳糖是奶酪生产的副产品,牛奶变酸是因为其中所含的乳糖变成乳酸。

从结构上看,乳糖是由一分子 β-D-半乳糖和一分子 α 或 β-D-葡萄糖脱水缩合的产物,通过 β-1,4-苷键连接而成。其结构式如下:

α-1,4-苷键　　α-或 β-苷羟基

α-D-半乳糖部分　　α-或 β-D-葡萄糖部分

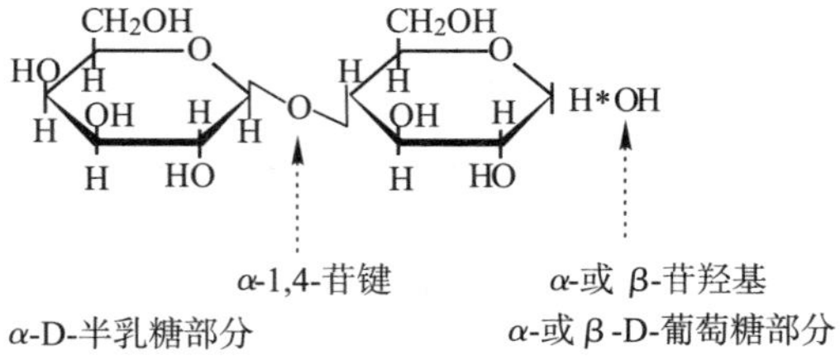

乳糖分子结构

由于乳糖分子中还保留了一个苷羟基,因此它属于还原性双糖,有变旋现象。在稀酸或酶的作用下,乳糖可被水解生成一分子 D-葡萄糖和一分子 D-半乳糖。

乳糖是白色粉末，熔点为 202 ℃，在水中的溶解度小，是制乳酪的副产品，来源较少且甜味不大，平时极少用作营养品。医药上常利用其吸湿性小的特点，将其作为药物的稀释剂，以配置散剂和片剂。

（二）非还原性双糖

分子中不保留苷羟基的双糖都是**非还原性糖**，它们不能被托伦试剂、斐林试剂和班氏试剂氧化；不能发生成酯反应和成苷反应，也没有变旋现象等。非还原性双糖主要是蔗糖。

蔗糖就是普通的食用糖，主要存在于甘蔗和甜菜中，在甘蔗中约含 26%，甜菜中约含 20%，各种植物的果实中几乎都有蔗糖。

从结构上看，蔗糖可以看作一分子 α-D-葡萄糖的苷羟基与一分子 β-D-呋喃果糖上的羟基通过 α，β-1，2-苷键连接而成。由于蔗糖没有苷羟基，因此蔗糖没有还原性，是非还原性糖。蔗糖在稀酸或酶的作用下，可被水解为一分子 D-葡萄糖和一分子 D-果糖。其结构式如下：

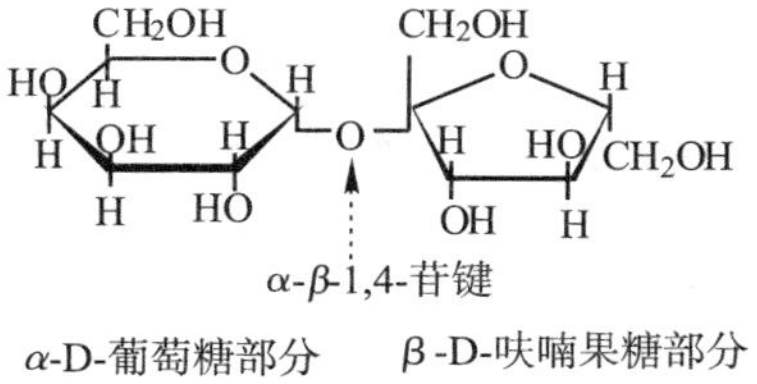

α-β-1,4-苷键

α-D-葡萄糖部分　β-D-呋喃果糖部分

蔗糖分子结构

纯净的蔗糖是白色晶体，熔点为 186 ℃，易溶于水，难溶于酒精，甜度超过葡萄糖，仅次于果糖，医药上常用作矫味剂制成糖浆使用。由蔗糖加热生成的褐色焦糖，在饮料和食品中用作着色剂。

三、多　糖

多糖是由成千上万个单糖分子相互脱水缩合，通过糖苷键连接而成的高分子化合物。多糖一般是无定形粉末，没有甜味，大多不溶于水，有的即使溶于水，也只能形成胶体溶液。多糖没有还原性，无变旋现象，在酸或酶的作用下，水解的最终产物为 D-葡萄糖。

多糖在自然界中分布很广，是生物体的重要组成成分。常见的多糖有淀粉、糖原、纤维素等，它们的分子式可用通式 $(C_6H_{10}O_5)_n$ 表示，但这些多糖的 n 值不同，因此，它们相互不是同分异构体。

（一）淀粉

淀粉是绿色植物光合作用的产物，主要存在于植物的种子、果实和块茎中。谷物中含量较高，如大米中含 75%～80%，小麦中含 60%～65%，玉米中约含 65%，马铃薯中约含 20%。

1. 淀粉的结构

淀粉是由许多α-D-葡萄糖分子脱水缩合而成的多糖。天然淀粉主要由直链淀粉和支链淀粉两部分组成。直链淀粉在淀粉中约占20%，主要存在于淀粉的内层，支链淀粉在淀粉中约占80%，主要存在于淀粉的外层。

(1)直链淀粉　直链淀粉一般是由数百到数千个α-D-葡萄糖分子通过α-1,4苷键连接而成的链状聚合物，如图所示。

α-1,4-苷键

直链淀粉结构

(2)支链淀粉　支链淀粉一般由数千到数万个α-D-葡萄糖分子缩合而成。支链淀粉有一个高度分支化结构，由几百条短链所组成，每条短链由20～25个α-D-葡萄糖分子α-1,4苷键连接而成，短链与短链之间通过α-1,6苷键连接起来，如图所示。

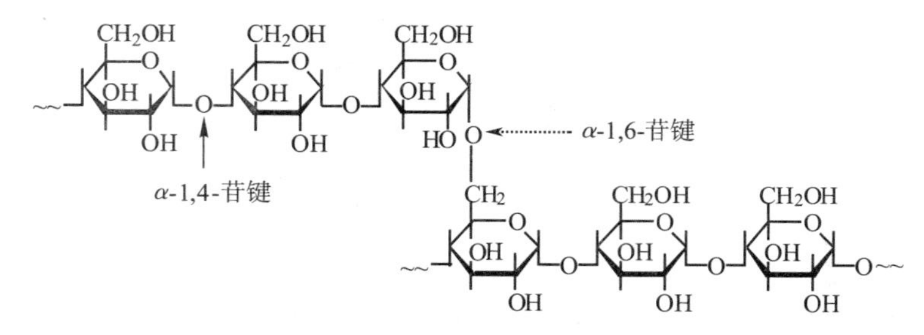

支链淀粉的结构

2. 淀粉的性质

淀粉是白色粉末，无味，不易溶于冷水。直链淀粉能溶于热水，又称为可溶性淀粉或糖淀粉；支链淀粉不溶于热水，但遇热水膨胀变黏而成糊状，又称为不溶性淀粉或胶淀粉。直链淀粉比支链淀粉易于消化。

(1)淀粉与碘的显色反应　直链淀粉遇碘作用呈蓝色，支链淀粉遇碘作用呈紫色。由于天然淀粉是直链淀粉与支链淀粉的混合物，因此天然淀粉与碘作用呈现出的颜色应是两种颜色的混合色——蓝紫色。但蓝色与紫色在一起时，一般只能显示出蓝色，所以我们习惯上认为淀粉遇碘显蓝色。

(2)淀粉的水解　淀粉在稀酸或酶的作用下，逐步水解成一系列产物，最终生成D-葡萄糖。

$$\underset{\text{淀粉}}{(C_6H_{10}O_5)_n} \xrightarrow{\text{水解}} \underset{\text{糊精}}{(C_6H_{10}O_5)_m} \xrightarrow{\text{水解}} \underset{\text{麦芽糖}}{C_{12}H_{22}O_{11}} \xrightarrow{\text{水解}} \underset{\text{葡萄糖}}{C_6H_{12}O_6}$$

糊精是分子比淀粉小的多糖，溶于水，有黏性，可做黏合剂。

淀粉在水解的过程中，分子逐渐变小，遇碘反应后颜色从蓝紫色、红色、黄色直到变成无色为止。利用这一性质，可判断淀粉水解的程度。

(二)糖原

糖原是人和动物体内储存葡萄糖的一种形式，是葡萄糖在体内缩合而成的一种多糖，所以又称为动物淀粉。糖原主要存在于肝脏和肌肉中，分别称为肝糖原和肌糖原。人体中约含糖原 400 g。营养充分的动物肝脏中糖原含量高达 20%，肌肉中约含 4%。

糖原的结构与支链淀粉相似，其分子中的葡萄糖除了以 α-1,4 苷键结合外，还有以 α-1,6 苷键结合的形式形成支链，但分支链比支链淀粉更多，更复杂。

糖原在人体代谢中对维持血液中的血糖浓度起着重要作用。当血糖浓度增高时，在胰岛素的作用下，肝脏把多余的葡萄糖合成糖原储存起来；当血液中的葡萄糖浓度降低时，在高血糖素的作用下，肝糖原就分解为葡萄糖而进入血液，以维持血糖浓度正常。

糖原是无定形粉末，溶于热水，溶解后形成胶体溶液。糖原溶液遇碘显棕红色，利用此反应，可用来鉴别糖原。

(三)纤维素

纤维素是自然界中分布最广的多糖，是植物细胞壁的主要成分，约占 50%左右，是植物体的支撑物质。棉花中含纤维素高达 98%，木材中含 50%～70%，蔬菜中也含有较多的纤维素。

纤维素的分子很大，其结构与直链淀粉相似，是由成千上万个 β-D-葡萄糖分子脱水缩合，以 β-1,4 苷键结合形成的链状分子。

多条平行的纤维素分子链相互绞合在一起，可形成绳索状的纤维素束。

纯净的纤维素是一种白色、无臭、无味的固体，不溶于水，也不溶于一般的有机溶剂。在稀酸和稀碱溶液中不起反应，必须在高温高压下，才能被浓硫酸水解，水解的最终产物是葡萄糖。食草性动物的胃中具有水解纤维素的酶，可以将纤维素水解成葡萄糖，所以纤维素是食草性动物的饲料。人体内没有这种酶，不能消化纤维素，因此纤维素不能作为人体的能量来源，但是食物中的纤维素能促进消化液的分泌，增强肠道蠕动，促进排便，减少有害物质的吸收和肠道疾病的发生。

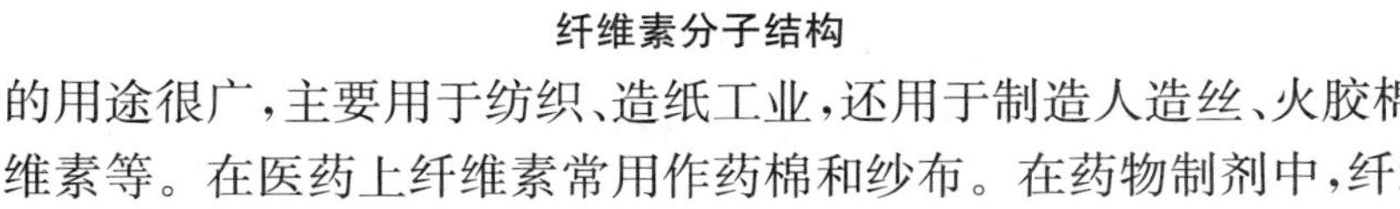

β-1,4-苷键

纤维素分子结构

纤维素的用途很广，主要用于纺织、造纸工业，还用于制造人造丝、火胶棉、照相胶片以及微晶纤维素等。在医药上纤维素常用作药棉和纱布。在药物制剂中，纤维素经处理后可用作片剂的黏合剂、填充剂、崩解剂、润滑剂和赋形剂等。

第3节 氨基酸、蛋白质、核酸

蛋白质广泛存在于生物体内，是一切细胞的重要组成成分，是生命的重要物质基础。一切重要的生命现象和生理功能，如机体的运动、消化、生长、遗传和繁殖等，都与蛋白质和核酸密切相关。而氨基酸是蛋白质的基本组成单位。

一、氨基酸

（一）氨基酸的结构、分类和命名

1. 氨基酸的结构和分类

从结构上看，羧酸分子中烃基上的氢原子被氨基（$-NH_2$）取代而生成的化合物，称为氨基酸。氨基酸的种类很多，迄今为止，在自然界发现的氨基酸已有300余种，大多数氨基酸都以游离状态存在于植物体内，不参与蛋白质的组成。组成蛋白质的氨基酸已知的有30余种，其中常见的有20多种，并且有些氨基酸是人体生命必需的，但又不能在体内合成，称为**必需氨基酸**。必需氨基酸必须由食物供给，如果缺乏就会引起某些病症。人体不能从同一种食物中获取所有的必需氨基酸，因此食物必须多样化。

氨基酸的分类如下：根据烃基的类型分为脂肪氨基酸、芳香氨基酸和杂环氨基酸；根据氨基与羧基的相对数目分为**中性氨基酸**（氨基与羧基数目相等）、**酸性氨基酸**（羧基数目大于氨基数目）和**碱性氨基酸**（氨基数目大于羧基数目）；根据氨基与羧基的相对位置分为α-氨基酸、β-氨基酸和γ-氨基酸等。

组成人体蛋白质的氨基酸都是α-氨基酸。其结构通式可表示如下：

$$R-\overset{\overset{\large H}{|}}{\underset{\underset{\large NH_2}{|}}{C^*}}-COOH$$

2. 氨基酸的命名

氨基酸的命名，习惯上多用俗名，一般根据其来源和性质命名。例如，两个碳原子的氨基酸因有甜味称为甘氨酸；天门冬氨酸最初是从植物天门冬的幼苗中发现的，故而得名。氨基酸的系统命名方法和其他取代酸相同，即以羧酸为母体命名。

表 13-5 组成蛋白质的氨基酸

分类		名称	结构式	简写符号			等电点
				中文	英文	符号	(pI)
脂肪族氨基酸	中性氨基酸	甘氨酸	$\underset{\underset{NH_2}{\mid}}{CH_2}-COOH$	甘	Gly	G	5.97
		丙氨酸	$CH_3-\underset{\underset{NH_2}{\mid}}{CH}-COOH$	丙	Ala	A	6.00

续表

分类		名称	结构式	简写符号			等电点 (p*I*)
				中文	英文	符号	
脂肪族氨基酸	中性氨基酸	*缬氨酸	$CH_3—CH(CH_3)—CH(NH_2)—COOH$	缬	Val	V	5.96
		*亮氨酸	$CH_3—CH(CH_3)—CH_2—CH(NH_2)—COOH$	亮	Leu	L	6.02
		异亮氨酸	$CH_3—CH_2—CH(CH_3)—CH(NH_2)—COOH$	异	Ile	I	5.98
		丝氨酸	$CH_2(OH)—CH(NH_2)—COOH$	丝	Ser	S	5.68
		*苏氨酸	$CH_3—CH(OH)—CH(NH_2)—COOH$	苏	Thr	T	6.53
		*蛋氨酸	$CH_3—S—CH_2—CH(NH_2)—COOH$	蛋	Met	M	5.74
		*半胱氨酸	$CH_2(SH)—CH(NH_2)—COOH$	半	Cys	C	5.05
	酸性氨基酸	天门冬氨酸	$COOH—CH_2—CH(NH_2)—COOH$	门	Asp	D	2.77
		谷氨酸	$HOOC—CH_2—CH_2—CH(NH_2)—COOH$	谷	Glu	E	3.22
	碱性氨基酸	*赖氨酸	$CH_2(NH_2)—(CH_2)_3—CH(NH_2)—COOH$	赖	Lys	K	9.74
		精氨酸	$NH_2—C(=NH)—(CH_2)_3—CH(NH_2)—COOH$	精	Arg	R	10.76
芳香族氨基酸		*苯丙氨酸	$C_6H_5—CH_2—CH(NH_2)—COOH$	苯	Phe	F	5.48
		酪氨酸	$HO—C_6H_4—CH_2—CH(NH_2)—COOH$	酪	Tyr	Y	5.68
杂环氨基酸		脯氨酸	吡咯烷环(N—H)—COOH	脯	Pro	P	6.30
		*色氨酸	吲哚环(N—H)—$CH_2—CH(NH_2)—COOH$	色	Try	W	5.89
		组氨酸	五元含氮环(N—H)—$CH_2—CH(NH_2)—COOH$	组	His	H	7.59

注：表中有(*)的为必需氨基酸

(二)氨基酸的物理性质

α-氨基酸都是无色固体,能形成一定形状的结晶,熔点较高(多为 200～300 ℃),加热至熔点时易分解放出 CO_2。氨基酸均溶于强酸与强碱溶液中;除少数外,一般均能溶于水,而难溶于酒精与乙醚。大部分氨基酸无味或有苦味,但有的有甜味,有的有鲜味,如谷氨酸的钠盐则具有鲜味,是调味品味精的主要成分。

自然界中除甘氨酸外,所有的 α-氨基酸都具有旋光性,而且都是 L-构型。

(三)氨基酸的化学性质

氨基酸分子中含有氨基和羧基,故具有氨基和羧基的一般反应。因为基团之间的相互影响,故氨基酸又有某些特殊性质。

1. 两性电离与等电点

氨基酸分子中含有碱性的氨基和酸性的羧基,是两性化合物,它既能与酸又能与碱作用生成盐。同时,氨基酸分子中的氨基与羧基之间也可相互作用,氨基接受羧基电离出的氢离子,而成为**两性离子**(或称为偶极离子),形成**内盐**。

$$\underset{\underset{NH_2}{|}}{R—CH—COOH} \rightleftharpoons \underset{\underset{NH_3^+}{|}}{R—CH—COO^-}$$

两性离子

两性离子的净电荷为零,处于等电状态,在电场中不向任何一极移动,这时溶液的 pH 称为氨基酸的**等电点**,用 pI 表示。由于各种氨基酸的组成和结构不同,因此它们的等电点不同。一些重要氨基酸的**等电点**见表 13-5。

等电点并不是中性点,两性离子的净电荷为零,并不意味着溶液呈中性,即 pH 不等于 7。在中性氨基酸的两性离子溶液中,因为酸式电离略大于碱式电离,所以中性氨基酸的等电点小于 7(pI＜7),一般为 5.0～6.3;酸性氨基酸的等电点都小于 7(pI＜7),一般为 2.8～3.2;碱性氨基酸的等电点都大于 7(pI＞7),一般为 7.6～10.8。

在等电点时,氨基酸的溶解度、黏度和吸水性都最小。由于等电状态时溶解度最小,氨基酸容易从溶液中析出,因此利用调节等电点的方法,可以从氨基酸的混合物中分离出某些氨基酸。

氨基酸在水溶液中的带电情况,除了由本身的结构所决定外,还可以通过溶液的酸碱度的调节加以改变。氨基酸在溶液中可建立起下列平衡体系。

$$\underset{\underset{NH_2}{|}}{R—CH—COOH}$$

$$\Updownarrow$$

$$\underset{\underset{NH_2}{|}}{R—CH—COO^-} \underset{OH^-}{\overset{H^+}{\rightleftharpoons}} \underset{\underset{NH_3^+}{|}}{R—CH—COO^-} \underset{OH^-}{\overset{H^+}{\rightleftharpoons}} \underset{\underset{NH_3^+}{|}}{R—CH—COOH}$$

阴离子 pH>pI　　两性离子 pH=pI　　阳离子 pH<pI

2. 氨基酸中羧基的反应

与一般的羧基化合物一样，氨基酸能生成酯、酐、酰胺等化合物。另外，也可在$Ba(OH)_2$存在下加热，脱羧生成胺。

$$R-\underset{NH_2}{\underset{|}{CH}}-COOH \xrightarrow[\triangle]{Ba(OH)_2} R-CH_2NH_2 + CO_2\uparrow$$

在生物体内，氨基酸在细菌中脱羧酶的作用下发生脱羧反应。例如，精氨酸发生脱羧反应生成丁二胺（腐胺），赖氨酸脱羧可得到戊二胺（尸胺）。蛋白质腐败发臭，就是氨基酸脱羧产生的上述胺类物质引起的。

3. 氨基酸中氨基的反应

与胺类物质相似，氨基酸可与强酸反应生成盐，也可与亚硝酸反应放出氮气等。

$$R-\underset{NH_2}{\underset{|}{CH}}-COOH + HNO_2 \longrightarrow R-\underset{OH}{\underset{|}{CH}}-COOH + N_2\uparrow + H_2O$$

此反应是定量完成的，因而可通过测定 N_2 的体积来计算氨基酸中氨基的含量，主要用来测定氨基酸、多肽、蛋白质中自由氨基的数量。

4. 茚三酮反应

α-氨基酸与茚三酮水溶液一起加热，发生一系列的化学反应，最终生成蓝紫色（称为罗曼紫）的化合物。这是鉴别 α-氨基酸的常用方法。但含亚氨基的氨基酸（脯氨酸）与茚三酮反应呈黄色。

5. 成肽反应

一分子 α-氨基酸的羧基与另一分子 α-氨基酸的氨基脱水生成的酰胺类化合物称为肽。其形成的酰胺键又称**肽键**。

$$NH_2-\overset{R}{\overset{|}{CH}}-\overset{O}{\overset{\|}{C}}-OH + H-\overset{H}{\overset{|}{N}}-\overset{R'}{\overset{|}{CH}}-COOH \xrightarrow{-H_2O} NH_2-\overset{R}{\overset{|}{CH}}-\underbrace{\overset{O}{\overset{\|}{C}}-\overset{H}{\overset{|}{N}}}_{\text{肽键}}-\overset{R'}{\overset{|}{CH}}-COOH$$

由两个氨基酸缩合而成的肽称为二肽，由三个氨基酸缩合而成的肽称为三肽，依次类推。

由多个氨基酸缩合而成的肽称为**多肽**。氨基酸连接成的肽链，链的一端具有游离的氨基，称为 N 端；另一端有游离的羧基，称作 C 端。一般 N 端写在左边，C 端写在右边。多肽的命名一般以含有完整羧基的氨基酸的原来名称作为母体，而将以羧基参加形成肽链的氨基酸名称中的酸字改为“酰”，依次加在母体名称前面。

$$\underset{\text{N端}}{NH_2}-\overset{CH_3}{\overset{|}{CH}}-\overset{O}{\overset{\|}{C}}-\overset{H}{\overset{|}{N}}-CH_2-\overset{O}{\overset{\|}{C}}-\overset{H}{\overset{|}{N}}-\overset{CH_3}{\overset{|}{CH}}-\underset{\text{C端}}{COOH}$$

丙氨酰甘氨酰丙氨酸（简写为丙-甘-丙）

二、蛋白质

(一)蛋白质的组成和分类

1. 蛋白质的组成

蛋白质是由氨基酸通过肽键连接而成的高分子化合物,组成蛋白质分子的 α-氨基酸有 20 多种,但不同的蛋白质分子所含氨基酸的种类、数目和连接方式各不相同。通常相对分子质量低于 10000 的视为多肽,高于 10000 的称为蛋白质。

经过对多种蛋白质的元素分析测定发现,组成蛋白质的主要元素平均百分组成为:

C　50%～55%

H　6.0%～7.3%

O　19%～24%

N　13%～19%

S　0%～4%

有些蛋白质还含有磷、铁、碘、锌及其他元素。

大多数蛋白质的含氮量相当接近,平均约为 16%。因此在生物样品中,每克氮相当于 6.25 g 的蛋白质。6.25 称为**蛋白质系数**,只要测定生物样品中的含氮量,就可算出其中蛋白质的大致含量。

2. 蛋白质的分类

蛋白质的种类非常多,依据蛋白质分子的某一特征有许多不同的分类方法。可根据蛋白质的形状、化学组成以及功能等分类。

(1)根据蛋白质的形状可分为**纤维蛋白质**和**球状蛋白质**。见表 13-6。

表 13-6　根据蛋白质的形状分类

分类	性质	举例
纤维蛋白质	不溶于水	丝蛋白、角蛋白等
球蛋白质	可溶于水或酸、碱、盐溶液	蛋清蛋白、酪蛋白等

(2)根据蛋白质的化学组成可分为**单纯蛋白质**和**结合蛋白质**。单纯蛋白质由多肽组成,其水解最终产物是各种 α-氨基酸。结合蛋白质是由蛋白质与非蛋白结合而成的,其水解产物除了氨基酸以外,还有其他成分。其中非蛋白质部分称为辅基。常见的辅基类型见表 13-7。

表 13-7　结合蛋白质及其辅基类型

结合蛋白	辅基
脂蛋白	脂类
糖蛋白	糖类
磷蛋白	磷酸

续表

结合蛋白	辅基
核蛋白	核酸
金属蛋白	金属离子
血红素蛋白	血红素

(3)根据蛋白质的功能可分为活性蛋白质和非活性蛋白质。活性蛋白质是指在生命运动过程中一切有活性的蛋白质;而非活性蛋白质则包括担任生物的保护或支持作用的蛋白质。见表 13-8。

表 13-8　根据蛋白质的功能分类

分类		特点
活性蛋白质	酶	催化作用
	激素	调节作用
	抗体	免疫作用
	收缩蛋白	主管生物体或有机体运动
	输运蛋白	生物体内起输送作用
非活性蛋白质	贮存蛋白	贮存作用
	结构蛋白	构造作用

(二)蛋白质的结构

蛋白质的结构可分为一级、二级、三级和四级结构。一级结构也叫初级结构,其他可统称为高级结构或空间结构。

1. 一级结构

蛋白质的一级结构是指 α-氨基酸按一定排列顺序结合而形成的多肽链。在一级结构中,氨基酸通过肽键相互连接成多肽链,多肽链是蛋白质分子的基本结构。蛋白质不同,它们所含的多肽数目也不同,有的蛋白质只有一条多肽链,有的则有两条或两条以上的多肽链。

蛋白质的一级结构不仅对它的二级、三级和四级结构起决定作用,而且对它的生理功能也起着决定性作用。一级结构中任何一个氨基酸的变动,都可能导致整个蛋白质的立体构象和生理功能发生极大的变化,使有机体出现病态甚至死亡。例如,镰刀形细胞贫血病患者的病因就是内部的血红蛋白的多肽链中,从 N 端起第 6 位上谷氨酸被缬氨酸代替了。

2. 二级结构

蛋白质的二级结构是指蛋白质中多肽链的构象,即肽链在空间的实际排布关系。在二级结构中,多肽链借氢键互相连接而形成 α-螺旋状或 β-折叠片状的空间构象。

3. 三级结构

蛋白质的三级结构是指蛋白质分子中的多肽链在形成二级结构的基础上，相互作用而形成的卷曲状、折叠状和盘旋状的较复杂空间构象。多肽链经过折叠卷曲形成的三级结构，使分子表面形成某些具有生物功能的区域，如酶的活性中心等。

4. 四级结构

蛋白质的四级结构是指两条或多条相同或不相同的肽链，在三级结构的基础上进行聚合而形成的特定构象。

（三）蛋白质的化学性质

蛋白质分子是由 α-氨基酸组成的，因此具有一些与氨基酸相似的性质。同时由于蛋白质具有四级结构，因此有些理化性质又不同于氨基酸。

1. 两性电离与等电点

有些 α-氨基酸中存在多个羧基或氨基，它们组成肽链时，多出的氨基、羧基同肽链两端的羧基、氨基一样，是处于游离状态的。因此蛋白质也是两性物质，可产生两性电离。

$$P\begin{cases}COOH\\NH_2\end{cases} \leftarrow \text{蛋白质}$$

$$\Updownarrow$$

$$P\begin{cases}COO^-\\NH_2\end{cases} \underset{OH^-}{\overset{H^+}{\rightleftharpoons}} P\begin{cases}COO^-\\NH_3^+\end{cases} \underset{OH^-}{\overset{H^+}{\rightleftharpoons}} P\begin{cases}COOH\\NH_3^+\end{cases}$$

阴离子 $pH>pI$　　两性离子 $pH=pI$　　阳离子 $pH<pI$

在适宜 pH 时，蛋白质溶液中酸式电离和碱式电离的电离程度相等，即蛋白质在溶液中完全以两性离子的形式存在，此时溶液的 pH 称为该蛋白质的等电点，用 pI 表示。在等电点时，蛋白质的黏度、溶解度、渗透压等都最小。因此，利用蛋白质两性电离和等电点的不同，可提取分离蛋白质。

2. 胶体性质

多数蛋白质可溶于水或其他极性溶剂，但不溶于非极性溶剂。蛋白质的水溶液具有亲水胶体溶液的性质，能电泳，不能透过半透膜。相对分子质量低的有机化合物和无机盐能透过半透膜。利用这个性质来分离、提纯蛋白质的方法称为**渗析法**。另外，蛋白质都具有光学活性。

3. 盐析

蛋白质与水形成的亲水胶体溶液并不十分稳定，在各种不同因素的影响下，蛋白质容易析出沉淀。如果向蛋白质溶液中加入大量中性盐类电解质（如硫酸铵、硫酸钠、硫酸镁和氯化钠），可使蛋白质从溶液中沉淀出来，这种作用称为**盐析**。

蛋白质的盐析是一个可逆过程。盐析出来的蛋白质可再溶于水而不影响蛋白质的性质。不同蛋白质沉淀所需盐的最低浓度各不相同。盐析所需盐的最低浓度称为盐析浓度。利用这种性质，采取分段盐析的方法可分离不同种类的蛋白质。

4. 蛋白质的变性

变性作用是指在物理或化学因素的影响下，蛋白质分子的空间结构遭到破坏，导致理化性质和生物活性的改变，这种现象称为**蛋白质的变性**。变性作用是不可逆的。蛋白质变性后的最显著表现是溶解度的降低，在等电点时特别明显。

能使蛋白质变性的化学方法有加强酸、强碱、尿素、重金属盐、三氯乙酸、乙醇、丙酮等。

能使蛋白质变性的物理方法有干燥、加热、高压、激烈摇荡或搅拌、紫外线或 X 射线的照射、超声波处理等。

蛋白质的变性有非常重要的实际意义。用紫外线、酒精、高温蒸煮的方法消毒杀菌；临床上急救重金属盐中毒时，给病人服食大量乳品和鸡蛋清；制作豆腐就是利用钙盐或镁盐使大豆蛋白质凝固。

5. 水解

用酸、碱或酶水解蛋白质时，最后所得产物是各种 α-氨基酸的混合物。例如，在酶的作用下，蛋白质水解可得一系列中间产物，最终生成多种 α-氨基酸：

蛋白质→(初解蛋白质)→ 胨(消化蛋白质)→多肽→ 二肽→ α-氨基酸

蛋白质的水解反应，对于蛋白质的研究以及蛋白质在生物体中的代谢，都具有十分重要的意义。

6. 显色反应

(1)缩二脲反应　蛋白质与强碱和稀硫酸铜溶液发生反应，呈紫色或粉红色，称为缩二脲反应。生成的颜色与蛋白质种类有关。二肽以上的多肽都有此显色反应。

(2)蛋白黄反应　蛋白质中存在有苯环的氨基酸(苯丙氨酸、酪氨酸和色氨酸等)时，遇浓硝酸变为深黄色，遇碱后则转为橙黄色。当皮肤、指甲遇浓硝酸时变为黄色就是上述原因。

(3)米伦反应　有酪氨酸的蛋白质遇到硝酸汞的硝酸溶液后变为红色。可利用此反应检查蛋白质中有无酪氨酸的存在。多数蛋白质都有此反应。

(4)茚三酮反应　蛋白质和稀的茚三酮溶液混合加热，即呈现蓝色。多肽也有此显色反应。此反应在蛋白质鉴定上也极为重要，色层分析时常用此试剂。但要注意的是，稀的氨溶液、铵盐及某些胺也有此显色反应。

(四)蛋白质的主要食物来源

人体主要通过食物摄取自己所需的蛋白质。食物蛋白质分为动物性蛋白质和植物性蛋白质。动物性蛋白质来源于鱼、畜禽肉、蛋、乳类等。因所含必需氨基酸种类齐全，数量充足，而且各种氨基酸的比例与人体需要基本符合，容易吸收利用，故这类蛋白质属于完全蛋白质。植物性蛋白质主要来源于豆类、硬果类、薯类、蔬菜类等食物，它们所含的氨基酸人体可自行制造，属于不完全蛋白质。但含有丰富蛋白质的豆类、硬果类等植物性食品也含有较多的人体不能合成的必需氨基酸。

（五）酶

生物体是一个复杂的“化工厂”，这里同时进行着许多相互协调配合的化学反应，也就是日常所说的新陈代谢。如动物对食物的消化、吸收、利用，植物种子发芽、生长、开花、结果及所进行的光合作用，等等，这些都离不开化学反应。而这些反应必须在适合生物体生成的条件下温和地进行，要求有较高的速率，还能随着环境和生物体情况的变化随时自动地进行精密调节。这都靠一类生物催化剂——酶的作用。

酶是一类由细胞产生的、对生物体内的化学反应具有催化作用的有机物，其中绝大多数是蛋白质。酶的化学组成和结构与蛋白质完全相似。酶虽由细胞产生，但其脱离活细胞仍具有活性。

目前已知的酶有数千种，按酶促反应类型可分为 6 类：氧化还原酶（如乳酸脱氢酶）、转移酶（如谷丙转氨酶）、水解酶（如淀粉酶）、裂解酶（如醛缩酶）、异构酶（如磷酸己糖异构酶）和合成酶（如天冬酰胺合成酶）；按组成可分为单纯酶和结合酶，前者是单纯蛋白质，后者是“蛋白质＋辅酶”，辅酶一般为无机金属元素（如铜、锌、锰等）或相对较小的有机物（如血红素、叶绿素、维生素等）。

酶对许多有机反应和生物体内复杂的反应都具有很强的催化作用，其催化作用的特点有：

（1）条件温和，不需加热　在接近体温和近中性的条件下，酶就可以起催化作用。在 30～50 ℃酶的活性最强，而超过一定温度时酶会失去活性。

（2）催化效率高　一般来说，对同一反应，酶催化反应的速率比一般催化剂高 10^7～10^{13}倍，比非催化反应的速率高 10^8～10^{20}倍。如过氧化氢酶催化 H_2O_2分解反应的速度是催化剂 Fe^{3+}的 10^{10}倍；酵母蔗糖酶催化蔗糖水解的速度是 H^+催化的 2.5 倍。

（3）具有高度的专一性　酶对其催化的底物具有严格的选择性，一种酶只能作用于一种或一类化合物或一定的化学键，催化一定的化学反应生成特定的产物，这就是酶的专一性或特异性。如蛋白酶只能催化蛋白质的水解反应，淀粉酶只对淀粉的水解起催化作用。这就像一把钥匙开一把锁一样。当酶催化的底物具有立体异构时，酶的催化甚至只能对某一特定的立体异构体反应起催化作用。

三、核　酸

核酸是存在于生物体内的结构复杂，具有重要生理功能，又有酸性的高分子化合物，最初是从细胞核中分离得到的，所以称为核酸。核酸在生物体的生命过程如生长发育、繁殖、遗传和变异等方面起着非常重要的作用。

(一)核酸的分子组成

1. 核酸的基本成分

通过核酸的逐步水解所得的产物中,可知道核酸的基本组成成分。

核酸 $\xrightarrow{\text{水解}}$ 核苷酸 $\xrightarrow{\text{水解}}$ {磷酸；核苷 $\xrightarrow{\text{水解}}$ {戊糖；含氮碱(碱基)}}

核酸的基本结构单元是核苷酸,而核苷酸又可以水解为磷酸与核苷,核苷则由碱基与戊糖组成。

(1)磷酸　核酸分子中磷的含量比较恒定,占 9%～10%,故测定样品中磷的含量可推算出核酸的含量。

(2)戊糖　核酸分子中含的核糖有 β-核糖与 β-2-脱氧核糖,它们在核酸中都是呋喃型环式结构,其结构式如下。

根据核糖的不同,核酸可分为核糖核酸(RNA)和脱氧核糖核酸(DNA)两大类。

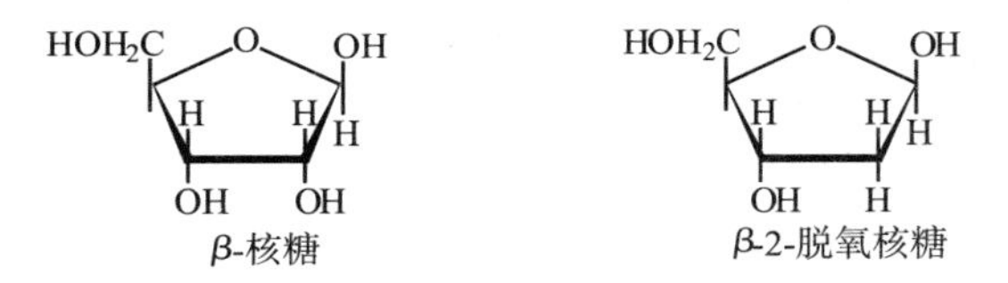

β-核糖　β-2-脱氧核糖

(3)碱基　核酸中的含氮碱称碱基,包括嘌呤碱与嘧啶碱两类。

嘌呤碱主要有腺嘌呤(A)和鸟嘌呤(G),其结构如下:

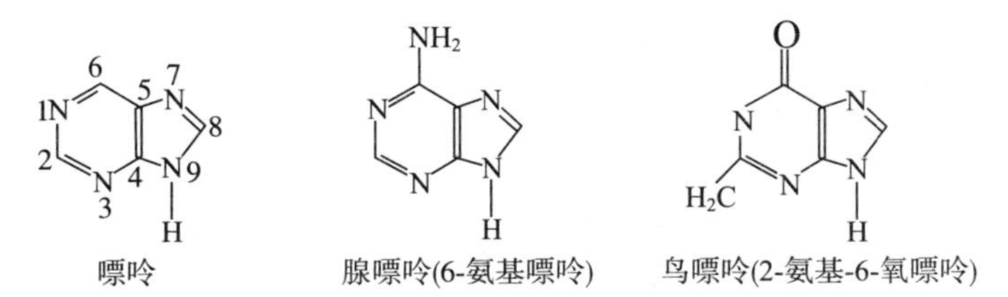

嘌呤　腺嘌呤(6-氨基嘌呤)　鸟嘌呤(2-氨基-6-氧嘌呤)

嘧啶碱主要有胞嘧啶(C)、尿嘧啶(U)和胸腺嘧啶(T),其结构式如下:

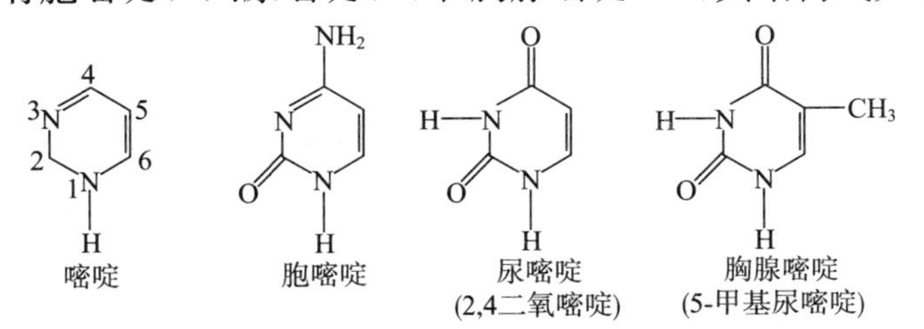

嘧啶　胞嘧啶　尿嘧啶(2,4二氧嘧啶)　胸腺嘧啶(5-甲基尿嘧啶)

RNA 中主要含有 A、G、C、U 4 种碱基,DNA 中主要含有 A、G、C、T 4 种碱基。某些核酸除含有上述碱基外,还含有微量稀有碱基,如 2-甲基腺嘌呤、7-甲基鸟嘌呤、5,6-二氢尿嘧啶等。

2. 核苷

核苷是戊糖与碱基通过糖苷键连接而成的化合物。核苷中的戊糖若为脱氧核糖,则称为脱氧核苷。如腺苷、脱氧胞苷的结构如下：

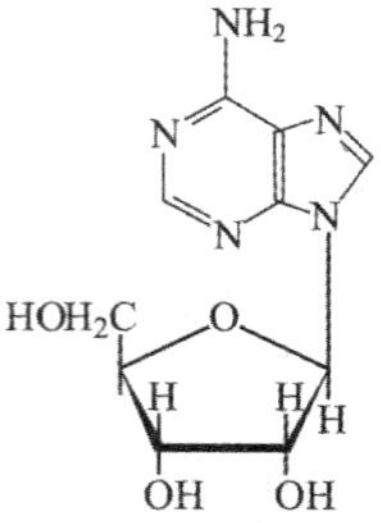

腺嘌呤核苷(A) 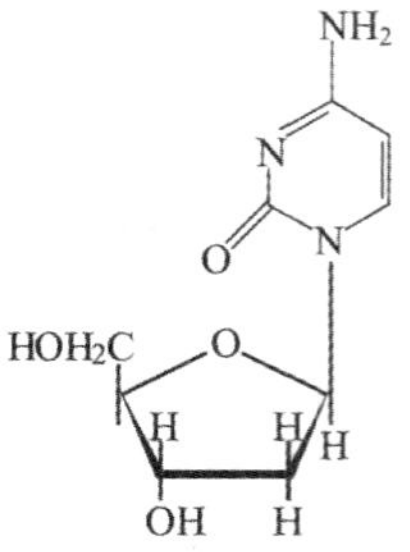　　胞嘧啶脱氧核苷(dC)

核苷与含氧苷一样，在碱性环境中稳定。含嘌呤的核苷易被酸水解，含嘧啶碱的核苷需用浓酸及较长时间的反应才能水解。

3. 核苷酸

核苷酸是核苷的磷酸酯，是一种强碱性的化合物，它是组成核酸的基本单位，所以也叫单核苷酸，而把核酸叫多核苷酸。核苷酸根据所含戊糖不同分为核糖核苷酸与脱氧核糖核苷酸。

核苷酸的分子中，磷酸主要结合在戊糖的 C3 或 C5 上。

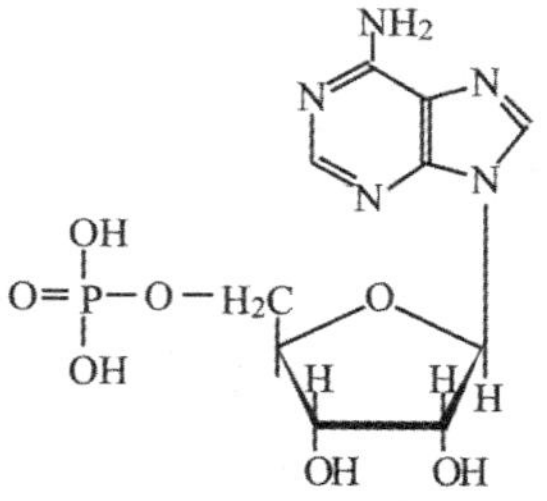

5-腺嘌呤核苷酸(AMP) 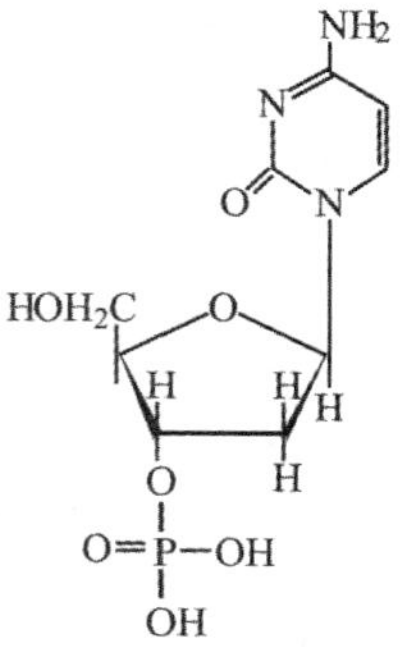　　3-胞嘧啶脱氧核苷酸(dCMP)

表 13-9　核酸中常见的核苷酸

核糖核苷酸(在 RNA 中)			脱氧核糖核苷酸(在 DNA 中)		
名称	简称	缩写符号	名称	简称	缩写符号
腺嘌呤核苷酸	腺苷酸	AMP	腺嘌呤脱氧核苷酸	脱氧腺苷酸	dAMP
鸟嘌呤核苷酸	鸟苷酸	GMP	鸟嘌呤脱氧核苷酸	脱氧鸟苷酸	dGMP
胞嘧啶核苷酸	胞苷酸	CMP	胞嘧啶脱氧核苷酸	脱氧胞苷酸	dCMP
尿嘧啶核苷酸	尿苷酸	UMP	胸腺嘧啶脱氧核苷酸	脱氧胸苷酸	dTMP

(二)核酸的一般结构和性质

1. 一般结构

核酸和蛋白质一样是复杂的高分子化合物。组成核酸的基本单位是核苷酸，较小的核酸分子由 70～80 个单核苷酸组成，相对分子质量约为 25000，较大的核酸分子由几万个单核苷酸组成，相对分子质量可达几百万。

核酸的结构和蛋白质结构相似。无论是核糖核酸（RNA）或脱氧核糖核酸（DNA），它们都是由核苷酸按一定的方式、数量和顺序彼此相连成很长的多核苷酸链结构。这种多核苷酸结构称为核苷酸的一级结构，结构中均无支链。

RNA 是以单股多核苷酸长链形式存在的，但在单核苷酸的某些部分能进行折叠，通过氢键形成“发夹”状结构，进而形成链内“局部性螺旋”结构，这种结构称为 RNA 的三级结构。

DNA 分子以脱氧核糖基形成的长链为基本骨架。DNA 是由两条这种单核苷酸长链，以不同走向彼此成为逆平行的“双螺旋”状的二级结构。二级结构还可进一步紧缩成闭链环状或开链状以及麻花状等形式的三级结构。

2. 一般理化性质

RNA 和核苷酸纯品都是白色粉末或呈结晶状，DNA 则为白色类似石棉的纤维样物质。核酸与核苷酸大多有酸味。

RNA、DNA 和核苷酸都是极性化合物，一般能溶于水，难溶于有机溶剂。RNA、DNA 和核苷酸分子既含有酸性磷酸基，又含有呈碱性的碱基，故具有两性电离和等电点，不处于等电状态的 RNA、DNA 和核苷酸也有电泳现象。

核酸在一定条件下受到某些理化因素的作用，也会发生变性，如加热、酸碱度的改变、加入某些有机溶剂等均可使核酸变性，变性后的核酸表现出生物活性降低或丧失，黏度下降。

练　习　题

一、名词解释

1. 油脂
2. 皂化反应
3. 酸败
4. 糖类
5. 莫立许反应
6. 氨基酸的等电点
7. 必需氨基酸
8. 缩二脲反应

二、填空题

1. 油脂是________和________的总称，它是由甘油和________反应生成的甘油酯，其结构式通式为____________________。

2. 油脂的酸败实际上是由于发生了________和________反应，生成了有挥发性，有臭味的________________的混合物。

3. 根据水解情况，糖类可分为________、________和________。

4. 根据单糖分子中的官能团，可分为________糖和________糖；根据单糖分子中的碳原子数，又可分为________、________、________糖等。其中葡萄糖属于________，果糖属于________。

5. 糖分子中的半缩醛羟基，又称为________羟基，具有半缩醛羟基的糖属于________糖，没有半缩醛羟基的糖属于________糖。

6. 天然淀粉由________淀粉和________组成，淀粉遇碘显________色。

7. 根据氨基酸中氨基与羧基的相对数目，可将氨基酸分为________、________和________三类；根据氨基与羧基的相对位置，可将氨基酸分为________、________和________，组成人体蛋白质的氨基酸都是________。

8. 多数蛋白质的含氮量相当接近，平均约为________，通常生物组织中每克氮相当于________的蛋白质，此数值称为蛋白质系数。

9. 蛋白质根据其化学组成可分为________和________。

10. 核酸分子中所含的戊糖有________和________两类，根据核酸所含戊糖的不同，可将核酸分为________和________；核苷酸主要由________和________组成。

三、选择题

1. 油脂在碱性条件下的水解反应，又叫 （　　）
   A. 皂化反应　　B. 碘仿反应　　C. 莫立许反应　　D. 银镜反应

2. 衡量油脂不饱和程度的指标值是 （　　）
   A. 酸值　　B. 皂化值　　C. 碘值　　D. 平均分子量

3. 下列物质属于不饱和脂肪酸的是 （　　）
   A. 软脂酸　　B. 硬脂酸　　C. 乳酸　　D. 油酸

4. 下列糖中属于非还原性糖的是 （　　）
   A. 蔗糖　　B. 葡萄糖　　C. 乳糖　　D. 果糖

5. 可用于区别蔗糖与果糖的试剂是 （　　）
   A. 塞利凡诺夫试剂　　B. 托伦试剂　　C. 莫立许试剂　　D. 溴水

6. 临床上检验糖尿病患者尿液中葡萄糖的常用试剂是 （　　）
   A. 班氏试剂　　B. 托伦试剂　　C. 希夫试剂　　D. 溴水

7. 下列物质不能反生银镜反应的是 （　　）
   A. 麦芽糖　　B. 果糖　　C. 蔗糖　　D. 葡萄糖

8. 纤维素经酶或酸水解的最后产物是 （　　）
   A. 葡萄糖　　B. 蔗糖　　C. 纤维二糖　　D. 麦芽糖

9. 人体内消化酶不能消化的糖是 （　　）
   A. 核糖　　B. 淀粉　　C. 糖原　　D. 纤维素

10. 人体必需氨基酸有 （　　）
    A. 6 种　　B. 8 种　　C. 12 种　　D. 21 种

11. 蛋白质的基本组成单位是　(　　)

A. α- 氨基酸　B. β- 氨基酸　C. 多肽　D. 二肽

12. 蛋白质分子中维持一级结构的主要化学键是　(　　)

A. 肽键　B. 二硫键　C. 氢键　D. 酯键

13. 下列化合物中既能与酸反应又可以与碱反应的是　(　　)

A. 苯酚　B. 苯胺　C. 苯丙氨酸　D. 苯甲醛

14. 重金属盐能使人畜中毒，这是由于它在体内　(　　)

A. 发生了盐析作用　B. 使蛋白质变性

C. 与蛋白质生成配合物　D. 发生了氧化反应

15. 下列关于蛋白质等电点的叙述正确的是　(　　)

A. 在等电点处蛋白质分子不带电

B. 等电点时蛋白质变性沉淀

C. 不同的蛋白质的等电点相同

D. 在等电点处蛋白质的稳定性增强

四、简答题

1. 用化学方法鉴别下列各组物质。

(1)苯甲醛、蔗糖、果糖

(2)果糖、蔗糖、淀粉

(3)淀粉、丙氨酸、蛋白质

2. 推断题

(1)化合物 A($C_9H_{18}O_6$)没有还原性，水解可生成化合物 B 和 C，B($C_6H_{12}O_6$)具有还原性，可被溴水氧化，与过量苯肼形成的脎与葡萄糖脎相同。C(C_3H_8O)可发生碘仿反应，遇活泼金属放出气泡，试推断 A、B、C 的结构式。

(2)化合物分子式为 $C_3H_7O_2N$，有旋光性，能与氢氧化钠或盐酸生成盐，并能与醇作用生成酯，与亚硝酸作用时放出氮气，写出此化合物的结构式和学名。

（胡翰林）

实验实训部分

化学实验室规则

一、化学实验规则

1.为了顺利完成实验实训项目,实验前必须认真复习有关内容,阅读实验说明,明确实验目的和要求,了解实验步骤、方法、基本原理及注意事项。

2.实验开始前,应检查仪器、药品是否齐全,如有缺少或破损,立即报告教师补领或调换。若对仪器的使用方法、药品的性能不明确,则不得开始实验,以免发生意外事故。

3.实验要认真、正确操作,仔细观察各种实验现象,积极思考分析比较,做好实验记录。

4.严格遵守实验室各项制度,注意安全,爱护仪器,节约药品,不浪费水、电,保持实验室的安静和整洁。

5.公用仪器和药品用毕后要随时放回原处。

6.实验完毕,应洗净仪器,整理好实验用品,擦净桌面。仪器如有破损,必须向教师登记并调换齐全。

7.根据实验原始记录,认真写好实验报告,按时上交教师审阅。

8.实验室内一切物品未经教师许可,不准带出室外。

二、化学药品取用规则

1.绝不允许将试剂任意混合,不准用手直接取用药品。

2.固体药品要用药匙取用,药匙必须保持清洁和干燥,用后应立即擦洗干净。

3.必须按实验规定用量取用试剂,不得随意增减,如果没有说明用量,一般应该按最少量(1～2 mL)取用液体,固体只需盖满试管底部即可。

4.取出的试剂未用完时,不能放回原瓶,应倾倒在教师指定的容器内。

5.试剂瓶中滴管绝不能插乱,自己使用的滴管也不能插在试剂瓶里,以免污染试剂。

6.药品和试剂用毕后应立即盖好瓶塞,放回原处。

7.使用腐蚀性药品及易燃、易爆、有害的药品时,要小心谨慎,严格遵守操作规程,遵从教师指导。

三、实验安全守则

1. 凡是做有毒或有恶臭气体的实验，应在通风橱内进行。

2. 加热或倾倒液体试剂时，切勿俯视容器，以防液滴飞溅造成伤害，同理，加热试管时，不要将试管口对着自己和他人。

3. 使用易燃试剂一定要远离火源，避免使用明火。

4. 稀释浓硫酸时，应将浓硫酸缓慢注入水中，且不断搅拌，切勿将水注入浓硫酸中。

5. 嗅闻气体的气味时，要用手把离开容器的气流扇向自己，不要用鼻子凑在容器上去闻，严禁尝任何药品的味道。

6. 严禁在实验室内饮食或将食品、餐具带进实验室。

7. 实验完毕，应把手洗干净后再离开实验室。

8. 实验完毕必须检查实验室，关好水、电、燃气和门窗等。

实训 1 化学实训基本操作

【实训目的】

1. 熟悉并自觉遵守化学实验的各项规则。
2. 掌握正确的化学药品取用方法。
3. 会正确使用酒精灯给物质加热。
4. 学会实验室常见玻璃仪器的洗涤、干燥方法。

【实训用品】

试管、烧杯、滴管、试管夹、试管刷、试管架、铁架台、酒精灯、石棉网、药匙等。

【实训内容与步骤】

(一)化学药品的取用

实验室里所用的药品,很多是易燃、易爆、有毒或有腐蚀性的。为保证安全,在取用药品时一定要仔细阅读药品的取用规则。

1. 固体药品的取用

固体药品通常保存在广口瓶中。取用粉末或小颗粒的药品,要用干净的药匙。块状的药品(如石灰石、金属钠等),可用干净的镊子夹取。用过的药匙和镊子要立刻用干净的纸擦拭干净,以备下次使用。

把密度较大的块状药品或金属颗粒放入玻璃容器时,应该先把容器倾斜或横放,把药品或金属颗粒放入容器口以后,再慢慢把容器直立起来,使药品或金属颗粒缓慢滑落到容器底部,避免打破容器。

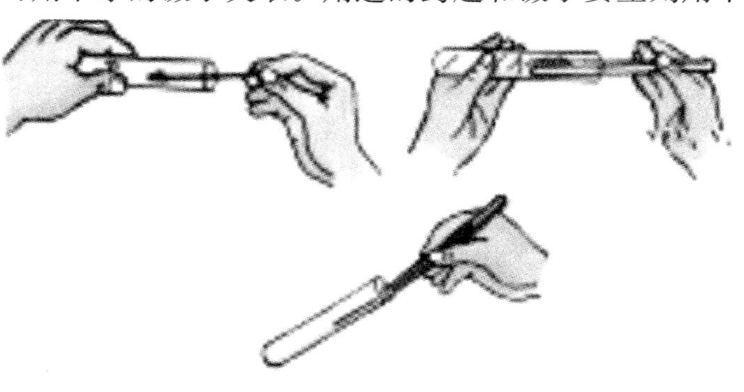

实训图 1-1 往试管内送入固体药品

往试管里装入固体粉末时,为避免药品沾在管口和管壁上,可以先使试管倾斜,把盛有药品的药匙(或用小纸条折叠成的纸槽)小心地送到试管的底部,然后直立试管即可。

2. 液体药品的取用

液体药品通常盛放在细口瓶里，常用倾倒法取用。取用一定量的液体药品，常用量筒量出体积。量筒是实验室中常用于粗略量取一定体积液体的量器，上有刻度，有不同的规格，可根据实验的需要选用。

使用量筒量取液体时，量筒必须放平，左手执量筒，右手持试剂瓶（瓶签对准掌心），瓶口紧贴量筒口的边缘，缓慢注入液体到所需体积。读取刻度时，量筒需放平，视线与量筒内液体凹液面的最低处保持水平，再读出体积。若液体略微不足，可用胶头滴管添加；若液体过量，用胶头滴管吸出弃去，不能放回原试剂瓶中。

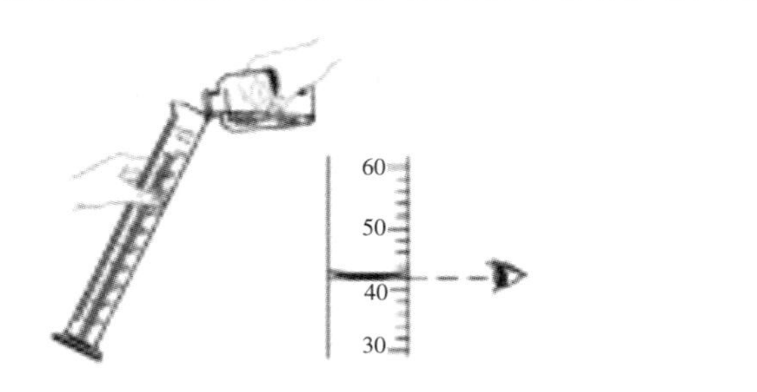

实训图 1-2　液体的量取

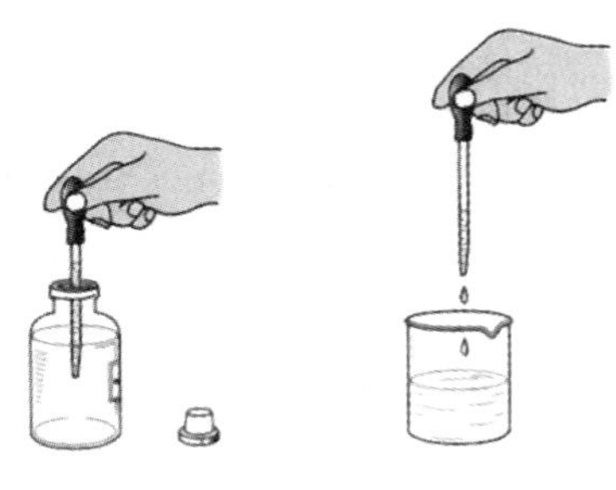
实训图 1-3　用滴管取液体

化学实验过程中取用少量液体时还可用滴管。使用滴管时，用手指捏紧橡胶胶帽，赶出滴管内的空气，再把滴管伸入试剂瓶的液体中，松开手指，试剂即被吸入。取出滴管，向试管或烧杯等玻璃容器中滴加试剂时，应悬空，勿接触器壁（以免污染滴管造成试剂污染），挤压橡胶胶帽，把试剂滴加进来。取液后的滴管，要保持橡胶胶帽朝上插入到滴瓶中，不能平放或倒置，防止液体倒流，沾污试剂或腐蚀橡胶胶帽。也不要把滴管放在试验台或其他地方，以免沾污滴管。不是滴瓶上的滴管用后要立即用清水冲洗干净，以备再用。严禁用未经清洗的滴管再次吸取其他试剂，以免污染试剂。

（二）物质的加热

加热是化学实验常见的反应条件。实验室常用酒精灯进行加热。

1. 酒精灯的使用方法

使用酒精灯时，应注意以下几方面：

（1）酒精灯中酒精的加入量不能超过酒精灯容量的 2/3；绝对禁止向燃着的酒精灯里添加酒精，以免失火。

（2）绝对禁止用酒精灯引燃另一只酒精灯。

（3）用完酒精灯后，必须用灯帽盖灭，不可用嘴去吹（盖灭后轻提一下灯帽，再重新盖好）。

（4）使用过程中勿碰倒酒精灯，万一洒出的酒精在桌上燃烧起来，应立即用湿抹布扑灭。

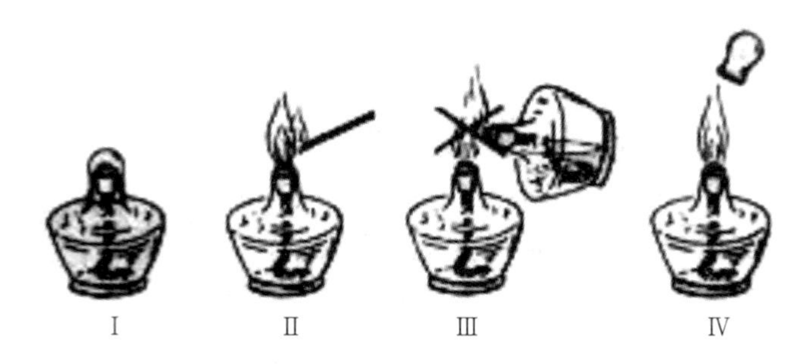

实训图 1-4 酒精灯的使用

2. 给物质加热

酒精灯的火焰分焰心、内焰、外焰三部分，外焰的温度最高，所以加热时应使用外焰加热。给试管中的液体加热时，应注意：

(1)试管外壁应该干燥，试管内的液体不超过试管容积的 1/3。

(2)用试管夹夹持试管时，应由试管底部套上、取下。

(3)加热时，应先来回均匀加热试管底部，再用酒精灯外焰固定加热。

(4)加热时，勿将试管口对着自己或他人。

(5)加热后的试管，不能立即接触冷水或用冷水冲洗，应把液体倾倒冷却后再清洗。给试管加热如实训图 1-6 所示。

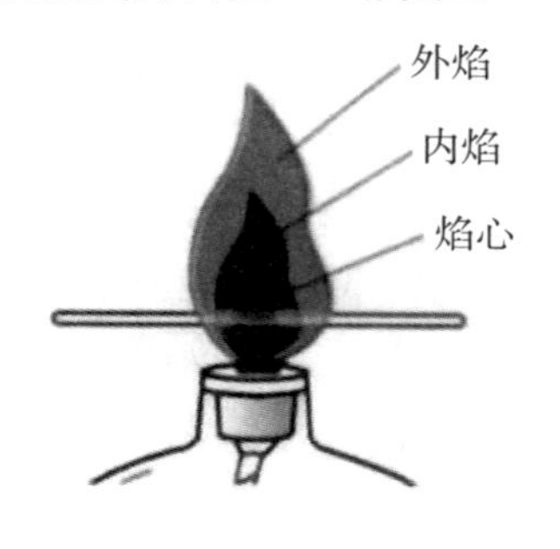

实训图 1-5 酒精灯的灯焰

实训图 1-6 给试管加热

(三)玻璃仪器的洗涤、干燥

为获得最佳的实验结果，实验中使用的玻璃仪器(如试管、烧杯、量筒、烧瓶等)必须是干净的，否则会直接影响实验效果。实验完毕后，也应将所用的玻璃仪器洗净放置，以备下次再用。因此，要掌握玻璃仪器的正确洗涤和干燥方法。

1. 洗涤方法

一般的玻璃仪器可用自来水冲洗，再用试管刷刷洗。刷洗时，注入自来水，将试管刷在器皿内上下左右旋转刷洗，然后用自来水冲洗，最后用少量蒸馏水淋洗 2～3 次。若用水洗不干净，可用试管刷蘸少量去污粉清洗。注意不能用力过猛，以免戳破仪器。

洗过的玻璃仪器内壁附着的水既不聚成水滴，也不成股流下时，表明仪器已洗干净。

如果仪器污染较重，用以上方法无法清洗干净，可用铬酸洗液(重铬酸钾的浓硫酸溶液)洗涤。将少量洗液倒入器皿中,转动仪器使洗液充分润湿内壁(或直接用洗液浸泡仪器),然后将洗液倒回原处,再依次用自来水、蒸馏水冲洗干净。

注意:洗液腐蚀性强且具有毒性,使用时应十分小心,切勿溅在皮肤上或衣物上。洗液可重复使用,新配制的洗液是橙褐色的,多次使用后变为绿色才失效。

2. 干燥方法

玻璃仪器的干燥常用晾干和烘干两种方法。洗净后不急用的玻璃仪器倒置在实验柜内或仪器架上自然晾干,洗净后急用的仪器,在倒尽水分后放入烘箱中烘干。

【思考与讨论】

1. 如何取用不同的实验药品?
2. 使用酒精灯加热试管时应注意哪些事项?
3. 玻璃仪器怎样才算洗涤干净?

(杨入梅)

实训 2 粗食盐的提纯

【实训目的】

1. 学会使用托盘天平进行称量的操作。

2. 学会使用量筒、研钵、漏斗等器皿进行研磨、溶解、搅拌、加热、蒸发、过滤等实验操作。

3. 初步形成正确使用化学仪器的习惯，养成爱护公物、严谨求实的科学作风。

【实训原理】

粗食盐中含有大量的能溶于水的 NaCl 和少量不能溶于水的杂质，将粗食盐溶于水后，可通过过滤将 NaCl 与杂质分离，再通过蒸发、浓缩等操作，达到提纯目的。

【实训用品】

1. 仪器

托盘天平及砝码、50 mL 烧杯、250 mL 烧杯、漏斗、50 mL 量筒、研钵、铁架台、酒精灯、滤纸、药匙、玻璃棒、蒸发皿、石棉网等。

2. 试剂

粗食盐、蒸馏水。

【实训内容与步骤】

1. 粗食盐的提纯

(1)研磨　取约 10 g 粗食盐放入研钵中，研成粉末状。

(2)称量　用托盘天平称取已研成粉末状的粗食盐 5 g。

(3)溶解　把称量好的粗食盐粉末放入小烧杯中，加蒸馏水约 20 mL，搅拌使其全部溶解。

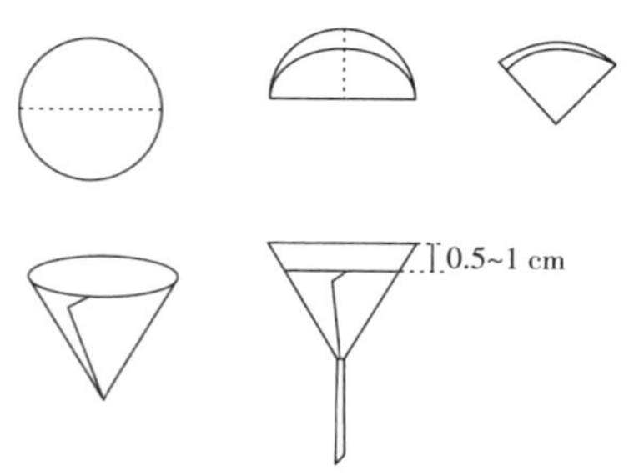

实训图 2-1 滤纸的折叠和安放

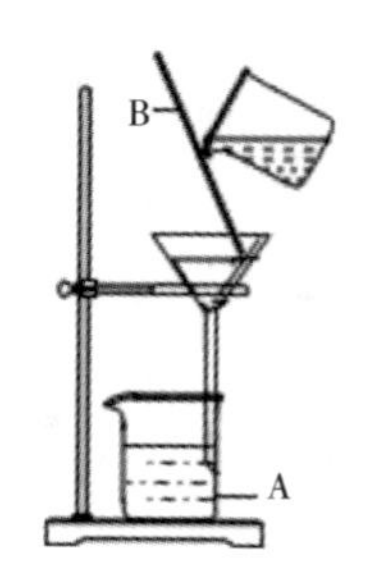

实训图 2-2 过 滤

(4)过滤　根据漏斗大小取一张圆形滤纸，对折两次，把滤纸尖端朝下放进漏斗，滤纸的边缘要比漏斗口稍低，用水使滤纸湿润，使其紧贴在漏斗壁上，中间不要有气泡(如实训图 2-1 所示)。

把漏斗固定在铁架台的铁圈上，另取一只干净的烧杯放在漏斗下方接收滤液，调整漏斗高度，使下端的管口紧贴烧杯内壁。将粗食盐溶液沿玻璃棒缓慢倾入漏斗内进行过滤，倾倒时液面要始终低于滤纸的边缘，玻璃棒下端要朝向滤纸的重叠层。先倾入上清液，后倒入沉渣，如滤液仍浑浊，应把滤液再过滤一次，直到滤液澄清，如实训图 2-2 所示。

(5)蒸发　把澄清的滤液倒入干净的蒸发皿内，放在铁架台的铁圈上，用酒精灯加热蒸发。在加热过程中，用玻璃棒不断搅拌，防止局部过热，造成液滴飞溅。蒸发皿即将干涸时，再用漏斗将其罩着，并继续加热，直到水全部蒸发。

(6)称量　用托盘天平将制得的白色精制食盐冷却后进行称量。

2. 计算

计算粗食盐的提纯率：

$$提纯率=\frac{精盐的质量(g)}{粗盐的质量(g)}\times 100\%$$

【实训提示】

1. 过滤操作应遵守“一贴二低三靠”原则。
2. 蒸发过程中应注意防止液滴的溅出。

【思考与讨论】

1. 在进行过滤和蒸发时应注意哪几点？
2. 粗食盐的提纯率高低受哪些因素的影响？

(王　丹)

实训3 溶液的配制和稀释

【实训目的】

1. 熟悉有关溶液浓度的计算。

2. 学会进行质量分数、质量浓度、物质的量浓度溶液的配制和溶液稀释的实验操作。掌握主要的操作步骤。

3. 养成严谨求实的学习态度。

【实训原理】

溶液的浓度是指一定量溶液或溶剂中所含溶质的量。常用的溶液浓度的表示方法如实训表 3-1。

实训表 3-1 几种溶液浓度表示法

名称	物质的量浓度	质量浓度	质量分数	体积分数
表示方法	$c_B=n_B/V_{总}$	$\rho_B=m_B/V_{总}$	$\omega_B=m_B/m_{总}$	$\varphi_B=V_B/V_{总}$
单位	mol/L	g/L	无	无

一定浓度溶液的配制方法有两种:一种是用一定质量溶液中所含溶质的量来表示溶液浓度的溶液的配制,如 ω_B,配制时,将定量的溶质和溶剂混合均匀即可。另一种是用一定体积溶液中所含溶质的量来表示溶液浓度的溶液的配制,如 c_B、ρ_B和 φ_B等。配制这些溶液时,将一定量的溶质和适量溶剂先混合,使溶质完全溶解,定量转移至量筒中,然后再加溶剂至溶液总体积,最后用玻璃棒搅拌均匀。

【实训用品】

1. 仪器

托盘天平及砝码、100 mL 量筒、10 mL 量筒、药匙、150 mL 烧杯、50 mL 烧杯、玻璃棒、100 mL 细口瓶、100 mL 容量瓶、胶头滴管等。

2. 试剂

氯化钠晶体、硫酸铜晶体、浓硫酸、95%乙醇、蒸馏水等。

【实训内容与步骤】

(一)一定质量溶液的配制

配制 10%氯化钠溶液 100 g。

(1)计算 计算配制 10% NaCl 溶液 100 g 所需 NaCl 的质量。

(2)称量　用托盘天平称取所需 NaCl 的质量，放入 150 mL 烧杯中。

(3)溶解　100 mL 量筒量取蒸馏水$(100-m_{NaCl})$ mL，倒入 150 mL 烧杯中，用玻璃棒搅拌使其溶解即可。

(二)一定体积溶液的配制

配制 $\rho_{CuSO_4}=50$ g/L 的硫酸铜溶液 100 mL。

(1)计算　计算配制 100 mL 50 g/L 硫酸铜溶液所需硫酸铜的质量。

(2)称量　在托盘天平上称取所需硫酸铜的质量，放入 50 mL 烧杯中。

(3)溶解　用量筒量取 30 mL 蒸馏水，倒入烧杯中，用玻璃棒搅拌使其溶解。

(4)转移　用玻璃棒将烧杯中的硫酸铜溶液引流入 100 mL 容量瓶内，用少量蒸馏水洗涤烧杯 2～3 次，每次的洗涤液都注入容量瓶内。

(5)定容　向容量瓶中继续加入蒸馏水，当加到标线 1～2 cm 处时，改用胶头滴管滴加蒸馏水，滴至溶液凹液面最低处与标线相切。盖好瓶塞，摇匀溶液即可。

(6)保存　将配好的溶液倒入试剂瓶，贴上标签，标上试剂名称、浓度，备用。

(三)溶液的稀释

1. 配制生理盐水

将 10%氯化钠溶液稀释为 0.9%的生理盐水 100 mL。

(1)计算　计算配制 0.9% NaCl 溶液 100 g 所需 10% NaCl 溶液的体积(毫升数)。

(2)量取　用量筒量取所需的 10% NaCl 溶液的体积，转移至 100 mL 量筒内。

(3)定容　向量筒中加蒸馏水至 100 mL 刻度线 1～2 cm 时，改用胶头滴管滴加蒸馏水，滴至溶液凹液面最低处与标线相切，用玻璃棒搅匀即可。

(4)保存　将配好的溶液倒入试剂瓶，贴上标签，标上试剂名称、浓度，备用。

2. 浓硫酸的稀释

用市售浓硫酸配制 3 mol/L 硫酸溶液 100 mL。

(1)计算　计算配制 100 mL 3 mol/L 硫酸溶液所需密度 $\rho=1.84$ kg/L、质量分数 $\omega_B=0.98$ 的浓硫酸的体积。

(2)量取　用干燥的 10 mL 量筒量取所需的浓硫酸的体积。

(3)稀释　在 50 mL 烧杯中加蒸馏水约 20 mL，将浓硫酸缓缓倒入烧杯中(配制时一定要注意将浓硫酸缓缓倒入水中，千万不要把水倒入浓硫酸中)，边倒边搅拌，冷却后倒入 100 mL 量筒内。

(4)定容　向量筒中加蒸馏水至 100 mL 刻度线 1～2 cm 时，改用胶头滴管滴加蒸馏水，滴至溶液凹液面最低处与标线相切，用玻璃棒搅匀即可。

(5)保存　将配好的溶液倒入试剂瓶，贴上标签，标上试剂名称、浓度，备用。

3. 配制消毒酒精

将体积分数 $\varphi=0.95$ 的市售酒精稀释为 $\varphi=0.75$ 的消毒酒精 100 mL。

（1）计算　计算配制 100 mL 体积分数 $\varphi=0.75$ 的消毒酒精所需体积分数 $\varphi=0.95$ 的市售酒精的体积。

（2）量取　用 100 mL 量筒量取所需的 $\varphi=0.95$ 的酒精的体积。

（3）定容　向量筒中加蒸馏水至 100 mL 刻度线 1～2 cm 时，改用胶头滴管滴加蒸馏水，滴至溶液凹液面最低处与标线相切，用玻璃棒搅匀即可。

（4）保存　将配好的溶液倒入试剂瓶，贴上标签，标上试剂名称、浓度，备用。

【实训提示】

配制溶液时应注意以下事项：

1. 配制固体溶质的溶液时，一般先将溶质置于烧杯内，加少量蒸馏水溶解后，再用玻璃棒转移到量筒或量杯中。

2. 称取一定质量的固体 NaOH 时，动作一定要快，要迅速称出所需的 NaOH 的质量，防止固体 NaOH 在空气中暴露时间过长，吸收水分。

3. 配制硫酸溶液时，一定要把浓硫酸缓缓加入水中，并不断搅拌。千万不能把水倒入浓硫酸中。

【思考与讨论】

1. 溶液浓度常用的表示方法有哪几种？

2. 配制溶液的基本方法有哪些？

3. 稀释浓硫酸时应注意哪些问题？

4. 为什么称取固体 NaOH 时，需要在小烧杯中称量？

5. 配制 $\rho_{CuSO_4}=50$ g/L 的硫酸铜溶液时，为什么要用蒸馏水洗涤烧杯，且洗涤液都要注入容量瓶中？

6. 读取刻度时，为什么视线要与液体的凹液面最低处保持在同一水平面上？若俯视或仰视，分别会产生怎样的误差？

（王　丹）

实训 4　配合物的生成和性质

【实训目的】

1. 了解配合物的生成、组成及其与复盐的区别。
2. 了解配位平衡与溶液酸碱性、沉淀反应等的关系。

【实训原理】

配合物是由中心原子和配体之间以配位键结合而成的复杂化合物。配合物在水中可离解出配位离子，而配位离子只能部分离解成中心原子和配体。

$$K_3[Fe(CN)_6] = 3K^+ + [Fe(CN)_6]^{3-}$$

$$[Fe(CN)_6]^{3-} \rightleftharpoons Fe^{3+} + 6CN^-$$

而形式上与配合物类似的复盐则完全离解成简单离子，如：

$$NH_4Fe(SO_4)_2 = NH_4^+ + Fe^{3+} + 2SO_4^{2-}$$

一定温度下，当溶液中配离子的生成和离解速率相等时，体系达到动态平衡，称为配位平衡。配位平衡与其他化学平衡一样，受外界条件的影响。当改变溶液的酸碱性或加入沉淀剂等，中心原子或配体的浓度会发生变化，因而平衡将发生移动。

【实验用品】

1. 仪器

试管。

2. 试剂

6 mol/L HCl 溶液、2 mol/L HNO_3溶液、2 mol/L NaOH 溶液、2 mol/L $NH_3 \cdot H_2O$ 溶液、0. 1 mol/L $CuSO_4$溶液、0. 1 mol/L $BaCl_2$溶液、0. 1 mol/L $FeCl_3$溶液、0. 1 mol/L NH_4SCN 溶液、0. 1 mol/L $K_3[Fe(CN)_6]$ 溶液、0. 1 mol/L $NH_4Fe(SO_4)_2$ 溶液、0. 1 mol/L $(NH_4)_2C_2O_4$ 溶液、0. 1 mol/L $AgNO_3$溶液、0. 1 mol/L NaCl 溶液、0. 1 mol/L KBr 溶液、0. 1 mol/L $Na_2S_2O_3$溶液、0. 1 mol/L KI 溶液等。

【实训内容与步骤】

(一)配离子的生成和配合物的组成

1. 在 2 支试管中各加入 5 滴 0. 1 mol/L $CuSO_4$溶液，再分别加入 2 滴 0. 1 mol/L $BaCl_2$溶液和 2 滴 2 mol/L NaOH 溶液。观察现象，写出反应式。

2. 在 1 支试管中加入 10 滴 0. 1 mol/L $CuSO_4$溶液和 2 滴 2 mol/L $NH_3 \cdot H_2O$，观察

现象。继续滴加过量 2 mol/L $NH_3 \cdot H_2O$ 至沉淀溶解呈深蓝色。将此溶液分为 2 份，一份中加入 2 滴 0.1 mol/L $BaCl_2$溶液，另一份中加入 2 滴 2 mol/L NaOH 溶液。观察现象并加以解释。

(二)配合物与复盐的区别

1. 在 2 支试管中分别加入 5 滴 0.1 mol/L $FeCl_3$溶液和 0.1 mol/L $K_3[Fe(CN)_6]$溶液，然后各加入 2 滴 0.1 mol/L NH_4SCN 溶液，观察现象并解释原因。

2. 在 3 支试管中各加入 5 滴 0.1 mol/L $NH_4Fe(SO_4)_2$溶液，分别检验溶液中是否存在 NH_4^+、Fe^{3+} 和 SO_4^{2-} 离子(如何检验?)。与上面实验相比较，可得出什么结论?

(三)配位平衡的移动

1. 在 1 支试管中加入 2 滴 0.1 mol/L $FeCl_3$溶液，然后滴加 10 滴 0.1 mol/L $(NH_4)_2C_2O_4$ 溶液，有何现象出现? 向此溶液中加入 1 滴 0.1 mol/L NH_4SCN 溶液，是否有现象发生? 再向此溶液中滴加 6 mol/L HCl，又有何现象出现? 写出有关反应式。

2. 在 1 支试管中加入 5 滴 0.1 mol/L $AgNO_3$溶液和 5 滴 0.1 mol/L NaCl 溶液，观察现象。然后逐滴加入 2 mol/L $NH_3 \cdot H_2O$，观察沉淀是否溶解? 继续加入 2 mol/L HNO_3，又有何现象? 加以解释。

3. 在试管中加入 5 滴 0.1 mol/L $AgNO_3$溶液和 1 滴 0.1 mol/L KBr 溶液，有何现象出现? 然后逐滴加入 0.1 mol/L $Na_2S_2O_3$ 溶液，观察沉淀是否溶解? 继续加入 1 滴 0.1 mol/L KI 溶液，又有何现象出现? 加以解释。

【思考与讨论】

1. 配合物与复盐有何区别?

2. 已知$[Ag(S_2O_3)_2]^{3-}$配离子比$[Ag(NH_3)_2]^+$配离子稳定，若把 $Na_2S_2O_3$溶液加到$[Ag(NH_3)_2]^+$配离子溶液中，会发生什么变化?

(程国友)

实训5 重要元素及其化合物的性质

【实训目的】

1. 试验钾、钠、镁、钙、钡等单质、氧化物和氢氧化物的性质，掌握 K^+、Na^+、Mg^{2+}、Ca^{2+}、Ba^{2+}离子的鉴定反应。

2. 掌握铝、锡、铅、锑、铋氢氧化物的溶解度和酸碱性，掌握 Al^{3+}、Sn^{2+}、Bi^{3+}、Pb^{2+}的鉴定反应。

3. 试验 H_2O_2的性质，了解氮、硫含氧酸及其盐的性质，试验难溶硫化物、磷酸盐的性质。

4. 了解卤素单质的性质和卤化氢的制备方法及性质，试验氯酸盐的氧化性。

5. 了解铜、银、锌、镉、汞的氢氧化物的酸碱性及热稳定性，试验铜、银、锌、镉、汞生成配合物的性质。

6. 试验铬、锰化合物的氧化还原性质，掌握铬(Ⅲ)、锰(Ⅱ)的氢氧化物的性质。

7. 了解铁组元素氢氧化物的生成和性质，试验铁组元素配位化合物的性质。

【实训用品】

1. 仪器

烧杯、滤纸、酒精灯、量筒、铁架台、坩埚等。

2. 药品

金属钠、镁条、无水乙醇、氯水、溴水、CCl_4、KI-淀粉试纸、$Pb(CH_3COO)_2$试纸、30% H_2O_2、1∶1 H_2SO_4溶液、40% NaOH 溶液、0.1 mol/L $MgCl_2$溶液、0.1 mol/L $CaCl_2$溶液、0.1 mol/L $BaCl_2$溶液、2 mol/L NaOH 溶液、6 mol/L NaOH 溶液、2 mol/L $NH_3 \cdot H_2O$ 溶液、6 mol/L $NH_3 \cdot H_2O$ 溶液、2 mol/L HCl 溶液、6 mol/L HNO_3溶液、0.1 mol/L $Pb(NO_3)_2$溶液、0.1 mol/L NH_4Cl 溶液、0.1 mol/L $AgNO_3$溶液、0.1 mol/L $MnSO_4$溶液、1 mol/L H_2SO_4溶液、0.1 mol/L KI 溶液、0.1 mol/L KBr 溶液、0.1 mol/L NaCl 溶液、0.1 mol/L $FeCl_3$溶液等。

【实训内容与步骤】

(一)钾、钠、钙、镁、钡及其化合物的性质

1. 金属钠与氧气、水的作用

金属钠存放在煤油里，用镊子取一小块，放于滤纸上，迅速用滤纸吸干表面的煤油，用小刀切取两块约米粒大小的金属钠。观察新鲜表面的颜色及变化，并完成下面的

实验。

(1)将一块金属钠放入盛有水的 250 mL 烧杯中,观察反应情况,检验水溶液的酸碱性。

(2)将另一块钠置于坩埚中,微热至燃烧开始,立即停止加热,观察产物的颜色和状态。冷却后,将产物放入试管,加少量水,检验管口有无氧气放出,并检验溶液的酸碱性和氧化还原性。

2. 金属镁与氧气、水的作用

(1)取一段镁条,用砂纸除去表面氧化层,点燃,观察燃烧情况、产物的颜色和状态。

(2)另取一小段擦净的镁条,放在试管中与冷水作用,观察反应情况,检验溶液反应后的酸碱性。观察:加热后的反应情况如何?

3. 氢氧化物的性质

(1)碱土金属氢氧化物的溶解度。

①取 5 滴 0.1 mol/L $MgCl_2$、0.1 mol/L $CaCl_2$、0.1 mol/L $BaCl_2$ 与等体积的 2 mol/L NaOH 混合,放置,观察形成沉淀的情况。

②用 2 mol/L $NH_3 \cdot H_2O$ 代替 2 mol/L NaOH 进行实验。由实验结果总结碱土金属氢氧化物溶解度的变化情况。

(2)氢氧化镁的性质　在试管中加入 10 滴 0.1 mol/L $MgCl_2$,再加入 1 mL 2 mol/L $NH_3 \cdot H_2O$,将得到的产物分装在 3 支试管中,分别与 2 mol/L HCl、2 mol/L NaOH 及饱和 NH_4Cl 溶液作用,观察现象。

(二)氧、硫、氮及其化合物的性质

1. 氨和 NH_4^+ 的鉴定

在试管中加入 10 滴 0.1 mol/L NH_4Cl,再加入 10 滴 2 mol/L NaOH,微热,并用润湿的红色石蕊试纸检验逸出的气体 NH_3。此反应也是确定 NH_4^+ 是否存在的鉴定反应。

2. 过氧化氢及过氧化物

(1)H_2O_2 的酸碱性及 Na_2O_2 的获得　取 10 滴 3%的 H_2O_2,测其 pH,然后加入 5 滴 40%的 NaOH 和 10 滴无水乙醇,并混合均匀,观察生成固体 $Na_2O_2 \cdot 8H_2O$ 的颜色($Na_2O_2 \cdot 8H_2O$ 易溶于水并完全水解,但在乙醇溶液中的溶解度较小)。

(2)H_2O_2 的氧化还原性。

①取 5 滴 0.1 mol/L $Pb(NO_3)_2$ 和 5 滴 0.1 mol/L Na_2S,逐滴加入 3%的 H_2O_2,观察并记录现象。

②取 5 滴 0.1 mol/L $AgNO_3$,加入 5 滴 2 mol/L NaOH;然后逐滴加入 3%的 H_2O_2,观察并记录现象。

③取 10 滴 3% H_2O_2,加入 1 滴 0.1 mol/L $MnSO_4$,然后加入 1 滴 2 mol/L NaOH 使溶液为碱性,逐滴加入 1 mol/L H_2SO_4 酸化,观察并记录现象。

(三)卤素及其化合物的性质

1. 卤素单质的性质

(1)溴和碘的溶解性。

①观察试剂瓶中液体溴和水的分层情况及颜色。

②在试管中加少量溴水和 CCl_4,并振荡试管,观察水相和有机相的颜色。

③取少量碘晶体放在试管中并加入 1～2 mL 去离子水,观察溶液的颜色,再加入几滴 0.1 mol/L KI 溶液,观察碘溶液的颜色有无变化,解释原因。继续加少量 CCl_4,振荡试管,观察水相和有机相颜色的变化。

(2)氯、溴、碘的氧化性　实验室备有 0.1 mol/L KBr 溶液,0.1 mol/L KI 溶液、氯水、溴水、CCl_4,设计实验比较氯、溴、碘的氧化性强弱。

2. 卤化物的性质

(1)HX 的制备和还原性　在 3 支试管中,分别加入少量 NaCl、KBr、KI 固体,再各加入 1 mL 浓硫酸,微热并分别用沾有浓 $NH_3 \cdot H_2O$ 的玻璃棒、KI-淀粉试纸和 $Pb(CH_3COO)_2$试纸检验各试管中逸出的气体,写出方程式。

(2)Br^-和 I^-的还原性比较　用 0.1 mol/L $FeCl_3$溶液分别与 0.1 mol/L KBr 和 KI 作用,观察有无 Br_2和 I_2生成(如何检验?),比较 Br^-和 I^-的还原性。

3. Cl^-、Br^-、I^-的鉴定

(1)Cl^-的鉴定　取 2 滴 0.1 mol/L NaCl 于试管中,加入 1 滴 2 mol/L HNO_3和 2 滴 0.1 mol/L $AgNO_3$,观察沉淀颜色。离心弃去清液,于沉淀上加数滴 6 mol/L 氨水。沉淀溶解,再用 6 mol/L HNO_3酸化,沉淀又出现,说明 Cl^-存在。

(2)Br^-和 I^-的鉴定　取 2 滴 0.1 mol/L KBr 和 KI 分别放入 2 支试管中,加入 1 滴 2 mol/L H_2SO_4和数滴 CCl_4,再分别加入氯水,振荡后观察 CCl_4层颜色的变化。

(钟先锦)

实训6　化学反应速率和化学平衡

【实训目的】

1. 学会通过实验验证化学反应速率和化学平衡的影响因素。
2. 加深对化学反应速率和化学平衡的理解。

【实训原理】

(一)化学反应速率

1. 浓度的影响

$$Na_2S_2O_3 + H_2SO_4 = Na_2SO_4 + S\downarrow + SO_2\uparrow + H_2O$$

通过不同浓度的$Na_2S_2O_3$和H_2SO_4做对比实验,可以观察到出现浑浊所需的时间不同,即化学反应速率不同。

2. 温度的影响

对上述反应,将反应物在室温下和水浴加热条件下做对比实验,可以观察到出现浑浊所需的时间不同,即化学反应速率不同。

3. 催化剂的影响

$$2H_2O_2 = 2H_2O + O_2\uparrow$$

将一组不加催化剂,一组加入催化剂(二氧化锰),做对比实验,可以观察到(或进一步验证)氧气生成的快慢不同,即化学反应速率不同。

(二)化学平衡

1. 浓度的影响

$$FeCl_3 + 3KSCN \rightleftharpoons Fe(SCN)_3 + 3KCl$$

以上反应达平衡状态,通过改变各种反应物和生成物的浓度,可以观察到溶液颜色的深浅不同,即化学平衡发生移动。

2. 温度的影响

$$2NO_2(g) \rightleftharpoons N_2O_4(g)$$

通过改变“NO_2平衡仪”两端的温度,可以观察到两端颜色的深浅不同,即化学平衡发生移动。

【实验用品】

1. 仪器

烧杯、水浴锅、试管、量筒、NO_2平衡仪等。

2. 试剂

1 mol/L H_2SO_4 溶液、1 mol/L $Na_2S_2O_3$ 溶液、0.1 mol/L $FeCl_3$ 溶液、0.1 mol/L KSCN 溶液、质量分数为 0.03 的 H_2O_2 溶液、MnO_2、固体 KCl 等。

【实训内容与步骤】

(一)影响化学反应速率的因素

1. 浓度对反应速率的影响

取 3 支试管,编号为 1、2、3 号,并按下表规定数量加入 1 mol/L $Na_2S_2O_3$溶液和蒸馏水,摇匀。再取 3 支试管,各加入 1 mol/L H_2SO_4溶液 1 mL,然后将硫酸分别同时倒入 1、2、3 号试管中,摇匀,观察并记录浑浊出现所需的时间,填入实训表 6-1。

实训表 6-1 浓度对化学反应速率的影响

试管号	1 mol/L $Na_2S_2O_3$溶液	蒸馏水	1 mol/L H_2SO_4溶液	出现浑浊的时间
1	1 mL	2 mL	1 mL	
2	2 mL	1 mL	1 mL	
3	3 mL		1 mL	

根据实验结果,说明浓度对反应速率的影响。

2. 温度对反应速率的影响

取 2 支试管,分别加入 2 mL 1 mol/L $Na_2S_2O_3$溶液,将其中一支试管放入水浴中加热(比室温高出 20 ℃左右)。另取 2 支试管,各加入 2 mL 1 mol/L H_2SO_4溶液,然后将硫酸分别同时倒入 2 支试管中并摇匀,观察并记录浑浊出现所需的时间,填入实训表 6-2。

实训表 6-2 温度对化学反应速率的影响

试管号	1 mol/L $Na_2S_2O_3$溶液	1 mol/L H_2SO_4溶液	反应温度	出现浑浊的时间
1	2 mL	2 mL	室温	
2	2 mL	2 mL	比室温高 20 ℃	

根据实验结果,说明温度对反应速率的影响。

3. 催化剂对反应速率的影响

取试管 2 支,各加入质量分数为 0.03 的 H_2O_2溶液 2 mL,在其中 1 支试管中加入少量 MnO_2,观察 2 支试管内的反应现象,并用带火星的火柴梗在试管口检验所生成的气体。解释原因。

(二)影响化学平衡移动的因素

1. 浓度对化学平衡移动的影响

在小烧杯中加入 20 mL 蒸馏水，再滴加 5 滴 0.1 mol/L $FeCl_3$溶液和 5 滴 0.1 mol/L KSCN 溶液，混合摇匀，溶液呈血红色。将此溶液均分于 4 支试管中，并编号为 1、2、3、4 号，然后按下表操作，并完成实训表 6-3。

实训表 6-3　浓度对化学反应速率的影响

试管号	加入试剂	反应现象	平衡移动的方向
1	2 滴 0.1 mol/L $FeCl_3$		
2	2 滴 0.1 mol/L KSCN		
3	少许固体 KCl		
4		留作对比	

根据实验结果，说明反应物浓度的改变对化学平衡移动的影响。

2. 温度对化学平衡的影响

平衡球内充有 NO_2和 N_2O_4的混合气体，在室温下达到化学平衡时，颜色是一定的。

$$2NO_2(g) \rightleftharpoons N_2O_4(g) + Q$$

红棕色　　　　无色

将平衡球的一端放在装有热水的烧杯中，另一端放在装有冷水的烧杯中，1 min 后观察颜色的变化，并完成实训表 6-4。

实训表 6-4　温度对化学反应速率的影响

反应条件	反应现象	平衡移动的方向
热水中(升高温度)		
冷水中(降低温度)		

根据实验结果，说明温度对化学平衡的影响。

【思考与讨论】

1. 影响化学反应速率的因素有哪些？是如何影响的？
2. 影响化学平衡移动的因素有哪些？是如何影响的？

实训 7　缓冲溶液的配制和性质

【实训目的】

1. 掌握缓冲溶液的配制方法。
2. 加深对缓冲溶液性质的理解。

【实训原理】

缓冲溶液具有抗酸、抗碱和抗稀释作用。其 pH 可用下式表示：

$$pH=pK_a+\lg\frac{c_{A^-}}{c_{HA}}$$

从上式可见，缓冲溶液的 pH 主要取决于 pK_a，其次取决于缓冲比。若配制缓冲溶液所用缓冲对两种溶液的起始浓度相同，则其浓度比等于其体积比。所以上式可表示为：

$$pH=pK_a+\lg\frac{V_{A^-}}{V_{HA}}$$

【实验用品】

1. 仪器

烧杯、10 mL 吸量管、试管、量筒等。

2. 试剂

0.1 mol/L HCl 溶液、0.1 mol/L CH_3COOH 溶液、0.1 mol/L CH_3COONa 溶液、0.1 mol/L NaOH 溶液、0.1 mol/L $NH_3 \cdot H_2O$ 溶液、0.1 mol/L NaH_2PO_4 溶液、0.1 mol/L Na_2HPO_4 溶液、0.1 mol/L NH_4Cl 溶液、pH=10 的 NaOH 溶液、pH=4 的 HCl 溶液、甲基红指示剂、广泛 pH 试纸、精密 pH 试纸等。

【实训内容与步骤】

(一)缓冲溶液的配制

配制总体积为 30 mL 的缓冲溶液。通过计算，把配制下列 3 种缓冲溶液所需各组分的毫升数填入实训表 7-1。

按照实训表 6-1 中用量，用移液管吸取溶液，配制甲、乙、丙 3 种缓冲溶液于已标号的 3 只小烧杯中，然后用广泛 pH 试纸测定它们的 pH，填入表中。试比较实验值与理论是否相符(溶液不要弃去，留作下面实验用)。

实训表 7-1　三种缓冲溶液的配制

缓冲溶液	pH(理论值)	抗酸抗碱组分溶液	体积(mL)	pH(实验值)
甲	4	0.1 mol/L CH_3COOH 溶液		
		0.1 mol/L CH_3COONa 溶液		
乙	7	0.1 mol/L NaH_2PO_4 溶液		
		0.1 mol/L Na_2HPO_4 溶液		
丙	10	0.1 mol/L $NH_3 \cdot H_2O$ 溶液		
		0.1 mol/L NH_4Cl 溶液		

(二)缓冲溶液的性质

1. 取 2 支试管,在一支试管中加入 5 mL 的甲种缓冲溶液,在另一支试管中加入 5 mL pH=4 的 HCl 溶液,然后在 2 支试管中各加入 10 滴 0.1 mol/L HCl 溶液,用广泛 pH 试纸测定它们的 pH。

用相同的实验方法,试验 10 滴 0.1 mol/L NaOH 溶液对以上 2 种溶液 pH 的影响。按实训表 7-2 记录实验结果。

实训表 7-2　缓冲溶液与非缓冲溶液的缓冲作用比较 1

试管号	溶液	加入酸或碱的量	pH
1	pH=4 的缓冲溶液	10 滴 0.1 mol/L HCl	
2	pH=4 的 HCl 溶液	10 滴 0.1 mol/L HCl	
3	pH=4 的缓冲溶液	10 滴 0.1 mol/L NaOH	
4	pH=4 的 HCl 溶液	10 滴 0.1 mol/L NaOH	

2. 用 pH=10 的丙种缓冲溶液和 pH=10 的 NaOH 溶液代替上面 pH=4 的 2 种溶液,重复上述实验。记录实验结果并填入实训表 7-3 中。

实训表 7-3　缓冲溶液与非缓冲溶液的缓冲作用比较 2

试管号	溶液	加入酸或碱的量	pH
1	pH=10 的缓冲溶液	10 滴 0.1 mol/L HCl	
2	pH=10 的 HCl 溶液	10 滴 0.1 mol/L HCl	
3	pH=10 的缓冲溶液	10 滴 0.1 mol/L NaOH	
4	pH=10 的 NaOH 溶液	10 滴 0.1 mol/L NaOH	

通过上面两个实验,说明缓冲溶液具有什么性质?

3. 在 4 支试管中,依次加入 pH=4 的缓冲溶液、pH=4 的 HCl 溶液、pH=10 的缓冲溶液、pH=10 的 NaOH 溶液各 1 mL,然后在各试管中加入 10 mL 水,混合后用精密 pH 试纸测量它们的 pH。记录实验结果并填入实训表 7-4 中。

实训表 7-4　缓冲溶液与非缓冲溶液的缓冲作用比较 3

试管号	溶液	稀释后的 pH
1	pH=4 的缓冲溶液	
2	pH=4 的 HCl 溶液	
3	pH=10 的缓冲溶液	
4	pH=10 的 NaOH 溶液	

通过实验说明缓冲溶液还具有什么性质?

【思考与讨论】

1. 为什么缓冲溶液具有缓冲能力?试举例说明。
2. 缓冲溶液的 pH 由哪些因素决定?

（程国友）

实训 8　常压蒸馏和沸点测定

【实训目的】

1. 学习常压蒸馏和测定沸点的原理及其应用。
2. 掌握蒸馏装置的安装与蒸馏操作。

【实训原理】

蒸馏是分离和纯化液体有机物常用的方法之一。当液体物质被加热时，该物质的蒸汽压达到液体表面大气压时，液体沸腾，这时的温度称为沸点。常压蒸馏就是将液体加热到沸腾状态，使该液体变成蒸汽，又将蒸汽冷凝后得到液体的过程。

每个液态的有机物在一定的压力下均有固定的沸点。利用蒸馏可将两种或两种以上沸点相差较大的液体混合物分开。但是应该注意，某些有机物往往能和其他组分形成二元或三元恒沸混合物，它们也有固定的沸点，因此，具有固定沸点的液体有时不一定是纯化合物。纯液体化合物的沸距一般为 0.5～1 ℃，混合物的沸距则较长。可以利用蒸馏来测定液体化合物的沸点。

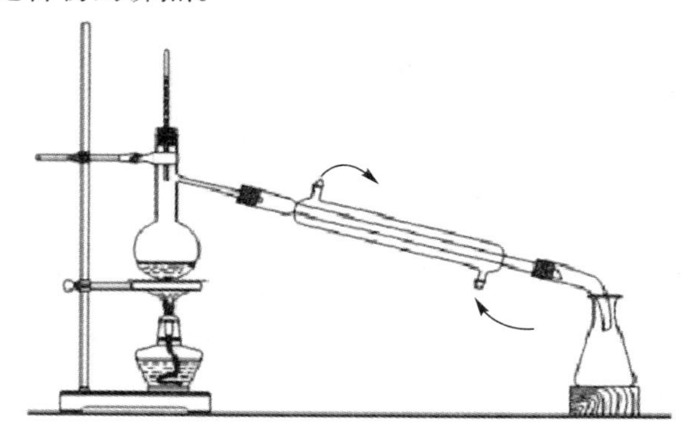

实训图 8-1　蒸馏装置示意图

【实训用品】

1. 仪器

蒸馏瓶、直型冷凝管、尾接管、温度计、锥形瓶、量筒、酒精灯等。

2. 试剂

75%乙醇。

【实训内容与步骤】

取75％乙醇30 mL，水浴加热，进行蒸馏操作实训。

1. 按实训图8-1所示将实训装置按“从下往上、从左到右”原则安置完毕，注意各磨口之间的连接。选一个大小适宜的烧瓶，待蒸馏的液体量不宜超过其容积的一半。温度计经套管插入蒸馏头中，并使温度计的水银球正好与蒸馏头支口的下端一致。

2. 将待蒸馏的液体经漏斗加入蒸馏烧瓶中，放入1～2粒沸石，然后通冷凝水。

3. 最初小火加热，然后慢慢加大火力，使之沸腾，开始蒸馏。

4. 调节火源，控制蒸馏速度为1～2滴/秒，记下第一滴馏出液的温度。

5. 维持加热速度，继续蒸馏，收集所需温度范围的馏分。当不再有馏分蒸出且温度突然改变时，停止蒸馏。注意切勿蒸干，以免发生危险。

6. 蒸馏完毕，关闭热源，停止通水，拆卸实训装置，其顺序与安装时相反。

【思考与讨论】

1. 蒸馏的原理是什么？蒸馏与沸点测定有何关系？

2. 有一瓶含沸点90 ℃和150 ℃两种物质的混合液，试用蒸馏原理叙述其分离过程。

3. 在蒸馏前为什么要在蒸馏烧瓶中加入少许沸石？冷凝管的进出水方向是什么？

（胡翰林）

实训 9 醇、酚、醛、酮的性质

【实训目的】

1. 验证并掌握醇、酚、醛、酮的主要化学性质。
2. 掌握常见醇、酚、醛、酮的化学鉴别方法。
3. 正确配制托伦试剂和斐林试剂。

【实训用品】

1. 仪器

试管、烧杯、酒精灯、玻璃棒、点滴板、表面皿等。

2. 试剂

金属钠、无水乙醇、酚酞指示剂、正丁醇、仲丁醇、叔丁醇、1.5 mol/L 硫酸、0.17 mol/L 重铬酸钾溶液、50 g/L NaOH 溶液、甘油、48 g/L 硫酸铜溶液、0.20 mol/L 苯酚溶液、溴水、0.06 mol/L 三氯化铁溶液、0.03 mol/L 高锰酸钾溶液、0.2 mol/L 邻苯二酚、0.2 mol/L 苯甲醇、甲醛水溶液、乙醛、丙酮、苯甲醛、希夫试剂、碘溶液、0.5 mol/L 氨水、斐林试剂甲和斐林试剂乙、0.05 mol/L $AgNO_3$溶液、蓝色石蕊试纸、广泛 pH 试纸等。

【实训内容与步骤】

(一)醇的化学性质

1. 与活泼金属反应

在干燥试管中,加入无水乙醇 1 mL,并加一小粒新切的、用滤纸擦干的金属钠,观察反应放出的气体和试管是否发热。再加 1 滴酚酞试液,观察并解释发生的变化。

2. 醇的氧化

取 4 支试管,分别加入 5 滴正丁醇、仲丁醇、叔丁醇和蒸馏水,然后各加 10 滴 1.5 mol/L 硫酸和 0.17 mol/L 重铬酸钾,计时,观察并解释现象。

3. 甘油与氢氧化铜反应

取 2 支试管、各加入 10 滴 50 g/L NaOH 溶液和 48 g/L 硫酸铜溶液,混合后分别加入乙醇、甘油 10 滴,振摇,静置,观察现象并解释发生的变化。

(二)酚的化学性质

1. 酚的弱酸性

(1)测定苯酚溶液的 pH　取 2 滴 0.2 mol/L 苯酚溶液于点滴板凹穴中,将湿润的蓝色石蕊试纸和 pH 试纸放在表明皿中，用玻璃棒沾取苯酚至石蕊试纸和广泛 PH 试纸上，观察并读出 pH。

2. 酚与三氯化铁的显色反应

取 3 支试管，分别加入 10 滴 0.2 mol/L 苯酚溶液、0.2 mol/L 邻苯二酚、0.2 mol/L 苯甲醇溶液，再各加 1 滴 0.06 mol/L 三氯化铁溶液，振摇，观察并解释发生的变化。

3. 酚的氧化反应

在试管中滴入 10 滴 0.2 mol/L 苯酚溶液，再滴加 1～2 滴 0.03 mol/L 酸性高锰酸钾溶液，观察并解释所发生的变化。

(三)醛、酮的化学性质

1. 碘仿反应

在试管内滴加 2 mL 碘溶液，逐滴加入 50 g/L 氢氧化钠至碘的颜色褪去，即得碘仿试剂。

取 4 支试管，分别加入 3 滴甲醛、乙醛、苯甲醛、丙酮，再各加入 10 滴碘仿试剂，振摇，观察现象，再将它们都进行温热水浴，观察并解释发生的变化。

2. 银镜反应

在洁净的试管中加入 2 mL 0.05 mol/L $AgNO_3$ 溶液，1 滴 50 g/L 氢氧化钠溶液，然后在振摇下滴加 0.5 mol/L 氨水，直至生成的氧化银恰好溶解为止，配成托伦试剂。把配好的溶液分装在 4 支洁净的试管中，然后分别加入 1 滴甲醛水溶液、乙醛、丙酮、苯甲醛，摇匀后放在 80 ℃的水浴中加热几分钟，然后观察现象并解释发生的变化。

3. 斐林反应

取斐林试剂甲和斐林试剂乙各 2 mL，与小烧杯中混匀，配成斐林试剂。另取 4 支洁净的试管，各加入甲醛、乙醛、苯甲醛、丙酮，再各加入 10 滴斐林试剂，振摇，放在 80 ℃的水浴中加热 2～3 min，然后观察现象并解释发生的变化。

4. 希夫试剂反应

取 4 支试管，分别加入 5 滴甲醛、乙醛、乙醇、丙酮，然后各加入 10 滴希夫试剂，观察变化。

【思考与讨论】

1. 做乙醇和钠反应时，为什么要用无水乙醇？
2. 在卤仿反应中，为什么不用氯和溴而用碘？
3. 进行银镜反应实验时，能否加入过量的氨水？为什么？

（胡翰林）

实训 10 阿司匹林的制备

【实训目的】

1. 熟悉酰化反应的原理。
2. 掌握阿司匹林的制备方法。
3. 巩固重结晶、熔点测定、抽滤等操作技能。

【实训原理】

阿司匹林即乙酰水杨酸，可由水杨酸与乙酸酐在浓硫酸或磷酸催化下发生乙酰化反应制取。由于水杨酸中的羧基、羟基能形成分子内氢键，阻碍羟基的酰基化，为了提高反应速率，必须加热到 150～160 ℃，但此时副反应将大为增加，使反应产率下降。为了克服这一矛盾，可加入催化剂，以破坏氢键，这时反应可在较低温度下(60～80 ℃)进行。

【实训用品】

1. 仪器

锥形瓶(50 mL、100 mL)、布氏漏斗、烧杯(150 mL)、抽滤瓶、水浴锅、冰水浴等。

2. 试剂

水杨酸、乙酸酐、浓硫酸(或 85%磷酸)、饱和碳酸氢钠溶液、浓盐酸等。

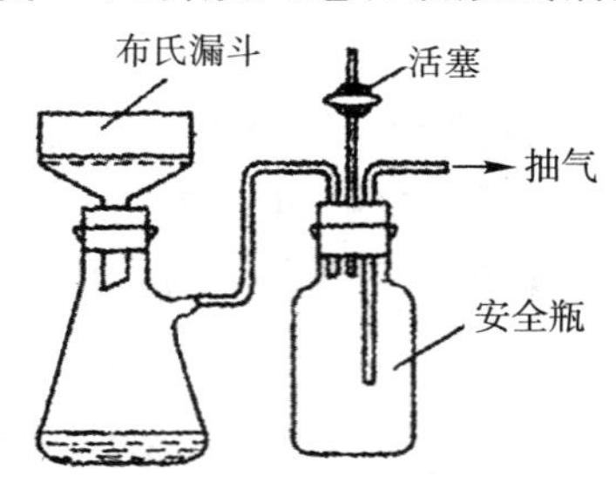

实训图 10-1 抽滤装置

【实训内容与步骤】

(一)制取粗乙酰水杨酸

称取 2 g 干燥过的水杨酸，放入干燥的锥形瓶(100 mL)中，缓慢加入 5 mL 新蒸的乙酸酐，再加 5 滴浓硫酸，充分振摇，待水杨酸溶解后，于 80～90 ℃的水浴中加热并振摇约 10 min。取出锥形瓶，立即加入 5 mL 冰水，使过量的乙酸酐发生水解，水解完毕后，加入

20 mL 冷水，将锥形瓶置于冰水浴中，静置约 15 min，冷却结晶。当有晶体析出时，再加 30 mL 冷水，让其在冰水浴充分冷却至结晶全部析出为止。抽滤，用少量冷水洗涤结晶两次，抽尽水分，将粗产品转移至表面皿中，充分干燥。

(二)精制乙酰水杨酸

1. 生成钠盐并除去高分子杂质

将粗产品置于 150 mL 烧杯中，边搅拌边加入 25 mL 饱和碳酸氢钠溶液，加完后继续搅拌至无 CO_2 气体产生为止。用布氏漏斗过滤，再用 5～10 mL 水洗涤漏斗。滤液即为不含高分子杂质的乙酰水杨酸钠盐溶液。

2. 酸化与结晶

在 150 mL 烧杯中加入 3～5 mL 浓盐酸和 10 mL 水，搅拌均匀后，加入乙酰水杨酸钠盐溶液，充分搅拌，置于冰水浴中冷却结晶。待晶体完全析出后，抽滤，用玻璃塞挤压晶体，尽量抽去母液。再用冷水洗涤晶体 2～3 次，抽滤，将晶体移至表面皿中干燥。

【思考与讨论】

1. 在反应中为什么要加入浓硫酸?
2. 在阿司匹林制备过程中，会产生哪些杂质？应如何除去?

（胡翰林）

实训 11　糖类、氨基酸和蛋白质的性质

【实训目的】

1. 验证糖类物质的主要化学性质。
2. 掌握鉴别糖类物质的方法和原理。

【实训用品】

1. 仪器

试管、酒精灯、烧杯、水浴锅、点滴板、吸管、表面皿等。

2. 试剂

5%葡萄糖溶液、5%麦芽糖溶液、5%蔗糖溶液、新配制的 1%淀粉溶液、10% NaOH 溶液、2% $CuSO_4$溶液、5% $AgNO_3$溶液、2%氨水、浓硫酸、塞利凡诺夫试剂、浓盐酸、莫立许试剂、0.2 mol/L 甘氨酸溶液、酪氨酸悬浊液、蛋白质溶液、茚三酮试剂、0.2 mol/L 苯酚、浓硝酸、蛋白质氯化钠溶液、10 g/L $CuSO_4$溶液、0.015 mol/L 醋酸铅溶液、2 mol/L 醋酸溶液等。

【实训内容与步骤】

(一)糖的性质

1. 与新制的碱性氢氧化铜溶液反应

取 4 支干净试管，分别加入 5%葡萄糖溶液、5%麦芽糖溶液、5%蔗糖溶液、新配制的 1%淀粉溶液，然后在各试管中加入新制的碱性氢氧化铜 2 mL，振摇，置水浴锅中加热，观察各试管有何现象发生。

2. 银镜反应

取 4 支干净试管，各加入 2 mL 5% $AgNO_3$溶液，逐滴加入 2%氨水至最初产生的棕褐色沉淀恰好溶解为止。再分别加入 5%葡萄糖溶液、5%麦芽糖溶液、5%蔗糖溶液、新配制的 1%淀粉溶液各 5 滴，把试管放在 60 ℃的水浴锅中加热数分钟，观察并解释发生的现象。

3. 莫立许反应

取 4 支干净试管，分别加入葡萄糖溶液、麦芽糖溶液、蔗糖溶液、新配制的淀粉溶液各 2 mL，再各加 2 滴莫立许试剂，摇匀。把盛放有糖液的试管倾斜成 45°角，沿着管壁慢慢加入浓硫酸 1 mL，使硫酸和糖之间有明显的分层，观察两层之间有无颜色变化。若无

颜色变化，可在水浴上加热再观察现象，并加以解释。

4. 塞利凡诺夫反应

取 4 支试管，各加入塞利凡诺夫试剂 1 mL，再分别加入葡萄糖、麦芽糖、蔗糖、淀粉溶液各 5 滴，摇匀，浸在沸水浴中 2 min，观察并解释发生的变化。

(二)氨基酸和蛋白质的性质

1. 茚三酮反应

取 3 支试管，分别加入 1 mL 0.2 mol/L 甘氨酸溶液、酪氨酸悬浊液、蛋白质溶液，再各加 3 滴茚三酮试剂，放在沸水中加热 5～10 min 或直接加热，观察并解释发生的现象。

2. 黄蛋白反应

取 4 支试管，分别加入 1 mL 0.2 mol/L 甘氨酸溶液、酪氨酸悬浊液、蛋白质溶液和 0.2 mol/L 苯酚溶液，再加入浓硝酸 6～8 滴，放在沸水中加热或直接加热，观察并解释发生的现象。

3. 缩二脲反应

取 3 支试管，分别加入 1 mL 0.2 mol/L 甘氨酸溶液、蛋白质溶液和 0.2 mol/L 苯酚溶液，再各加 10 滴 10%氢氧化钠，振摇后，各滴 1～2 滴 10 g/L $CuSO_4$，振摇，观察并解释发生的现象。

4. 重金属盐沉淀蛋白质

取 3 支试管，各加入 1 mL 蛋白质溶液，然后分别加入 5 滴 0.015 mol/L 醋酸铅、10 g/L $CuSO_4$、5%硝酸银溶液，振摇，观察并解释发生的变化。